国家级一流本科专业建设成果教材 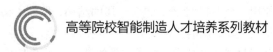 高等院校智能制造人才培养系列教材

工程材料

张丽娜　张建军　王红　主编

杨秀英　主审

Engineering Materials

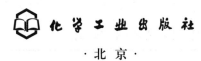

化学工业出版社

·北京·

内 容 简 介

本书以机械制造业常用材料的性能、选材和使用为主线，介绍各类工程材料的基础知识和使用。全书共 12 章，包含金属的结构、性能、结晶与简单二元相图，铁碳合金，热处理的原理与工艺，金属的塑性变形、回复和再结晶，工业用钢，铸铁，有色金属及其合金，非金属材料，金属材料成型技术，机械零件的选材及工艺路线。本书各章首设置了思维导图，便于读者直观地了解各章的构成；各章后配有习题，以使工程特色更加突出；部分章节配置了动画演示，读者可扫描二维码观看。本书强调工程应用，以强化基础能力建设、推进科技创新为指引，在阐述基本知识的基础上介绍工程材料选用及工艺路线制定方法。本书还配套课件和习题答案，读者可扫码下载使用。

本书可作为高等院校机械类及相关工科专业工程材料课程的配套教材，亦可供有关技术人员参考。

图书在版编目（CIP）数据

工程材料/张丽娜，张建军，王红主编. —北京：
化学工业出版社，2024.6
高等院校智能制造人才培养系列教材
ISBN 978-7-122-45255-9

Ⅰ.①工…　Ⅱ.①张…　②张…　③王…　Ⅲ.①工程材料-高等学校-教材　Ⅳ.①TB3

中国国家版本馆 CIP 数据核字（2024）第 055512 号

责任编辑：张海丽　　　　　　　　　　　装帧设计：韩　飞
责任校对：宋　玮

出版发行：化学工业出版社（北京市东城区青年湖南街 13 号　邮政编码 100011）
印　　装：大厂聚鑫印刷有限责任公司
787mm×1092mm　1/16　印张 18¼　字数 438 千字　2024 年 9 月北京第 1 版第 1 次印刷

购书咨询：010-64518888　　　　　　　售后服务：010-64518899
网　　址：http://www.cip.com.cn
凡购买本书，如有缺损质量问题，本社销售中心负责调换。

定　价：58.00 元

高等院校智能制造人才培养系列教材
建设委员会

《工程材料》编写人员

主　编：

张丽娜　　张建军　　王　红

副主编：

马海宁　　周月波　　莫成刚

参　编：

张晓丽　　石　娜

主　审：

杨秀英

序

　　党的二十大报告指出，要建设现代化产业体系，坚持把发展经济的着力点放在实体经济上，推进新型工业化，加快建设制造强国、质量强国、航天强国、交通强国、网络强国、数字中国。实施产业基础再造工程和重大技术装备攻关工程，支持专精特新企业发展，推动制造业高端化、智能化、绿色化发展。推动战略性新兴产业融合集群发展，构建新一代信息技术、人工智能、生物技术、新能源、新材料、高端装备、绿色环保等一批新的增长引擎。其中，制造强国、高端装备等重点工作都与智能制造相关，可以说，智能制造是我国从制造大国转向制造强国、构建中国制造业全球优势的主要路径。

　　制造业是一个国家的立国之本、强国之基，历来是世界各主要工业国高度重视和发展的重要领域。改革开放以来，我国综合国力得到稳步提升，到 2011 年中国工业总产值全球第一，分别是美国、德国、日本的 120%、346% 和 235%。党的十八大以来，我国进入了新时代，发展的格局更为宏大，"一带一路"倡议和制造强国战略使我国工业正在实现从大到强的转变。我国不但建立了全球最为齐全的工业体系，而且在许多重大装备领域取得突破，特别是在三代核电、特高压输电、特大型水电站、大型炼化工、油气长输管线、大型矿山采掘与炼矿综采重点工程建设项目、重大成套装备、高端装备、航空航天等领域取得了丰硕成果，补齐了短板，打破了国外垄断，解决了许多"卡脖子"难题，为推动重大技术装备高质量发展，实现我国高水平科技自立自强奠定了坚实基础。进入新时代的十年，制造业增加值从 2012 年的 16.98 万亿元增加到 2021 年的 31.4 万亿元，占全球比重从 20% 左右提高到近 30%；500 种主要工业产品中，我国有四成以上产量位居世界第一；建成全球规模最大、技术领先的网络基础设施……一个个亮眼的数据，一项项提气的成就，勾勒出十年间大国制造的非凡足迹，标志着我国迎来从"制造大国""网络大国"向"制造强国""网络强国"的历史性跨越。

　　最早提出智能制造概念的是美国人 P.K.Wright，他在其 1988 年出版的专著 *Manufacturing Intelligence*（《制造智能》）中，把智能制造定义为"通过集成知识工程、制造软件系统、机器人视觉和机器人控制来对制造技工们的技能与专家知识进行建模，以使智能机器能够在没有人工干预的情况下进行小批量生产"。当然，因为智能制造仍处在发展阶段，各种定义层出不穷，国内外有不同专家给出了不同的定义，但智能机器、智能传感、智能算法、智能设计、解决制造过程中不确定问题的智能方法、智能维护是智能制造的核心关键词。

从人才培养的角度而言，实现智能制造还任重道远，人才紧缺的局面很难在短时间内扭转，相关高校师资力量也不足。据不完全统计，近五年来，全国有 300 多所高校开办了智能制造专业，其中既有双一流高校，也有许多地方院校和民办高校，人才培养定位、课程体系、教材建设、实践环节都面临一系列问题，严重制约着我国智能制造业未来的长远发展。在此情况下，如何培养出适应不同行业、不同岗位要求的智能制造专业人才，是许多开设该专业的高校面临的首要任务。

智能制造的特点决定了其人才培养模式区别于其他传统工科：首先，智能制造是跨专业的，其所涉及的知识几乎与所有工科门类有关；其次，智能制造是跨行业的，其核心技术不仅覆盖所有制造行业，也适用于某些非制造行业。因此，智能制造人才培养既要考虑本校专业特色，又不能脱离社会对智能制造人才的需求，既要遵循教育的基本规律，又要创新教育体系和教学方法。在课程设置中要充分考虑以下因素：

- 考虑不同类型学校的定位和特色；
- 考虑学生已有知识基础和结构；
- 考虑适应某些行业需求，如流程制造，离散制造，混合制造等；
- 考虑适应不同生产模式，如多品种、小批量生产、大批量生产等；
- 考虑让学生了解智能制造相关前沿技术；
- 考虑兼顾应用型、技能型、研究型岗位需求等。

改革开放 40 多年来，我国的高等教育突飞猛进，高等教育的毛入学率从 1978 年的 1.55%提高到 2021 年的 57.8%，进入了普及化教育阶段，这就意味着高等教育担负的历史使命、受教育的对象都发生了深刻的变化。面对地方应用型高校生源差异化大，因材施教，做好智能制造应用型人才培养，解决高校智能制造应用型人才培养的教材需求就是本系列教材的使命和定位。

要解决好这个问题，首先要有一个好的定位，有一个明确的认识，这套教材定位于智能制造应用人才培养需求，就是要解决应用型人才培养的知识体系如何构造，智能制造应用型人才的课程内容如何搭建。我们知道，应用型高校学生培养的主要目的是为应用型学科专业的学生打牢一定的理论功底，为培养德才兼备、五育并举的应用型人才服务，因此在课程体系、基础课程、专业教育、实践能力培养上与传统综合性大学和"双一流"学校比较应有不同的侧重，应更着眼于学生的实用性需求，应培养满足社会对应用技术人才的需求，满足社会实际生产和社会实际发展的需求，更要考虑这些学校学生的实际，也就是要面向社会发展需求，为社会各行各业培养"适销对路"的专业人才。因此，在人才培养的过程中，对实践环节的要求更高，要非常注重理论和实践相结合。据此，在应用型人才培养模式的构建上，从培养方案、课程体系、教学内容、教学方式、教材建设上都应注重应用型人才培养的规律，这正是我们编写这套智能制造相关专业教材的目的。

这套教材的突出特色有以下几点：

① 定位于应用型。这套教材不仅有适应智能制造应用型人才培养的专业主干课程和选修课程教

材，还有基于机械类专业向智能制造转型的专业基础课教材，专业基础课教材的编写中以应用为导向，突出理论的应用价值。在编写中引入现代教学方法和手段，结合教学软件和工业仿真软件，使理论教学更为生动化、具象化，努力实现理论课程通向专业教学的桥梁作用。例如，在制图课程中较多地使用工业界成熟设计软件，使学生掌握比较扎实的软件设计能力；在工程力学教学中引入有限元软件，实现设计计算的有限元化；在机械设计中引入模块化设计的概念；在控制工程中引入 MATLAB 仿真和计算机编程内容，实现基础教学内容的更新和对专业教育的支撑，凸显应用型人才培养模式的特点。

② 专业教材突出实用性、模块化、柔性化。智能制造技术是利用先进的制造技术，以及数字化、网络化、智能化等知识和控制理论来解决制造过程中不确定和非固定模式的问题，使得制造过程具有智能的技术，它的特点是综合性和知识内涵的丰富性以及知识本身的创新性。因此，在教材建设上与以前传统的知识技术技能模式应有大的区别，更应注重对学生理念、意识、认知、思维方式和系统解决问题能力的培养。同时考虑到各行业、各地和各校发展阶段和实际办学水平的不同，希望这套教材尽可能为各校合理选择教学内容提供一个模块化、积木式结构，并在实际编写中尽量提供项目化案例，以便学校根据具体情况做柔性化选择。

③ 本系列教材注重数字资源建设，更多地采用多媒体的互动方式，如配套课件、教学视频、测试题等，使教材呈现形式多样化，数字内容更为丰富。

由于编写时间紧张，智能制造技术日新月异，编写人员专业水平有限，书中难免有不当之处，敬请读者及时批评指正。

高等院校智能制造人才培养系列教材建设委员会

前　言

为推动和促进智能制造相关学科的发展与融合，培养"跨专业、高融合、强创造"的高素质智能制造工程技术人才，本着加强基础、突出融合、加强能力和素质教育的宗旨，相关高校教师根据现在的学情及学分、学时特点，充分讨论了工程材料课程的特点和教学痛点，统筹规划，组织一线教师按照新工科教育教学改革要求编写了本书。

"工程材料"课程是机械类及其相关工科专业都需要开设的一门专业基础课程，是学生学习其他专业课程的必备基础课程，有着承前启后的重要作用。本书以教育部关于"十四五"普通高等教育本科国家级规划教材建设的实施意见为指导，在编写过程中坚持价值引领、心怀"国之大者"，坚持为党育人、为国育才，坚持理论联系实际，强化教材育人理念，为培养担当中华民族伟大复兴大任的时代新人提供坚实支持。坚持需求导向，紧密围绕新工科人才培养的新要求，促进专业融合、知识融合，以培养学生的创新精神和实践能力为重点，支撑服务国家和区域经济社会发展。坚持守正创新，推动教学改革新成果、学科专业发展新成就进教材。

本教材共分为 12 章，包含金属学、热处理和金属材料选用三大部分，从宏观和微观方面详细地介绍了金属材料的性能与结构、铁碳相图、热处理的原理和工艺、金属材料的选用和成型方式等。在每章的开始制作了章节思维导图，增强学生知识点的归纳和总结能力；同时在每章节后设置小结和练习题，提升学生对知识点的应用能力。本教材配套课件、各章习题参考答案，利用新一代信息技术，整合优质资源，方便教与学。

本教材的第 1 章、第 4 章、第 5 章第 1 节、第 6 章回复和再结晶部分、第 7 章工具钢部分由沈阳工学院张丽娜编写；第 2 章、第 3 章、第 8 章、第 10 章、第 11 章、第 12 章由北京石油化工学院张建军编写；第 7 章钢的分类和牌号部分、第 9 章由沈阳工学院王红编写；第 5 章第 2 节由沈阳工学院马海宁编写；第 6 章塑性变形部分由沈阳工学院莫成刚、石娜编写；第 7 章结构钢部分由沈阳工学院周月波、张晓丽编写。全书由张丽娜、张建军、王红主编，马海宁、周月波、莫成刚副主编，张晓丽、石娜参编，由沈阳工学院副校长杨秀英教授主审。

本书为沈阳工学院材料成型及控制工程国家级一流本科专业建设点的建设成果教材。本书在编写过程中，得到了沈阳工学院、北京石油化工学院以及相关兄弟院校、武汉华中数控股份有限公司等校企合作专家的大力支持和帮助。在编写过程中，参考和引用了一些文献资料的有关内容，在此向这些文献资料的作者表示感谢！

由于编者水平有限，书中不妥之处在所难免，敬请读者批评指正。

编者

扫码获取本书配套资源

目　录

第 5 章　热处理的原理和工艺　　63

第8章　铸铁　　159

第 11 章　金属材料成型技术　222

第 1 章

绪论

■ 本章思维导图

扫码获取本书配套资源

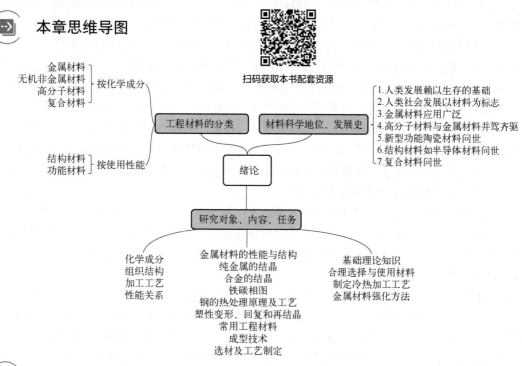

本章学习目标

（1）认识材料科学的重要地位与作用。

（2）掌握工程材料的分类方法。

（3）能够洞察工程材料发展的态势。

（4）掌握本课程的研究对象、学习目的和任务。

1.1 材料科学在工业生产中的重要地位与作用

材料是人类用于制造物品、器件、构件、机器或其他产品的物质，是人类赖以生存和发展的物质基础。材料是早已存在的名词，但材料科学的提出则是在 20 世纪 60 年代。1957 年，苏联人造地球卫星发射成功之后，美国政府及科技界为之震惊，并认识到先进材料对于高技术发展的重要性，于是在一些大学相继成立了十余个材料科学研究中心，从此，材料科学这一名词开始被人们广泛地引用。

人类社会的发展历程，是以材料为主要标志的。100 万年以前，原始人以石头作为工具，称旧石器时代。1 万年以前，人类对石器进行加工，使之成为器皿和精致的工具，从而进入新石器时代。新石器时代后期，出现了利用黏土烧制的陶器。人类在寻找石器的过程中认识了矿石，并在烧陶生产中发展了冶铜术，开创了冶金技术。公元前 5000 年，人类进入青铜器时代。公元前 1200 年，人类开始使用铸铁，从而进入了铁器时代。随着技术的进步，又发展了钢的制造技术。18 世纪，钢铁工业的发展，成为产业革命的重要内容和物质基础。19 世纪中叶，现代平炉和转炉炼钢技术的出现，使人类真正进入了钢铁时代。

与此同时，铜、铅、锌也大量得到应用，铝、镁、钛等金属相继问世并得到应用。直到 20 世纪中叶，金属材料在材料工业中一直占有主导地位。20 世纪中叶以后，科学技术迅猛发展，作为发明之母和产业粮食的新材料又出现了划时代的变化。首先是人工合成高分子材料问世，并得到广泛应用。先后出现尼龙、聚乙烯、聚丙烯、聚四氟乙烯等塑料，以及维尼纶、合成橡胶、新型工程塑料、高分子合金和功能高分子材料等。仅半个世纪时间，高分子材料已与有上千年历史的金属材料并驾齐驱，并在年产量的体积上已超过了钢，成为国民经济、国防尖端科学和高科技领域不可缺少的材料。其次是陶瓷材料的发展。陶瓷是人类最早利用自然界所提供的原料制造而成的材料。20 世纪 50 年代，合成化工原料和特殊制备工艺的发展，使陶瓷材料产生了一个飞跃，出现了从传统陶瓷向先进陶瓷的转变，许多新型功能陶瓷形成了产业，满足了电力、电子技术和航天技术的发展和需要。

结构材料的发展，推动了功能材料的进步。20 世纪初，开始对半导体材料进行研究。20 世纪 50 年代，人们制备出锗单晶，后又制备出硅单晶和化合物半导体等，使电子技术领域由电子管发展到晶体管、集成电路、大规模和超大规模集成电路。半导体材料的应用和发展，使人类社会进入了信息时代。

现代材料科学技术的发展，促进了金属、非金属无机材料和高分子材料之间的密切联系，从而出现了一个新的材料领域——复合材料。复合材料以一种材料为基体，另一种或几种材料为增强体，可获得比单一材料更优越的性能。复合材料作为高性能的结构材料和功能材料，不仅用于航空航天领域，而且在现代民用工业、能源技术和信息技术方面不断扩大应用。

材料科学的形成是科学技术发展的结果。这是因为：

第一，固体物理、无机化学、有机化学、物理化学等学科的发展，对物质结构和物性的深入研究，推动了对材料本质的研究和了解。同时，冶金学、金属学、陶瓷学等对材料本身的研究也大大加强，从而对材料的制备、结构、性能以及它们之间相互关系的研究也越来越深入，为材料科学的形成打下了比较坚实的基础。

第二，在材料科学这个名词出现以前，金属材料、高分子材料与陶瓷材料科学都已自成体系，它们之间存在着颇多相似之处，可以相互借鉴，促进了本学科的发展。如马氏体相变本来是金属学家提出来的，而且广泛地用来作为钢热处理的理论基础。但在氧化锆陶瓷材料中也发现了马氏体相变现象，并用来作为陶瓷增韧的一种有效手段。

第三，各类材料的研究设备与生产手段也有很多相似之处。虽然不同类型的材料各有专用测试设备与生产装置，但更多的是相同或相近的，如显微镜、电子显微镜、表面测试及物理性能和力学性能测试设备等。在材料生产中，许多加工装置也是通用的。研究设备与生产装备的通用不但节约了资金，更重要的是相互得到启发和借鉴，加速了材料的发展。

第四，科学技术的发展，要求不同类型的材料之间能相互代替，充分发挥各类材料的优越性，以达到物尽其用的目的。长期以来，金属、高分子及无机非金属材料学科相互分割，自成体系。由于互不了解，习惯于使用金属材料的想不到采用高分子材料，即使想用，又对其不太了解，不敢问津。相反，习惯于用高分子材料的，也不想用金属材料或陶瓷材料。因此，科学技术发展对材料提出的新的要求，促进了材料科学的形成。

第五，复合材料的发展，将各种材料有机地连成了一体。复合材料在多数情况下是不同类型材料的组合，通过材料科学的研究，可以对各种类型材料有一个更深入的了解，为复合材料的发展提供必要的基础。

无论在远古时代，还是生产力高度发达的今天，无论是工业、国防、建筑、医疗、农业，还是人们的日常生活，都离不开材料。盘点近现代对人类影响深远的产品及装备，如手机、电脑、光纤、电池、高铁、卫星、光刻机、核磁共振、芯片等，都离不开材料科学的发展，并且依托材料科学的发展而更新换代。以飞机用材料为例，飞机材料的范围较广，分为机体材料（包括结构材料和非结构材料）、发动机材料和涂料，其中最主要的是机体结构材料和发动机材料。非结构材料包括：透明材料，舱内设施和装饰材料，液压、空调等系统用的附件和管道材料，天线罩和电磁材料，轮胎材料等。非结构材料量少而品种多，有玻璃、塑料、纺织品、橡胶、铝合金、镁合金、铜合金和不锈钢等。20世纪初，第一架载人上天的飞机是用木材、布和钢制造的。硬铝的出现给机体结构带来巨大的变化。1910—1925年，开始用钢管代替木材作机身骨架，用铝作蒙皮，制造全金属结构的飞机。金属结构飞机提高了结构强度，改善了气动外形，使飞机性能得到了提高。20世纪40年代，全金属结构飞机的时速已超过600km。50年代末，喷气式飞机的速度已超过2倍声速，给飞机材料带来了热障问题。铝合金耐高温性能差，在200℃时强度已下降到常温值的1/2左右，需要选用耐热性更好的钛或钢。60年代，出现3倍声速的SR-71全钛高空高速侦察机和不锈钢占机体结构重量69%的XB-70轰炸机。苏联的米格-25歼击机机翼蒙皮也采用了钛和钢。70年代以后，越来越多地使用以硼纤维或碳纤维增强的复合材料。铝、钛、钢和复合材料已成为飞机的基本结构材料。

复合材料强度高、刚度大、密度轻，并具有抗疲劳、减振、耐高温、可设计等一系列优点。目前，应用在飞机上的复合材料多采用夹层结构的设计来满足强度、刚度的要求。所谓夹层结构，就是采用先进复合材料作面板，其夹芯为轻质材料。夹层结构的弯曲刚度性能主要取决于面板的性能和两层面板之间的高度，高度越大，其弯曲刚度就越大。夹层结构的芯材主要承受剪应力并支持面板不失去稳定性，通常这类结构的剪切力较小。选择轻质材料作为夹芯，可较大幅度地减轻构件的重量。对于面板很薄的夹层结构，还应考虑抗冲击载荷的能力。此外，在从成本方面评估夹层结构时，不仅要考虑制造成本，还必须考虑飞机使用期的全寿命成本。目前，在航空航天结构中常用的夹层机构材料有巴沙轻木（BALTEK）、PET泡沫（AIREX）等。伴随着航空工业几十年的跨越发展，我国的飞机材料也取得了重大发展。现役飞机机体材料总体上仍以铝合金为主，钢用量趋于减少，钛合金用量显著增加，树脂基复合材料在承力件上得到全面应用，其中，高温合金是动力装置材料的主流。由此可见，材料的发展与制造业的发展是相辅相成的。材料科学的发展在国民经济中占有极其重要的地位，因此，材料、能源、信息被誉为现代经济发展的三大支柱。

《中国制造 2025》中，五大工程分别是制造业创新中心（工业技术研究基地）建设工程、智能制造工程、工业强基工程、绿色制造工程、高端装备创新工程，这五大工程的实施和发展都离不开材料科学。在战略意见中提及的十大领域，其中之一就是新材料，要以特种金属功能材料、高性能结构材料、功能性高分子材料、特种无机非金属材料和先进复合材料为发展重点，加快研发先进熔炼、凝固成型、气相沉积、型材加工、高效合成等新材料制备关键技术和装备，加强基础研究和体系建设，突破产业化制备瓶颈。积极发展军民共用特种新材料，加快技术双向转移转化，促进新材料产业军民融合发展。高度关注颠覆性新材料对传统材料的影响，做好超导材料、纳米材料、石墨烯、生物基材料等战略前沿材料的提前布局和研制。加快基础材料升级换代。可见，材料科学在工业生产中具有重要的地位和作用。

1.2 工程材料的分类

工程材料是指具有一定性能，在特定条件下能够承担某种功能，被用来制取零件和元件的材料。工程材料种类繁多，有许多不同的分类方法。

（1）按材料的化学组成分类

① **金属材料**　金属材料是指具有正的电阻温度系数及金属特性的一类物质，是目前应用最为广泛的工程材料。

a. 按金属元素的构成情况不同，可分为金属与合金两种类型。所谓金属，是指由单一元素构成的、具有正的电阻温度系数及金属特性的一类物质；所谓合金，是指由两种或两种以上的金属或金属与非金属元素构成的、具有正的电阻温度系数及金属特性的一类物质。

b. 金属材料按化学组成不同，又可分为黑色金属及有色金属两种类型。黑色金属主要包含钢（碳钢和合金钢）和铸铁，即以铁、碳元素为主的金属材料；有色金属包含除钢铁以外的金属材料，其种类很多，按照它们特性的不同，又可分为轻金属（Al、Mg、Ti）、重金属（Cu、Ir、Pb）、贵金属（Au、Ag、Pt）、稀有金属（Ta、Zr）和放射性金属（Ta）等多种。

② **无机非金属材料**　无机非金属材料是指用天然硅酸盐（黏土、长石、石英等）或人工合成化合物（氮化物、氧化物、碳化物、硅化物、硼化物、氟化物）作为原料，经粉碎、配制、成型和高温烧结而成的硅酸盐材料。无机非金属材料包括水泥、玻璃、耐火材料和陶瓷等，其主要原料是硅酸盐矿物，因此又称为硅酸盐材料。

③ **高分子材料**　高分子材料是指以高分子化合物为主要组分的材料，又称为高聚物。按材料来源可分为天然高分子材料（蛋白质、淀粉、纤维素等）和人工合成高分子材料（合成塑料、合成橡胶、合成纤维）；按性能及用途可分为塑料、橡胶、纤维、胶黏剂、涂料等。金属材料、陶瓷材料、高分子材料统称为三大固体材料，合成塑料、合成橡胶、合成纤维统称为三大合成材料。

④ **复合材料** 复合材料是指由两种或两种以上不同性质的材料，通过不同的工艺方法人工合成的、各组分间有明显界面且性能优于各组成材料的多相材料。多数金属材料不耐腐蚀，无机非金属材料脆性大，高分子材料不耐高温且易老化，人们将上述两种或两种以上的不同材料组合起来，使之取长补短、相得益彰，就构成了复合材料。复合材料由基体材料和增强材料复合而成，基体材料包括金属、塑料（树脂）、陶瓷等，增强材料包括各种纤维和无机化合物颗粒等。

（2）按材料的使用性能分类

① **结构材料** 结构材料是指以强度、刚度、塑性、韧性、硬度、疲劳强度、耐磨性等力学性能为性能指标，用来制造承受载荷、传递动力的零件和构件的材料。结构材料可以是金属材料、高分子材料、陶瓷材料或复合材料。

② **功能材料** 功能材料是指以声、光、电、磁、热等物理性能为指标，用来制造具有特殊性能的元件的材料，如大规模集成电路材料、信息记录材料、充电材料、激光材料、超导材料、传感器材料、储氢材料等都属于功能材料。目前，功能材料在通信、计算机、电子、激光和空间科学等领域扮演着极其重要的角色。

在人类漫长的历史发展过程中，材料一直是社会进步的物质基础与先导。进入 21 世纪，作为"发明之母""产业粮食"的新材料科学必将在当代科学技术迅猛发展的基础上朝着精细化、高功能化、超高性能化、复杂化（复合化和杂化）、智能化、可再生及生态环境化的方向发展，从而为人类社会的物质文明建设做出更大贡献。

a. 精细化 所谓"精"是指材料的制备技术及加工手段越来越先进；所谓"细"是指组成、制备材料粒子的尺寸越来越细小，即从微米尺寸细化到纳米尺寸。

b. 高功能化 是指功能材料应向更高功能化方向发展，如发展高温超导材料等。

c. 超高性能化 是指结构材料应向超高性能化的方向发展，如发展超高强度钢、金属材料的超塑性等。

d. 复杂化 是指复合化和杂化。所谓复合化是指将两种或两种以上不同性质的材料，通过不同工艺方法形成的各组分间有明显界面且性能优于各组成相的多相材料的一种方法；所谓杂化是指将有机、无机及金属三大类材料在原子和分子水平上混合而构思设想形成性能完全不同于现有材料的一种新材料的制备方法。

e. 智能化 是指材料可以像人类大脑一样，会思考、会判断、能思维，如形状记忆合金。

f. 可再生及生态环境化 可再生是指制备的材料可以重复利用，具有可再生的能力与属性；生态环境化是指生产制备材料时安全、可靠、无毒副作用，且对周围环境无任何污染的性质。只有这样才能使生产制备的材料可以重复利用，对周围环境无污染，使生产制备的新材料与再制造工程联系在一起，与我国发展的大政方针联系在一起，符合我国的经济发展战略方针，即循环经济、可持续发展。

1.3 工程材料课程的研究对象、内容与任务

工程材料是研究材料的化学成分、组织结构、加工工艺与性能关系及其规律的一门科学。所谓组织，是指用肉眼或在显微镜下能观察到的、金属中具有某种外表特征的组成部分，如层

片状组织（珠光体）、羽毛状组织（上贝氏体）、针叶状组织（下贝氏体）、板条状组织（低碳马氏体）、片状组织（高碳马氏体）等。所谓结构，是指原子在金属内部三维空间中的具体排列方式。金属的化学成分不同，虽然加工过程一致，但由于组织结构不同，则性能不同；金属的化学成分相同，但经过不同的加工过程，可以获得不同的组织结构，从而获得不同性能。例如，取具有相同尺寸的 w_C=1.0% 的碳钢和 w_C=0.45% 的碳钢试样各一块，经过同样的加工处理后，即加热到 780℃、保温一定时间后空冷（正火），结果两块试样的性能不同。这是由于化学成分不同的两块试样，虽经过相同的工艺处理，但由于其内部组织结构不同，则性能不同；如果取两块相同尺寸具有同样化学成分（w_C=0.45%）的碳钢试样，都加热到 840℃，保温一定时间后，一块取出空冷，一块取出水冷，结果水冷试样的强度、硬度比空冷试样的高，但该试样的塑性、韧性比空冷的低。这是由于两块尺寸相同、化学成分相同的试样经过不同的加工处理后，获得了不同的组织结构，从而获得了不同性能。如果说材料的化学成分、组织结构是决定材料性能的内部因素，材料的加工工艺及制备过程则是决定材料性能的外部因素。内因是本质、是关键、是决定因素，外因则通过内因而起作用。

工程材料和机械设计、机械制造、机械电子工程等机械类及近机械类专业的关系极其密切。机械设计主要包含产品的功能设计、结构设计、材料设计等方面。在设计某一产品时，设计者既要进行功能设计和结构设计，即通过精确的计算和必要的试验确定决定产品功能的技术参数和整机结构及零件的强度、形状、尺寸等，为了保证产品的功能与性能，同时还要进行材料设计，即确定材料的化学成分、结构及加工工艺，也就是通过控制材料的化学成分及加工工艺过程，达到控制材料的组织结构与性能的目的。机械制造是将材料经济地加工成最终产品的过程。为了保证加工工艺过程的顺利进行及经济性，材料必须具备一定的工艺性能（冶炼性、铸造性、压力加工性、切削加工性、焊接性、热处理性等）；为了满足产品的工作条件及保证产品具有一定的使用寿命，产品必须具备必要的使用性能（力学性能、物理性能、化学性能等）与经济性。材料设计及选材的相关知识需要通过工程材料这门课程获得，因此，工程材料是机械制造、机械设计、机械电子等各冷加工专业一门重要的技术基础课。学习该课程的目的是使学生获得有关工程材料的基础理论知识，并使其初步具备根据零件工作条件和失效方式合理地选择与使用材料，正确制定零件的冷、热加工工艺路线的能力，掌握强化金属材料的途径及方法。

"工程材料"这门课程的内容包括：

（1）金属学基础

① **材料的结构与性能**　包括金属的性能、金属的晶体结构、合金的相结构。

② **金属材料的组织与性能控制**　包括纯金属凝固、二元合金凝固与相图、铁碳相图、金属与合金的塑性变形及再结晶。

③ **钢的热处理原理与工艺**　包括：a.钢的热处理原理，即钢在加热时的组织转变（奥氏体转变）、钢在冷却时的组织转变（过冷奥氏体转变曲线、珠光体转变、贝氏体转变、马氏体转变）、淬火钢在回火时的转变；b.钢的热处理工艺（即五大相变的应用），如普通热处理、表面热处理、特殊热处理等。

（2）常用工程材料

① **金属材料**　包括工业用钢（结构钢、工具钢、特殊性能钢等）、铸铁、有色金属及其合

金（铝、铜、钛、镁、轴承合金）。

② 高分子材料、陶瓷材料、复合材料、其他工程材料。

（3）机械零件的失效、强化、选材及工程材料的应用

工程材料具有"三多一少"的特点，即内容头绪多（含金属材料工程专业的金属学基础、金属热处理原理、金属热处理工艺、金属材料学、金属力学性能等多门课程的内容）、原理规律多（涉及的原理与规律有几十个）、概念定义多（涉及的概念与定义有几百个）、理论计算少（重要的只有相对含量计算，杠杆定律计算），且内容枯燥、抽象，具体的原子排列方式看不见、摸不着。为了学好这门课程，应该联系其他课程所学过的内容，因为工程材料是以数学、化学、物理、力学、金工实习为基础的课程，材料结构工艺离不开图纸，在学习时应联系上述相关基础课程的有关内容，以加深对本课程内容的理解。同时，要处理好"两个关系"，即处理好基础课与本课程的关系、处理好专业课与本课程的关系。此外，工程材料是一门从生产实践中发展起来而又直接为生产服务的科学，所以学习该课程时不但要学习好基本理论，还要注意理论联系生产实际，并注重与本课程相关的实验课。只有这样才能学好这门课程，为专业课学习打好基础。

本章小结

本章重点介绍了工程材料在生产中的地位和作用，材料的性能、质量和选择直接影响到工程的安全性、稳定性和经济性。学习工程材料有助于工程师和设计师更好地理解和选择适合特定工程项目的材料，从而提高工程的整体质量和效益。

本课程的学习对于培养工程师的综合素质至关重要。掌握工程材料的基本知识，有助于工程师更好地理解和应用相关技术规范和标准，提高工程设计的合理性和可行性。同时，通过对工程材料的深入研究和实践应用，工程师可以培养创新思维和解决问题的能力，提升个人综合素质。

此外，工程材料的学习有助于推动科技进步和产业发展。随着科技的不断进步和产业的快速发展，新材料、新技术层出不穷。学习工程材料可以帮助工程师和科研人员及时了解和掌握最新的材料科学知识和技术动态，推动科技创新和产业升级。

第 2 章

金属材料的结构和性能

本章思维导图

扫码获取本书配套资源

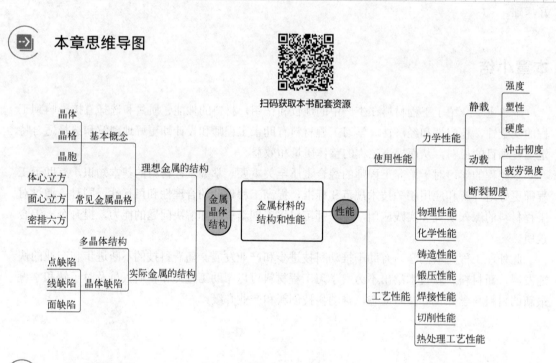

本章学习目标

（1）描述晶体和非晶体原子排列的区别。

（2）画出面心立方、体心立方、密排六方结构的晶胞；计算属于晶胞内的原子数。

（3）列举具有面心立方、体心立方、密排六方结构的代表性金属。

（4）了解晶体的 14 种点阵结构及其晶胞所属的晶系。

（5）描述实际金属的晶体结构；掌握实际金属的晶体缺陷。

（6）掌握细晶强化的含义。

（7）掌握拉伸试验的受力特征及所能测定的力学性能指标。

（8）掌握硬度试验的受力特征及对应的力学性指标；掌握不同硬度试验的压头特征、测量原理、试验特点及测量范围。

（9）掌握冲击试验的受力特征及对应力学性能指标；掌握冲击韧度的影响因素。

（10）掌握疲劳试验的受力特征及对应的力学性能指标；理解提高材料疲劳强度的方法。

（11）掌握有裂纹的条件下对应的力学性能指标；理解断裂韧度与冲击韧度的区别。

材料是由化学元素构成的，每种化学元素均由原子及核外电子构成，原子与原子之间通过结合键构成分子，原子之间或分子之间通过结合键聚集成固体状态。按照原子或分子排列的特征可将固态物质分为晶体和非晶体两大类。晶体中的原子在空间呈有规则的周期性重复排列，非晶体中的原子排列是无规则的。原子排列在决定固态材料的组织和性能中起着非常重要的作用。金属、陶瓷和高分子材料的一系列特性都与材料内部的原子排列及其内部结构密切相关，如金、银等金属材料有优良的延展性，陶瓷材料硬度高、脆性大。了解材料内部的原子排列和分布规律，是了解和掌握材料性能的基础。

2.1 金属的晶体结构

金属材料通常都是晶体。晶体具有固定的熔点，如纯铁的熔点为1538℃；晶体具有各向异性。晶体的上述特征与其内部原子排列特征是密不可分的。了解金属并能正确使用金属首先需要从了解晶体的内部结构开始。

2.1.1 理想金属的晶体结构

（1）晶格和晶胞

晶体的基本特征就是其内部原子或原子集团呈周期性规则排列，如图 2-1（a）所示。为便于研究晶体中原子或原子集团排列的周期性规律，把晶体中的原子或原子集团假想为几何点，这些几何点的集合称为**空间点阵**，简称点阵，每个几何点就叫点阵的**结点**。为便于描述空间点阵，将点阵中的几何结点用直线连接起来，使之构成一个空间格子，这种表示晶体中原子排列形式的空间格子即为**晶格**，如图 2-1（b）所示。空间点阵具有周期性排列规律，在点阵中取出一个具有代表性的基本单元（一般为最小平行六面体）作为点阵的组成单元，称之为**晶胞**，如图 2-1（c）所示。晶胞是点阵的最小组成单元，将晶胞在三维空间中做重复堆砌就构成了空间点阵。

描述晶胞的大小和形状通常需要 6 个参数，即平行六面体的三条棱边边长 a、b、c 和三个棱边夹角 α、β、γ，这 6 个参量称为**点阵常数**或**晶格常数**。

法国物理学家布拉菲首次将数学中群的概念应用到物理学，按照晶胞的大小和形状特点，即 6 个点阵常数之间的关系和特点，证明了晶体的晶胞有 7 种不同类型，它们对应 7 个晶系；又按照结点在晶胞中的分布情况区分为简单、底心、体心、面心 4 种类型的晶体格子，7 个晶系共有4×7=28种，去掉相同的晶体格子，证明了晶体只能有14种晶体格子，相应地就有14种点阵结构，它们又被称为布拉菲点阵。表2-1示出了14种布拉菲点阵结构、点阵常数及其所属晶系。

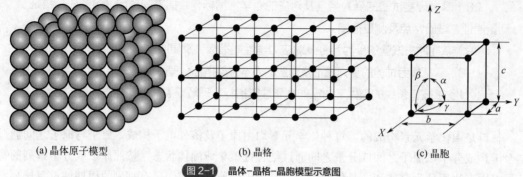

(a) 晶体原子模型　　　　　　　　(b) 晶格　　　　　　　　(c) 晶胞

图2-1 晶体-晶格-晶胞模型示意图

表2-1　14种布拉菲点阵及所属晶系

晶系	晶胞	点阵常数	布拉菲点阵	举例
立方		$a=b=c$，$\alpha=\beta=\gamma=90°$		Au，Ag，Cu，Al，α-Fe
六方		$a=b\neq c$，$\alpha=\beta=90°$，$\gamma=120°$		Zn，Mg，Cd
四方		$a=b\neq c$，$\alpha=\beta=\gamma=90°$		β-Sn，TiO_2
菱方		$a=b=c$，$\alpha=\beta=\gamma\neq90°$		As，Sb，Bi
正交		$a\neq b\neq c$，$\alpha=\beta=\gamma=90°$		α-S，Ga，Fe_3C

续表

晶系	晶胞	点阵常数	布拉菲点阵	举例
单斜		$a\neq b\neq c$，$\alpha=\gamma=90°\neq\beta$		$CaSO_4 \cdot 2H_2O$
三斜		$a\neq b\neq c$，$\alpha\neq\beta\neq\gamma\neq90°$		K_2CrO_7

（2）常见的金属晶格

金属的晶格类型很多，常见金属晶格有体心立方、面心立方和密排六方，体心立方和面心立方属于立方晶系，密排六方属于六方晶系。常见金属晶格如图 2-2 所示。

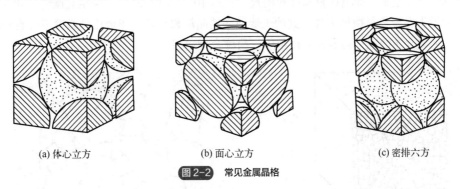

(a) 体心立方　　　　(b) 面心立方　　　　(c) 密排六方

图 2-2　常见金属晶格

① **体心立方晶格**　体心立方晶格的晶胞为一立方体，点阵常数 $a=b=c$，$\alpha=\beta=\gamma=90°$，在体心立方晶胞中心及 8 个顶点位置各有一个原子，其中顶点处的原子为相邻的 8 个晶胞所共有。属于体心立方晶胞单胞内的原子个数为 $8\times(1/8)+1=2$ 个。

具有体心立方晶格的金属有 α-Fe、Cr、Mo、W、V、Nb、Na、K、β-Ti 等，它们大多具有较高的强度，塑性也较好。

② **面心立方晶格**　面心立方晶格的晶胞也是一立方体，点阵常数 $a=b=c$，$\alpha=\beta=\gamma=90°$，在面心立方晶胞 6 个面的中心及 8 个顶点位置各有一个原子，其中，顶点处的原子为相邻的 8 个晶胞所共有，每个面中心的原子为相邻的 2 个晶胞所共有。属于面心立方晶胞单胞内的原子个数为 $8\times(1/8)+6\times(1/2)=4$ 个。

具有面心立方晶格的金属有 γ-Fe、Au、Ag、Cu、Al、Ni、Pt 等，它们的塑性极好。

③ **密排六方晶格**　密排六方晶格的晶胞为一正六棱柱，三个棱边的长度 $a=b\neq c$，晶胞棱

边夹角 $\alpha = \beta = 90°$，$\gamma = 120°$，密排六方晶胞的 12 个顶点上各有一个金属原子，上下底面的正中心各分布一个原子，柱体内部上下底面之间还包含三个原子，其中每个顶点处的原子为相邻 6 个晶胞所共有，面中心的原子为相邻的 2 个晶胞所共有。属于密排六方晶胞单胞内的原子个数为 $12 \times (1/6) + 2 \times (1/2) + 3 = 6$ 个。

具有密排六方晶格的金属有 Mg、Zn、α-Ti、Be、Cd 等，它们大多塑性较差，脆性较大。

2.1.2 实际金属的晶体结构与晶体缺陷

晶体内若原子排列规律相同，晶格方位一致，该晶体称为**单晶体**，如单晶硅。在单晶体中，所有晶胞呈现相同的位向，沿晶体的不同方向，其结构具有差异性，所以单晶体具有各向异性。此外，单晶体还有较高的强度、抗蚀性、导电性和其他特性，在半导体元件、磁性材料、高温合金材料等方面得到广泛开发和应用。工业生产中只有通过特殊制备才能获得单晶体。实际金属大多是多晶体，并且晶格存在缺陷。

（1）多晶体结构

金属多晶体是由许多小单晶体构成的，由于这些单晶体具有颗粒状外形，通常将其称为**晶粒**，各个小晶粒内部原子排列的位向是不同的，如图 2-3 所示。晶粒与晶粒之间的界面称为**晶界**。多晶体测不出单晶体所表现的各向异性，测出的是位向不同的各晶粒的平均性能，结果使实际金属显示出各向同性。

晶粒的尺寸很小，如钢铁材料晶粒的尺寸只有 $10^{-3} \sim 10^{-1}$ mm，在金相显微镜下才能看到，图 2-4 所示为在金相显微镜下观察到的工业纯铁的晶粒和晶界。在金相显微镜下观察到的晶粒形态、大小和分布情况称为金相显微组织，简称**金相组织**。

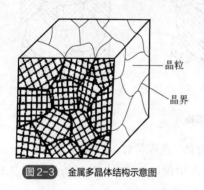

图 2-3　金属多晶体结构示意图

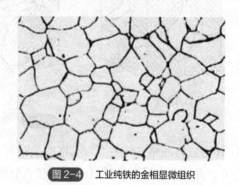

图 2-4　工业纯铁的金相显微组织

（2）实际金属中的晶格缺陷

除具有多晶体结构以外，与理想结构相比，实际金属结构中还存在着晶格缺陷。**晶格缺陷**是实际金属中偏离理想结构的区域，按其几何形状的特点，晶体缺陷可分为点缺陷、线缺陷和面缺陷三类。

① **点缺陷**　点缺陷的特征是三维尺度都很小，尺寸范围约为一个或几个原子间距的缺陷，包括空位、置换原子、间隙原子等，如图 2-5 所示。**空位**是指空缺的晶格结点位置。**置换原子**是指占据晶格结点上的异类原子。**间隙原子**是位于晶格间隙中的多余原子。

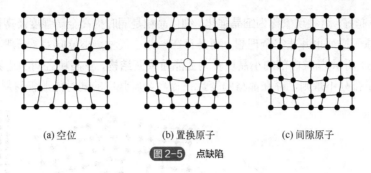

| (a) 空位 | (b) 置换原子 | (c) 间隙原子 |

图 2-5 点缺陷

点缺陷的形成，主要是由于原子在各自平衡位置做不停热运动的结果。当某个原子能量足够大，能够克服周围原子对它的吸引，便跳到晶界或晶格间隙处，形成间隙原子，并在原来位置上形成空位。空位和间隙原子的数目随着温度的升高而增加，如铝在室温时，1cm³中有8×10^{10}个空位，当温度升高到 600℃时，其空位数增至3×10^{19}个。点缺陷的存在，会使周围的原子偏离平衡位置，发生靠拢或撑开现象，引起附近晶格产生畸变，使金属的电阻率、屈服强度增加，密度发生变化，其他的力学性能、物理性能、化学性能也会发生一定变化。除升温外，离子轰击、塑性加工等也会增加点缺陷的数目。

② 线缺陷 线缺陷是指在晶体内部沿着某条线的方向，附近原子的排列偏离理想晶格位置所形成的缺陷区。线缺陷的特征是二维尺度很小而第三维尺度很大的缺陷。线缺陷的典型代表是位错。位错有刃型位错和螺型位错两种。

刃型位错的特征是晶体某个晶面的上下两部分的原子排列数目不等，就好像沿着某个晶面插入一个原子平面，但又未插到底，如同刀刃切入一样，如图 2-6 所示。

螺型位错是位错线附近的原子按螺旋形排列的位错，如图 2-7 所示。

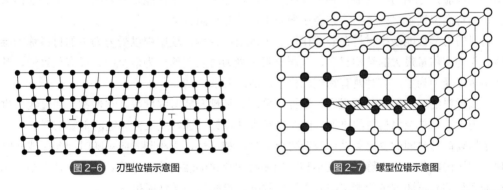

图 2-6 刃型位错示意图   图 2-7 螺型位错示意图

单位体积内位错线的总长度称为**位错密度**，单位为 cm/cm³ 或 cm⁻² 。在位错密度较低的退火态金属中，位错密度一般为$10^6\sim10^8$ cm⁻²，在大量冷变形或淬火的金属中，位错密度可达10^{12} cm⁻²。位错密度的增加会导致金属强度显著增加，如图 2-8 所示。提高位错密度是金属强化的重要途径之一。

③ 面缺陷 面缺陷是二维尺度很大而第三维尺度很小的缺陷。金属晶体中的面缺陷有晶界、亚晶界、相界、堆垛层错等，都是因为晶体中不同区域之间的晶格位向过渡造成的。金属多晶体中，晶粒间的位向差大多在 20°～40°，如图 2-9（a）所示，晶界上的晶格畸变较大，晶界厚度在几个原子间距到几百个原子间距。晶界处有大量位错累积，一些杂质原子也在此偏聚，导致晶界处能量较高，它能提高材料的强度和塑性。晶粒越细，金属的晶界面积越大，金属的强

度越高，塑性也越好，这种现象称为**细晶强化**。细化晶粒是同时提高金属强度及塑性的有效途径。

晶粒内部原子排列也并非完全理想，而是存在一些小尺寸、小位向差（一般小于 2°）的晶块，如图 2-9（b）所示，晶粒内部的小晶块称为**亚晶粒**或**亚结构**，亚晶粒之间的边界称为**亚晶界**。亚晶界处的原子排列不规则，存在晶格畸变，在提高金属强度的同时能改善材料的塑韧性。

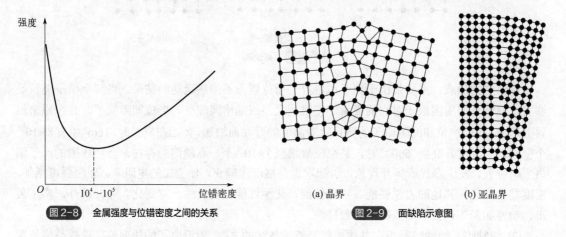

图 2-8　金属强度与位错密度之间的关系　　　　图 2-9　面缺陷示意图

2.2　金属材料的力学性能

人类使用材料主要是使用材料的各种性能。性能是材料受到外界刺激时产生的某种反应，如弹簧受拉时会伸长。材料的性能包括使用性能和工艺性能。使用性能是材料在使用过程中表现出来的性能，包括力学性能、物理性能、化学性能等。工艺性能是材料在加工中表现出来的性能，如将高温铁水浇入铸型，它会在型腔中流动并充满铸型。

材料的力学性能是指材料在外载作用下表现出的行为，使用中以受力为主的材料称为**结构材料**。作为使用量最大的结构材料，金属材料在受力时表现的行为最全面、最有代表性，其在使用中多以受力为主，有时兼有物理、化学性能的要求。

金属材料的力学性能包括强度、塑性、硬度、韧性及疲劳强度等，它们都能通过实验进行测定。力学性能是金属材料的重要性能，也是零件设计、选材及工艺评定的主要依据。

依据载荷与时间的变化关系，载荷可分为静载和动载，大小和方向不随时间变化或随时间变化非常缓慢的载荷称为**静载**，大小和方向随时间变化的载荷称为**动载**。下面分别介绍金属材料在静载和动载下通过试验测定的力学性能数据，也称为力学性能指标。

2.2.1　静载下金属材料的力学性能

生产中很多机械零件是在静载下工作的，如起重机大梁、机床床身等。金属材料在静载下的力学性能主要有强度、塑性、硬度、刚度等，它们是金属材料最基本的力学性能。

（1）静拉伸实验测定的力学性能指标

材料的强度、塑性依据 GB/T 228.1—2021 通过静拉伸实验进行测定。**强度**是指材料承受外力而不被破坏（产生不可恢复的变形或断裂）的能力，它是衡量零件本身承载能力的重要指标，是机械零部件首先应满足的基本要求。按外力作用的性质不同,静载下的强度指标主要有屈服强度、抗拉强度、抗压强度、抗弯强度等,工程上常用的是屈服强度和抗拉强度,它们通过静拉伸试验测定。强度的单位是 MPa（N/mm²）。断裂前材料产生永久变形的能力称为**塑性**。金属材料具有一定的塑性才能顺利承受各种变形加工。材料具有一定的塑性,可以提高零件使用的可靠性,防止突然断裂。

低碳钢是工程中广泛使用的材料之一,它在常温静载条件下表现出来的力学行为最全面,也最具有代表性,下面以低碳钢为例说明金属材料的强度、塑性等力学性能指标的测定。

低碳钢标准拉伸试样截面有圆形和矩形两种,圆形最常用,其尺寸有 $l_0 = 10d_0$ 和 $l_0 = 5d_0$ 两种,将其装夹在拉伸试验机上,对其施加轴向载荷 F,引起试样沿轴向产生伸长 $\Delta l (\Delta l = L_u - L_0)$,其中,$L_0$ 为室温下施力前的试样初始标距,L_u 为室温下断裂后的试样标距。当载荷超过某一数值后,试样伸长迅速加大,并使试样局部产生颈缩（直径缩小）,当载荷达到最大值时,试样断裂。拉伸试验机带有自动记录装置,以拉应力 $R(R = F / S_0)$ 为纵坐标,应变 e 为横坐标,也称为延伸率,$e = (L_u - L_e) / L_e$,其中,L_e 为使用引伸计量测的拉伸试样初始标距。对于测定基于延伸的性能,使用引伸计是国家标准强制规定的。得到的低碳钢静拉伸应力-应变曲线如图 2-10 所示。

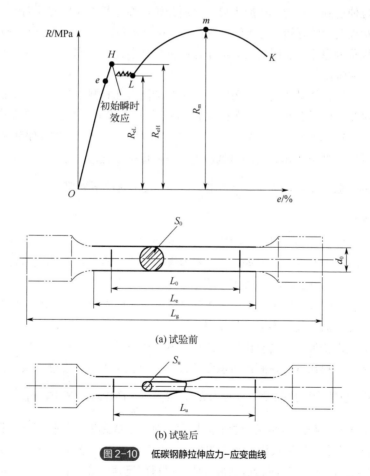

(a) 试验前

(b) 试验后

图 2-10 低碳钢静拉伸应力-应变曲线

在外载作用下,低碳钢的拉伸变形分为三个阶段:弹性变形（外力撤销后可以恢复原来形状）、塑性变形（外力撤销后不能恢复原来形状）和颈缩,分别对应于图 2-10 低碳钢拉伸应力

应变曲线上的 *OH* 段、*em* 段和 *mK* 段。

① 弹性变形力学性能指标——弹性极限和刚度。

图 2-10 所示低碳钢拉伸应力-应变曲线中，代表弹性变形过程的 *Oe* 段是过坐标原点的一段直线，线段的最高点 *e* 对应的应力值称为**弹性极限**。弹性极限是弹簧类等弹性元件设计时的选材依据。

在弹性变形范围内，应力和应变的比值（即线段 *Oe* 的斜率）称为材料的**弹性模量 *E***（单位 MPa），弹性模量是工程材料重要的性能参数，是衡量材料抵抗弹性变形难易程度的力学性能指标。弹性模量是金属材料最稳定的性能之一，它是一个对组织不敏感的力学性能指标，合金化、热处理、冷塑性变形等对弹性模量的影响较小；温度、加载速率等外在因素对其影响也不大。工程应用中，一般都把弹性模量作为常数。

工程上把零件抵抗弹性变形的能力称为**刚度**，刚度的大小取决于零件的几何形状和材料的弹性模量。工程上，弹性模量是度量材料刚度的系数。零件几何形状相同的前提下，材料的弹性模量越大，零件的刚度越大。某些零件，如机床的主轴、导轨、丝杠等，当其弹性变形过大，超过某一极限值后，会严重影响机器的工作质量，这些零件的刚度就显得尤为重要。

② 塑性变形力学性能指标——屈服强度和抗拉强度。

当低碳钢拉伸达到一定的变形应力后，金属开始从弹性状态非均匀地向弹塑性状态过渡，它标志着宏观塑性变形的开始，进入塑性变形后，材料的塑性应变急剧增加，应力-应变出现微小波动，此过程称为**屈服**。屈服阶段对应于低碳钢拉伸曲线上的锯齿段。塑性材料静拉伸曲线上均有明显的屈服阶段。

屈服强度是金属材料呈现屈服现象时，在试验期间金属材料产生塑性变形而力基本不变时的应力，符号为 R_e。屈服强度有上屈服强度 R_{eH} 和下屈服强度 R_{eL} 之分。**上屈服强度**为试样发生屈服而力首次下降前的最高应力（是屈服阶段的第一个极大应力值）。**下屈服强度**为在屈服期间，不计初始瞬时效应（见图 2-10）时的最低应力。下屈服强度比较稳定，工程上常以下屈服强度作为金属材料的屈服强度值，$R_{eL} = \dfrac{F_{eL}}{S_0}$ (MPa)，F_{eL} 表示对应下屈服点施加的载荷，S_0 表示拉伸试样原始截面积。

对于高碳钢、铸铁等脆性材料，拉伸曲线上无明显屈服阶段，国家标准规定用规定残余延伸强度 R_r 作为相应的强度指标。例如，$R_{r0.2}$ 表示规定残余延伸率为 0.2%时的应力，即卸除外力后，材料残余延伸率为 0.2%时对应的应力值。

屈服强度是材料的实际使用极限，也是塑性材料的选材依据，应力值超过材料屈服极限后，材料会发生塑性变形而失效，不能正常使用。

经过一定的塑性变形后，材料由屈服阶段进入塑性强化阶段，此时必须增加应力才能使材料发生塑性变形，材料在试样拉断前所承受的最大应力值称为**抗拉强度**，低碳钢拉伸曲线最高点 *m* 对应的应力值即为抗拉强度，符号为 R_m，$R_m = \dfrac{F_m}{S_0}$ (MPa)，其中，F_m 为拉伸曲线最高点对应的载荷，表示材料拉断前所承受的最大拉力。对于形成颈缩（拉伸试样直径减小）的塑性材料，其抗拉强度代表产生最大均匀变形的抗力，也表示材料在静拉伸条件下的极限承载能力。对脆性金属材料而言，一旦拉应力达到最大值，材料便迅速断裂，材料的抗拉强度就是材料的断裂强度，抗拉强度是脆性材料设计时的选材依据。

抗拉强度易于测定，数据重现性好，是工程上金属材料的重要力学性能标志之一，广泛用作产品规格说明或质量控制指标。

③ **塑性变形力学性能指标——断后伸长率和断面收缩率。**

压力加工是金属材料成型的一种重要方法。通过压力加工成型的零件，如吊钩等，均要求材料有良好的塑性。工程上为了防止零件在拉应力作用下发生脆性断裂，也要求零件有一定的塑性。塑性用断后伸长率 A 和断面收缩率 Z 来表示。

拉伸试验中，试样拉断后，标距的伸长量与原始标距的百分比称为**断后伸长率**，符号为 A。

$$A = \frac{L_u - L_0}{L_0} \times 100\%$$

拉伸试验中，试样拉断后，颈缩处截面积的最大缩减量与原横截面积的百分比称为**断面收缩率**，符号为 Z。

$$Z = \frac{S_0 - S_u}{S_0} \times 100\%$$

断后伸长率和断面收缩率越大，表示材料的塑性越好，金属材料产生塑性变形的能力越强。

（2）硬度试验测定的力学性能指标

硬度表示材料表面抵抗其他硬物压入的能力。硬度不是一个单纯的物理概念，而是材料弹性、塑性、强度和韧性等力学性能的综合判据。人们经过大量的试验发现，金属材料的硬度和强度之间有一定的相关性，但强度的测量往往是破坏性的，而硬度测量比较方便快捷，不破坏工件。通常，材料硬度越高，耐磨性越好。在实际工程中，硬度测量非常普遍。硬度试验根据其测试方法的不同可分为静压法（如布氏硬度、洛氏硬度、维氏硬度等）、划痕法（如莫氏硬度）、回跳法（如肖氏硬度）及显微硬度、高温硬度等多种方法。机械工程领域，常用的硬度有布氏硬度、洛氏硬度和维氏硬度。

① **布氏硬度 HB。**

布氏硬度试验原理：用一定直径的硬质合金球施加试验力，使其压入试样表面，经规定保持时间后，卸除试验力，得到一压痕，见图 2-11。通过读数显微镜测量试样表面压痕的直径。布氏硬度与试验力除以压痕表面积的商成正比。压痕的表面积通过压痕的平均直径和压头直径计算得到。试验中，硬度值无须计算，测出压痕直径后，对照布氏硬度数值表即可查出相应的布氏硬度值。

用硬质合金压头测得的布氏硬度，其代表符号为 HBW。布氏硬度的单位是 N/mm^2（或 MPa），习惯上不标出。

GB/T 231.1—2018 规定，布氏硬度压头直径有 1mm、2.5mm、5mm、10mm 共 4 种，试样尺寸允许时，优选直径 10mm 的压头进行试验。

布氏硬度测试的试验结果与试验条件密切相关，表示布氏硬度结果的同时必须指明试验条件。布氏硬度试验结果表达方法如下：

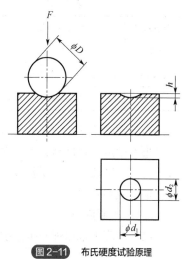

图 2-11　布氏硬度试验原理

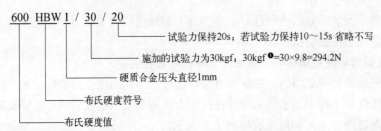

布氏硬度测试的优点是压痕面积大，能比较真实地反映材料内部组织的平均性能；测量数据具有较高的精度，试验结果稳定。缺点是测量费时，因压痕大，不宜测量薄件或成品件。

布氏硬度试验适用于测定灰铸铁、轴承合金等组织不均匀或晶粒粗大的金属材料的硬度，钢件退火、正火和调质后的硬度以及有色金属及合金的硬度。太硬的材料不宜采用布氏硬度计进行测量，以免损坏测量压头。

② 洛氏硬度 HR。

洛氏硬度试验是应用广泛的一种硬度测量方法，它的测量原理是：将锥顶角为 120° 的金刚石圆锥体或一定直径（1.5875mm 或 3.175mm）的碳化钨合金球形压头（个别情况下可用钢球压头）压入试样表面；试验中分两个步骤加载，先加初载荷，再加主载荷；经规定保持时间后，卸除主载荷，测量在初载荷作用下的残余压痕深度 h；洛氏硬度=$N-h/S$，式中，N 及 S 均为常数，其取值多少与标尺类型有关。洛氏硬度共有 15 种标尺。GB/T 230.1—2018 规定了不同标尺的代号，即 A、B、C、D、E、F、G、H、K、15N、30N、45N、15T、30T、45T，以及各标尺对应的试验规范和测量范围，生产中以 C 标尺应用最广。实际测量时，洛氏硬度值不用计算，直接从表盘读数。洛氏硬度没有单位。洛氏硬度的符号为 HR，其硬度值表示方法如下：

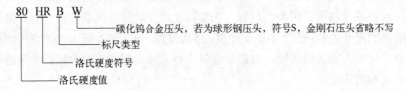

表 2-2 列出了三种常用洛氏硬度标尺的试验规范和应用举例。

表2-2 A、B、C 三种常用洛氏硬度标尺的试验规范和应用举例

硬度符号	压头类型	总压力 F/N	洛氏硬度范围	应用举例
HRA	120° 金刚石圆锥	588.4	20～88HRA	硬质合金，碳化物，浅层表面硬化钢
HRBW	1.5875mm 碳化钨合金球压头	980.7	20～100HRB	铝合金，铜合金，退火钢，正火钢
HRC	120° 金刚石圆锥	1471	20～70HRC	淬火钢，调质钢，深层表面硬化钢

洛氏硬度测试操作简便迅速，压痕小，可在成品件上直接检验。由于压痕小，洛氏硬度测量结果不稳定，数据具有离散性，尤其是对于组织比较粗大且不均匀的材料，更需要多次测量取平均值，试验中至少要测量 3 次。洛氏硬度标尺多，硬度测量范围广，但不同标尺下测得的硬度值不能相互比较。

③ 维氏硬度 HV。

维氏硬度测量原理与布氏硬度基本相同。维氏硬度采用面夹角为 136° 的金刚石正四棱锥

---

❶ 1kgf=9.8N。

作压头，以规定的试验力 F 压入材料的表面，保持规定时间后卸除试验力，得到一正四方锥形压痕，如图 2-12 所示，测量压痕对角线长度 d，计算压痕表面积。维氏硬度值与试验力除以压痕表面积的商成正比。维氏硬度符号为 HV。

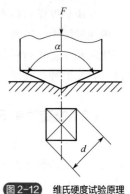

图 2-12　维氏硬度试验原理

维氏硬度的硬度值与试验力大小无关，对于硬度均匀的材料，可以任意选择试验力，其硬度值不变，这一点比洛氏硬度试验优越得多。维氏硬度计载荷可调范围大，对软、硬材料均适用，在硬度测试中有着广泛的应用；主要用于测试小型精密零件的硬度、表面硬化层硬度、镀层的表面硬度、薄片材料和细线材的硬度、刀刃附近的硬度等。当试验力小于 1.961N 时，测得的硬度称为显微维氏硬度，用于测定金属组织中各组成相的硬度，如可用来研究难熔化合物的脆性。维氏硬度的表示方法如下：

维氏硬度计试验效率低，对试样表面粗糙度要求高，通常需要制备专门的试样。

2.2.2　动载下金属材料的力学性能

许多机械零件是在动载下工作的，动载的类型主要有冲击载荷和交变载荷。冲击载荷是指在很短的时间内（或突然）施加在构件上的载荷，如用锤子钉钉子，钉子就受到锤子的冲击载荷作用。交变载荷是大小、方向随时间呈周期性变化的载荷，如弹簧在工作中受到的载荷就是交变载荷。动载下的力学性能指标主要有冲击韧度和疲劳强度。

（1）冲击载荷下的力学性能指标——冲击韧度

冲击韧度是在冲击载荷作用下材料断裂所吸收的能量，它表示材料抵抗冲击载荷的能力，符号为 K，单位为 J；用字母 V 或 U 表示缺口几何形状，用字母 W 表示无缺口试样，用下标数字 2 或 8 表示摆锤锤刃半径，如 KV_2。冲击韧度通过夏比摆锤冲击试验测定。

试验原理：将规定几何形状的缺口试样置于试验机两支座之间，缺口背对摆锤，用摆锤一次打击试样，测定试样的吸收能量。标准尺寸冲击试样长度为 55mm，横截面为 10mm×10mm 方形截面，在试样长度中间有 V 形或 U 形缺口，如图 2-13 所示。相同材料在同一试验条件下，V 形缺口试样测得的冲击韧度值 K_V 小于 U 形缺口试样测得的冲击韧度值 K_U。

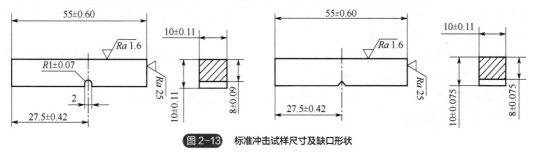

图 2-13　标准冲击试样尺寸及缺口形状

冲击韧度受材料本身、环境温度、试样大小、缺口形状等因素的影响。由于冲击韧度对材料组织缺陷十分敏感，它是检验冶炼和热加工质量的有效方法。生产中可以通过改变材料成分、细化晶粒来提高材料的韧性；另外，提高材料冶金质量，减少偏析、夹渣也能有效提升材料韧性。材料的冲击韧度一般不作为零件选材的直接依据，只是作为选材时的一个参考依据。

（2）交变载荷下的力学性能指标——疲劳强度

机械中很多零件，如齿轮、轴、轴承、弹簧等，是在交变载荷作用下工作的。在交变载荷作用下发生的破坏现象，称为"疲劳失效"或"疲劳破坏"。发生疲劳破坏时材料的断裂应力往往低于材料的屈服强度，断裂前多无明显塑性变形，生产危害很大。据统计，疲劳是造成金属断裂的主要原因，约有 90% 的金属断裂来自疲劳破坏。

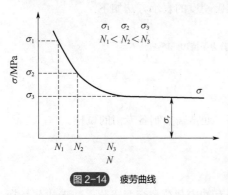

图2-14　疲劳曲线

疲劳强度表示材料抵抗交变应力的能力。材料的疲劳强度是在疲劳试验机上模拟测定的。交变应力种类很多，可用应力循环对称因数 r 表示其特征，$r = \sigma_{min} / \sigma_{max}$。对称循环交变应力，$r=-1$，其 σ_{min} 与 σ_{max} 大小相等，方向相反。对称循环应力下的疲劳强度用符号 σ_{-1} 表示。疲劳试验多数采用对称循环应力加载。材料所能承受的交变应力 σ 与应力循环系数 N 之间的关系曲线称为疲劳曲线，如图 2-14 所示。**疲劳强度**表示材料在一定的循环次数下不发生断裂的最大应力。一般规定钢铁材料的循环次数为 10^7，有色金属的循环次数为 10^8。

疲劳强度不仅对材料的组织结构（如缺口、裂纹及组织缺陷）很敏感，而且对零件的表面状态（如加工产生的磨痕、刀痕）或形状也很敏感。生产中通过喷丸、滚压等表面冷塑性加工使零件表层产生残余压应力，有利于提高疲劳强度；此外，通过表面淬火、渗碳、碳氮共渗等表面热处理，能同时提高零件表面硬度和疲劳强度。

2.2.3　金属材料的断裂韧性

前面所述的力学性能，都是假定材料内部是完整连续的。实际上，材料内部不可避免地存在气孔、夹杂等各种缺陷。缺陷的存在，使材料内部不连续，这些缺陷可看成材料内部微裂纹，在其周围产生应力场，它们在宏观应力作用下会扩展为宏观裂纹。生产中，桥梁、船舶、大型轧辊、转子等有时会发生低应力脆断，断裂时的应力值低于材料的屈服强度。大量断裂案例分析表明，这种低应力脆断是由宏观裂纹失稳扩展引起的。材料中的宏观裂纹可能是在冶炼和加工工艺中产生的，也可能是在服役过程中产生的，如疲劳裂纹、腐蚀裂纹等。材料抵抗裂纹失稳扩展断裂的能力叫**断裂韧度**。

研究低应力脆断的裂纹扩展问题一般应用弹性力学理论，应力场强度分析法是线弹性断裂力学分析裂纹体断裂问题的一种常用方法。

根据断裂力学分析，裂纹尖端前沿存在着应力集中，形成裂纹尖端应力场，其大小可用应力场强度因子 K_1 来描述：

$$K_1 = Y\sigma\sqrt{a}$$

式中，Y 为与试样和裂纹几何尺寸有关的量，无量纲；σ 为外加应力，N/mm^2；a 为裂纹的半长，mm。

随拉应力增大，裂纹尖端的应力场强度因子 K_1 也增大，当其增大到某一定值时，就能使裂纹前沿的内应力大到足以使材料分离，使裂纹产生失稳扩展，发生断裂，此时的 K_1 记为 K_{1C}，称为应力场强度因子临界值，它就是材料的断裂韧度。K_{1C} 是材料自身特性，与材料成分、热处理及加工工艺无关，其值可通过试验确定。

断裂韧度是材料强度和韧性的综合体现。对于重要的大型零件的设计与制造，断裂韧度是一个非常重要的力学性能指标。利用断裂韧度的计算公式，可以判断一个大型零件是否还能正常使用，这在工程上非常重要。例如，已知某材料的 K_{1C}，用探伤方法测出由该材料制造的大型零件内部的宏观裂纹尺寸，就可以通过 K_1 的计算公式得出此零件所能承受的最大应力；知道某材料的 K_{1C} 和实际工作时的应力，也可以计算出由该材料制造的零件内所允许的最大裂纹长度。

2.3 金属材料的物理化学性能

2.3.1 物理性能

物理性能是指材料固有的属性，金属材料的物理性能包括密度、熔点、热学性能、磁学性能等，下面仅介绍与铸造、热处理等工艺相关的物理性能。

（1）密度

密度是在一定温度下单位体积物质的质量，密度等于物体的质量除以体积，符号为 ρ，单位是 kg/m^3 或 g/cm^3。表 2-3 所示为常见金属材料在室温下的密度。

表 2-3　常见金属材料的密度（20℃）

材料	铁	铜	铝	镁	锂	钛	钨	锡	锌	铅
密度/（g/cm³）	7.8	8.9	2.7	1.74	0.53	4.5	19.3	7.28	7.14	11.3

（2）熔点

熔点是某种物质从固态转变为液态时的温度。铝、铜等金属晶体具有固定的熔点，而玻璃、松香等非晶体材料则没有固定的熔点。金属的熔点对材料的成型和热处理工艺十分重要，表 2-4 为常用金属材料的熔点。

表 2-4　常用金属材料的熔点

材料	铁	铜	铝	钨	钼	铅	锡	碳钢	铸铁
熔点/℃	1538	1083	660.1	3380	2630	327	231.9	1450～1500	1148～1279

（3）热学性能

① 热容 C　热容表示一种材料从环境中吸收热的能力，它代表温度升高一个单位所需要的

能量，单位是 J/(mol·K)。

② **比热容** c 它代表单位质量的热容，单位是 J/(kg·K)。表 2-5 所示为某些常用金属材料的比热容。

表 2-5 常用金属的比热容

材料	铁	铜	铝	钨	金	银	镍
比热容/[J(kg·K)]	448	386	900	138	128	235	443

③ **热胀系数** α 大多数固体材料在受热时膨胀、冷却时收缩，热胀系数表示材料受热时膨胀的能力，单位为温度的倒数 1/℃。热胀系数随温度的升高而增加，表 2-6 所示为常用金属材料的热胀系数。

表 2-6 常用金属材料的热胀系数

材料	铁	铜	铝	钨	金	银	镍	钛
热胀系数/(×10⁻⁶/℃)	11.8	17.0	23.6	4.5	14.2	19.7	13.4	8.2

④ **热导率** k 热传导是一个物质中热从高温区域传到低温区域的现象。热导率用来描述一个物质传导热的能力，单位是 W/(m·K)，金属是极好的热的导体，表 2-7 所示为常见金属材料的热导率。

表 2-7 常见金属材料的热导率

材料	铁	铜	铝	钨	金	银	镍
热导率/[W/(m·K)]	80	398	247	178	315	428	90

⑤ **热应力** σ 热应力是物体中由于温度变化而产生的应力。热应力会引起材料发生断裂或产生不必要的塑性变形。热应力产生的原因之一是热膨胀（或收缩）在材料内部受限，应力的大小可通过公式 $\sigma = E\alpha\Delta T$ 计算，E 为弹性模量，α 为热胀系数，ΔT 为温度变化。物体的速冷或速热会在材料的外部或内部产生温度梯度，并伴随着不同尺寸变化，最终产生热应力。

2.3.2 化学性能

（1）耐蚀性

耐蚀性是指金属材料抵抗空气、水及其他化学物质腐蚀破坏的能力。**腐蚀**是指（包括金属和非金属）在周围介质（水、空气、酸、碱、盐、溶剂等）作用下产生损耗与破坏的过程。

金属材料的腐蚀主要有两种，一种是化学腐蚀，另一种是电化学腐蚀。**化学腐蚀**是金属直接与周围介质只发生化学作用而没有电流产生的腐蚀过程，如钢的氧化反应。**电化学腐蚀**是金属在酸、碱、盐等电介质溶液中由于原电池的作用而引起的腐蚀。

通过均匀化处理、表面处理等都可以提高材料的耐腐蚀性，如不锈钢钝化处理防锈、涂抹防锈油、喷漆、电解抛光、表面涂一层耐蚀金属、涂敷非金属层、电化学保护和改变腐蚀环境介质等。

（2）抗氧化性

金属材料在高温时抵抗氧化性气氛腐蚀作用的能力称为**抗氧化性**，即物质能够阻止或者延缓氧化进程的性能。

高温下使用的工件通常都要求具备高温抗氧化的能力。提高材料高温抗氧化性的有效措施是使材料表面形成一层连续且致密膜阻止空气的进一步氧化。

2.4 金属材料的工艺性能

工艺性能是指材料对各种加工工艺的适应能力，也可以理解为材料在加工中表现出的性能。金属材料的工艺性能主要包括铸造性能、锻压性能、焊接性能、切削加工性能和热处理工艺性能等。

（1）铸造性能

将熔融金属液浇注到型腔中，冷却后得到外形完整、轮廓清晰的铸件的加工方法称为**铸造**。**合金的铸造性能**是指合金通过铸造成型获得优质铸件的能力。铸造性能是合金流动性、收缩性、吸气性和偏析性等性能的综合体现。

（2）锻压性能

锻压性能指金属材料能否用锻压方法制成优良锻压件的性能。锻压性能常用金属材料的塑性和变形抗力综合衡量。塑性越大，变形抗力越小，其压力加工性能越好。

铜合金和铝合金在室温状态下就有良好的锻压性能，碳钢在加热状态下锻压性能较好。铸铁锻造性能差，不能锻造。

（3）焊接性能

焊接是一种永久性连接。**焊接性**是指材料在一定焊接工艺下获得优质焊接接头的难易程度。焊接性包括工艺焊接性和使用焊接性两个方面。工艺焊接性主要指焊接接头产生工艺缺陷的倾向。使用焊接性主要指焊接接头在使用中的可靠性。

（4）切削加工性能

金属切削加工是利用刀具从金属坯件上切去多余金属，进而获得成品或半成品金属零件的加工方法。切削加工金属材料的难易程度称为**切削加工性能**，一般由工件切削后的表面粗糙度及刀具寿命等方面来衡量。影响切削加工性能的因素主要有工件的化学成分、金相组织、物理性能、力学性能等。硬度在 170～230HBW 比较适合切削，中碳钢硬度在 200HBW 左右，切削加工性最好。含碳量过高或过低，都会降低其切削加工性能。

（5）热处理工艺性能

金属材料适应各种热处理工艺的性能称为**热处理工艺性能**。热处理工艺性通常是指材料的淬透性、淬硬性、过热和过烧敏感性、耐回火性和回火脆性等。

本章小结

本章着重介绍了金属材料的微观晶体结构和金属材料的宏观性能两部分内容，这两部分是密切相关的，金属材料的宏观力学性能取决于材料的微观晶体结构。

（1）晶体结构部分介绍了理想金属的晶体结构和实际金属的晶体结构。

① 晶体中原子是周期性规则排列的。自然界中的晶体共有 14 种点阵排列，分别对应 14 种晶胞，这些晶胞归属 7 大晶系。

② 常见金属的晶体结构有体心立方、面心立方和密排六方。面心立方晶格的金属塑性极好，体心立方晶格的金属强度较高、塑性较好，密排六方晶格的金属塑性较差、脆性较大。

③ 实际金属内部的原子并非像理想金属一样都是规则排列，而是存在着晶格缺陷。按缺陷尺度不同，有点缺陷、线缺陷和面缺陷之分。晶格缺陷的存在会引起晶格畸变。实际金属是多晶体结构，由许多小晶粒组成，晶粒越细，材料强度、硬度越高，塑性也越好，这称为细晶强化。

（2）金属材料的性能包括使用性能和工艺性能。使用性能有力学性能、物理性能和化学性能。本章对力学性能进行了重点介绍。

① 金属材料的力学性能有对应的力学性能指标，它们都能通过力学试验测量得到。

② 金属材料在静载下的力学性能指标有强度指标、塑性指标和硬度指标。强度和塑性通过拉伸试验测量得到，硬度通过硬度试验得到。工程上常用的强度指标有屈服强度和抗拉强度。金属材料常用的硬度有布氏硬度、洛氏硬度和维氏硬度。

③ 冲击韧度是在冲击载荷作用下通过摆锤冲击试验得到的，冲击韧度受材料和外界因素的影响。

④ 疲劳强度是在交变载荷作用下通过疲劳试验得到的。工程上很多事故是由疲劳引起的，通过表面处理可以提高材料的疲劳强度。

⑤ 断裂韧度是金属材料在有裂纹情况下测得的力学性能指标，它是材料自身的特性，与外界因素无关。

⑥ 金属材料的工艺性能主要有铸造性能、锻压性能、焊接性能、切削性能和热处理性能，前四种工艺性能影响金属毛坯或零件的成型，热处理性能影响金属材料的内部组织结构。

 习题

一、填空题

（1）结晶是依靠两个密切联系的基本过程实现的，这两个过程是（　　）和（　　）。

（2）晶体缺陷中的点缺陷有多种，除置换原子外，还有（　　）和（　　）。

（3）按晶体结构属性进行分类，合金中的相包括（　　）和（　　）。

（4）三种常见金属晶格中，塑性最好的是（　　）晶格，金属铝即有此种晶格。

（5）金属材料的塑性指标有（　　）和（　　）。

（6）在金属材料各种加工工艺中，（　　　）工艺不能改变零件的形状，只改变材料的内部组织结构。

（7）金属材料常用的硬度检测有（　　）、（　　）和（　　）三种，其中，（　　）可用来检测金属材料显微组织的硬度，（　　）测量快，压痕小，在工厂中常用来检测成品件的硬度。

（8）金属静拉伸实验可以测定（　　）和（　　）两类力学性能指标。

二、判断题

（1）金属材料的静拉伸曲线上都能显示屈服阶段。（　　　）

（2）受冲击载荷作用的工件，其代表性力学性指标是疲劳强度。（　　）

（3）铸铁材料因微观组织不均匀，应采用布氏硬度计测量硬度。（　　）

（4）铝为体心立方结构，塑性很好，生产中可将其加工成铝箔。（　　）

（5）晶体缺陷的共同之处是它们都能引起晶格畸变。（　　）

三、简答题

（1）写出下列符号的含义：

R_e，R_m，HBW，HRC，HV，A，Z，σ_{-1}，K_u，K_{1C}

（2）按金属晶格类型对下列金属进行分类（请写出晶格类型）：

α-Fe，γ-Fe，Cr，V，α-Ti，Cu，Al，Ni，Zn，Mg

（3）金属的工艺性能有哪些？

第 3 章

金属的结晶与简单二元相图

本章思维导图

扫码获取本书配套资源

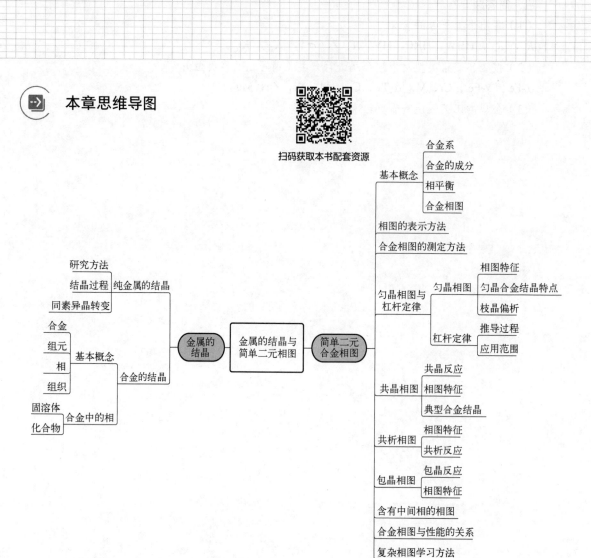

本章学习目标

（1）描述纯金属的结晶过程；掌握过冷度的概念；掌握形核的方式；掌握纯铁的同素异晶转变。

（2）掌握合金的相结构；理解相与组织的区别和联系。

（3）画出匀晶相图和共晶相图，并在相图中标出各相区名称，正确指出液相线、固相线、共晶线、固溶线。

（4）在二元相图中，画出已知合金的成分垂线；已知合金的成分和温度，确定合金的相组成；在两相区内，通过杠杆定律计算出相的质量分数。

（5）依据匀晶相图、共晶相图、共析相图，在加热或冷却条件下，写出所有相变反应式。

（6）结合匀晶相图，画出某合金结晶过程的组织转变图。

（7）理解不平衡结晶的产生原因，知道对应的解决方法。

（8）掌握相图与合金性能的关系。

（9）了解复杂相图的学习方法；了解相图的局限性。

3.1　纯金属的结晶

在室温低于 0℃时，会发生水结冰的现象。生产中，金属在熔炼、铸造、焊接中一般也要经历由液态到固态的过程，称之为**凝固**。金属材料通常是固态多晶体，由液态转变为固态晶体的过程称为**结晶**，结晶后获得的晶粒大小、形态分布会直接影响材料的性能。研究金属结晶的过程，目的是掌握金属结晶规律，用以指导铸造、焊接生产实践，同时也为研究其他相变和组织转变奠定理论基础。

（1）热分析试验与冷却曲线

热分析法是研究金属结晶过程的常用方法，它通过程序控制温度，准确记录物质物理、化学性质随温度变化的关系。图 3-1 为热分析装置示意图，用该装置将金属加热熔化，然后缓慢冷却，在冷却过程中，记录温度随时间的变化；将结果绘在温度-时间坐标图上，就得到金属的冷却曲线。

图 3-2 为纯金属冷却曲线，图中 T_0 为**理论结晶温度**，T_1 为**实际结晶温度**，二者之间的温度差 ΔT 称为**过冷度**。试验结果表明，金属的实际结晶温度总是低于理论结晶温度，这种现象称为**过冷**。自然界的一切物质运动，都会自发地由高能状态变为低能状态，物质才能稳定存在。结晶过程就是从自由能较高的液态金属向自由能较低的固态金属自发转变的过程。在理论结晶温度 T_0，液态金属自由能等于固态金属自由能，液相与固相处于一种动态平衡，既不熔化也不凝固；若温度低于理论结晶温度 T_0，固态自由能低于液态自由能，液态金属将自发地凝固为固态金属，所以，过冷是金属结晶的必要条件。研究表明，金属的过冷度并不是一个恒定值，它

受金属中杂质和冷却速度的影响。金属越纯，过冷度越大；同一金属，冷却速度越大，过冷度越大，金属的实际结晶温度越低。

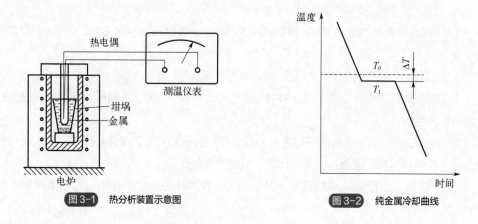

图 3-1　热分析装置示意图　　　　图 3-2　纯金属冷却曲线

（2）金属的结晶过程

研究证明，金属的结晶过程是晶核不断形成和长大这两个基本过程构成的。小体积、内部温度均匀的液态金属的结晶过程如图 3-3 所示，随着温度的降低，液态金属原子的活动能力不断减弱；温度低于理论结晶温度之后，某些相互靠近的局部原子按照金属固有晶格规则地排列成许多大小不等的原子集团，能稳定存在的原子集团称为**晶核**；晶核吸附周围的原子不断长大，随时间的推移，在晶核长大的同时又有新晶核出现、长大，直到所有生长的小晶体彼此接触时，被迫停止长大，只能向尚未凝固的液体部分伸展，直至液态金属耗尽为止，结晶过程结束。

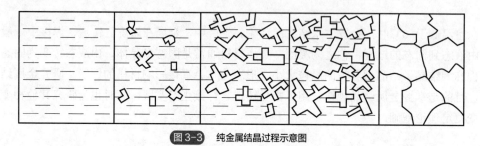

图 3-3　纯金属结晶过程示意图

金属结晶形核有自发形核和非自发形核两种方式。当液态金属冷却到结晶温度以下，以相互靠近的能稳定存在的原子集团为结晶核心的形核方式称为**自发形核**。当液态金属中有高熔点难熔杂质（自带或人工加入）时，以这些杂质为结晶核心的形核方式称为**非自发形核**。自发形核只有在纯金属结晶过程中才有可能，实际使用的金属并不很纯，多以非自发形核为主。

晶核长大就是液态金属原子向晶核表面聚集的过程。晶核长大有平面长大和枝晶长大两种。以平面长大时，晶粒一直保持规则外形，最终形成总表面能趋于最小且具有规则外形的晶体。以枝晶方式长大时，晶体在长大过程中就像树枝那样不断分枝而成为树枝状晶，如图 3-4 所示，晶核顶点、棱边等散热快的位置，过冷度大，相比其他部位长得较快。实际金属结晶多以枝晶方式长大。

结晶完毕，每一个晶核长大成为一个外形不规则的小晶体，称为**晶粒**。结晶过程中，晶核数目越多，晶核的长大速度越慢；金属凝固后，晶粒数目越多，晶粒越细。细化晶粒是提高金属力学性能的重要途径之一，实际生产中控制晶粒大小的常用方法有：①控制过冷度，如铸造时降低浇注温度，采用金属型铸造等；②变质处理，对于大体积的液态金属，降低冷却速度并不容易，可以在浇注前往液态金属中加入某种物质，促进非自发形成，生产上称为**变质处理**，所加物质称为**变质剂**；③采用机械搅拌、电磁搅拌或超声振荡等物理方法来细化晶粒。

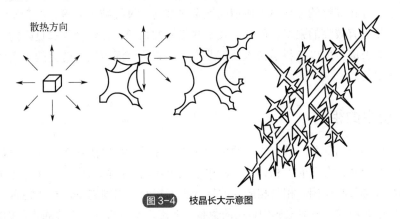

散热方向

图 3-4　枝晶长大示意图

（3）金属的同素异晶转变

大多数金属从液态结晶成固态后，其晶体结构不再发生变化，但有些金属在固态下晶体结构随温度的改变而发生变化。固态金属在一定温度下由一种晶体结构转变成另一种晶体结构的过程称为金属的**同素异晶转变**。Fe、Ti、Co、Sn 等金属结晶过程中都具有同素异晶转变现象。

图 3-5 所示为金属纯 Fe 的冷却曲线，纯 Fe 在1538℃结晶，为体心立方结构，称为 δ-Fe；在 1394℃发生同素异晶转变，为面心立方结构，称为 γ-Fe；在 912℃再次发生同素异晶转变，为体心立方结构，称为 α-Fe。

固态下的同素异晶转变与液态结晶类似，也包括形核和长大两个过程，以示区别，固态下的结晶过程又称为**相变重结晶**。

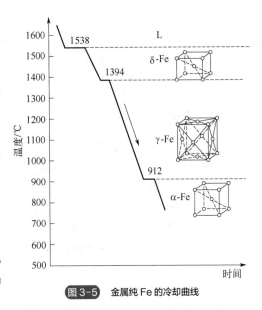

图 3-5　金属纯 Fe 的冷却曲线

3.2　合金的结晶

纯金属导电性、导热性良好，塑性优良，在工业上有一定的应用。但是纯金属的强度和硬度一般都比较低，难以满足机器零件和工程结构件对力学性能提出的各种要求，尤其是在特殊环境中服役的零件，还有诸如耐热、耐蚀、导磁、低膨胀等特殊性能要求，此时纯金属更无法胜任，加之纯金属种类有限，制取困难，价格相对较高，因此在各行业上应用较少。实际工程中使用的金属材料多是合金。

合金是由两种或两种以上的金属元素或金属元素与非金属元素熔合或烧结而成的具有金属性质的物质。其中组成合金的独立的、最基本的单元叫作**组元**。组元可以是纯元素也可以是稳定化合物，如黄铜的组元是铜和锌，碳钢和铸铁是铁和碳组成的合金。由两个组元组成的合金称为**二元合金**，例如工程上常用的铁碳合金、铜镍合金、铝铜合金等。二元以上的合金称**多元合金**。

自然界中不存在纯粹的纯金属，所谓的纯金属都是经过提纯工艺得到的杂质含量非常低的合金。合金不仅具有较高的强度、硬度以及某些优异的物理、化学性能和良好的工艺性能，而且价格比纯金属低廉，所以在科学技术及工业生产中获得广泛应用。合金的优良性能是由其内部组织结构决定的。

3.2.1 合金中的相

相是系统中均匀的部分，具有均一的物理和化学性质。按聚焦状态不同，相有气相、液相和固相三种。在金属或合金的固相系统中，化学成分相同、晶体结构相同并有界面与其他部分分开的均匀组成部分叫作**相**。相与相之间的转变称为**相变**。在固态下，有些物质由单相组成，有些物质是由多相组成。固态金属中，相的数量、形态、大小和分布方式通常是肉眼不可见的，必须借助显微镜才能观察，称为**显微结构**或**组织**。在金属或合金中，显微结构是通过存在的相所占的百分比和相的排布方式决定其特征的。如果合金仅由一个相组成，称为**单相合金**；如果合金由两个或两个以上的相所构成，则称为**多相合金**。

固体材料成千上万，相的种类繁多，根据相的晶体结构特点（简称相结构），可以将其划分为固溶体和金属化合物两大类。

（1）固溶体

固溶体是指溶质原子溶入溶剂晶格中形成的、保持溶剂晶体结构的均匀组成部分。固溶体中，数量多的元素或化合物称为**溶剂**；数量少的元素或化合物称为**溶质**。固溶体一般用 α、β、γ 等希腊字母表示。

① **固溶体的种类** 按溶质原子在溶剂晶格中的位置不同，固溶体分为置换固溶体和间隙固溶体，图 3-6 所示为置换固溶体和间隙固溶体的结构示意图。**置换固溶体**的特征是溶质原子位于溶剂晶格结点上，**间隙固溶体**的特征是溶质原子位于溶剂晶格间隙中。即使非常小的间隙原子，其体积也往往大于晶格间隙的大小，间隙固溶体中的间隙原子一般是原子序数小的非金属原子。过渡族金属元素（如 Fe、Co、Ni、Mn、Cr、Mo）和 H、B、C、N 等原子半径较小的非金属元素结合在一起，能形成间隙固溶体。

② **固溶体的特性** 无论是置换固溶体还是间隙固溶体，溶质原子的存在都会引起溶剂晶格发生一定程度的晶格畸变，导致固溶体强度、硬度升高，塑性、韧性下降，这种现象称为**固溶强化**。实践证明，只要适当控制固溶体中的溶质含量，就可以在显著提高金属材料强度、硬度的同时，使材料仍然保持相当好的塑性和韧性。固溶体的综合力学性能很好，常常被用作为结构材料的基体相。在实际使用的金属材料中，几乎所有对综合力学性能要求高（强度、塑性和韧性之间有较好的配合）的结构材料，都是以固溶体为基体的合金。溶质原子含量越多，固溶强化效果越明显。晶格畸变除了引起固溶强化外，还会使固溶体的某些物理性能发生变化。一般规律是随着溶质原子溶入，金属电阻率升高。工程技术上一些高电阻率材料（如热处理炉用

的 Fe-Cr-Al 和 Cr-Ni 电阻丝等）多是固溶体合金。

固溶强化对金属性能虽然有上述强化效果，可是单纯通过固溶强化所达到的最高强度指标仍然有限，常常满足不了对结构材料的使用要求，因而在固溶强化的基础上还要应用其他强化方式。

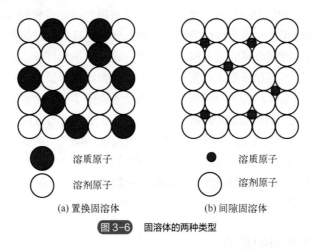

溶质原子　　溶剂原子　　溶质原子　　溶剂原子

(a) 置换固溶体　　　　(b) 间隙固溶体

图 3-6　固溶体的两种类型

（2）金属化合物

金属化合物是合金组元间相互作用形成的新相，它的晶格类型和特性完全不同于合金中的任一组元。由于金属化合物在相图中一般处于中间位置，所以也称为**中间相**。

① **金属化合物的特性**　金属化合物一般具有复杂的晶体结构，且熔点高、硬而脆，表 3-1 所示为钢中常见碳化物的性能。金属化合物的形态及分布对合金性能有显著影响，若金属化合物细小且均匀分布于合金中，通常会提高合金的强度、硬度和耐磨性，但合金的塑性和韧性会有所下降，这种现象称为**弥散强化**。

表 3-1　钢中常见碳化物的硬度和熔点

碳化物	TiC	ZrC	VC	NbC	TaC	WC	MoC	$Cr_{23}C_6$	Fe_3C
硬度/HV	2850	2840	2010	2050	1550	1730	1480	1650	860
熔点/℃	3410	3540	3023	3770	4150	2870	2960	1577	1227

金属化合物是各类合金钢、硬质合金和许多有色金属的重要组成相。

② **金属化合物的分类**　按形成规律及结构特点，金属化合物可分为正常价化合物、电子化合物以及间隙化合物三种类型。

正常价化合物符合一般化合物的原子价规律，成分固定并可用化学式表示。它们是由元素周期表中相距较远、电化学性质相差较大的元素组成的。一般由金属元素与第ⅣA、ⅤA、ⅥA族的非金属元素组成。正常价化合物具有很高的硬度和脆性，如 Al-Mg-Si 合金中的 Mg_2Si 就是正常价金属化合物。

电子化合物是按照一定的电子浓度（化合物中价电子数与原子数之比）形成具有某种结构的化合物，它们由ⅠB族或过渡族元素与第Ⅱ至第ⅤA族元素形成。电子化合物的晶体结构与电子浓度有一定对应关系：电子浓度为 3/2（或 21/14）时，是具有体心立方晶格的电子化合物，又称 β 相；电子浓度为 21/13 时，是具有复杂立方晶格的电子化合物，又称 γ 相；电子浓度为

7/4（或 21/12）时，是具有密排六方晶格的电子化合物，又称 ε 相。电子化合物不遵守化合价规律，但仍可以用化学式表示。

电子化合物的成分通常不是一个固定值，而是具有一个成分范围。可在电子化合物的基础上，再溶解一定量的组元，形成以电子化合物为基的固溶体，如黄铜（Cu-Zn 合金）中 β 相就是以电子化合物 CuZn 为基的固溶体。电子化合物具有很高的熔点和硬度，但塑性较低；它是有色金属中的重要组成相；与固溶体适当配合，可以使合金获得良好的力学性能。

间隙化合物是由过渡族金属元素与氢、氮、碳、硼等原子半径较小的非金属元素形成的金属化合物，具有很高的熔点和硬度。根据形成间隙化合物组元的原子半径比及其结构特征，间隙化合物分为具有简单晶体结构的**间隙相**（非金属元素原子半径和金属元素原子半径之比小于 0.59）和具有复杂晶体结构的**间隙化合物**（非金属元素原子半径与过渡族金属元素原子半径之比大于 0.59）。间隙相具有明显的金属特性，有极高的熔点和硬度，非常稳定，是合金工具钢的重要组成相（如 VC、WC、TiC、MoC 等），也是硬质合金和高温金属陶瓷材料的重要组成相。

间隙化合物在钢中也是重要的组成相，如碳钢中的 Fe_3C 以及合金钢中的 $Cr_{23}C_6$、Cr_7C_3、Fe_4W_2C、Fe_2B 等均属此类。

3.2.2　二元合金相图的建立

工业合金绝大多数是以固溶体为基体加上化合物（一种或多种）所构成的机械混合物。通过调整固溶体的溶解度以及分布于其中的化合物的数量、大小和分布，可以使合金的力学性能在一个相当大的范围内发生变化，从而满足不同的性能要求。为了研究合金组织与性能之间的关系，必须了解合金中各种组织的形成过程及变化规律，合金相图正是研究这些规律的有效工具。

在具体介绍相图之前，先介绍几个基本概念。

合金系　由给定组元配制成的一系列成分不同的合金，这些合金组成一个合金系统，称为合金系。由两个组元组成的合金系称为二元系，三个组元组成的合金系称为三元系。

合金的成分　可用合金中某一元素的质量分数来描述，合金中某元素的质量分数是指该元素的质量与合金总质量的比值。假设某合金由元素 1 和元素 2 组成，其质量分别为 m_1 和 m_2，元素 1 的质量分数为 $C_1 = m_1 / (m_1 + m_2) \times 100\%$。

相平衡　在多相系统中，各相的特性不随时间发生变化。

合金相图　用图解的方法表示合金中的相与温度、成分之间的关系。由于相图中的相一般均为平衡状态，即外界条件不变，相的状态不随时间发生变化，所以相图又称为**平衡状态图**。在生产中，合金相图可作为制定铸造、锻造、焊接及热处理工艺的重要依据。

（1）二元合金相图的表示方法

影响相结构的外部参数有温度、压力和组成。常压下，二元合金相图是以温度和成分为坐标的平面图形，纵坐标表示温度，横坐标表示成分。

如果合金由 A、B 两组元组成，横坐标一端表示纯组元 A，而另一端表示纯组元 B。若将横坐标两端点间的线段等分为 100 份，那么任一成分的合金都可在横坐标上找到相应的一点。例如，图 3-7 中，C 点代表含 Ni40%和 Cu60%的合金，而 D 点代表含 Ni80%和 Cu20%的合金。

若合金超过两个组元，相图会变得非常复杂甚至难以呈现，即使合金超过两个组元，对于主要原理和相图的理解也可以通过二元合金相图来解释，所以二元合金相图是学习相图的基础。

（2）二元合金相图的测定

几乎所有的合金相图都是通过实验方法建立的。为了绘制相图，必须通过实验方法测定一系列合金的状态变化温度（称为临界点），然后根据这些数据绘制出相图。下面以 Cu-Ni 合金系为例，说明采用热分析法测绘二元合金相图的过程。

① 配制几组成分不同的 Cu-Ni 合金。如合金Ⅰ：纯 Cu；合金Ⅱ：80%Cu+20%Ni；合金Ⅲ：60%Cu+40%Ni；合金Ⅳ：40%Cu+60%Ni；合金Ⅴ：20%Cu+80%Ni；合金Ⅵ：纯 Ni。

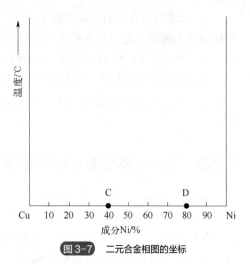

图 3-7　二元合金相图的坐标

② 将上述合金熔化后，分别测出它们的冷却曲线，见图 3-8。

③ 找出上述合金冷却曲线上的转折点，即**临界点**，并记录在表 3-2 中。合金Ⅰ和合金Ⅵ只有一个转折点，分别是 1083℃和 1455℃，说明纯金属是在恒温下结晶的。其他合金都有上下两个转折点。结晶开始后，由于放出结晶潜热，使温度下降变慢，在冷却曲线上出现了一个转折点，这就是**上临界点**。结晶终了后，不再放出潜热，温度下降变快，在冷却曲线上又出现了一个转折点，这就是**下临界点**。

表 3-2　Cu-Ni 合金的成分和临界点

合金成分 （含 Ni 量）/%	结晶开始温度 （上临界点）/℃	结晶终了温度 （下临界点）/℃	合金成分 （含 Ni 量）/%	结晶开始温度 （上临界点）/℃	结晶终了温度 （下临界点）/℃
0	1083	1083	60	1340	1270
20	1175	1130	80	1410	1360
40	1260	1195	100	1455	1455

④ 将各临界点的数据表示在以温度为纵坐标、成分为横坐标的坐标系中，见图 3-8。

⑤ 连接意义相同的点，得到相应的曲线，见图 3-8。

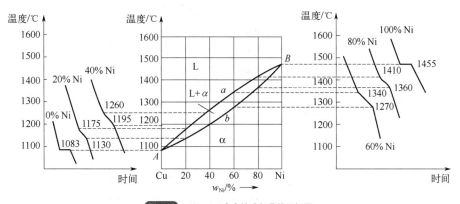

图 3-8　Cu-Ni 合金的冷却曲线及相图

⑥ 上述曲线将图面分隔为若干区间，这些区间分别限定了一定的成分范围和温度范围，这些区间称为**相区**。通过必要的组织分析测出各相区所含的相，将它们的名称分别标注在相应的相区中，就得到 Cu-Ni 合金相图，见图 3-8。

测定相图的方法很多，除热分析法外，还有金相分析法、硬度测定法、X 射线衍射分析法、膨胀试验法、电阻试验法等，但一个合金相图的测定，往往需要几种方法配合使用，结果才能更准确。

3.2.3　二元匀晶相图及杠杆定律

铜-镍合金系，液相 L 是铜和镍组成的均匀溶液，固相α是铜和镍组成的置换固溶体，由于铜和镍具有相同的面心立方结构，相似的原子半径、电负性及价电子数，低于 1083℃时，二者能以任何成分组成互溶成为固态。两组元在液态和固态下都能完全互溶的二元合金称为**匀晶合金**，匀晶合金对应的相图称为**匀晶相图**，如 Cu-Ni、Au-Ag、Fe-Ni、Fe-Cr 等合金系的相图都是匀晶相图。下面以 Cu-Ni 合金相图为例分析这类相图。

图 3-9 所示为 Cu-Ni 匀晶相图，图中有两条曲线，表示**相界**。上面一条曲线是划分液相 L 和固液双相区（L+α）的相界，称为**液相线**，其物理意义是：合金冷却到该线时，液相合金中溶质的含量即达到饱和，若继续降温，溶质就会因饱和而结晶析出；因为在一定温度下，液相只有一个确定的饱和极限，所以在某一温度下，各种成分合金中的液相成分都是该温度下的饱和极限点的成分，即都是温度水平线与液相线的交点处的成分。下面一条曲线是固相α和双相区（L+α）的相界，称为**固相线**，表示合金冷却到该处，液相消失，结晶结束。液相线和固相线把 Cu-Ni 合金相图分为三个相区。在液相线以上所有成分的 Cu-Ni 合金都处于液态，是液相单相区；在固相线以下，所有成分的 Cu-Ni 合金都已结晶完毕而处于固态，是固相单相区；在

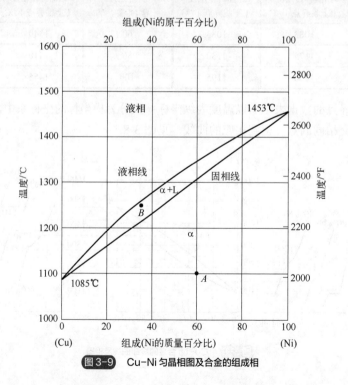

图 3-9　Cu-Ni 匀晶相图及合金的组成相

液相线和固相线之间合金虽已开始结晶但结晶过程尚未终止，是液相和固相共存的两相区。金相和 X 射线分析表明，所有成分的 Cu-Ni 合金，平衡结晶后的组织都是单相固溶体α。固相线和液相线在成分的最左边和最右边相交，两个交点分别代表了纯组元的熔点，纯铜和纯镍的熔点分别为 1083℃和 1455℃。

（1）相图分析

对于一个处于平衡状态并已知其组成和温度的二元系统，通过相图至少可以得到 3 类信息：①存在的相；②相的成分；③相的百分比。下面用 Cu-Ni 合金系来说明如何获得上述信息。

①　**存在的相**　确定存在哪些相比较容易。需要在相图中任意确定一个状态点，即温度-成分点，根据其所在相区来标定存在的相。例如，在 1100℃，图 3-9 中的 A 点位于α相区，只存在单相α。另外，图 3-9 中的 B 点位于两相区，在平衡状态时α相与液相 L 共存。

②　**相的成分的确定**　相的成分用原子百分数或组元的质量百分数描述。确定相成分的第一步是找到位于相图中的状态点。单相区和双相区的点采用不同的研究方法。若位于单相区，该相的成分与合金整体的成分是相同的。例如，图 3-9 中的 A 点，在该温度和组成下只存在α相，α相的成分即为合金的成分：60%Ni 的 Cu-Ni 合金。

对于成分和温度位于两相区的合金而言，情况会较为复杂。在所有的两相区（且仅在两相区）中，通过下列步骤计算平衡状态下两相的成分：①在给定温度下，画一条横跨合金两相区的等温线；②标出等温线与两侧相界的交点；③由这两个交点向下引垂线，相交于水平轴，根据与水平轴的交点可以读出对应相的成分。如图 3-10（a）所示，相图中 B 点位于液固两相区，合金由液相 L 和固相α组成，其中，液相 L 的成分由 a 点确定，含 Ni-a%，固相α的成分由 c 点确定，含 Ni-c%。

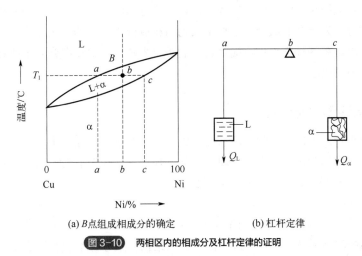

(a) B点组成相成分的确定　　　　　　(b) 杠杆定律

图 3-10　两相区内的相成分及杠杆定律的证明

③　**相含量的确定**　借助相图，还可以计算平衡状态下相的相对百分含量。单相和双相情况要分开处理。若合金只存在一个相，合金完全由该相组成，该相所占百分比为 100%。

若组成-温度点位于双相区内，情况会较为复杂。此时等温线需要与**杠杆定律**相互配合运用，具体步骤如下：

①　在给定温度下，画出一条横跨两相区的等温线。

②　整个合金组成位于等温线上。

③ 其中任意一相所占质量分数的计算，借助等温线上相应线段之比得到：在等温线上找到合金成分点和等温线与另一相界的交点，两点之间的线段长除以等温线的总长度，再乘以100%。具体计算结果见杠杆定律的证明。

（2）杠杆定律的证明

设图3-10中含Ni量为$b\%$的合金，其总质量为Q_0，在温度T_1时，平衡相中液相L的质量为Q_L，固相α的质量为Q_α，根据质量守恒定律得

$$Q_L + Q_\alpha = Q_0 \tag{3-1}$$

由于液相与固相中Ni含量之和应与合金的Ni含量相等，则

$$Q_L \times a\% + Q_\alpha \times c\% = Q_0 \times b\% \tag{3-2}$$

式中，$a\%$、$c\%$、$b\%$分别为液相L、固相α及合金的成分，用Ni的质量分数表示。

将式（3-1）代入式（3-2）并移项，得

$$Q_\alpha \times (c - b) = Q_L \times (b - a) \tag{3-3}$$

由式（3-3）及图3-10（b）可得

$$Q_\alpha \times bc = Q_L \times ab \quad 或 \quad \frac{Q_L}{Q_\alpha} = \frac{bc}{ab} \tag{3-4}$$

据此可以求出合金中各相的质量分数为

$$L\% = \frac{bc}{ac} \times 100\%; \quad \alpha\% = \frac{ab}{ac} \times 100\% \tag{3-5}$$

由于式（3-4）与力学上的杠杆定律相似，因此也称为杠杆定律。

必须指出，在二元合金相图中，杠杆定律只适用于两相区，并且只能在平衡状态下使用。杠杆的两个端点对应两相区中的两个组成相，端点成分为给定温度下各个相的成分，支点代表合金，支点的成分即为合金的成分；杠杆全长为两相成分点之间的距离，代表合金的总量，左端相在合金中的总量用杠杆支点到右端点之间的距离表示，右端相在合金中的总量用杠杆支点到左端点之间的距离表示。

（3）匀晶合金显微组织转变

平衡结晶是指合金在极缓慢的冷却条件下进行结晶的过程，通过平衡结晶能研究匀晶合金在凝固阶段显微结构的变化。在平衡冷却条件下得到的组织称为**平衡组织**。下面以含Ni20%的Cu-Ni合金为例，分析该合金显微组织的变化。

由图3-11可知：

① 液态合金自高温缓慢冷却，当温度高于t_1（与液相线相交的温度）时，合金为液相L，其显微结构如图中的圆形图所示，在液相区，显微结构和成分都不会发生改变。

② 冷却到t_1温度时，液态合金中溶质含量即达到饱和，开始从液相中结晶出固溶体α。根据杠杆定律可知，t_1温度时，与成分为L_1的液相相平衡的固相成分为α_1，即

$$L_1 \leftrightarrow \alpha_1$$

随着温度的继续下降，自液相中不断析出固溶体。降到t_2温度时，根据杠杆定律，新结晶的固相成分为α_2，液相成分为L_2。同时，原来在t_1温度下结晶出来的成分为α_1的固相也要通过原子扩散变成α_2，液相从L_1变成L_2，至此两相达到新的平衡。总之，在温度不断下降过程

中，液相成分始终沿液相线变化，固相成分则沿固相线变化。在 $t_1 \sim t_3$ 温度区间合金为（L+α）两相共存，尽管在冷却过程中，铜和镍在各相之间不断进行重新分配，但合金整体的成分是不变的，Ni 含量始终是 20%。

③ 当合金冷却到 t_3 温度时，凝固过程几乎全部完成，跨过固相线后，液相消失，结晶完毕，最后得到与原合金成分相同的单相固溶体α，即成分为含 Ni20%和 Cu80%的固溶体。随后的冷却不会引起显微结构和成分的变化，如图 3-11 中圆形图所示。

在结晶过程中，液、固两相的相对质量百分比可用杠杆定律求出。例如，在 t_2 温度时（图 3-11），液相 L_2 的相对质量百分比为 $\dfrac{\alpha_2 - 0.2}{\alpha_2 - L_2} \times 100\%$，固溶体 α_2 的相对质量百分比为 $\dfrac{0.2 - L_2}{\alpha_2 - L_2} \times 100\%$。

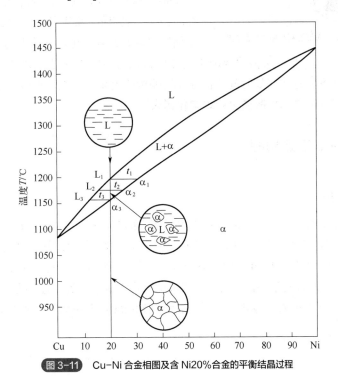

图 3-11 Cu-Ni 合金相图及含 Ni20%合金的平衡结晶过程

（4）匀晶合金结晶的特点

固溶体合金的结晶过程与纯金属有相同之处，但由于合金中存在第二组元，使凝固过程变得复杂，与纯金属相比又具有一些特性。

① 与纯金属一样，α固溶体从液相中结晶出来的过程，也包括生核和核长大两个基本过程，但固溶体更趋于呈树枝状长大。

② 固溶体结晶是在一个温度区间内进行，即为一个变温结晶过程。在区间内的一定温度下，只能结晶出某一成分和一定数量的固相，而且随着温度降低，固相成分和数量将不断改变。为此，合金的结晶过程必然依赖于两种原子的相互扩散，因此结晶速度比纯金属低。

③ 在两相区内，温度一定时，两相的成分（即 Ni 的含量）是确定的。各相的相对质量百分比由杠杆定律确定。

（5）不平衡结晶及枝晶偏析

固溶体结晶时成分是变化的，缓慢冷却时由于原子的扩散能充分进行，形成的是成分均匀的固溶体。在实际生产中，由于冷却速度较快，合金在结晶过程中，固相或液相中的原子都来不及进行充分扩散，这种结晶过程称为**不平衡结晶**。发生不平衡结晶时则会形成成分不均匀的

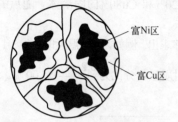

图 3-12 铸态 Cu-Ni 合金显微组织中的枝晶偏析

固溶体。一般先结晶的树枝晶轴含高熔点组元多，后结晶的树枝晶轴含低熔点组元多，结果造成在一个晶粒内化学成分不均，这种现象称为**枝晶偏析**。图 3-12 即为具有枝晶偏析的铸态 Cu-Ni 合金显微组织。

枝晶偏析的存在，使晶粒内部性能不一致，从而使合金的力学性能降低，特别是使塑性和韧性降低。此外，枝晶偏析也将导致合金化学性能不均匀，使合金耐蚀性

降低。因此，在生产上要设法消除或减小枝晶偏析，常用的方法是将合金加热到低于固相线 100～200℃的温度下，进行较长时间的保温，使偏析的元素进行充分扩散，以达到成分均匀化的目的，这种处理方法称为**扩散退火或均匀化退火**。

3.2.4 其他简单二元相图

（1）共晶相图

大多数二元合金组元间在液态时可以无限互溶，而在固态时只能有限溶解。当溶质含量超过固溶体的溶解度时，有些合金在凝固时可能发生共晶转变。所谓**共晶转变**是指在一定条件（温度、成分）下，由均匀的液相同时结晶出两种不同固相的转变。当两组元在液态时无限互溶，在固态时有限互溶，而且发生共晶反应，所构成的相图即称为**二元共晶相图**，如 Pb-Sn、Pb-Sb、Cu-Ag、Ai-Si 等合金的相图均为共晶相图。下面以 Pb-Sn 合金系为例，对共晶相图进行分析讨论，如图 3-13 所示。

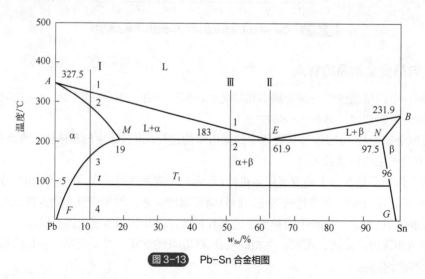

图 3-13 Pb-Sn 合金相图

① **相图分析。**

基本相　该合金系有 L、α、β 三个单相。α 相是 Sn 溶于 Pb 中形成的有限固溶体（有饱和溶解度的固溶体），β 相是 Pb 溶于与 Sn 中形成的有限固溶体。

点　A 点为纯组元 Pb 的熔点，327.5℃。B 点为纯组元 Sn 的熔点，231.9℃。E 点称为**共晶点**，其所在水平线对应的温度为 183℃，称为**共晶温度**。具有 E 点成分的 L 相在 183℃ 会发生共晶反应。

线　AEB 为液相线，$AMENB$ 为固相线；MF 线为 Sn 在 Pb 中的饱和溶解度曲线，简称 α 相固溶线。温度降低，固溶体的溶解度下降。Sn 含量大于 F 点的合金从高温冷却到室温时，α 相中溶质 Sn 的溶解度下降，会从固态 α 相中析出 β 相，称为二次 β，写作 β_{II}，这种二次结晶可表示为 $\alpha \rightarrow \beta_{\mathrm{II}}$。$NG$ 线为 Pb 在 Sn 中的饱和溶解度曲线，简称 β 相固溶线。Sn 含量小于 G 点的合金，冷却过程中同样会发生二次结晶，$\beta \rightarrow \alpha_{\mathrm{II}}$。

相区　三个单相区即 L、α 和 β 相区；三个两相区即 L+α、L+β 和 α+β；还有一个三相（L+α+β）共存的水平线，即 MEN 线，也称共晶线。

共晶反应　在共晶温度 183℃，成分为 E 点的液相（$L_{61.9}$）将同时结晶出成分为 M 点的 α 固溶体（α_{19}）和成分为 N 点的 β 固溶体（$\beta_{97.5}$）的混合物，成分在 M、N 之间的合金平衡结晶时都会发生共晶反应。共晶转变可用下列相变反应式表示：

$$L_{61.9} \xleftrightarrow{\ 183℃\ } \alpha_{19} + \beta_{97.5}$$

共晶转变产物为两个固相的混合物（$\alpha_{19} + \beta_{97.5}$），称为**共晶组织**或**共晶体**。

图 3-13 中，对应 E 点成分的合金为**共晶合金**；成分位于共晶点 E 以左、M 点以右的合金称为**亚共晶合金**；成分位于共晶点 E 以右、N 点以左的合金称为**过共晶合金**。

② **显微组织的转变**　属于二元共晶系统的合金在缓慢冷却条件下，可根据成分的不同，得到不同类型的显微结构。下面以 Pb-Sn 合金相图进行说明。

a. **合金 I（合金成分在 FM 之间）的显微结构。**

首先过合金 I 的成分点作合金成分线，与相图交于 1、2、3、4 点（图 3-13）。合金 I 的冷却曲线及其平衡结晶过程中显微结构转变如图 3-14 所示。

液态合金 I 自高温缓慢冷却，在高于 1 点对应的温度，合金为纯液相 L，其成分就是合金 I 的成分，L 相显微结构如图 3-14 的"0-1"所示。

当液态合金冷却到 1 点温度时，溶质浓度达到饱和，液态合金开始发生匀晶转变 L→α，继续冷却直至跨过 2 点温度，匀晶转变结束，液相完全消失，转变成单相固溶体 α；在 1、2 之间为 L、α 两相共存，各相成分通过指定温度在（L+α）两相区内画等温线确定，其显微结构如图 3-14 中的"1-2"所示。

在 2、3 点对应的温度区间，合金为单相 α，相的成分就是合金 I 的成分，其显微结构如图 3-14 中的"2-3"所示。

从 3 点温度开始，随温度降低，Sn 在 α 相中的溶解度降低，发生二次结晶，$\alpha \rightarrow \beta_{\mathrm{II}}$，这时 α 和 β 两相的成分随温度降低分别沿 MF 和 NG 固溶线变化。合金的最终组织为（$\alpha + \beta_{\mathrm{II}}$），其显微结构如图 3-14 中的"3-4"所示。

b. **合金 II（共晶合金）的显微结构。**

合金 II 为含 Sn61.9% 的共晶合金，首先过 E 点作其成分线，如图 3-13 所示，其冷却曲线及平衡结晶过程中的显微结构转变示于图 3-15。

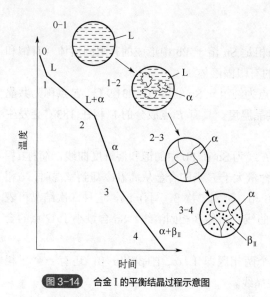

图 3-14　合金 I 的平衡结晶过程示意图

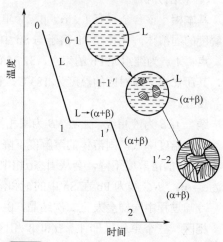

图 3-15　合金 II（共晶合金）平衡结晶过程示意图

合金自高温缓慢冷却，当温度高于 1 点对应的温度时，合金全部为液相 L，成分为 Sn61.9%，其显微结构如图 3-15 中的"0-1"所示。

当成分为 Sn61.9% 的 L 相合金冷却到 E 点，温度为 183℃，满足共晶反应条件，合金发生共晶转变，由液相 L 同时结晶出 α、β 两种固溶体，即

$$L_{61.9} \xleftrightarrow{183℃} \alpha_{19} + \beta_{97.5}$$

上述转变在这一温度一直持续到液相完全消失为止。在发生共晶反应期间，由于 α 相和 β 相的成分与液相的成分不同，因此铅和锡必然需要进行重新分配。重新分配是通过原子的扩散完成的。由共晶转变得到的固态显微结构为 α 相和 β 相形成的交替片层结构，并且是在相变过程中同时形成的。此时合金中 α_{19}、$\beta_{97.5}$ 的相对质量分数可用杠杆定律计算：

$$\alpha_{19}\% = \frac{97.5 - 61.9}{97.5 - 19} \times 100\% = 45.4\%$$

$$\beta_{97.5}\% = \frac{61.9 - 19}{97.5 - 19} \times 100\% = 54.6\%$$

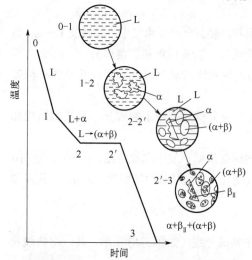

图 3-16　合金 III（亚共晶合金）平衡结晶过程示意图

继续冷却，当温度低于 E 点 183℃ 时，将从 α 和 β 相中分别析出次生相 β_{II} 和 α_{II}，即发生 $\alpha \to \beta_{II}$ 和 $\beta \to \alpha_{II}$ 相变。因共晶组织中析出的二次相常与共晶组织中的同类相混在一起，在显微镜下很难分辨，因此，合金的显微结构没有大的变化。实际的共晶组织（$\alpha + \beta + \beta_{II} + \alpha_{II}$）用（$\alpha + \beta$）表示，其显微结构如图 3-15 中的"1'-2"所示。

c. 合金 III（亚共晶合金）的显微结构。

合金 III 是亚共晶合金，作合金成分线与相图相交，如图 3-13 所示，其冷却曲线与其平衡结晶过程中结构转变如图 3-16 所示。

合金冷却到 1 点温度后，由匀晶反应生成单相 α 固溶体。

从 1 点到 2 点温度的冷却过程中，按照杠杆定律，初生α相（也称先共晶α固溶体）的成分沿 *AM* 线变化，液相成分沿 *AE* 线变化；随着温度降低，初生α相逐渐增多，液相逐渐减少。

当刚冷却到 2 点温度时，合金Ⅲ由含 Sn19%初生相α和含 Sn61.9%的液相 L 组成。随后，含 Sn61.9%的液相 L 开始发生共晶反应，但初生α相成分不发生变化。经一定时间到 2′点共晶反应结束时，此时亚共晶合金组织由先初生相α_{19}和共晶（$\alpha_{19}+\beta_{97.5}$）组成。

继续降温，初生相α_{19}中不断析出β_{II}；随着β_{II}的析出，初生相α的成分始终沿 *MF* 线变化。在初生相析出二次相的同时，共晶组织中的α相和β相也发生二次结晶：$\alpha\rightarrow\beta_{II}$，$\beta\rightarrow\alpha_{II}$。在显微镜下，除了从先共晶α相中析出的$\beta_{II}$有可能观察到外，共晶组织的显微结构没有大的变化。

室温下，合金Ⅲ的平衡组织为α+β_{II}+（α+β），如图 3-16 中的"2′-3"所示。

成分在 *M*、*E* 之间的所有亚共晶合金的结晶过程均与合金Ⅲ相同，成分越靠近共晶点，合金中共晶体的含量越多。

d. 过共晶合金的显微结构。

位于共晶点 *E* 右侧，成分在 *E*、*N* 之间的合金为过共晶合金，其结晶过程与亚共晶合金相似，也包括匀晶反应、共晶反应和二次结晶三个转变阶段，不同之处是先共晶相不是α，而是β固溶体。二次结晶过程为$\beta\rightarrow\alpha_{II}$。过共晶室温组织为β+$\alpha_{II}$+（α+β）。

（2）共析相图

如图 3-17 所示，相图下半部分形状与共晶相图相似，具有 *d* 点成分的合金经匀晶反应生成γ相，继续冷却到 *d* 点温度时，会发生类似于共晶反应的相变，相变式为：$\gamma_d\xrightarrow{\text{恒温}}\alpha_c+\beta_e$，该相变称为**共析转变**，共析转变与共晶转变的区别在于它是由一个固相（γ）在恒温下同时析出两个固相（*c* 点成分的α相和 *e* 点成分的β相）。具有共析转变的相图称为**共析相图**。*d* 点称为**共析点**，其所在水平线的温度称为**共析温度**。共析转变的产物称为**共析组织**或**共析体**。因共析转变是在固态下进行的，温度低，所以共析产物比共晶产物要细密得多。

（3）包晶相图

图 3-18 所示为 Pt-Ag 合金相图，由图可知，在平衡状态下也存在一个包含 3 种相的相变反应，成分线与 *ced* 水平线相交的所有合金都会发生如下相变：

$$L_{66.3}+\alpha_{10.5}\xrightarrow{1186℃}\beta_{42.4}$$

这种由一种液相与一种固相在恒温下相互作用而转变为另一种固相的反应叫作**包晶反应**。图 3-18 中的水平线 *ced* 称为包晶线，包晶线上的合金都会发生包晶反应：$\alpha_{10.5}+L_{66.3}\xleftarrow{1186℃}\beta_{42.4}$。两组元在液态下无限互溶，在固态下形成有限固溶体，并发生包晶转变的二元合金系的相图称为包晶相图。例如，Pt-Ag、Ag-Sn、Sn-Sb 等合金相图都是包晶相图，Fe-C 合金相图中也包含有包晶转变部分。

（4）含有中间相和稳定化合物的相图

图 3-19 为 Cu-Zn 二元合金相图，该相图有 6 个固溶体，其中α固溶体和η固溶体靠近两个纯组元，即合金浓度的端点，称为终端固溶体；还有 4 个位于相图中间的固溶体，即β固溶体

（β固溶体在456℃～468℃发生有序化转变，形成有序固溶体β′）、γ固溶体、δ固溶体和ε固溶体，它们是以金属化合物为溶剂的固溶体，因位于相图中间，又称为中间相。

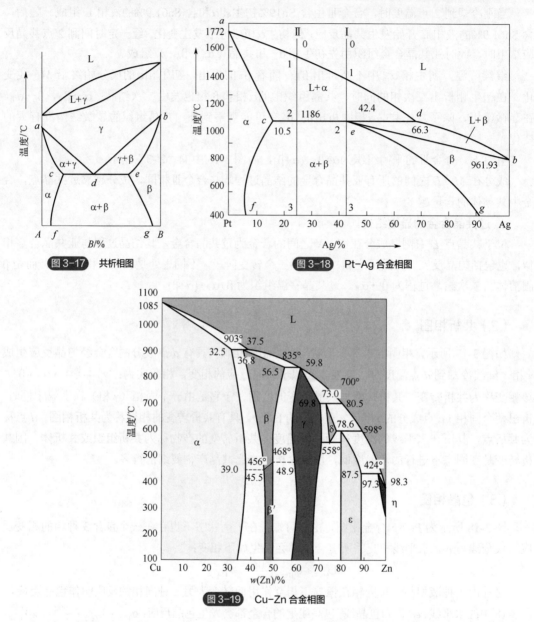

图 3-17　共析相图

图 3-18　Pt-Ag 合金相图

图 3-19　Cu-Zn 合金相图

在有些二元合金系中组元间可能形成稳定化合物，即具有一定的化学成分、固定的熔点，且熔化前保持固有结构而不发生分解，也不发生其他化学反应。如图 3-20 为 Mg-Si 合金相图，稳定化合物 Mg_2Si 在相图中是一条垂线，由于稳定化合物的结晶过程与纯组元完全类似，在二元合金相图中，可以把它看作一个独立组元而把相图分为两个独立部分。

二元合金相图有多种不同的基本类型。实际二元合金相图大都比较复杂，但复杂的相图总是可以看作由若干基本类型的相图组合而成的。

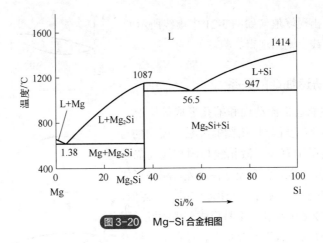

图 3-20　Mg-Si 合金相图

3.2.5　合金相图与性能的关系

（1）相图与力学性能、物理性能的关系

相图可反映合金成分与组织的关系，组成相的本质及其相对含量、分布状况又将影响合金的性能，即组织决定性能，这样就建立起相图与性能的关系。图 3-21 表明了相图与合金力学性能及物理性能的关系。

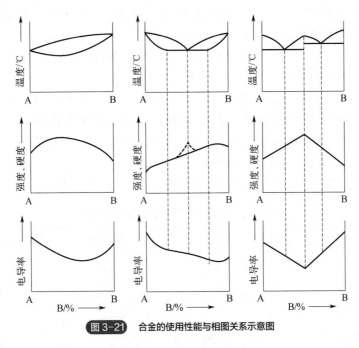

图 3-21　合金的使用性能与相图关系示意图

图 3-21 表明，形成固溶体的合金随着溶质浓度的增加，固溶强化效果越来越明显。合金的性能随成分按抛物线变化，某些中间组成的合金强度、硬度达到最大值；杂质越多，合金的导电性越差，电导率越低，某些中间组成的合金，电导率达到最小值。

合金组织为两相混合物时，如两相的大小与分布都比较均匀，合金的性能大致是两相性能的算术平均值，即合金的性能与成分呈直线关系。此外，当共晶组织十分细密时，强度、硬度会偏离直线关系而出现峰值（如图 3-21 中虚线所示），在对应化合物的曲线上则出现奇异点。

（2）相图与铸造性能的关系

合金的铸造性能包括流动性和缩孔形成等情况。图 3-22 给出了合金铸造性能与相图的关系。流动性与相图中的结晶温度范围有关。液相线与固相线间隔越大，即结晶温度区间越宽，合金流动性越差，越易形成分散的孔洞（简称缩松）。共晶合金恒温结晶，熔点低，流动性最好，易形成集中缩孔，不易形成分散缩孔。因此，铸造合金宜选择共晶或近共晶成分，有利于获得形状完整的铸件。

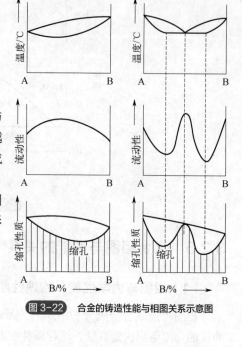

图 3-22 合金的铸造性能与相图关系示意图

3.2.6 复杂二元相图的分析方法

复杂二元相图都是由前述的基本相图组合而成的，只要掌握各类相图的特点和转变规律，就能化繁为简。

二元合金相图遵循的规律如下：

① 两个单相区只能相交于一点，而不能相交成一条线，见图 3-8 中的 Cu-Ni 合金相图。

② 二元相图中相邻相区的相数差为 1，这一规律称为相区接触法则。两个单相区之间应夹有一个两相区，而该两相区必定由邻近单相区的两个相所组成；两个两相区必定以单相区或三相共存线隔开，见图 3-13 中的 Pb-Sn 合金相图。

③ 三相共存时必定是一条水平线。每一条水平线必定和三个两相区相邻，还分别和三个单相区成点接触，其中一点在线的中间，两点在两端，见图 3-13 中的 Pb-Sn 合金相图。

④ 如果两个恒温转变中有两个相同的相，在这两条水平线之间的两相区，一定是由这两个相同的相组成，如 Fe-Fe$_3$C 相图中的 γ+Fe$_3$C 相区。

任何复杂的相图其基本类型都是匀晶、共晶和包晶，表 3-3 列出了这三大类转变的特征。

表 3-3　二元合金相图的分类及其特征

相图类型	图型特征	转变特征	转变名称	相图型式	转变式	说明
匀晶型	I / I+II / II	I ⇌ I+II ⇌ II	匀晶转变	L / L+α / α	L ⇌ α	一个液相 L 经过一个温度范围转变为同一成分的固相
			固溶体同素异晶转变	L / L+γ / γ / α+γ / α	γ ⇌ α	一个固相 γ 经过一个温度范围转变为成分相同的另一个固相 α
共晶型	II / I / III	I ⇌ II+III	共晶转变	α / L / β	L ⇌ α+β	恒温下由一个液相 L 同时转变为两个成分不同的固相 α 和 β

续表

相图类型	图型特征	转变特征	转变名称	相图型式	转变式	说明
共晶型	Ⅱ ∨Ⅰ Ⅲ	Ⅰ ⇌ Ⅱ+Ⅲ	共析转变	α ∨γ β	γ ⇌ α+β	恒温下由一个固相 γ 同时转变为两个成分不同的固相 α 和 β
包晶型	Ⅰ Ⅱ ∧Ⅲ	Ⅰ+Ⅱ ⇌ Ⅲ	包晶转变	β L ∧α	L+β ⇌ α	恒温下由液相 L 和一个固相 β 相互作用生成一个新的固相 α
			包析转变	γ β ∧α	γ+β ⇌ α	恒温下两个成分不同的固相 γ 和 β 互作用生成另一个固相 α

复杂相图的分析方法如下:

① 先看相图中是否有稳定化合物,若有,以稳定化合物为界,把相图分开进行分析。

② 找出三相共存水平线,分析相变类型。

③ 找出相图中的单相,区别各相区。

④ 应用相图分析具体合金随温度变化发生的相变及组织变化规律。在单相区,相的成分与合金的成分相同,相的含量为 100%。在两相区,根据温度在两相区内画出等温线与两侧相界相交,交点在水平轴上的投影就是各相的成分点,根据杠杆定律可以求出合金中两相的相对质量分数。

3.2.7   相图的局限性

相图在使用中有一定局限性。

① 相图只给出平衡状态的情况,而平衡状态只有在很缓慢冷却和加热或者在给定温度长时间保温条件下才能满足,而实际生产条件下合金很少能达到平衡状态。因此,用相图分析合金的相和组织时,必须注意该合金非平衡结晶条件下可能出现的相和组织,以及与相图反映的相和组织状况的差异。

② 相图只能给出合金在平衡条件下存在的相、相的成分及其相对量,并不能直接反映相的形状、大小和分布,即不能给出合金组织的形貌状态,合金的组织形貌需借助金相显微镜观察确定。

此外要说明的是,二元相图只反映二元系合金的相平衡关系,实际使用的金属材料往往不只限于两个组元,必须注意加入其他元素对相图的影响,尤其是其他元素含量较高时,二元相图中的相平衡关系可能完全不同。

本章小结

本章重点介绍了金属的结晶和简单二元相图两部分内容,二者密切相关,合金的结晶过程及结晶过程中的组织转变可以借助二元合金相图分析。

(1)金属的结晶部分介绍了纯金属的结晶和合金的结晶,二者都可借助热分析法进行研究。

① 金属结晶需要过冷，过冷是结晶的必要条件。

② 结晶包括形核和长大两个过程。形核有自发形核和非自发形核两种方式，生产中主要是非自发形核。

③ 长大有平面长大和枝晶长大两种方式，实际金属结晶多以枝晶方式长大。

④ 实际生产中，因冷速快，结晶过程属于不平衡结晶，由此导致晶粒内部成分不均匀，称为枝晶偏析，需借助均匀化退火予以消除。

⑤ 纯金属借助冷却曲线分析结晶过程，而合金的结晶需要借助平衡相图进行分析。

（2）合金中有固溶体和化合物两种相。

① 固溶体的晶格与溶剂相同，随溶质含量的增加，固溶体强度、硬度升高，塑韧性下降，称为固溶强化。

② 化合物晶格复杂，不同于合金中的任一组元。化合物熔点高，硬而脆，是钢中的重要强化相。化合物均匀弥散分布在钢中，会使钢的强度、硬度升高，塑韧性下降，称为弥散强化。

③ 固溶强化和弥散强化是钢材强化的重要途径。

（3）简单的二元合金相图有匀晶相图、共晶相图、包晶相图、共析相图等。

① 合金相图可通过热分析法测定，相图的横坐标代表合金成分，相图的纵坐标代表温度，相图内部任意一点代表不同成分合金在不同温度下所具有的相。

② 匀晶相图是最简单的二元相图，呈凸透镜状。匀晶合金属于变温结晶。匀晶合金的性能与成分之间符合抛物线规律。

③ 除匀晶相图之外的二元合金相图中都有水平线，水平线在二元相图中代表三相区。成分线与水平线相交的合金在水平线位置都会发生三相反应，反应过程中温度恒定，各相的成分固定。共晶反应的特征是，在恒温下，一个液相转变为两个不同的固相。共析反应的特征是，在恒温下，一个固相转变为两个不同的固相。包晶反应的特征是，在恒温下，一个液相和一个固相转变为一个新的固相。

④ 在两相区内，各相的相对质量分数可以通过杠杆定律计算。两相区内，各相的成分通过在两相区内过指定温度作恒温线来确定，恒温线与两相界的交点在横坐标上的投影就是各相的成分。

 习题

（1）什么是同素异晶转变？纯铁在室温和 1100℃ 的晶格有何不同？

（2）晶粒大小对金属的力学性能有何影响？生产中，液态金属结晶时细化晶粒的方法有哪些？

（3）试述金属中固溶体与金属化合物的晶体结构、力学性能各有何特点。

（4）什么是弥散强化？什么是固溶强化？

（5）合金相图反映一些什么关系？应用时要注意哪些问题？

第 4 章

铁碳合金

本章思维导图

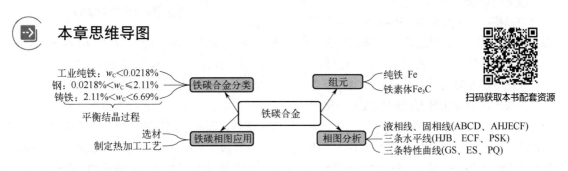

工业纯铁：$w_C < 0.0218\%$
钢：$0.0218\% < w_C \leqslant 2.11\%$
铸铁：$2.11\% < w_C < 6.69\%$

铁碳合金分类

平衡结晶过程

选材
制定热加工工艺

铁碳相图应用

铁碳合金

组元

纯铁 Fe
铁素体 Fe_3C

相图分析

液相线、固相线(ABCD、AHJECF)
三条水平线(HJB、ECF、PSK)
三条特性曲线(GS、ES、PQ)

扫码获取本书配套资源

本章学习目标

（1）掌握铁碳相图两个组元的性能特点；

（2）能够描述铁碳相图中的点、线、区所代表的含义；

（3）能够准确写出铁碳相图中的包晶转变、共晶转变和共析转变；

（4）掌握铁碳合金的分类；

（5）能够利用铁碳相图分析铁碳合金的平衡结晶过程；

（6）能够运用铁碳相图进行适当的选材和制定热加工工艺。

4.1　铁碳合金的组元

碳钢与铸铁是现代工农业生产中使用最为广泛的金属材料，它们均是由铁和碳两种主要元素组成的铁碳合金。合金的成分不同，则组织和性能也不同，因而它们在实际工程中的应用也不一样。

（1）纯铁

铁（Fe）是元素周期表中第 26 个元素，其相对原子质量为 55.85，属于过渡族元素。铁在一个大气压下的熔点为 1538℃，在 20℃时的密度为 7.87g/cm³。

很多金属在固态下无论温度如何变化也只有一种晶体结构，如铝、铜等金属，始终是面心立方晶格。但有些金属在固态下存在两种或两种以上的晶格形式，在加热或冷却过程中，随着温度变化其晶格发生改变。金属具有不同的晶体结构的现象被称为具有多晶形性或同素异构性，这种金属在固态下随着温度的改变，由一种晶格转变为另一种晶格的过程，称为多晶形性转变，或同素异构转变。能够发生同素异构转变的金属有铁、钛、钴等。纯铁在结晶过程中会发生同素异构转变，其冷却曲线如图 4-1 所示。

液态纯铁在 1538℃开始结晶，产物为 δ-Fe，具有体心立方晶格；当温度降至 1394℃时，δ-Fe 转变为具有面

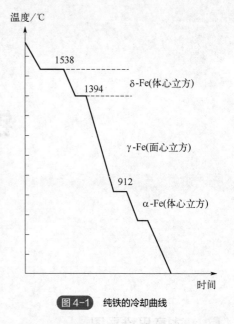

图 4-1　纯铁的冷却曲线

心立方晶格的 γ-Fe；当温度继续降到 912℃时，γ-Fe 又转变成具有体心立方晶格的α-Fe；912℃以下，铁的晶体结构不再发生变化。这样纯铁就具有三种同素异构状态，即 δ-Fe、γ-Fe、α-Fe。

铁的多晶型转变具有很重要的实际意义，它是钢的合金化和热处理的基础。

金属的同素异构转变过程与液态金属的结晶过程相似，也包括形核和长大两个过程，也存在过冷现象，也会释放出结晶潜热。由于同素异构转变是在固态下进行的，因此转变需要较大的过冷度。由于不同晶格的致密度不同，晶格的转变会导致金属的体积随之发生变化，如 γ-Fe 在 912℃转变为α-Fe 时，体积大约会膨胀 1%，它可引起钢淬火时产生较大的内应力，严重时会导致工件变形、开裂。

应当指出，纯铁的居里点是 770℃，即α-Fe 在 770℃时会发生磁性转变，由高温的顺磁性转变为低温的铁磁性状态。但因为铁的晶格类型没有发生改变，所以磁性转变不属于相变。

工业纯铁的力学性能大致如下：

抗拉强度 σ_b：180～280MPa

屈服强度 σ_s：100～170MPa

伸长率 δ：30%～50%

断面收缩率 ψ：70%～80%

冲击韧度 a_k：$(1.6～2) \times 10^6 J/m^2$

硬度：50～80HBW

纯铁由于强度很低，很少用作结构材料，主要用途是利用它所具有的铁磁性，如用于仪器仪表的铁芯等。

（2）渗碳体

渗碳体（Fe_3C）是铁与碳形成的间隙化合物，具有复杂的晶体结构，碳的质量分数为 6.69%，可以用 C_m 表示，是铁碳相图中重要的基本相。

渗碳体的力学性能特点是硬而脆，大致性能如下：

抗拉强度 σ_b：30MPa

伸长率 δ：0

断面收缩率 ψ：0

冲击韧度 a_k：0

硬度：800HBW

渗碳体是碳钢中的主要强化相，它的形态与分布对钢的性能有很大影响。

4.2 Fe-Fe₃C 相图分析

铁碳合金相图是研究铁碳合金的重要工具，了解铁碳合金相图，对于钢铁材料的研究与使用、各种热加工和热处理工艺的制定都有很重要的指导意义。

铁和碳可以形成一系列化合物，如 Fe_3C、Fe_2C、FeC 等，而稳定的化合物可以作为一个独立的组元存在，因此，整个铁碳相图可视为由 $Fe\text{-}Fe_3C$、$Fe_3C\text{-}Fe_2C$、$Fe_2C\text{-}FeC$、$FeC\text{-}C$ 等一系列二元相图组成。Fe_3C 中碳的质量分数为 6.69%，碳质量分数超过 6.69% 的铁碳合金脆性很大，没有使用价值，所以有实用意义并被深入研究的只是 $Fe\text{-}Fe_3C$ 部分。一般来说，铁碳合金相图实际上是指 $Fe\text{-}Fe_3C$ 相图，如图 4-2 所示。

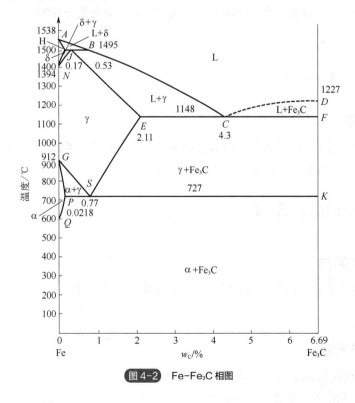

图 4-2　Fe-Fe₃C 相图

4.2.1　相图中的基本相

$Fe\text{-}Fe_3C$ 相图中存在 5 种单相。

（1）铁素体

铁素体是碳固溶于α-Fe中形成的间隙固溶体，用符号F或α表示，具有体心立方晶格。铁素体中碳的固溶度很小，室温时碳的质量分数为0.0008%，在727℃时溶碳量最大，质量分数为0.0218%。

铁素体的力学性能与工业纯铁基本相同。

（2）奥氏体

奥氏体是碳固溶于γ-Fe中形成的间隙固溶体，用符号A或γ表示，具有面心立方晶格。奥氏体中碳的固溶度较大，在1148℃时溶碳量最大，其质量分数达2.11%。

奥氏体的强度较低，硬度不高，易于塑性变形，具有顺磁性。

铁素体具有体心立方晶格，奥氏体具有面心立方晶格，体心立方晶格的致密度小于面心立方晶格，但铁素体的溶碳能力却远远低于奥氏体，这与晶格的间隙尺寸有关。碳原子通常溶于八面体间隙中，γ-Fe的八面体间隙半径和碳原子半径尺寸接近，所以碳在奥氏体中的溶解度较大；α-Fe的八面体间隙半径远小于碳原子半径，所以碳在铁素体中的溶解度很小。

（3）高温铁素体

高温铁素体是碳固溶于δ-Fe中形成的间隙固溶体，用符号δ表示，具有体心立方晶格。高温铁素体在1394℃以上存在，在1495℃溶碳量最大，其质量分数为0.09%。

（4）液相

液相L是铁与碳的液溶体。

（5）渗碳体

渗碳体Fe_3C在前面已经介绍过，渗碳体根据生成条件不同有条状、网状、片状、粒状等不同形态，对铁碳合金的力学性能有很大影响。

4.2.2 相图中的点、线、区

（1）相图中的点

Fe-Fe_3C相图中各点的温度、碳的质量分数及含义见表4-1，相图中各特性点的符号是国际通用的。

（2）相图中的线

相图中的液相线是ABCD，固相线是AHJECF。

① 水平线 相图上有3条重要的水平线。

HJB——包晶转变线；

ECF——共晶转变线；

表 4-1 Fe-Fe₃C 相图中各点温度、碳的质量分数及含义

符号	温度 /°C	碳的质量分数/%	说明	符号	温度 /°C	碳的质量分数/%	说明
A	1538	0	纯铁的熔点	H	1495	0.09	碳在 δ-Fe 中的最大溶解度
B	1495	0.53	包晶转变时液态合金的成分	J	1495	0.17	包晶点
C	1148	4.3	共晶点	K	727	6.69	Fe₃C 的成分
D	1227	6.69	Fe₃C 的熔点	N	1394	0	γ-Fe→δ-Fe 转变点
E	1148	2.11	碳在 γ-Fe 中的最大溶解度	P	727	0.0218	碳在 α-Fe 中的最大溶解度
F	1148	6.69	Fe₃C 的成分	S	727	0.77	共析点
G	912	0	α-Fe→γ-Fe 转变点	Q	600	0.0057	600°C 时碳在 α-Fe 中的溶解度

PSK——共析转变线，又称 A_1 线、共析线。

事实上，Fe-Fe₃C 相图即由包晶反应、共晶反应、共析反应三部分连接而成。

② **特性曲线** 相图中还有 3 条比较重要的特性曲线，分别是 CS 线、ES 线和 PQ 线。

GS 线又称为 A_3 线，是奥氏体与铁素体发生同素异构转变的温度线。

ES 线是碳在奥氏体中的固溶度曲线，通常称为 A_{cm} 线。奥氏体在 1148°C 时溶碳量最大，质量分数可达 2.11%，随着温度下降，溶碳量逐渐减小，碳会以渗碳体的形式从奥氏体中析出，到 727°C 时，所溶解的碳的质量分数降为 0.77%。从奥氏体中析出的渗碳体称为二次渗碳体，用 Fe_3C_{II} 表示，即 A_{cm} 线是二次渗碳体的析出线。

PQ 线是碳在铁素体中的固溶度曲线。铁素体的溶碳量在 727°C 时达到最大，碳的质量分数为 0.0218%；随着温度下降，溶碳量逐渐减小，碳会以渗碳体的形式从铁素体中析出，到室温时，碳的质量分数仅为 0.0008%。从铁素体中析出的渗碳体称为三次渗碳体，用 Fe_3C_{III} 表示。PQ 线是三次渗碳体的析出线。

（3）相图中的区

相图中有 5 个单相区。

液相区（L）——ABCD 以上；

高温铁素体区（δ）——AHNA；

奥氏体区（A 或 γ）——NJESGN；

铁素体区（F 或 α）——GPQG；

渗碳体区（Fe₃C 或 C_m）——DFK。

分析相图应紧紧抓住这 5 个单相区和 3 条水平线 HJB、ECF、PSK。3 条水平线为三相共存区，除单相区和三相区外，其余部分均为两相区，两相区的组成相由与该相区相邻的两单相组成。

4.2.3 包晶转变

含碳量在 HJB 之间的合金，即碳的质量分数在 0.09%～0.53% 的合金，在平衡结晶过程中都要在 1495°C 发生包晶转变。这一区间的合金冷却到 1495°C 时，w_C=0.53% 的液相与 w_C=0.09% 的高温铁素体 δ 发生包晶反应，生成 w_C=0.17% 的奥氏体 A。反应在恒温下进行，反应过程中 L、 δ、A 三相共存，即前面提到的水平线三相区。根据相图的形状特征，可以很容易地写出包晶反应式。HJB 线段上有 3 个单相区接触点，即线段两端分别和液相、高温铁素体两个单相区接触，水平线中间和奥氏体单相区接触，且奥氏体单相区在水平线下面。根据这些形状特征，可以写出转变式：与水平线两端接触的两个单相合起来生成水平线下与之接触的单相，即液相 L 与高温铁素体 δ 合起来生成下面的单相奥氏体 A，成分点也分别对应水平线与单相接触点的含碳量，即反应式为

$$L_B + \delta_H \xleftrightarrow{\ 1495℃\ } A_J$$

$$L_{0.53} + \delta_{0.09} \xleftrightarrow{\ 1495℃\ } A_{0.17}$$

4.2.4　共晶转变

凡是含碳量在 ECF 之间，即碳的质量分数在 2.11%～6.69% 的铁碳合金在平衡结晶过程中都要在 1148℃ 发生共晶转变。这一区间的合金在平衡冷却到 1148℃ 时，$w_C=4.3\%$ 的液相 L 转变为 $w_C=2.11\%$ 的奥氏体 A 和 $w_C=6.69\%$ 的渗碳体 Fe_3C。共晶转变是在恒温下进行的，反应过程中 L、A、Fe_3C 三相共存，即前面提到的 ECF 水平线三相区。同样，根据相图的形状特征，也可以很容易地写出共晶反应式。ECF 线段两端分别和奥氏体、渗碳体单相区接触，水平线中间和液相单相区接触，且液相单相区在水平线上面，则水平线上面的液相 L 生成水平线两端的单相奥氏体 A 和渗碳体 Fe_3C，成分点也分别对应水平线与单相接触点的含碳量，即反应式为

$$L_C \xleftrightarrow{\ 1148℃\ } \boxed{A_E + Fe_3C}$$

$$L_{4.3} \xleftrightarrow{\ 1148℃\ } \boxed{A_{2.11} + Fe_3C} \;\; Ld$$

共晶反应的产物是奥氏体与渗碳体的共晶混合物，称为莱氏体，用符号 Ld 表示。因而共晶反应式也可以表达为莱氏体中的奥氏体呈颗粒状分布在渗碳体的基体上，如图 4-3 所示。莱氏体中的渗碳体称为共晶渗碳体。由于以很脆的渗碳体作基体，所以莱氏体塑性很差。

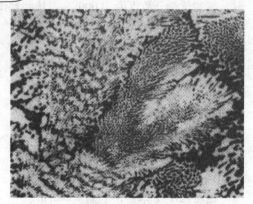

图 4-3　莱氏体示意图

4.2.5　共析转变

含碳量在 PSK 之间，即碳的质量分数大于 0.0218% 的铁碳合金在平衡结晶过程中都要在 727℃ 发生共析转变。这一区间的合金在平衡冷却到 727℃ 时，$w_C=0.77\%$ 的奥氏体 A 转变成 $w_C=0.0218\%$ 的铁素体 F 和渗碳体 Fe_3C，形成机械混合物。共析反应在恒温下进行，反应过程中，奥氏体 A、铁素体 F、渗碳体 Fe_3C 三相共存，即前面提到的水平线 PSK 三相区。同样可以根据相图的形状特征写出共析反应式。水平线 PSK 两端分别和铁素体、渗碳体单相区接触，水平线中间和奥氏体单相区接触，且奥氏体单相区在水平线上面，则水平线上面的单相奥氏体 A 生成水平线两侧的单相铁素体 F 和渗碳体 Fe_3C，成分点也分别对应水平线与单相接触点的含碳量，共析反应的产物是铁素体与渗碳体的机械混合物，称为珠光体，用符号 P 表示。因而共析反应式可以表达为

$$A_S \xleftrightarrow{727℃} \overset{\boxed{F_P + Fe_3C}}{\underset{\boxed{F_{0.0218} + Fe_3C}}{}} \Bigg\rangle$$

$$A_{0.77} \xleftrightarrow{727℃} \boxed{F_{0.0218} + Fe_3C} \quad P$$

金相显微镜下珠光体 P 呈层片状，在放大倍数较高时，可以清楚地看到渗碳体片（薄片）与铁素体片（厚片）相间分布，如图 4-4 所示。珠光体的性能介于两组成相之间，其中的渗碳体称为共析渗碳体。

图 4-4　珠光体示意图

4.3　典型铁碳合金平衡结晶过程及组织

根据含碳量及组织不同，可将铁碳合金划分为工业纯铁、碳钢和白口铸铁三大类。碳钢包括亚共析钢、共析钢、过共析钢，白口铸铁包括亚共晶白口铸铁、共晶白口铸铁、过共晶白口铸铁，它们的含碳量如下：

工业纯铁：$w_C \leq 0.0218\%$

亚共析钢：$0.0218\% < w_C < 0.77\%$

共析钢：$w_C = 0.77\%$

过共析钢：$0.77\% < w_C \leq 2.11\%$

亚共晶白口铸铁：$2.11\% < w_C < 4.3\%$

共晶白口铸铁：$w_C = 4.3\%$

过共晶白口铸铁：$4.3\% < w_C < 6.69\%$。

下面从每种类型中选择一种合金来分析其平衡结晶过程及相应得到的组织。

4.3.1　工业纯铁

以 $w_C = 0.01\%$ 的工业纯铁为例（图 4-5 中的①），分析其平衡结晶过程。

合金①在 1 点温度以上为液相 L，到达 1 点，开始按匀晶转变结晶出高温铁素体 δ 相。

在 1-2 点温度范围内，随着温度下降，δ 相越来越多，形态呈树枝状，温度到达 2 点，液相全部结晶成 δ 固溶体。在 2-3 点温度范围内，δ 相不变；温度降到 3 点，δ 相开始发生同素异构转变，在 δ 相晶界优先形核，生成具有面心立方晶格的奥氏体 A；温度到达 4 点，全部转化成 A。在 4-5 点温度范围内，A 不变；温度降到 5 点，A 也开始发生同素异构转变，生成具有体心立方晶格的铁素体F；温度降到6点，A全部转化为F。在6-7点温度范围内，F不变。冷却到7点时，碳在F中的溶解度达到饱和，随着温度下降，溶解度沿PQ线逐渐降低，多余的碳以渗碳体 Fe_3C 的形式析出，即析出三次渗碳体 Fe_3C_{III}，呈片状分布在F晶界处。对于含碳量较高的钢，Fe_3C_{III} 数量极少，往往予以忽略。但对于含碳量很低的钢，由于 Fe_3C_{III} 沿F晶界析出，会使钢的塑性下降或变脆。

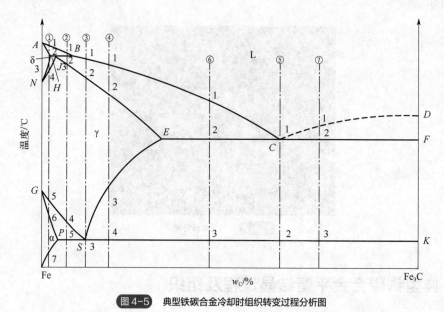

图 4-5　典型铁碳合金冷却时组织转变过程分析图

工业纯铁的平衡凝固过程如图 4-6 所示，其室温组织为 F+少量 Fe_3C_{III}，组织形态为白色块状 F 及其晶界上少量分布的小白片状的 Fe_3C_{III}，如图 4-7 所示。

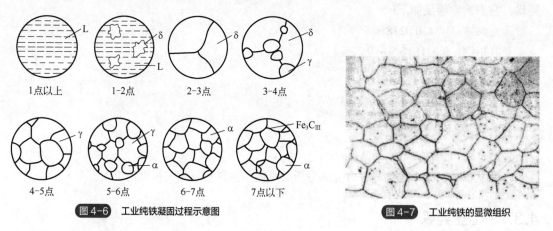

图 4-6　工业纯铁凝固过程示意图

图 4-7　工业纯铁的显微组织

4.3.2　共析钢

共析钢碳的质量分数为 0.77%。图 4-5 中，合金②在 1 点温度以上为液相 L，从 1 点温度起开始从液相中按匀晶转变结晶出奥氏体 A，到达 2 点温度，结晶结束，形成单相 A。2-3 点之间，A 不变，到达 3 点温度（727℃），A 在恒温下发生共析转变，即 $A_{0.77} \rightarrow (F_{0.0218} + Fe_3C)$，由奥氏体 A 转变为珠光体 P。在随后的冷却过程中，珠光体中铁素体的含碳量沿 PQ 线降低，从铁素体中析出三次渗碳体 $Fe_3C_Ⅲ$。由于 $Fe_3C_Ⅲ$ 和 P 中的共析渗碳体连在一起，在显微镜下很难分辨，同时 $Fe_3C_Ⅲ$ 数量相对很少，对性能没有明显影响，往往忽略不计。

图 4-5 中的合金②，其结晶过程示意图如图 4-8 所示。共析钢的室温组织为 P，P 的组织形态为层片状。

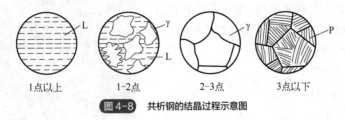

图4-8　共析钢的结晶过程示意图

4.3.3　亚共析钢

图 4-5 中，合金③在 1 点温度以上为液相 L，从 1 点温度起开始从液相中按匀晶转变结晶出高温铁素体 δ 相，在 1-2 点温度范围内，随着温度下降，液相成分沿液相线 AB 变化，固相成分沿固相线 AH 变化，δ 相逐渐增多，呈树枝状，刚到达 2 点温度（1495℃）时，组织为 L+δ，其中，L 相碳的质量分数为 0.53%，δ 相碳的质量分数为 0.09%。在 1495℃恒温下，$L_{0.53}$ 和 $δ_{0.09}$ 要发生包晶转变，生成奥氏体 $A_{0.17}$，即 $L_{0.53}+δ_{0.09}→A_{0.17}$。

以 w_C =0.45% 的亚共析钢为例（图 4-5 中的合金③），其结晶过程示意图如图 4-9 所示。

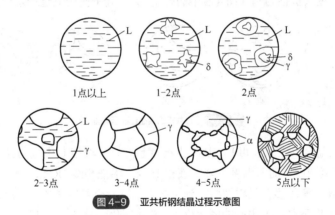

图4-9　亚共析钢结晶过程示意图

如果钢的 w_C=0.17%，则合金在包晶反应终了时，δ 相与 L 相同时耗尽，变为单相 A。碳的质量分数在 0.09%~0.17% 的合金，根据杠杆定律计算可知，反应前 δ 相的量较多，当包晶反应结束后，L 相耗尽，仍有部分 δ 相残留。这部分 δ 相在随后的冷却过程中，通过同素异构转变而变成奥氏体。碳的质量分数在 0.17%~0.53% 的合金，由于 δ 相的量较少，L 相较多，在包晶反应结束后，L 相有剩余，在随后的冷却过程中，剩余的 L 相结晶成 A。

由于包晶反应过程中生成的 A 包在 δ 相外面，如果冷却过程中速度较快，原子扩散不能充分进行，则容易产生较大偏析。对于铁碳合金来说，由于包晶反应温度高，碳原子的扩散较快，所以包晶偏析并不严重。但对于高合金钢来说，合金元素的扩散较慢，就可能造成严重的包晶偏析。

温度到达 4 点，在 A 晶界上开始析出铁素体 F，称为先共析铁素体。F 成分沿 GP 线变化，A 成分沿 CS 线变化。温度降到 5 点时（727℃），A 的碳的质量分数达到 0.77%，发生共析转变，

$A_{0.77}$ 转化成珠光体 P，F 没有变化。在随后的冷却过程中，先共析铁素体和珠光体中的铁素体都要析出三次渗碳体 Fe_3C_{III}，但其数量相对很少，忽略不计。

亚共析钢的室温组织为 F+P，组织形态为白色块状 F 和层片状 P，如图 4-10 所示。当放大倍数不高时，P 呈灰黑色，钢中含碳量越高，组织中的 P 越多。

利用杠杆定律可以分别计算出 727℃时钢中的组织组成物（F+P）的质量百分数：

$$\frac{0.45-0.0218}{0.77-0.0218}\times100\% = 57.2\%$$

$$\frac{0.77-0.45}{0.77-0.0218}\times100\% = 42.8\%$$

$$或\ w_F=1-w_P=42.8\%$$

由于 F 和 P 密度相近，同时 F 含碳量很低，则

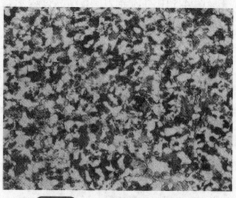

图 4-10　亚共析钢室温平衡组织形态

钢的含碳量可以估算为初 $w_C=P\times0.77\%$，P 为珠光体在显微组织中所占面积的百分比。因此，可以根据亚共析钢组织组成物中珠光体在显微组织中所占面积的百分比，来估算出钢的含碳量。

4.3.4　过共析钢

以 w_C=1.2%的过共析钢为例（图 4-5 中的合金④），其平衡结晶过程示意图如图 4-11 所示。

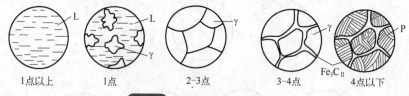

图 4-11　过共析钢结晶过程示意图

合金④在 1 点温度以上为液相 L，从 1 点温度起开始从液相 L 中按匀晶转变结晶出奥氏体 A；在 1-2 点温度范围内，随着温度下降，液相 L 成分沿液相线 BC 线变化，固相 A 成分沿固相线 JE 线变化，A 逐渐增多，呈树枝状；到达 2 点温度，全部转化成 A。冷却至 3 点温度，与 ES 线相交，随着温度下降，A 中碳的固溶度沿 ES 线变化，从 A 中析出二次渗碳体 Fe_3C_{II}。

温度降到 4 点（727℃）时，A 中碳的质量分数降为 0.77%，在恒温下 A 发生共析转变，生成珠光体 P。

从 A 中析出的 Fe_3C_{II}沿 A 晶界呈网状分布，由于 Fe_3C_{II}硬而脆，强度很低，一旦 Fe_3C_{II}在晶界形成完整的网，就会导致合金强度迅速下降，性能恶化。

过共析钢的室温组织为 P+Fe_3C_{II}，组织形态为层片状的 P 和其晶界上呈网状分布的 Fe_3C_{II}。

利用杠杆定律可以分别计算出钢中的组织组成物（P+Fe_3C_{II}）的质量分数：

$$w_C = \frac{6.69-1.2}{6.69-0.77}\times100\% = 92.7\%$$

$$w_C = \frac{1.2-0.77}{6.69-0.77}\times100\% = 7.3\%$$

4.3.5　共晶白口铸铁

共晶白口铸铁碳的质量分数为 4.3%（图 4-5 中的合金⑤），其结晶过程示意图如图 4-12 所示。

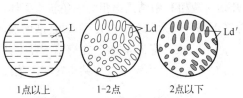

1点以上　1-2点　2点以下

图 4-12　共晶白口铸铁结晶过程示意图

合金⑤在 1 点温度以上为液相 L，到达 1 点温度（1148℃）时，在恒温下发生共晶反应，生成莱氏体 Ld，即 $L_{4.3} \rightarrow (A_{2.11}+Fe_3C)$。1 点以下，随着温度下降，奥氏体 A 中碳的固溶度沿 ES 线变化，从 A 中析出二次渗碳体 Fe_3C_{II}，但由于 Fe_3C_{II} 依附在作为基体的共晶渗碳体 Fe_3C 上，在显微镜下难以分辨。温度降到 2 点（727℃）时，A 中碳的质量分数降为 0.77%，在恒温下 A 发生共析转变，生成珠光体 P，则莱氏体（A+Fe_3C）转变成（P+Fe_3C），称为低温莱氏体或变态莱氏体，用符号 Ld′表示。2 点温度以下，组织没有明显变化。共晶白口铸铁的室温组织为 Ld′，组织形态为粒状或条状 P 分布在共晶 Fe_3C 基体上（图 4-3）。

4.3.6　亚共晶白口铸铁

以 w_C =3.0%的亚共晶白口铸铁为例（图 4-5 中的合金⑥），其结晶过程示意图如图 4-13 所示。

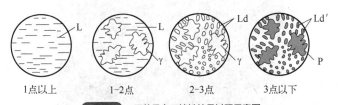

1点以上　1-2点　2-3点　3点以下

图 4-13　亚共晶白口铸铁结晶过程示意图

合金⑥在 1 点温度以上为液相 L，从 1 点温度起开始从液相 L 中按匀晶转变结晶出初晶奥氏体 A，在 1-2 点温度范围内，随着温度下降，液相 L 成分沿液相线 BC 线变化，固相 A 成分沿固相线 JE 线变化，并且 A 逐渐增多，到达 2 点温度（1148℃）得到 w_C=2.11%的初晶奥氏体 A 和 w_C=4.3%的液相 L。在恒温下合金发生共晶反应，液相 L 生成莱氏体 Ld。2-3 点之间，随着温度下降，奥氏体 A 的含碳量沿 ES 线降低，从初晶奥氏体和共晶奥氏体中都析出二次渗碳体 Fe_3C_{II}，但 Fe_3C_{II} 与共晶渗碳体连成一片，难以分辨。到 3 点温度（727℃），奥氏体中碳的质量分数降为 0.77%，在恒温下发生共析转变，所有奥氏体 A 转变成珠光体 P，莱氏体 Ld 转变成低温莱氏体 Ld′。

亚共晶白口铸铁的室温组织为 P+Fe_3C_{II}+Ld′，组织形态为小颗粒状的珠光体和渗碳体基体构成的低温莱氏体及大块黑色的珠光体，Fe_3C_{II} 与共晶渗碳体连成一片，不易分辨，如图 4-14 所示。

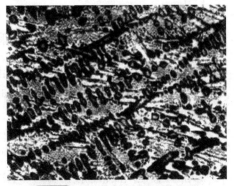

图 4-14　亚共晶白口铸铁室温平衡组织

4.3.7　过共晶白口铸铁

以 $w_C=5.0\%$ 的过共晶白口铸铁为例（图 4-5 中的合金⑦），其结晶过程示意图如图 4-15 所示。

合金⑦在 1 点温度以上为液相 L，从 1 点温度起开始从液相 L 中结晶出粗大的条状渗碳体，称为一次渗碳体 Fe_3C_1。在 1-2 点温度范围内，随着温度下降，一次渗碳体 Fe_3C_1 的量逐渐增加，液相 L 成分沿 DC 线变化，降至 2 点温度（1148℃），液相 L 成分降为 4.3%，在恒温下发生共晶反应，液相 L 转变成莱氏体 Ld。温度降至 3 点（727℃）时，在恒温下发生共析转变，莱氏体 Ld 转变成低温莱氏体 Ld'。

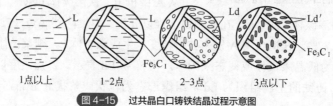

| 1点以上 | 1-2点 | 2-3点 | 3点以下 |

图 4-15　过共晶白口铸铁结晶过程示意图

过共晶白口铸铁的室温组织为 Fe_3C_1+Ld'，组织形态为小颗粒状的珠光体和渗碳体基体构成的低温莱氏体及粗大条状的一次渗碳体，如图 4-16 所示。

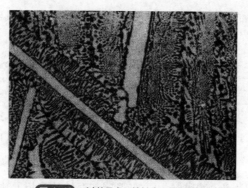

图 4-16　过共晶白口铸铁室温平衡组织

4.4　铁碳合金的成分-组织-性能之间的关系

4.4.1　含碳量对平衡组织的影响

铁碳合金在室温下的平衡组织都是由铁素体和渗碳体两相组成的。合金含碳量的变化会引起两相相对含量的变化。当含碳量为零时，合金全部由铁素体组成，随着含碳量增加，渗碳体呈线性增加，铁素体呈线性减少。

含碳量的变化不仅引起组成相铁素体和渗碳体相对含量的变化，而且由于铁素体和渗碳体在不同生成条件下的形态差异，也引起组织发生变化。例如，渗碳体碳的质量分数始终为 6.69%，但一次渗碳体是从液相直接析出的，呈粗大条状；二次渗碳体是从奥氏体中析出的，沿奥氏体晶界呈网状分布；三次渗碳体是从铁素体中析出的，在晶界呈小片状分布；珠光体中的共析渗碳体是层片状的；低温莱氏体 Ld′ 中的共晶渗碳体又是作为基体出现的。铁碳合金的成分与组织关系如图 4-17 所示。

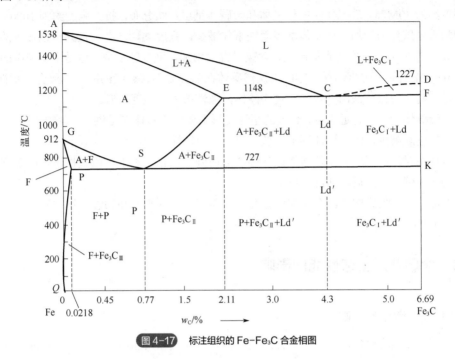

图 4-17 标注组织的 Fe-Fe₃C 合金相图

随着含碳量的增加，铁碳合金的室温组织按下列顺序变化：F→F+P→P→P+Fe₃C_{II}→P+Fe₃C_{II}+Ld′→Ld′→Fe₃C_I+Ld′→Fe₃C，如图 4-18 所示。

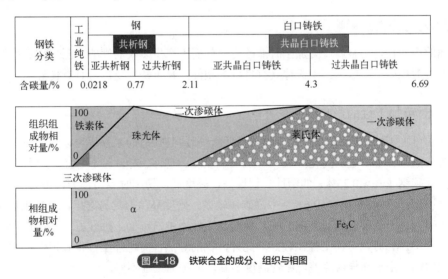

图 4-18 铁碳合金的成分、组织与相图

4.4.2 含碳量对力学性能的影响

含碳量的变化会引起组织的变化，组织的变化会直接引起性能的变化。

硬度主要取决于组成相的硬度和数量，铁素体的硬度约为 80HBW，渗碳体的硬度约为 800HBW。随着含碳量的增加，硬度高的渗碳体逐渐增多，硬度低的铁素体逐渐减少，合金的硬度也随着含碳量的增加而呈线性提高。

强度对组织形态很敏感。铁素体的强度较低，抗拉强度为180～280MPa，渗碳体硬而脆，抗拉强度约为30MPa。珠光体中的铁素体和渗碳体呈层片状分布，抗拉强度约为1000MPa。亚共析钢随着含碳量的增加，珠光体增多而铁素体减少，强度逐渐升高。过共析钢在碳的质量分数达到0.9%左右时，强度达到最高值，含碳量继续增加，强度则下降。这是由于在碳的质量分数达到0.9%左右时，强度趋近于零的二次渗碳体在晶界处形成连续的网，导致合金脆性增大，强度迅速下降。白口铸铁由于含有大量渗碳体，脆性很大，强度很低。

由于渗碳体的塑性趋近于零，合金的塑性变形主要由铁素体来提供。当含碳量逐渐增加时，铁素体含量逐渐减少，因而塑性逐渐降低。对于白口铸铁，塑性几乎接近于零。

冲击韧性对组织很敏感，随着渗碳体的增加而降低，相比之下，比塑性下降的幅度还大，尤其是二次渗碳体成网后，韧性急剧下降。

为保证工业上使用的钢具有足够的强度，并具有一定的塑性和韧性，钢中碳的质量分数一般不超过1.3%。

4.4.3　含碳量对工艺性能的影响

（1）对铸造性的影响

铸铁液相线温度比钢低，其流动性总是比钢好。纯铁和共晶白口铸铁的液相线和固相线距离最小，因此铸造性最好。在铸造生产中共晶点附近的合金得到广泛使用。钢的铸造性总体都不太好。

（2）对可锻性的影响

金属的可锻性是指金属压力加工时能改变形状而不产生裂纹的性能。可锻性与含碳量有关，低碳钢的可锻性好于高碳钢。奥氏体具有良好的塑性，易于塑性变形，具有良好的可锻性。

（3）对可加工性的影响

金属的可加工性一般从切削力、表面粗糙度、断屑与排屑的难易程度以及金属对刀具的磨损程度等方面来评价。金属的化学成分、组织、硬度、韧性、导热性、加工硬化程度等对其均有影响。低碳钢（$w_C \leqslant 0.25\%$）的塑性、韧性好，硬度低，切削时容易粘刀，不易断屑和排屑，可加工性不好。高碳钢（$w_C > 0.6\%$）中渗碳体较多，硬度高，刀具易磨损，可加工性也很差。中碳钢含碳量介于低碳钢和高碳钢之间，硬度和塑性适中，可加工性较好。一般认为钢的硬度在170～230HBW时，可加工性比较好。此外，钢的导热性对可加工性也有很大影响。具有奥氏体组织的钢，由于其导热性差，尽管硬度不高，但可加工性不好。

4.5　Fe-Fe₃C 相图的应用

Fe-Fe₃C相图对实际生产中的选材和加工工艺的制定等方面具有很重要的实际意义。

（1）选材

Fe-Fe₃C 相图反映了铁碳合金的成分与组织、性能的变化规律，为钢铁材料的选材提供了依据。需要塑性、韧性较高的材料时应采用低碳钢，它具有良好的冷成型性能；需要强度、塑性、韧性都较好，即综合力学性能要求较高的材料，应采用中碳钢，可用于制造机器零件等用途；需要硬度和耐磨性较好的材料，用于制造工具等，则应采用高碳钢；纯铁强度、硬度太低，不宜作结构材料，可作电磁铁的铁芯等；白口铸铁具有很高的硬度和脆性，不宜切削加工和锻造，可以铸造成耐磨且不受冲击载荷的制件，如冷轧辊、拔丝模等。

（2）制定热加工工艺

Fe-Fe₃C 相图反映了不同成分的合金在缓慢加热和冷却过程中的组织转变规律，为制定热加工和热处理工艺提供了依据。

① **铸造**　根据相图可以确定浇注温度。浇注温度一般在液相线以上 50～100℃。此外，前面已经讲过，根据相图还可以判断合金的铸造性能，在生产上总是选择共晶点附近的合金。

② **热加工**　钢处于奥氏体状态时强度较低，塑性较好，因此，在锻造或轧制时要把坯料加热到奥氏体状态。一般始锻、始轧温度控制在固相线以下 100～200℃ 范围内，而终锻、终轧温度不能过低，以免因塑性差而出现裂纹。因此，对于亚共析钢，多控制在稍高于 CS 线温度，避免变形时出现铁素体，形成带状组织；对于过共析钢，多控制在稍高于 PSK 线温度，以便打碎析出的网状二次渗碳体。一般地，碳钢的始锻温度为 1150～1250℃，终锻温度为 750～850℃。

此外，Fe-Fe₃C 相图对于制定热处理工艺有着重要的指导意义，退火、正火、淬火等热处理的加热温度都要参考相图来制定，这将在后续热处理章节中详细讨论。

4.6　应用 Fe-Fe₃C 相图应注意的问题

Fe-Fe₃C 相图虽然是研究钢铁材料的基础，但也有其局限性：

① Fe-Fe₃C 相图只能反映铁碳二元合金中相的平衡状态，当钢中加入其他元素时，相图将发生变化。因此，Fe-Fe₃C 相图无法确切表示多元合金的相的状态，必须借助于三元或多元相图。

② Fe-Fe₃C 相图反映的是相的概念，而不是组织的概念，从相图上不能反映出相的形状、大小及分布。

③ Fe-Fe₃C 相图反映的是平衡条件下铁碳合金中相的状态，不能说明较快速度加热或冷却时组织的变化规律，也看不出相变过程所经历的时间。

本章小结

铁碳合金相图，可分析相图中的点、线、区及几种重要的转变。5 个单相区，7 个双相区，3 个三相区、14 个特性点、3 个重要转变、8 条特性线。重要的成分点为 0.0218%、0.77%、2.11%、4.3%、6.69%，这也是区分钢和铸铁的主要参考点。

习题

一、选择题

（1）铁碳相图中还有三条比较重要的特性曲线，它们是（　　）。

A. GS 线、ES 线和 PQ 线　　　　　　　　B. GS 线、ES 线和 AB

B. GS 线、AS 线和 RQ 线　　　　　　　　D. GE 线、ES 线和 AB

（2）可锻性与含碳量有关，低碳钢的可锻性（　　）高碳钢。

A. 差于　　　　　　B. 好于　　　　　　C. 同于　　　　　　D. 大于等于

（3）需要硬度和耐磨性较好的材料，用于制造工具等，应采用（　　）。

A.低碳钢　　　　　B.中碳钢　　　　　　C.高碳钢　　　　　D.共析钢

（4）需要强度、塑性、韧性都较好，综合力学性能要求较高，可用于制造机器零件等用途的材料，应采用（　　）。

A.低碳钢　　　　　B.中碳钢　　　　　　C.高碳钢　　　　　D.过共析钢

（5）从奥氏体中析出的渗碳体为（　　）。

A. 一次渗碳体　　　B. 二次渗碳体　　　　C. 三次渗碳体　　　D.共晶渗碳体

二、讨论题

（1）各种渗碳体（Fe_3C_I、Fe_3C_{II}、Fe_3C_{III}、共析渗碳体、共晶渗碳体）的形成时机及形状特点有哪些？

（2）通过对铁碳相图的学习，试分析铁碳相图成分-组织-性能的关系，并说明铁碳相图的应用。

（3）现有 A、B 两种铁碳合金。A 的显微组织为珠光体的量占 75%，铁素体的量占 25%；B 的显微组织为珠光体的量占 92%，二次渗碳体的量占 8%。请回答：①这两种铁碳合金按显微组织的不同分别属于哪一类钢？②这两种钢铁合金的含碳量各为多少？③画出 $Fe-Fe_3C$ 平衡相图，并标出各组织组成物的名称。

（4）默画铁碳相图，标明 C、S、B、E 及 F 点的成分及 CEF、PSK 线的温度，标明各相区。

第 5 章

热处理的原理和工艺

本章思维导图

扫码获取本书配套资源

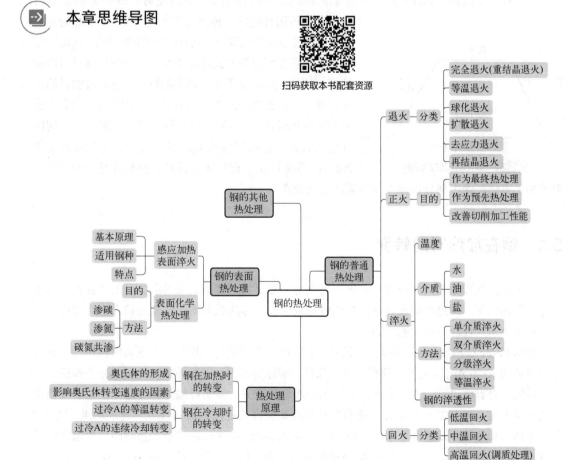

本章学习目标

（1）了解钢加热时奥氏体化的基本过程。

（2）理解过冷奥氏体等温冷却和连续冷却曲线的物理意义。

（3）熟悉影响等温转变图形状和位置的因素，以及等温转变图在热处理生产中的实际应用。

（4）掌握过冷奥氏体转变产物（珠光体、索氏体、托氏体、马氏体、贝氏体）的组织和性能特点。

（5）掌握奥氏体的形成，珠光体、贝氏体和马氏体转变的微观机制及特点。

（6）掌握回火过程的各个阶段及组织性能。

（7）掌握钢的退火、正火、淬火和回火等普通热处理工艺制定原则。

（8）理解化学热处理工艺过程。

（9）掌握硬钢的淬火及淬透性概念。

热处理是将固态金属或合金在一定介质中加热、保温和冷却，以改变材料整体或表面组织，从而获得所需性能的一种热加工工艺（图5-1）。热处理的实质是把金属材料在固态下加热到预定的温度，保温一定时间，然后以预定的方式冷却下来，以改变金属材料内部的组织结构，从而赋予工件预期的性能。热处理的目的在于改变工件的性能（改善金属材料的工艺性能，提高金属材料的使用性能）。例如，T10钢经过球化退火后，切削性能大大改善；而经淬火处理后，其硬度可从处理前的20HRC提高到62～65HRC。因此，热处理是一种非常重要的加工方法，绝大部分机械零件必须经过热处理。

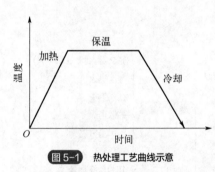

图 5-1 热处理工艺曲线示意

5.1 钢在加热时的转变

大多数热处理工艺（如淬火、正火、退火等）都要将钢加热到临界温度以上，获得全部或部分奥氏体组织，即进行奥氏体化。加热时形成的奥氏体的成分均匀性及晶粒大小等对冷却转变过程及组织、性能有极大的影响。

根据 $Fe-Fe_3C$ 相图可知，将共析钢加热到 A_1 以上全部变为奥氏体；而亚共析钢和过共析钢必须加热到 A_3 和 A_{cm} 以上才能获得单相奥氏体。实际情况下，钢在加热时的相变并不按照相图上所示的临界温度进行，大多有不同程度的滞后现象产生，即实际加热转变温度往往要偏离平衡的临界温度，冷却时也是如此。随着加热和冷却速度的提高，滞后现象将越加严重。图5-2所示为钢的加热和冷却速度分别为 7.5℃/h 时对临界温度的影响。通常把加热时的临界温度标以字母"c"，如 Ac_1、Ac_3、Ac_{cm} 等；把冷却时的临界温度标以字母"r"，如 Ar_1、Ar_3、Ar_{cm} 等。

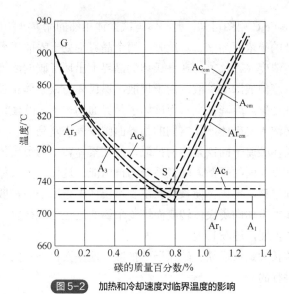

图 5-2　加热和冷却速度对临界温度的影响

5.1.1　奥氏体的形成

　　钢在加热时奥氏体的形成过程称为奥氏体化。这里以共析钢的奥氏体形成过程为例,并假定共析钢的原始组织为片状珠光体。当加热至 Ac₁ 以上时将会发生珠光体向奥氏体的转变,它可分为 4 个基本阶段,如图 5-3 所示。

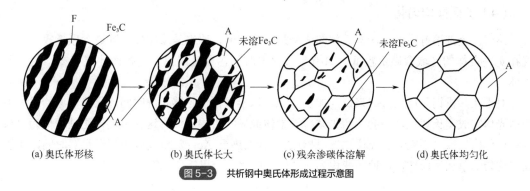

(a) 奥氏体形核　　(b) 奥氏体长大　　(c) 残余渗碳体溶解　　(d) 奥氏体均匀化

图 5-3　共析钢中奥氏体形成过程示意图

(1) 奥氏体的形核

　　观察表明,奥氏体晶核首先在铁素体和渗碳体的相界面上形成。奥氏体的形核和液态结晶形核一样,需要一定的结构起伏、能量起伏和浓度起伏。而铁素体和渗碳体的相界面上碳浓度分布不均匀,位错密度较高、原子排列不规则,晶格畸变大,处于能量较高的状态,因此为奥氏体形核提供了能量和结构两方面的有利条件。另外,相界面处碳浓度处于铁素体和渗碳体的过渡之间,容易形成较大的浓度起伏,使相界面某一微区能够达到形成奥氏体晶核所需的含碳量。所以,奥氏体形核优先在相界面上形成。

(2) 奥氏体晶核长大

　　奥氏体晶核形成之后,同时与相渗碳体和相铁素体相邻,假定与铁素体和渗碳体相邻的晶界面都是平直的，由 Fe-Fe$_3$C 相图可知，奥氏体与铁素体相邻的晶界处的碳浓度为 $C_{y\text{-}a}$，奥氏体与渗碳体的相邻晶界处的碳浓度为 $C_{y\text{-}c}$。此时，两个晶界都处于界面平衡状态，这是系统自由能最低的状态。由于碳浓度 $C_{y\text{-}c} > C_{y\text{-}a}$，在奥氏体的晶界上出现了碳的浓度梯度，引起碳在奥氏体晶界处不断地由高浓度向低浓度扩散。由于扩散，奥氏体与铁素体相邻晶界处碳浓度升高，而与渗碳体相邻的晶界处碳浓度降低，从而破坏了晶界面的平衡，并使系统自由能升高。为了恢复平衡，渗碳体势必溶入奥氏体，使它们的相界面碳浓度恢复到 $C_{y\text{-}c}$。与此同时，相邻的另一个界面上，发生奥氏体碳原子向铁素体的扩散，使铁素体转变为奥氏体，使它们的界面碳浓度恢复到 $C_{y\text{-}a}$，从而恢复界面的平衡，降低系统的自由能。这样，奥氏体的两个晶界面就向铁素体和渗碳体两个方向推移，奥氏体便长大。由于奥氏体中碳原子的扩散，不断打破相晶界面平衡，又通过渗碳体和铁素体向奥氏体转变而恢复平衡的过程循环往复地进行，奥氏体便不断地向铁素体和渗碳体中扩展，逐渐长大。

因此，奥氏体晶核长大是依靠铁、碳原子的扩散，使铁素体不断向奥氏体转变和渗碳体不断溶入到奥氏体中而进行的。

（3）残余渗碳体的溶解

由于铁素体的含碳量及结构与奥氏体相近，铁素体向奥氏体转变的速度往往比渗碳体的溶解要快，因此铁素体总是比渗碳体消失得早。铁素体全部消失以后，仍有部分剩余渗碳体未溶解，随着时间的延长，这些剩余渗碳体不断地溶入到奥氏体中，直至全部消失。

（4）奥氏体均匀化

渗碳体全部溶解完毕时，奥氏体的成分是不均匀的，原来是渗碳体的区域含碳量较高，而现在是铁素体的区域含碳量较低，只有延长保温时间，通过碳原子的扩散才能获得均匀的奥氏体。

对于亚共析钢和过共析钢来说，加热至 Ac$_1$ 以上并保温足够长的时间，只能使原始组织中的珠光体完成奥氏体化，仍会保留先共析铁素体或先共析渗碳体，这种奥氏体化过程称为"部分奥氏体化"或"不完全奥氏体化"。只有进一步加热至 Ac$_3$ 或 Ac$_{cm}$ 以上保温足够时间，才能获得均匀的单相奥氏体，这种转变称为非共析钢的"完全奥氏体化"。

5.1.2 影响奥氏体转变速度的因素

奥氏体的形成是通过形核与长大实现的，整个过程受原子扩散控制。因此，一切影响扩散、形核和长大的因素都影响奥氏体的转变速度。主要影响因素有加热温度、加热速度、原始组织和化学成分等。

（1）加热温度

加热温度必须高于相应的 Ac$_1$、Ac$_3$、Ac$_{cm}$ 线，珠光体才能向奥氏体转变。转变需要一段孕育期以后才能开始，而且温度越高，孕育期越短。

加热温度越高，奥氏体形成速度就越快，转变所需要的时间就越短。这是由两方面原因造成的：一方面，温度越高则奥氏体与珠光体的自由能差越大，转变的推动力越大；另一方面，温度越高则原子扩散越快，因而碳的重新分布与铁的晶格重组就越快，所以，使奥氏体的形核、长大，残余渗碳体的溶解及奥氏体的均匀化都进行得越快。可见，同一个奥氏体化状态，既可通过较低温度较长时间的加热得到，也可由较高温度较短时间的加热得到。因此，在制定加热工艺时，应全面考虑温度和时间的影响。

（2）加热速度

加热速度对奥氏体化过程也有重要影响，对于共析钢来说，加热速度越快，珠光体的过热度越大，相变驱动力越大，转变的开始温度就越高。研究表明，随着晶核形成温度的升高，形核率的增长速率高于长大速率。例如对于 Fe-C 合金，当奥氏体转变温度从 740℃升到 800℃时，形核率增加 270 倍，而长大速率增加 80 倍。因此，加热速度越快，奥氏体形成温度越高，起始晶粒越细小。

（3）钢中碳质量分数

碳质量分数增加时，渗碳体量增多，铁素体和渗碳体的相界面增大，因而奥氏体的核心增多，转变速度加快。

（4）合金元素

钴、镍等可以增大碳在奥氏体中的扩散速度，因而加快奥氏体化过程；铬、钼、钒等与碳形成较难溶解的碳化物，显著降低碳的扩散能力，所以减慢奥氏体化过程；硅、铝、锰等对碳的扩散速度影响不大，不影响奥氏体化过程。由于合金元素的扩散速度比碳的扩散速度慢得多，所以合金钢的热处理加热温度一般都高一些，保温时间更长一些。

（5）原始组织

在化学成分相同的情况下，原始组织中碳化物分散度越大，铁素体和渗碳体的相界面就越多，奥氏体的形核率就越大；原始珠光体越细，其层片间距越小，则相界面越多，越有利于形核；同时，由于珠光体层片间距小，则碳原子的扩散距离小，扩散速度加快，使得奥氏体形成速度加快。因此，钢的原始组织越细，奥氏体的形成速度越快。

5.1.3　奥氏体的晶粒度及其影响因素

钢的奥氏体晶粒大小直接影响冷却所得组织和性能。奥氏体晶粒细时，退火后所得组织亦细，则钢的强度、塑性、韧性较好。奥氏体晶粒细，淬火后得到的马氏体也细小，因而韧性得到改善。

（1）奥氏体晶粒度

晶粒大小可用直接测量的晶粒平均直径来表示，也可用单位体积或单位面积内所包含的晶粒个数来表示，但要测定这样的数据是很烦琐的，所以目前广泛采用的是与标准金相图片相比较的方法来评定晶粒大小的级别。

通常将晶粒大小分为 8 级，1 级最粗，8 级最细。晶粒度的级别与晶粒大小的关系为 $n=2^{N-1}$，其中，n 为放大 100 倍进行金相观察时，每平方英寸（6.45cm²）视野中所含晶粒的平均数目；N 为晶粒度的级别数。可见，晶粒度的级别数越高，晶粒就越多、越细。一般把晶粒度为 1～4 级的称为粗晶粒，5～8 级的称为细晶粒，如图 5-4 所示。

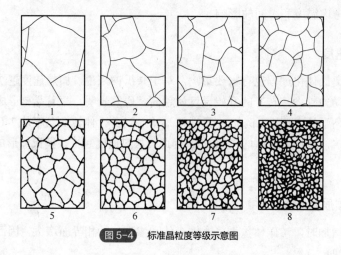

图 5-4 标准晶粒度等级示意图

某一具体热处理或热加工条件下的奥氏体的晶粒度叫作实际晶粒度，它决定钢的性能。

钢在加热时奥氏体晶粒长大的倾向用本质晶粒度来表示。钢加热到（930±10）℃，保温 8h，冷却后测得的晶粒度叫作本质晶粒度。如果测得的晶粒细小，则该钢称为本质细晶粒钢，反之叫作本质粗晶粒钢。本质细晶粒钢在 930℃以下加热时晶粒长大的倾向小，容易进行热处理。本质粗晶粒钢进行热处理时，要严格控制加热温度。需要指出的是，超过 930℃时本质细晶粒钢也可能得到很粗大的奥氏体晶粒，甚至比同温度之下本质粗晶粒钢的晶粒还粗。因此，本质晶粒度只表明 930℃以下奥氏体晶粒的长大倾向。

（2）影响奥氏体晶粒度的因素

钢在奥氏体化时为了控制奥氏体晶粒的大小，必须从控制影响奥氏体晶粒大小的因素去考虑。

① **加热温度和保温时间**　加热温度越高，保温时间越长，奥氏体晶粒越粗大，因为这与原子扩散密切相关。为了获得一定尺寸的奥氏体晶粒，可同时控制加热温度和保温时间。相比之下，加热温度作用更大，因此必须要严格控制。

② **加热速度**　加热速度越快，过热度越大，奥氏体实际形成温度越高，可获得细小的起始晶粒。由于温度较高且晶粒细小，反而使晶粒易于长大，故保温时间不能太长。生产中常采用快速加热、短时保温的方法来细化奥氏体晶粒，甚至可获得超细晶粒。

③ **钢的化学成分**　在一定含碳量范围内随着奥氏体中含碳量的增加，促进碳在奥氏体中的扩散速率及铁原子自扩散速率的提高，故晶粒长大倾向增大。若含碳量超过一定量后（超过共析成分），由于奥氏体化时尚有一定数量的未溶碳化物存在，且分布在奥氏体晶界上，起到了阻碍晶粒长大的作用，反而使奥氏体晶粒长大倾向减小。

合金元素如 Ti、Zr、V、Nb、Al 等，当其形成弥散稳定的碳化物和氮化物时，由于分布在晶界上，因而阻碍晶界的迁移，阻止奥氏体晶粒长大，有利于得到本质细晶粒钢。Mn 和 P 是促进奥氏体晶粒长大的元素。

5.2 钢在冷却时的转变

热处理工艺中，钢在奥氏体化后，接着进行冷却。冷却的方式通常有两种：

① **等温冷却** 将钢迅速冷却到临界点以下的给定温度，进行保温，在该温度恒温转变，如图 5-5 曲线 1 所示。

② **连续冷却** 将钢以某种速度连续冷却，使其在临界点以下变温连续转变，如图 5-5 曲线 2 所示。

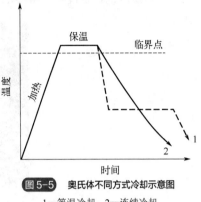

图 5-5 奥氏体不同方式冷却示意图
1—等温冷却；2—连续冷却

5.2.1 过冷奥氏体的等温转变

从铁碳相图可知，当温度在 A_1 以上时，奥氏体是稳定的，能长期存在。当温度降到 A_1 以下后，奥氏体即处于过冷状态，这种奥氏体称为过冷奥氏体（过冷 A）。过冷奥氏体是不稳定的，它会转变为其他组织。钢在冷却时的转变，实质上是过冷奥氏体的转变。

共析钢过冷奥氏体的等温转变过程和转变产物可用其等温转变曲线（TTT 曲线）图来分析（图 5-6）。图中横坐标为转变时间，纵坐标为温度。根据曲线的形状，过冷奥氏体等温转变曲线可简称为 C 曲线。C 曲线的左边一条线为过冷奥氏体转变开始线，右边一条线为过冷奥氏体转变终了线。图中，M_s 线是过冷奥氏体转变为马氏体（M）的开始温度，M_f 线是过冷奥氏体转变为马氏体的终了温度。奥氏体从过冷到转变开始这段时间称为孕育期，孕育期的长短反映了过冷奥氏体的稳定性大小。在 C 曲线的"鼻尖"处（约 550℃）孕育期最短，过冷奥氏体的稳定性最小。

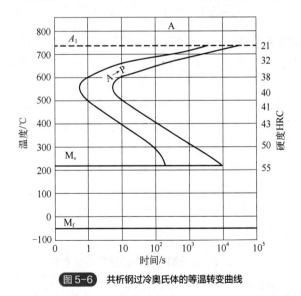

图 5-6 共析钢过冷奥氏体的等温转变曲线

共析钢过冷奥氏体等温转变包括两个转变区：高温转变和中温转变。

（1）高温转变

在 A_1～550℃ 之间，过冷奥氏体的转变产物为珠光体型组织，此温区称**珠光体转变区**。

珠光体是铁素体和渗碳体的机械混合物，渗碳体呈层片状分布在铁素体基体上。转变温度越低，层间距越小。按层间距珠光体型组织分为珠光体（P）、索氏体（S）和托氏体（T）。它们并无本质区别，也没有严格界限，只是层片粗细不同，如图5-7所示。

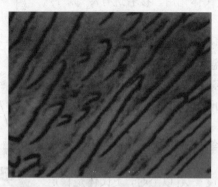

(a) 珠光体(3800×)

(b) 索氏体(8000×)

(c) 托氏体(8000×)

图 5-7　共析钢过冷奥氏体高温转变组织

当温度在 A_1～650℃温度范围内时，形成片层较粗的珠光体，如图 5-7（a）所示，硬度为 10～20HRC。通常所说的珠光体就指这一类，用"P"表示，其片层形貌在 500 倍光学显微镜下就能分辨出来。

在 650～600℃温度范围内形成片层较细的珠光体，如图 5-7（b）所示，硬度为 20～30HRC，被称为索氏体，用"S"表示。要在 800～1500 倍的光学显微镜下才能分辨清楚。

在 600～550℃温度范围内形成片层极细的珠光体，如图 5-7（c）所示，硬度为 30～40HRC，被称为托氏体，用"T"表示。只有在电子显微镜下才能分辨出来。

研究发现，珠光体片层的粗细与等温转变温度密切相关，而片间距对其性能有很大的影响。等温温度越低，片层越细，片间距越小，珠光体的强度和硬度就越高，同时塑性和韧性也有所增加。它们的大致形成温度及性能见表 5-1。

表 5-1　共析钢珠光体转变产物参考表

组织名称	表示符号	形成温度范围/℃	硬度 HRC	层片间距/μm
珠光体	P	A_1～550	5～27	>0.4
索氏体	S	650～600	27～33	0.4～0.2
托氏体	T	600～550	33～43	<0.2

奥氏体向珠光体的转变是一种扩散型的形核、长大过程，是通过碳、铁的扩散和晶体结构

的重构实现的。

（2）中温转变

在 550℃～M_s，过冷奥氏体的转变产物为贝氏体型组织，此温区称**贝氏体转变区**。

贝氏体是铁碳化合物分布在碳过饱和的铁素体基体上的两相混合物。奥氏体向贝氏体的转变属于半扩散型转变，铁原子不扩散而碳原子有一定扩散能力。转变温度不同，形成的贝氏体形态也明显不同。

过冷奥氏体在 350～550℃温度范围内转变形成的产物称上贝氏体（上 B）。上贝氏体呈羽毛状，小片状的渗碳体分布在成排的铁素体片之间（图5-8）。

(a) 光学显微组织500×　　　　　　　(b) 电子显微镜5000×

图5-8　上贝氏体形态

过冷奥氏体在 350℃～M_s 的温度范围内转变产物称下贝氏体（下 B）。在光学显微镜下，下贝氏体为黑色针状，在电子显微镜下可看到在铁素体针内沿一定方向分布着细小的铁碳化合物（$Fe_{2.4}C$）颗粒（图5-9）。

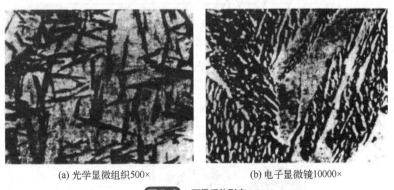

(a) 光学显微组织500×　　　　　　　(b) 电子显微镜10000×

图5-9　下贝氏体形态

贝氏体的力学性能与其形态有关。上贝氏体在较高温度形成，其铁素体片较宽，塑性变形抗力较低；同时，渗碳体分布在铁素体片之间，容易引起脆断，因此，强度和韧性都较差。下贝氏体形成温度较低，其铁素体针细小，无方向性，碳的过饱和度大，位错密度高，且碳化物分布均匀，弥散度大，所以硬度高，韧性好，具有较好的综合力学性能，是一种很有应用价值的组织。

过冷奥氏体冷却到 M_s 点以下后发生马氏体转变，是一个连续冷却转变过程，将在下面进行讨论。

5.2.2 过冷奥氏体的连续冷却转变

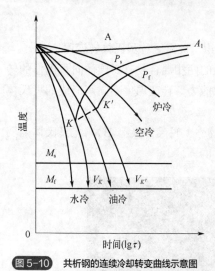

图 5-10 共析钢的连续冷却转变曲线示意图

在实际生产中，较多的情况是采用连续冷却的热处理方式，如炉冷退火、空冷退火、水冷淬火等。

以共析钢过冷奥氏体的连续冷却转变曲线（CCT）为例，如图 5-10 所示。图中，P_s 线为过冷奥氏体转变为珠光体型组织的开始线，P_f 为转变终了线。KK' 为过冷奥氏体转变终止线，当冷却到达此线时，过冷奥氏体终止转变。由图可知，共析钢以大于 V_K 的速度冷却时，由于没有遇到珠光体转变线，得到的组织为马氏体，这个冷却速度称为上临界冷却速度。V_K 越小，越易得到马氏体。冷却速度小于 $V_{K'}$ 时，钢将全部转变为珠光体型组织。$V_{K'}$ 为下临界冷却速度（共析钢过冷 A 在连续冷却转变时得不到贝氏体组织，在连续冷却转变曲线中没有奥氏体转变为贝氏体的部分）。与共析钢的 TTT 曲线相比，CCT 曲线稍靠右靠下一点（图 5-11），表明连续冷却时，奥氏体完成珠光体转变的温度要低一些，时间要长一些。由于连续转变曲线较难测定，因此一般用过冷奥氏体的等温转变曲线来分析连续转变的过程和产物。在分析时应注意 TTT 曲线和 CCT 曲线的上述一些差异。

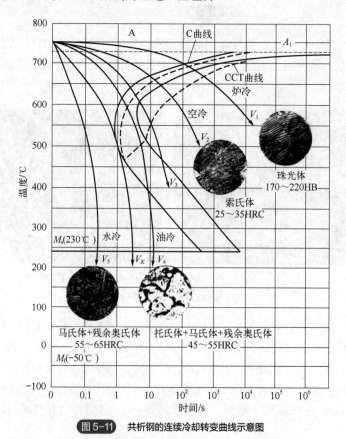

图 5-11 共析钢的连续冷却转变曲线示意图

（1）转变过程及产物

现用共析钢的等温转变曲线来分析过冷 A 连续转变过程和产物（图 5-11）。在缓慢冷却（V_1 炉冷）时，过冷 A 将转变为珠光体。转变温度较高，珠光体呈粗片状，硬度为 170～220HB。以稍快速度（V_2 空冷）冷却时，过冷 A 转变为索氏体，为细片状组织，硬度为 25～35HRC。采用油冷（V_4）时，过冷 A 先有一部分转变为托氏体，剩余的过冷 A 在冷却到 M_s 以下后转变为**马氏体**（无贝氏体转变），用"M"表示，冷却到室温时，还会有少量未转变的奥氏体保留下来，这种残留的奥氏体称为残余奥氏体。因此，转变后得到的组织为托氏体+马氏体+残余奥氏体，硬度为 45～55HRC。当用很快的速度冷却（V_5 水冷）时，奥氏体将过冷到 M_s 点以下，发生马氏体转变，冷却到室温保留部分残余奥氏体，转变后得到的组织是马氏体+残余奥氏体。

过冷 A 转变为马氏体是低温转变过程，转变温度在 $M_s \sim M_f$，该温区称**马氏体转变区**。

（2）马氏体的形态

马氏体的形态有板条状和片状（或称针状）两种。其形态取决于奥氏体的碳质量分数。

当碳质量分数在 0.25% 以下时，基本上是板条马氏体（亦称低碳马氏体）。在显微镜下，板条马氏体由一束束平行排列的细板条组成，如图 5-12 所示。在高倍透射电镜下可看到板条马氏体内有大量位错缠结的亚结构，所以低碳马氏体也称位错马氏体。

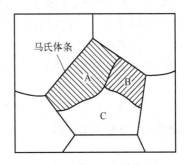

(a) 板条马氏体组织1000×　　　　　(b) 板条马氏体示意图

图 5-12　**板条马氏体的组织形态**

当碳质量分数大于 1.0% 时，则大多数是片状马氏体。在光学显微镜下，片状马氏体呈竹叶状或凸透镜状，在空间形同铁饼。马氏体片之间形成一定角度（60°或 120°）。高倍透射电镜分析表明，针状马氏体内有大量孪晶，因此片状马氏体又称孪晶马氏体，如图 5-13 所示。

(a) 片状马氏体组织1000×　　　　　(b) 片状马氏体示意图

图 5-13　**片状马氏体的组织形态**

碳质量分数在 0.25%～1.0%时，为板条马氏体和片状马氏体的混合组织。

（3）马氏体的力学性能

马氏体最主要的力学性能特点是具有高硬度、高强度。马氏体的硬度主要取决于马氏体的含碳量，通常情况是随含碳量的增加而提高。但需注意，淬火钢的硬度并不代表马氏体的硬度，因为淬火钢中还可能混有其他组织（如二次渗碳体和残留奥氏体）。只有当残留奥氏体量很少时，钢的硬度与马氏体的硬度才趋于一致。

马氏体高强度、高硬度的原因是多方面的，其中主要包括碳原子的固溶强化、相变强化、时效强化以及晶界强化。

① **固溶强化** 间隙碳原子固溶在α-Fe 点阵的扁八面体间隙中，不仅使点阵膨胀，还使点阵发生不对称畸变，形成一个强烈的应力场。该应力场与位错发生强烈的交互作用，从而提高马氏体的强度，即产生固溶强化作用。

② **相变强化** 马氏体转变时在晶体内造成大量的亚结构，板条马氏体的高密度位错网、片状马氏体的微细孪晶都将妨碍位错运动，从而使马氏体强化，此即相变强化。

③ **时效强化** 马氏体形成以后，碳及合金元素的原子向位错或其他晶体缺陷处扩散偏聚或析出，钉扎位错，使位错难以运动，从而造成马氏体强化。

④ **晶界强化** 原始奥氏体晶粒大小及板条马氏体束的尺寸对马氏体的强度也有一定的影响。原始奥氏体晶粒越细小、马氏体板条束越小，则马氏体强度越高，这是由于相界面阻碍位错运动造成的马氏体强化。

马氏体的塑性和韧性主要取决于它的亚结构。大量实验结果证明，在相同屈服强度条件下，板条（位错）型马氏体比片状（孪晶）型马氏体的韧性要好得多。片状马氏体具有高的强度，但韧性很差，性能特点表现为硬而脆。其主要原因是片状马氏体的含碳量高，晶格畸变大，同时马氏体高速形成时互相撞击使得片状马氏体中存在许多微裂纹。

（4）马氏体转变的主要特点

马氏体转变是在较低的温度下进行的，因而具有一系列特点，主要包括以下几种：

① **无扩散性** 马氏体的形成无须借助于扩散过程，主要原因有两个：a.转变前后没有化学成分的改变，即奥氏体与马氏体的化学成分一致；b.马氏体可在很低的温度下以高速形成，例如，在-196～-20℃，一片马氏体经 5×10^{-5}～5×10^{-7}s 即可形成，在这样低的温度下，原子难以扩散，如此快的形成速度原子也来不及扩散。

② **转变是在一个温度范围内进行的** 马氏体转变是在 M_s～M_f 的温度范围内进行的，其转变量随温度的下降而增加，一旦温度停止下降，转变立即终止。可见马氏体的转变量只是温度的函数，与在 M_s～M_f 温度范围内的停留时间无关。

③ **转变不完全** 多数钢的 M_f 点在室温以下，因此冷却到室温时仍会保留相当数量未转变的奥氏体，称为残留奥氏体，常用 Ar 表示。奥氏体的含碳量越高，M_s、M_f 就越低，所以残留奥氏体量就越高。

5.3 钢的热处理工艺

根据热处理时加热和冷却方式不同,常用的热处理方法大致分为普通热处理和表面热处理。

5.3.1 钢的普通热处理

钢的普通热处理是将工件整体进行加热、保温和冷却,使其获得均匀组织和性能的一种热加工工艺。普通热处理主要包括退火、正火、淬火和回火。

(1)退火

将钢加热到适当温度,保温一定时间,然后缓慢冷却(一般为随炉冷却)的热处理工艺叫作退火。

根据处理的目的不同,钢的退火可分为完全退火、等温退火、球化退火、扩散退火、去应力退火和再结晶退火等。各种退火的加热温度范围和工艺曲线如图 5-14 所示。

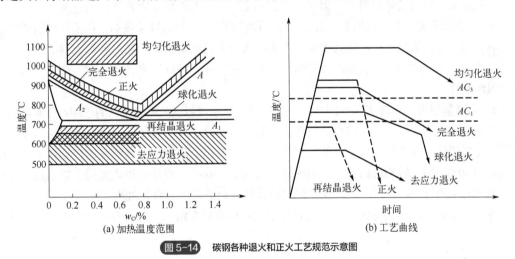

(a) 加热温度范围   (b) 工艺曲线

图 5-14 碳钢各种退火和正火工艺规范示意图

① **完全退火** 完全退火又称重结晶退火,主要用于亚共析钢。是把钢加热至 Ac_3 以上 20～30℃,保温一定时间后缓慢冷却(随炉冷却或埋入石灰和砂中冷却),以获得接近平衡组织的热处理工艺。亚共析钢经完全退火后得到的组织是 F+P。

完全退火的目的:通过重结晶,使热加工造成的粗大、不均匀的组织均匀化和细化,以提高性能;或使中碳以上的碳钢和合金钢得到接近平衡状态的组织,以降低硬度,改善切削加工性能。由于冷却速度缓慢,还可消除内应力。

过共析钢不宜采用完全退火,因为加热到 Ac_{cm} 以上慢冷时,二次渗碳体会以网状沿奥氏体晶界析出,使钢的韧性大大下降,并可能在以后的热处理中引起裂纹。

② **等温退火** 等温退火是将钢件或毛坯加热到高于 Ac_3(或 Ac_1)的温度,保温后,较快地冷却到珠光体转变区的某一温度,并进行等温保持,奥氏体等温转变,然后缓慢冷却的热处理工艺。

等温退火的目的与完全退火相同,但转变较易控制,能获得均匀的组织。对于奥氏体较稳定的合金钢，可缩短退火时间。

③ **球化退火**　球化退火是使钢中碳化物球状化的热处理工艺。球化退火主要用于过共析钢、共析钢，如工具钢、滚珠轴承钢等，其目的是降低硬度、均匀组织、改善切削性能，为淬火做好组织准备。"球化"的含义是经过这种处理以后，使钢中的碳化物呈球状（粒状），即获得粒状珠光体。球化退火的加热温度一般为 $20\sim30℃$，以便保留较多的未溶碳化物粒子，促进球状碳化物的形成。

球化退火一般采用随炉子加热，加热温度略高于 Ac_1 球化退火的关键在于奥氏体中要保留大量未溶碳化物质点，并造成奥氏体碳浓度分布的不均匀性。为此，球化退火加热温度一般在 Ac_1 以上 $20\sim30℃$ 不高的温度下，保温时间亦不能太长，一般以 $2\sim4h$ 为宜。冷却方式通常采用炉冷，或在 Ar_1 以下 $20℃$ 左右进行较长时间等温。

④ **扩散退火**　为减少钢锭、铸件或锻坯的化学成分和组织不均匀性，将其加热到略低于固相线的温度，长时间保温并进行缓慢冷却的热处理工艺，称为扩散退火或均匀化退火。

扩散退火的加热温度一般选定在钢的熔点以下 $100\sim200℃$，保温时间一般为 $10\sim15h$。加热温度提高时，扩散时间可以缩短。

扩散退火后钢的晶粒很粗大，因此一般会再进行完全退火或正火处理。

⑤ **去应力退火**　为消除铸造、锻造、焊接和机加工、冷变形等冷热加工在工件中造成的残余内应力而进行的低温退火，称为去应力退火。去应力退火是将钢件加热至低于 Ac_1 的某一温度（一般为 $500\sim650℃$），保温，然后随炉冷却，这种处理可以消除 $50\%\sim80\%$ 的内应力，不引起组织变化。

⑥ **再结晶退火**　将冷变形后的金属加热到再结晶温度以上，保持适当的时间，使变形晶粒重新转变为均匀的等轴晶粒，这种热处理工艺称为再结晶退火。再结晶退火的目的是消除加工硬化、提高塑性、改善切削加工性及成型性能。再结晶退火的加热温度通常比理论再结晶温度高 $100\sim150℃$，如一般钢材的再结晶退火温度为 $650\sim700℃$。再结晶退火多用于需要进一步冷变形钢件的中间退火，也可作为冷变形钢材及其他合金成品的最终热处理。

再结晶退火的加热温度低于 A_1，所以在退火过程中只有组织上的改变，而没有相变发生。

（2）正火

钢材或钢件加热到 Ac_3（对于亚共析钢）、Ac_1（对于共析钢）和 Ac_{cm}（对于过共析钢）以上 $30\sim50℃$，保温适当时间后，在自由流动的空气中均匀冷却的热处理称为正火。正火后的组织亚共析钢为 F+S，共析钢为 S，过共析钢为 $S+Fe_3C_{II}$。

正火的目的有：

① **作为最终热处理**　正火可以细化晶粒，使组织均匀化，减少亚共析钢中铁素体含量，使珠光体含量增多并细化，从而提高钢的强度、硬度和韧性。对于普通结构钢零件，力学性能要求不很高时，可把正火作为最终热处理。

② **作为预先热处理**　截面较大的合金结构钢件，在淬火或调质处理（淬火加高温回火）前进行正火，以消除魏氏组织和带状组织，并获得细小而均匀的组织。对于过共析钢，可减少二次渗碳体，并使其避免形成连续网状，为球化退火做组织准备。

③ **改善切削加工性能**　低碳钢或低碳合金钢退火后硬度太低，不便于切削加工。正火可提高其硬度，改善其切削加工性能。

（3）淬火

将钢加热到相变温度以上，保温一定时间，然后快速冷却以获得马氏体组织的热处理工艺称为淬火。淬火是钢的最重要的强化方法。

① **淬火加热温度**　淬火加热温度的选择应以得到细而均匀的奥氏体晶粒为原则，以便冷却后获得细小马氏体组织。

在一般情况下，亚共析钢的淬火加热温度为 Ac_3 以上 $30\sim50℃$；共析钢和过共析钢的淬火加热温度为 Ac_1 以上 $30\sim50℃$，如图 5-15 所示。

亚共析钢加热到 Ac_3 以下时，淬火组织中会保留铁素体，使钢的硬度降低。过共析钢加热到 Ac_1 以上时，组织中保留少量二次渗碳体，有利于提高钢的硬度和耐磨性。此时，奥氏体中的碳含量不太高，可降低马氏体的脆性。此外，还可减少淬火后残余奥氏体的含量。若淬火温度太高，会形成粗大的马氏体，使力学性能恶化；同时也增大淬火应力，使变形和开裂倾向增大。

② **加热时间的确定**　加热时间包括升温和保温两个阶段。通常以装炉后炉温达到淬火温度所需时间为升温阶段，并以此作为保温时间的开始。保温时间是指钢件内外温度均匀并完成奥氏体化所需的时间。保温时间根据钢件直径或厚度决定，一般为 15min/mm。

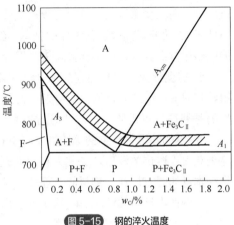

图 5-15　钢的淬火温度

③ **淬火冷却介质**　常用的冷却介质是水和油。

水在 $550\sim650℃$ 范围内、$200\sim300℃$ 范围内冷却能力较大，因此易造成零件的变形和开裂，这是它的最大缺点。提高水温能降低 $550\sim650℃$ 范围内的冷却能力，但对 $200\sim300℃$ 范围内的冷却能力几乎没有影响。这既不利于淬硬，也不能避免变形，所以淬火用水的温度控制在 $30℃$ 以下。水在生产上主要用于形状简单、截面较大的碳钢零件的淬火。

淬火用油为各种矿物油（如机油、变压器油等）。它的优点是在 $200\sim300℃$ 范围内冷却能力低，有利于减少工件的变形；缺点是在 $550\sim650℃$ 范围内冷却能力也低，不利于钢的淬硬，所以油一般作为合金钢的淬火介质。

为了减少零件淬火时的变形，可用盐浴作淬火介质，常用有碱浴、硝盐和中性盐。这些介质主要用于分级淬火和等温淬火。其特点是沸点高，冷却能力介于水和油之间。常用于处理形状复杂、尺寸较小、变形要求严格的工具。

④ **淬火方法**　为了保证获得所需要的淬火组织，又要防止变形和开裂，必须采用已有的淬火冷却介质再配以各种冷却方法才能解决。常用的淬火方法包括单介质淬火、双介质淬火、分级淬火和等温淬火等，如图 5-16 所示。

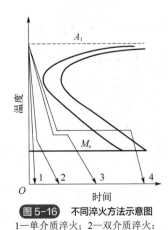

图 5-16　不同淬火方法示意图
1—单介质淬火；2—双介质淬火；
3—分级淬火；4—等温淬火

a. **单介质淬火**　工件在一种介质（水或油）中冷却。单介质淬火操作简单，易于实现机械化，应用广泛。但在水中淬火应力大，工件容易变形开裂；在油中淬火冷却速度小，淬透直径小，大件淬不硬。

b. 双介质淬火 工件先在较强冷却能力介质中冷却到300℃左右，再在一种冷却能力较弱的介质中冷却，如先水淬后油淬，可有效减小热应力和相变应力，减少工件变形开裂的倾向。双介质淬火可用于形状复杂、截面不均匀的工件淬火。其缺点是难以掌握双液转换的时刻，转换过早易淬不硬，转换过迟易淬裂。

c. 分级淬火 工件迅速放入低温盐浴或碱浴炉（盐浴或碱浴的温度略高于或略低于M_s点）中保温 2～5min，然后取出空冷进行马氏体转变，这种冷却方式叫分级淬火，可以大大减小淬火应力，防止变形开裂。分级温度略高于M_s的分级淬火适合小件的处理（如刀具）。分级温度略低于M_s的分级淬火适合大件的处理，在M_s以下分级的效果更好。例如，高碳钢模具在160℃的碱浴中分级淬火，既能淬硬，变形又小。

d. 等温淬火 工件迅速放入盐浴（盐浴温度在贝氏体区的下部，稍高于M_s）中，等温停留较长时间，直到贝氏体转变结束，取出空冷获得下贝氏体组织。等温淬火用于中碳以上的钢，目的是获得下贝氏体组织，以提高强度、硬度、韧性和耐磨性。低碳钢一般不采用等温淬火。

⑤ 钢的淬透性 钢的淬透性是指钢在淬火时获得马氏体的能力，其大小通常用规定条件下淬火获得淬透层的深度（又称为有效淬硬深度）来表示，淬透层越深，其淬透性越好。淬透性是钢本身的固有属性，钢材的合理使用及热处理工艺的制定都与淬透性密切相关。

在钢件未淬透的情况下，从工件表面至半马氏体区（马氏体组织和非马氏体组织各占一半的区域）的距离作为淬透层深度。

淬透性可用"末端淬火法"测定。将标准试样（$\phi25mm×100mm$）奥氏体化后，迅速放入冷却装置喷水冷却。规定喷水管内径为 12.5mm，水柱自由高度为（65±5）mm，试验过程如图 5-17（a）所示。试样上距末端越远的部分冷却速度越小，其硬度也随之下降。待试样冷却后，沿其轴线方向相对两侧面各磨去 0.4mm，再从试样顶端起每隔 1.5mm 测量一次硬度，即可得到试样沿轴向的硬度分布曲线，如图 5-17（b）所示，称为钢的淬透性曲线。

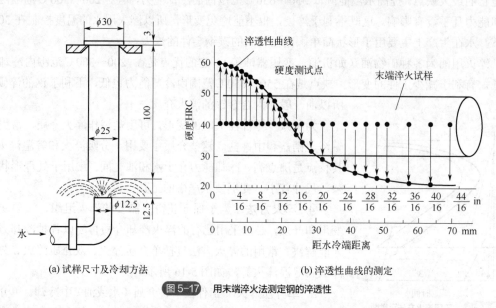

(a) 试样尺寸及冷却方法　　　　　　　　　　(b) 淬透性曲线的测定

图 5-17 用末端淬火法测定钢的淬透性

钢的淬透性用 J HRC-d 表示，其中 d 表示淬透性曲线上测试点至水冷端的距离（mm）；HRC 为该处的硬度值。

生产中也常用临界淬火直径表示钢的淬透性。所谓临界淬火直径，是指圆棒试样在某淬火冷却介质中淬火时所能得到的最大淬透直径（即心部被淬成半马氏体的最大直径），用 D_0 表示。在相同冷却条件下，D_0 越大，钢的淬透性越好。

钢的淬透性会直接影响热处理后的力学性能，在生产中具有重要的实际意义。例如，工件整体淬火时，若其淬透性低，心部不能淬透，则力学性能低，尤其冲击韧度更低，不能充分发挥材料的性能潜力。

需要指出的是，在同样奥氏体化条件下，同一种钢的淬透性是相同的。但是，水淬比油淬的淬透层深，小件比大件的淬透层深。但决不能说同一种钢水淬比油淬的淬透性好，也不能说小件比大件的淬透性好。讨论淬透性时，必须排除工件的形状尺寸和淬火冷却介质的冷却能力等条件的影响。

钢的淬硬性是指淬火后马氏体所能达到的最高硬度，淬硬性主要取决于马氏体的含碳量，与淬透性含义不同，不能混淆。

（4）回火

将淬火后的钢件加热到 Ac_1 以下某一温度，保温一定时间后冷却至室温的热处理工艺称为回火。

钢件淬火后必须及时回火才能使用，因此回火必然是作为最终热处理与淬火并用。淬火钢经回火后可以减小或消除淬火应力，稳定组织，提高钢的塑性和韧性，从而使钢的强度、硬度和塑性、韧性得到适当配合，以满足不同工件的性能要求。按照回火温度范围不同，可将回火分低温回火、中温回火和高温回火。

① **低温回火**　低温回火的温度范围在 150～250℃。低温回火的目的是降低应力和脆性，获得回火马氏体组织，使钢具有高的硬度（一般为 58～64HRC）、强度和耐磨性。图 5-18 是 T12 钢淬火+低温回火后的组织（高碳回火马氏体+粒状渗碳体+残余奥氏体）。低温回火一般用来处理要求高硬度和高耐磨性的工件，如刃具、量具、滚动轴承和渗碳件等。

② **中温回火**　回火温度为 350～500℃，得到铁素体基体与大量弥散分布的细粒状渗碳体的混合组织，称回火托氏体（回火 T）。铁素体仍保留马氏体的形态，渗碳体比回火马氏体中的碳化物粗。回火托氏体具有高的弹性极限和屈服强度，同时也具有一定的韧性，硬度一般为 35～45HRC，主要用于各类弹簧。

③ **高温回火**　回火温度为 500～650℃，得到细粒状渗碳体和铁素体基体的混合组织，称回火索氏体（回火 S）（图 5-19）。

回火索氏体综合力学性能最好，即强度、塑性和韧性都比较好，硬度一般为 25～35HRC。通常把淬火加高温回火称为**调质处理**，它广泛用于各种重要的机器结构件，如连杆、轴、齿轮等受交变载荷的零件，也可作为某些精密工件（如量具、模具等）的预先热处理。

钢调质处理后的力学性能和正火后的力学性能相比，不仅强度高，而且塑性和韧性也较好（表 5-2），这和它们的组织形态有关。正火得到的是索氏体+铁素体，索氏体中的渗碳体为片状。调质得到的是回火索氏体，其渗碳体为细粒状。均匀分布的细粒状渗碳体起到了强化作用，因此回火索氏体的综合力学性能好。

图 5-18　高碳回火马氏体+粒状渗碳体+残余奥氏体

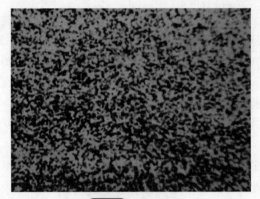

图 5-19　回火索氏体

表 5-2　45（$\phi20\sim\phi40mm$）钢调质和正火后力学性能的比较

工艺	力学性能				组织
	σ_b/MPa	δ/%	α_k/（kJ/m²）	硬度 HB	
正火调质	700～800	12～20	500～800	163～220	细片状珠光体+铁素体+回火索氏体
	750～850	20～25	800～1200	210～250	

　　需要指出的是，淬火钢回火时的冲击韧度并不总是随回火温度的升高而简单地增加，有些钢在 250～400℃和450～650℃范围内回火时，其冲击韧度比较低温度回火时还显著下降，如图 5-20 所示，这种脆化现象称为回火脆性。在 250～400℃回火时出现的脆性称为不可逆回火脆性；而在 450～650℃回火时出现的脆性称为可逆回火脆性。

　　不可逆回火脆性又叫第一类回火脆性，几乎所有淬成马氏体的钢在 300℃左右回火后都存在这类脆性。为了防止不可逆回火脆性，通常的办法是避免在脆化温度范围内回火。有时为了保证要求的力学性能必须在脆化温度回火时，可采取等温淬火。

　　可逆回火脆性也叫作第二类回火脆性，主要出现在合金结构钢中。例如，含有 Cr、Ni、Mn 等元素的钢在 600℃以上加热后缓冷通过 450～550℃脆化温度区，将出现脆性；但若加热后快冷则不产生脆性。

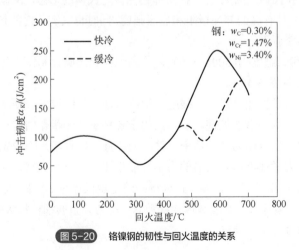

图 5-20　铬镍钢的韧性与回火温度的关系

5.3.2　钢的表面热处理

仅对钢的表面快速加热、冷却，把表层淬成马氏体，心部组织保持不变的热处理工艺称为表面热处理。常用的表面热处理工艺可分为两类：一类是只改变表面组织而不改变表面化学成分的表面淬火热处理；另一类是同时改变表面化学成分和组织的表面化学热处理。

许多机器零件（如齿轮、凸轮、曲轴等）都是在弯曲、扭转载荷下工作，同时受到强烈的摩擦、磨损和冲击。这时应力沿工件断面的分布是不均匀的，越靠近表面应力越大，越靠近心部应力越小。这种工件需要表层硬而耐磨，即一定厚度的表层得到强化，而心部仍可保留高韧性状态。要同时满足这些要求，仅仅依靠选材是比较困难的，用普通的热处理也无法实现，这时可通过表面热处理的手段来满足工件的使用要求。

按照加热方式分类，较常用的表面淬火热处理方法有感应加热表面淬火、火焰加热表面淬火、电接触加热表面淬火、激光加热表面淬火等，其中，感应加热表面淬火应用最为广泛。

（1）感应加热表面淬火的基本原理

感应加热是利用电磁感应原理，将工件置于用铜管制成的感应圈中，向感应圈通以交变电流，其周围即产生交变磁场，则工件（导体）上必然产生感应电流，即涡流。这种感应电流分布是不均匀的，主要集中在工件表层，其内部几乎没有，此现象又称为趋肤效应（图 5-21）。由于工件本身的阻抗使电能转变成热能而迅速加热表层，几秒内就可上升到 800℃ 以上，而心部仍接近于室温。当表层温度升高至淬火温度时，立即喷水冷却使工件表面淬火。工件的感应电流频率与感应圈的电流频率相同。感应电流的频率越高，电流透入深度越浅，加热层就越薄，淬火后所获得淬硬层也就越薄。生产上就是通过选择电流频率达到不同淬硬层深度的要求。

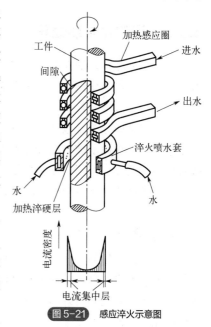

图 5-21　感应淬火示意图

由于感应加热速度极快，使钢的临界点（Ac_1、Ac_3）升高，故感应加热淬火温度（工件表面温度）高于一般淬火温度。另外，由于加热速度快，奥氏体晶粒不易长大，淬火后获得非常细小的隐晶马氏体组织，使表层硬度比普通淬火硬度高 2～3HRC，耐磨性也有较大提高。表面淬火后，淬硬层中马氏体的比体积比原始组织的大，因此表层存在很大的残留压应力，能显著提高零件的弯曲及扭转疲劳强度。由于感应加热速度快、时间短，故无氧化和脱碳现象，且工件变形也很小，易于实现机械化与自动化。感应淬火后，为了减小淬火应力和降低脆性，需进行 170～200℃ 低温回火。

一般感应加热淬火零件的加工工艺路线为：下料→锻造→退火或正火→粗加工→调质→精加工→表面淬火→低温回火→（粗磨→时效→精磨）。

（2）感应加热表面淬火适用的钢种

表面淬火一般用于中碳钢和中碳低合金钢，如 45、40Cr、40MnB 钢等。这类钢经预先热处理（正火或调质）后表面淬火，心部保持较高的综合力学性能，表面具有较高的硬度（大于50HRC）和耐磨性。高碳钢也可表面淬火，主要用于受较小冲击和交变载荷的工具、量具等。

（3）感应加热表面淬火的特点

① 高频感应加热时，钢的奥氏体化是在较大的过热度（Ac_3 以上 80～150℃）进行的，因此晶核多，且不易长大，淬火后组织为极细小的隐晶马氏体。表面硬度高，比一般淬火高 2～3HRC，而且脆性较低。

②表面层淬得马氏体后，由于体积膨胀在工件表面层造成较大的残余压应力，显著提高工件的疲劳强度。小尺寸零件可提高 2～3 倍，大件也可提高 20%～30%。

③ 因加热速度快，没有保温时间，工件的氧化脱碳少。另外，由于内部未加热，工件的淬火变形也小。

④ 加热温度和淬硬层厚度（从表面到半马氏体区的距离）容易控制，便于实现机械化和自动化。

由于以上特点，感应加热表面淬火在热处理生产中得到了广泛的应用；其缺点是形状复杂的零件处理比较困难。

5.3.3　钢的化学热处理

化学热处理是将钢件置于一定温度的活性介质中保温，使介质中的一种或几种元素原子渗入工件表层，以改变钢件表层化学成分和组织，进而达到改进表面性能、满足技术要求的热处理工艺。

表面化学成分改变包括以下三个基本过程：①化学介质的分解，使之释放出待渗元素的活性原子；②活性原子被钢件表面吸收和溶解；③原子由表面向内部扩散，形成一定的扩散层。按表面渗入的元素不同，化学热处理可分为渗碳、渗氮、碳氮共渗、渗硼、渗铝等。目前，生产上应用较广的化学热处理是渗碳、渗氮和碳氮共渗。

（1）渗碳

将钢置入渗碳的介质中加热并保温，使活性碳原子渗入钢的表层的工艺称为渗碳。渗碳的目的是通过渗碳及随后的淬火和低温回火，使表面具有高的硬度、耐磨性和抗疲劳性能，而心部具有一定的强度和良好的韧性配合。渗碳并经淬火加低温回火与表面淬火不同：后者不改变表面的化学成分，而是依靠表面加热淬火来改变表层的组织，从而达到表面强化的目的；而前者则能同时改变表层的化学成分和组织，因而能更有效地提高表层的性能。

① **渗碳方法**　渗碳方法有气体渗碳、固体渗碳和液体渗碳，目前广泛应用的是气体渗碳法。气体渗碳法是将低碳钢或低碳合金钢工件置于密封的炉罐中加热至完全奥氏体化温度，通常是900～950℃，并通入渗碳介质使工件渗碳。气体渗碳介质可分为两大类：一类是液体介质（含有碳氢化合物的有机液体），如煤油、苯、醇类和丙酮等，使用时直接滴入高温炉罐内，经裂解后产生活性碳原子；另一类是气体介质，如天然气、吸热式气氛、丙烷气及煤气等，使用时直接通入高温炉罐内，经裂解后用于渗碳。

② **渗碳后的组织**　常用于渗碳的钢为低碳钢和低碳合金钢，如 20 钢、20Cr、20CrMnTi、

12CrNi3 等。渗碳后渗层中的含碳量表面最高，由表及里逐渐降低至原始含碳量。所以，渗碳后缓冷组织自表面至心部依次为过共析组织（珠光体+碳化物）、共析组织（珠光体）、亚共析组织（珠光体+铁素体）的过渡区，直至心部的原始组织。

根据渗层组织和性能的要求，一般零件表层碳的质量分数最好控制在 0.85%～1.05%，若含碳量过高会出现较多的网状或块状碳化物，含碳量过低则硬度不足，耐磨性差。渗层厚度一般为 0.5～2.0mm，渗层含碳量变化应当平缓。

③ **渗碳后的热处理**　工件渗碳后必须进行适当的热处理，否则就达不到表面强化的目的。渗碳后的热处理方法有直接淬火法、一次淬火法和二次淬火法。

工件渗碳后随炉或出炉预冷到稍高于心部成分的 Ar_3 温度（避免析出铁素体），然后直接淬火，这就是直接淬火法。预冷的目的主要是减少零件与淬火冷却介质的温差，以减少淬火应力和变形。此法效率高、成本低，氧化脱碳倾向小。但因工件在渗碳温度下长时间保温，奥氏体晶粒粗大，淬火后则形成粗大马氏体，性能下降，所以此法只适用于过热倾向小的本质细晶粒钢，如 20CrMnTi 等。

零件渗碳后出炉空冷或置于冷却坑中冷却，然后再重新加热淬火，这种方法称为一次淬火法。一次淬火法可细化渗碳时形成的粗大组织，提高力学性能。淬火温度的选择应兼顾表层和心部，如要强化心部，则加热到 Ac_3 以上，使其淬火后得到低碳马氏体组织；如要强化表层，需加热到 Ac_1 以上。这种方法适用于组织和性能要求较高的零件，在生产中应用广泛。

工件渗碳冷却后两次加热淬火，即为二次淬火法。第一次淬火加热温度一般在心部的 Ac_3 以上，目的是细化心部组织，同时消除表层的网状碳化物；第二次淬火加热温度一般在 Ac_1 以上，使渗层获得细小粒状碳化物和隐晶马氏体，以保证获得高强度和高耐磨性。二次淬火法工艺复杂、成本高、效率低、变形大，仅用于要求表面高耐磨性和心部高韧性的零件。

渗碳件淬火后都要在 160～180℃ 范围内进行低温回火。淬火加回火后，渗碳层的组织由高碳回火马氏体、碳化物和少量残留奥氏体组成，其硬度可达到 60～62HRC，具有高的耐磨性。心部组织与钢的淬透性及工件的截面尺寸有关，全部淬透时是低碳马氏体；未淬透时是低碳马氏体加少量铁素体或托氏体加铁素体。

一般渗碳零件的加工工艺路线为：下料→锻造→正火→机加工→渗碳→淬火+低温回火→精加工。

（2）渗氮

渗氮俗称氮化，是指在一定温度下使活性氮原子渗入工件表面的化学热处理工艺。其目的是提高零件的表面硬度、耐磨性、疲劳强度、热硬性和耐蚀性等。渗氮处理的工件变形小（因为渗氮温度低，一般为 500～600℃），因此在工业中应用也很广泛。常用的渗氮方法有气体渗氮、离子渗氮、氮碳共渗（软氮化）等。生产中应用较多的是气体渗氮。

气体渗氮是将氨气通入加热至渗氮温度的密封渗氮罐中，使其分解出活性氮原子并被钢件表面吸收、扩散形成一定厚度的渗氮层，渗氮温度为 500～570℃。渗氮主要是使工件表面形成氮化物层来提高硬度和耐磨性。氮和许多合金元素（如 Cr、Mo、Al 等）均能形成细小的氮化物，这些高硬度、高稳定性的合金氮化物呈弥散分布，可使渗氮层具有更高的硬度和耐磨性，故渗氮用钢常含有 Al、Mo、Cr 等元素，38CrMoAl 钢为最常用的渗氮钢。

与渗碳相比，渗氮温度低且渗氮后不再进行热处理，所以工件变形小。鉴于此，许多精密零件（如精密机床丝杠）非常适宜进行渗氮处理。

为了提高渗氮工件的心部强韧性，需要在渗氮前对工件进行调质处理。

渗氮最大的缺点是工艺时间太长，且成本高，渗氮层薄而脆，渗氮之后不可进行热处理。

一般零件氮化工艺路线如下：锻造→退火→粗加工→调质→精加工→除应力→粗磨→氮化→精磨或研磨。

（3）碳氮共渗

碳氮共渗是同时向钢件表面渗入碳和氮原子的化学热处理工艺，俗称氰化。碳氮共渗零件的性能介于渗碳与渗氮零件之间。目前，中温（780～880℃）气体碳氮共渗和低温（500～600℃）气体氮碳共渗（即气体软氮化）的应用较为广泛，前者主要以渗碳为主，用于提高结构件（如齿轮、蜗轮、轴类件）的硬度、耐磨性和疲劳性；而后者以渗氮为主，主要用于提高工模具的表面硬度、耐磨性和抗咬合性。

碳氮共渗件常选用低碳或中碳钢及中碳合金钢，共渗后可直接淬火和低温回火，其渗层组织为细片（针）回火马氏体加少量粒状碳氮化合物和残留奥氏体，硬度为58～63HRC；心部组织和硬度取决于钢的成分和淬透性。

5.3.4　钢的其他热处理方法

（1）真空热处理

真空是指压强远低于一个大气压（101325Pa）的气态空间。在真空中进行的热处理称为真空热处理，包括真空退火、真空淬火、真空回火及真空化学热处理等。通常可在低真空（133.3～133.3×10^{-3}Pa）、高真空（133.3×10^{-4}～133.3×10^{-6}Pa）或超高真空（小于33.3×10^{-6}Pa）的热处理炉内进行真空热处理。

① 真空热处理的作用。

a. 表面保护作用　在真空下，金属的氧化反应很少进行或完全不能进行。因此，真空热处理能够防止钢件表面的氧化和脱碳，具有表面保护作用。

b. 表面净化作用　在真空下，氧化物分解所产生气体的压力（称为分解压力）大于真空炉内氧的压力，反应只能向氧化物分解的方向进行。因此，当钢件表面有氧化物时，就可使其中的氧排除掉，使表面得到净化。

c. 脱脂作用　真空热处理时，钢件表面油污中的碳氧氢化合物易分解为氢、水蒸气和二氧化碳气体，随后被抽走。

d. 脱气作用　在真空下长时间加热时，钢件在前几道工序（熔炼、铸造、热处理等）中所吸收的氢、氧等气体会慢慢地释放出来，从而降低钢件的脆性。

② 真空热处理的应用　真空状态对固态相变的热力学及动力学不产生明显影响，因此完全可以依据常压下固态相变的原理，并参考常压下各种类型组织转变的数据进行真空热处理。

a. 真空退火　采用真空退火的主要目的是使零件在退火的同时表面具有一定的光亮度。除了钢、铁、铜及其合金外，还可用于处理一些与气体亲和力较强的金属，如铁、钼、铌、锆等。

b. 真空淬火　采用真空淬火的主要目的是实现零件的光洁淬火。零件的淬火冷却在真空炉内进行，淬火冷却介质主要是气体（如稀有气体）、水和真空淬火油等。真空淬火已大量应用于各种渗碳钢、合金工具钢、高速钢和不锈钢的淬火，以及各种时效合金、硬磁合金的固溶处理。

c. **真空渗碳**　真空渗碳是近年来在高温渗碳和真空淬火基础上发展起来的一种新工艺，它是将工件入炉后先抽真空，随即通电加热升温至渗碳温度（1030～1050℃）。工件经脱气、净化并均热保温后通入渗碳剂进行渗碳，渗碳结束后将工件进行油淬。

与普通渗碳相比，真空渗碳主要具有以下优点：由于渗碳温度高，加之净化作用使工件表面处于活化状态，渗碳过程被大大加速，渗碳时间显著缩短；工件表面光洁，渗层均匀，碳浓度梯度平缓，渗层深度易精确控制，无反常组织和晶间氧化产生，因此渗碳质量好；改善了劳动条件，减少了环境污染。

③ **真空热处理的优点**　与普通热处理相比，真空热处理具有以下优点：

a. **工件变形小**　其主要原因是真空状态下加热缓慢，工件内温差很小。因为主要靠辐射传热，而在 600℃ 以下辐射传热作用很弱。

b. **工件的力学性能较好**　由于真空热处理具有防止氧化、脱碳及脱气（尤其是脱氢）等良好作用，对钢件的力学性能会带来有益影响，主要表现在使强度有所提高，特别是使与钢件表面状态有关的抗疲劳性能和耐磨性等提高。对模具寿命来说，真空热处理比盐浴处理一般可提高 40%～400%；对工具寿命来说，可提高 3～4 倍。

c. **工件尺寸精度较高**　由于真空热处理存在设备投资大、辅助材料（保护性气体、淬火油等）价格高等缺点，目前仅适宜处理刀具、模具、量具、性能要求高的结构件和精密零件、形状与结构复杂的渗碳件及难以渗碳的特殊材料等。

（2）形变热处理

形变热处理就是将塑性变形与热处理相互结合，使材料发生形变强化和相变强化的一种综合强化工艺。它不仅能获得由单一强化方法难以达到的良好强韧化效果，还可以简化工艺流程、节省能耗、实现连续化生产，并且适用于各类金属材料。

钢的形变热处理方法有很多，其中主要的工艺方法如图 5-22 所示。若按形变与相变过程的先后顺序不同，可将形变热处理分为三种基本类型：相变前变形的形变热处理、相变中变形的形变热处理、相变后变形的形变热处理。

① **相变前变形的形变热处理**　相变前变形的形变热处理是将钢加热到奥氏体化温度，在奥氏体发生转变前先进行塑性变形，其工艺如图 5-22 中的曲线 1～6 所示。由图中可见，塑性变形可以在奥氏体化温度下进行，也可以在过冷奥氏体温度范围进行（要求过冷奥氏体具有较高的稳定性）。变形后可以淬火、正火或进行等温转变，分别获得马氏体（图 5-22 中曲线 1、4）、珠光体（图 5-22 中曲线 2、5）或贝氏体（图 5-22 中曲线 3、6）。

相变前的变形细化了奥氏体晶粒，提高了位错密度，使转变产物的组织硬化、位错密度提高，从而提高了强度，改善了塑性和韧性。对强度要求很高的零部件，如飞机起落架、固体火箭壳体、板弹簧、炮弹及穿甲弹壳、模具、冲头等，可采用类似图 5-22 中曲线 4 的形变热处理工艺。

② **相变中变形的形变热处理**　将钢加热奥氏体化后快速冷却至亚稳定的过冷奥氏体区，在珠光体转变温度或贝氏体转变温度下进行等温变形，使过冷奥氏体在变形中发生转变，获得珠光体组织（图 5-22 中曲线 7）或贝氏体组织（图 5-22 中曲线 8）。

在过冷奥氏体向珠光体转变的过程中，同时发生的变形使珠光体中渗碳体倾向于以球状颗粒析出，而铁素体中位错密度提高且组织细化，在最佳工艺条件下，形成细小的球状渗碳体弥散分布于铁素体细小亚晶粒基体上的球状珠光体。这种组织在提高强度方面效果并不明显，但可大大提高冲击韧度，降低韧脆转变温度。这种工艺适用于低碳或中碳的低合金钢。获得贝氏体组织的等温形变热处理能够使强度、塑性和韧性均得到提高，适用于通常进行等温淬火的小型零件，如细小轴类、小齿轮、弹簧、垫圈、链节等。

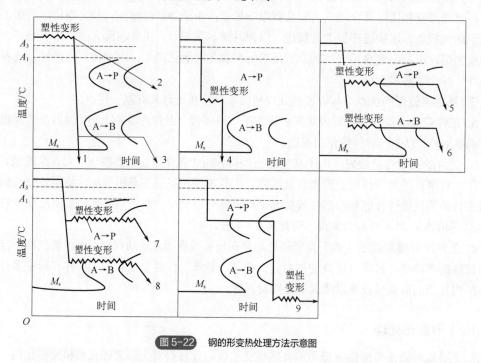

图 5-22　钢的形变热处理方法示意图

③ 相变后变形的形变热处理　相变后变形的形变热处理的典型例子是高强度钢丝的铅淬冷拔工艺。将钢丝坯料加热至奥氏体状态后通过铅浴，使之发生等温转变，得到细片状珠光体，随后冷拔（图 5-22 中曲线 9）。大量冷变形使珠光体中的渗碳体层片的取向与拔丝的方向趋于一致，构成了类似复合材料的强化组织，而且珠光体的片层间距变小，铁素体中的位错密度大大提高，故可获得极高的屈服强度。铅浴温度越低，冷变形量越大，则钢丝的强度越高，但应注意防止钢丝断裂。

5.4　铸铁的热处理

铸铁生产除适当地选择化学成分以得到一定的组织外，热处理也是进一步调整和改进基体组织以提高铸铁性能的一种重要途径。铸铁的热处理和钢的热处理有相同之处，也有不同之处。铸铁的热处理一般不能改善原始组织中石墨的形态和分布状况。对灰口铸铁来说，由于片状石墨所引起的应力集中效应是对铸铁性能起主导作用的因素，因此，对灰口铸铁施以热处理的强化效果远不如钢和球铁那样显著。故灰口铸铁热处理工艺主要为退火、正火等。对于球铁来说，由于石墨呈球状，对基体的割裂作用大大减轻，通过热处理可使基体组织充分发挥作用，从而可以显著改善球铁的力学性能。故球铁像钢一样，其热处理工艺有退火、正火、调质、等温淬火、感应加热淬火和表面化学热处理等。

　　但是，在球铁中由于石墨的存在以及含有较多的 C、Si、Mn 等合金元素，使铸铁的热处理具有一定的特殊性。

5.4.1　铸铁的金相学特点

　　① 铸铁的共晶转变和共析转变不是在一个恒定温度下进行，而是在一个相当宽的温度范围内进行。在共析转变温度范围内，是一个由 α+γ+G 所组成的三相区。在共析转变区内的各个温度都对应着一定数量的 F 和 A 的平衡，而且 A 的化学成分也是一个变量，随着共析转变温度的升高，A 中实际含碳量增高。

　　② 铸铁中有石墨（白口铁除外），石墨在热处理过程中要参与相变化过程，在加热过程中，碳原子从石墨向基体扩散，因此，A 中碳的平衡浓度要增加。当冷却时，A 中碳的浓度要降低，多余的碳要析出，则碳原子又会从基体向石墨沉积。因此，在铸铁热处理中，石墨就是碳的集散地，如果控制热处理的温度及保温时间，就可以控制 A 中碳的浓度。冷却以后，A 分解产物的含碳量亦不同，从而可能得到不同的组织与性能。

　　③ Si 显著地提高石墨的共析转变温度。大约每增加 Si 1%，可提高共析转变温度 28℃。在选取热处理加热温度时应考虑这一点。

　　④ Si 使状态图中共晶点的位置左移，例如共晶点原来成分 w_C=4.3%左右，当 Si 含量达 2.4%时，则共晶点左移到 w_C=3.5%处，即 3 份硅相当于 1 份碳的作用。

　　⑤ 铸的杂质含量比钢高，一次结晶时形成的石墨-奥氏体共晶团组织有较严重的成分偏析，晶内含硅量高，晶界处锰、磷、硫含量高。这种成分上的偏析，使铸铁热处理相变过程亦具有自己的特点。

　　铸铁的这些金相学物点和相变规律是制定铸铁热处理工艺的基础。

5.4.2　铸铁热处理工艺

（1）消除应力退火

　　由于铸件壁厚不均匀，在加热，冷却及相变过程中，会产生热应力和组织应力。另外，大型零件在机加工之后其内部也易残存应力，所有这些内应力都必须消除。去应力退火通常的加热温度为 500～550℃，保温时间为 2～8h，然后进行炉冷（灰口铁）或空冷（球铁）。采用这种工艺可消除铸件内应力的 90%～95%，但铸铁组织不发生变化。若温度超过 550℃或保温时间过长，反而会引起石墨化，使铸件强度和硬度降低。

（2）消除铸件白口的高温石墨化退火

　　铸件冷却时，表层及薄截面处往往产生白口，白口组织硬而脆、加工性能差、易剥落。因此，必须采用退火（或正火）的方法消除白口组织。退火工艺为：加热到 850～950℃，保温 2～5h，随后炉冷到 500～550℃，再出炉空冷。在高温保温期间，游离渗碳体和共晶渗碳体分解为石墨和 A，在随后炉冷过程中，二次渗碳体和共析渗碳体也分解，发生石墨化过程，由于渗碳体的分解，导致硬度下降，从而提高了切削加工性。

（3）球铁的正火

球铁正火的目的是获得珠光体基体组织，并细化晶粒，均匀组织，以提高铸件的力学性能。有时正火也是球铁表面淬火在组织上的准备。正火分高温正火和低温正火。高温正火温度一般不超过 950～980℃，低温正火一般加热到共析温度区间 820～860℃。正火之后一般还需进行回火处理，以消除正火时产生的内应力。

（4）球铁的淬火及回火

为了提高球铁的力学性能，一般铸件加热到 A_{c1}^f 以上 30～50℃（ A_{c1}^f 代表加热时 A 形成的终了温度），保温后淬入油中，得到马氏体组织。为了适当降低淬火后的残余应力，一般淬火后应进行回火，低温回火组织为回火马氏体+残留奥氏体+球状石墨。这种组织耐磨性好，用于要求高耐磨性、高强度的零件。中温回火温度为 350～500℃，回火后组织为回火托氏体+球状石墨，适用于要求耐磨性好、具有一定热稳定性和弹性的零件。高温回火温度为 500～600℃，回火后组织为回火索氏体+球状石墨，具有韧性和强度结合良好的综合性能，因此在生产中广泛应用。

（5）球铁的等温淬火

球铁经等温淬火后可以获得高强度，同时兼有较好的塑性和韧性。等温淬火加热温度的选择主要考虑使原始组织全部 A 化，不残留 F，同时也避免 A 晶粒长大。加热温度一般采用奥氏体临界温度以上 30～50℃，等温处理温度为 250～350℃，以保证获得具有综合力学性能的下贝氏体组织。稀土镁钼球铁等温淬火后，σ_b=1200～1400MPa，α_k=3～3.5J/cm，HRC=47～51。但应注意等温淬火后再加一道回火工序。

（6）表面淬火

为了提高某些铸件的表面硬度、耐磨性及抗疲劳强度，可采用表面淬火。灰铸铁及球铁铸件均可进行表面淬火。一般采用高（中）频感应加热表面淬火和电接触表面淬火。

（7）化学热处理

对于要求表面耐磨或抗氧化、耐腐蚀的铸件，可以采用类似于钢的化学热处理工艺，如气体软氮化、氮化、渗硼、渗硫等。

铸铁的化学热处理与钢的化学热处理工艺没有原则区别，这里不再赘述。但应当注意，在进行以提高表面耐磨性为目的的氮化或渗硼处理前，为了保证基体有足够的强度以支撑表面高硬度的渗层，应对基体进行预先热处理，如正火和调质处理。

本章小结

本章主要介绍了钢的热处理原理和热处理工艺两方面内容。

① 钢在加热和冷却时的组织转变。

a. 钢在加热时奥氏体化的过程受加热速度、加热温度、合金元素及原始组织状态的影响。

b. 过冷奥氏体的转变产物包括珠光体、贝氏体和马氏体。

c. 过冷奥氏体的等温转变图（TTT 曲线）和连续冷却转变图（CCT 曲线）对制定热处理工艺、控制组织具有重要意义。

② 钢的热处理工艺。

a. 普通热处理包括退火、正火、淬火和回火，普通热处理通常用来改变零件整体的组织和性能。

b. 表面热处理包括表面淬火和化学热处理等，表面热处理通常用来改变零件表面的成分、组织和性能。

c. 其他特殊热处理包括真空热处理、形变热处理等。

③ 铸铁的热处理工艺　包括消除应力退火、消除铸件白口的高温石墨化退火、球铁的正火、球铁的淬火及回火、球铁的等温淬火、表面淬火、化学热处理。

 习题

一、填空题

（1）大多数热处理工艺都需要将钢加热到（　　　　　）以上。

（2）钢中产生珠光体转变产物的热处理工艺称为（　　　）或（　　　）。

（3）珠光体、索氏体、托氏体都是（　　　）（　　　）两相的机械混合物。

（4）退火处理的目的是（　　　　　　）、（　　　　　　　）、（　　　　　　　　）。

（5）一件材料为中碳钢的齿轮轴，为了提高耐用度，应进行（　　　）处理。

二、判断题

（1）去应力退火主要用于消除铸钢、锻钢的应力集中。（　　　）

（2）马氏体是一种非常不稳定的组织。（　　　）

（3）淬透性好的钢淬硬性一定好。（　　　）

（4）正火与退火的主要区别在于冷却速度的快慢，正火冷却速度较快，过冷度较大。（　　　）

（5）油、水、盐水、碱水等冷却介质中，冷却能力最强的是碱水。（　　　）

三、简答题

（1）热处理的"四火"是指的哪几种工艺?

（2）珠光体、贝氏体和马氏体组织形态有何特点?

（3）什么是表面化学热处理? 它由哪几个过程组成?

第 6 章

金属的塑性变形、回复和再结晶

本章思维导图

扫码获取本书配套资源

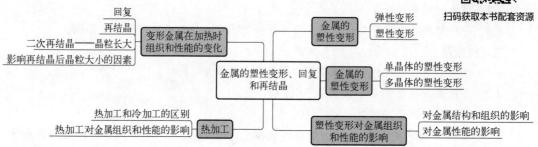

本章学习目标

（1）了解金属的塑性变形过程。

（2）了解金属塑性变形的主要特点及本质。

（3）了解形变金属在加热过程中组织和性能变化的规律。

（4）掌握热加工与冷加工的本质区别以及热加工的特点。

（5）掌握金属塑性变形本质。

（6）掌握金属塑性成形规律，具备通过塑性加工改善金属材料性能的能力。

（7）掌握冷塑性变形对金属材料组织和性能的影响。

（8）掌握经冷变形的金属，在加热时组织和性能的变化。

（9）掌握加工硬化产生的原因及其在生产中的利弊，回复和再结晶现象，细晶粒钢强度高、塑性好的原因。

在金属材料中，铸件生产是零件成型的手段，但由于铸态组织的不足，金属铸件有时满足不了工程上的要求。对于机器上的重要零件，常用锻造成型，工业上使用的金属材料中很多需要经过压力加工（如轧制、拉拔和挤压等）制成成品或半成品，所有这些都必须要进行塑性变形，否则这些工艺过程实现不了。就锻造而言，它是金属成型的另一重要手段，同时又能改善金属组织，使晶粒细化、组织均匀和消除成分偏析等，从而提高了金属零件的性能和产品质量。因为金属有很好的塑性，所以金属材料在工程上能够得到广泛的应用。在工程上重视金属变形的另一原因是，在机器零件中，如机床床身、齿轮和轴类等，在使用时受力必须在弹性变形范围内，最好不变形，若变形也是越小越好，决不允许出现塑性变形，否则，就会影响切削加工精度和使机器不能正常运转等。为保证机器的性能，一般需要提高机器零件的强度和硬度，以减少或防止变形。从上述分析中可看出，在工业生产中，一方面是应用变形，特别是塑性变形，金属的塑性变形是金属进行压力加工和成型的依据；另一方面是减少或防止变形，保证机械的正常运转。因此，对金属的弹性变形和塑性变形要做深入的分析和了解。

6.1　金属塑性变形的定义

在工业生产中，许多金属零件都要经过压力加工，如锻造、轧制、拉丝、挤压、冲压和切削成型，压力加工的一个基本特点是金属或合金在外力作用下，都能或多或少地发生变形，去除外力后，永远残留的那部分变形叫塑性变形。

生产中常利用塑性变形对金属材料进行压力加工；了解金属的塑性变形过程中组织和性能的变化规律，对改进金属材料的加工工艺、发挥材料的性能潜力、提高产品质量都具有重要意义。

金属的塑性变形可分为冷塑性变形和热塑性变形。

金属在外力作用下发生形状和尺寸的改变称为变形。通常用室温下的拉伸试验来研究金属材料的变形行为。

（1）弹性变形

金属在外力作用下产生变形，外力不大时变形也不大，外力去除后变形恢复到原来的形状，这种变形称为弹性变形。固态金属原子在未受外力作用时处于平衡位置，当受外力作用时原子离开平衡位置，其离开的距离与外力成正比，但最大不超过原子间距的1/1000。因此，它没有脱离周围邻近的原子，即没有改变它们的相对位置，只有原子间产生了内力，内力和作用到原子上的外力平衡，使原子处于弹性变形状态。由许多原子离开平衡位置累积起来形成了弹性变形阶段。当外力去除后，内力使原子立刻恢复到平衡位置，宏观上弹性变形立即消失，这也说明弹性变形是可逆的。

（2）塑性变形

当外力增大时变形也增大，外力去除后变形仅恢复一部分，但不能恢复到原来的形状，这种变形称为弹塑性变形。其中，在外力去除后恢复的部分变形称弹性变形，不能恢复而保留下来的部分变形称塑性变形。外力作用到固态金属的原子上时，当晶格的扭曲程度超过了弹性变形之后，原子间的联系被破坏，原子便离开平衡位置移动到新的平衡位置，原子移动离开原位置的距离取决于所受外力的大小。移动后的原子在新的平衡位置与新的邻近原子产生了内力，使得在离开原位置有一定距离的基础上又离开新的平衡位置。因此，当外力去除后只恢复到新的平衡位置，而不能恢复到原位置，宏观上有了剩余变形，即外力去除后只恢复了变形的一部分，没有恢复的变形称为塑性变形，而且是不可逆的变形。研究金属塑性变形的过程和机理，对于改进金属材料的加工工艺、提高产品质量和合理使用金属材料等都具有重要意义。

6.2　金属塑性变形的特性

金属在外力作用下产生变形，其变形过程包括弹性变形和塑性变形两个阶段。弹性变形在外力去除后能够完全恢复，所以不能用于成型加工。只有塑性变形才是永久变形，才能用于成型加工。

弹性变形是由于外力克服原子间的作用力，使原子之间的距离发生改变，原子偏离原来平衡位置而产生的。当外力去除后，在原子间作用力的作用下，原子返回原来的平衡位置，金属恢复原来的形状。金属产生弹性变形后，其组织和性能不发生改变。图 6-1 为低碳钢在拉伸时的应力-应变曲线。

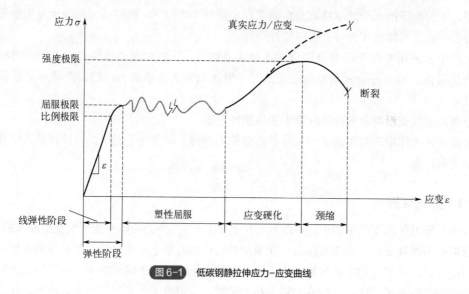

图 6-1　低碳钢静拉伸应力-应变曲线

金属的塑性变形过程比弹性变形复杂，而且塑性变形后金属的组织及性能发生了改变。工程上实际使用的金属材料大多数是多晶体，其塑性变形较为复杂。由于多晶体是由许多晶粒和晶界组成，而晶粒一般可以认为近似于单晶体，为了便于了解和研究塑性变形的实质，首先讨论单晶体的塑性变形。

6.2.1　单晶体的塑性变形

常温下，单晶体的塑性变形主要有滑移和孪生两种方式，其中，滑移是主要方式。

（1）滑移

晶体的一部分沿着一定晶面（滑移面）和一定晶向（滑移方向）相对于晶体另一部分做相对移动的现象称为滑移。

① **滑移要点** 通过大量的研究证明，可将滑移变形的要点总结如下。

a. 滑移只能在切应力的作用下产生 对金属单晶体试样进行拉伸时，外力作用到滑移面上都可分解为正应力 σ 和切应力 τ，如图 6-2（a）所示。正应力 σ 只能使晶格发生弹性伸长，若正应力足够大时可使晶体中的原子离开，金属断裂。而切应力 τ 则使晶格扭曲，并进而产生晶体原子的相对移动。实验证明，若使金属单晶体发生滑移，必须使作用到滑移面上的切应力在滑移方向上的分量达到一定的临界值，这个值称为临界切应力。从上述分析得出，滑移只能在切应力的作用下发生，而与正应力无关。

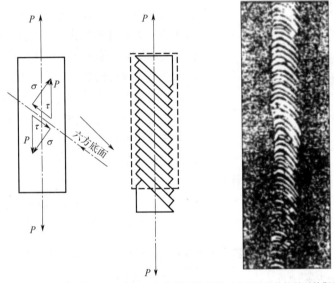

(a) 外力在晶面上的分解   (b) 在切应力τ作用下的变形   (c) 锌单晶体拉伸时的照片

图6-2 单晶体拉伸变形

b. 滑移是沿着晶体中原子密度最大的晶面和晶向发生的 当金属单晶体受外力作用而发生变形时，其内部原子，如面心立方晶体中的（100）晶面上原子移动的可能情况，可用图 6-3 进行分析。从图 6-3 中可看出，A 方向上的原子比 B 方向上的原子容易产生相对的移动。由于 A 方向上的原子密度大，原子间距小，原子间结合力强，要分开这样的原子就需要用较大的外力，因此，在 A 方向上的原子只能做相对的移动，即滑移，而且比 B 方向容易，在 B 方向上阻力大，滑移困难。A 方向上比 B 方向上的原子密度大，所以金属晶体的滑移是沿着原子密度最大的晶面和晶向发生。能够产生滑移的晶面和晶向分别称为滑移面和滑移方向。

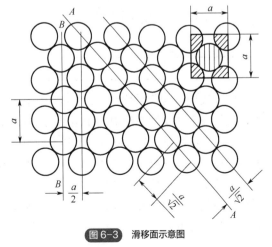

图6-3 滑移面示意图

c. 滑移的距离一般为原子间距的整数倍　金属晶体受力后的滑移距离取决于外力的大小，且成正比关系。一般滑移的距离为原子间距的整数倍。通常在滑移面上沿滑移方向的滑移量可达几千埃，即滑移距离为几千埃。

d. 滑移发生后滑移面要转动和旋转　当外力作用到金属晶体内的滑移面时，可分解为正应力 σ_n 和切应力 τ_m（也是最大切应力）。同时，最大切应力 τ_m 在滑移面上又分解为沿滑移方向的 τ_s 和垂直滑移方向的 τ_b。P 是外力，ϕ 是外力与滑移面法线方向的夹角，λ 是外力与滑移面最大切应力 τ_m 方向的夹角，即外力与滑移面的最小夹角，α 是滑移方向与外力在滑移面最大切应力方向的夹角，如图 6-4 所示。由图可看出，产生滑移后的滑移面，由正应力 σ_n 和 σ'_n 组成力偶，以外力与滑移面的垂线为轴，转向外力 P 方向，即滑移面向外力方向转动。如果滑移面的滑移方向与最大切应力方向不一致而成 α 角时，则由分切应力 τ_b 和 τ'_b 组成力偶，以滑移面的法线为轴转向最大切应力方向，即滑移面上的滑移方向转向最大切应力方向。以上两种转动的综合结果，相对于外力 P 方向是一种旋转。从上述分析可看出，滑移面的转动和旋转将力图使 λ 和 α 减小，结果使滑移面和滑移方向逐渐趋向外力 P 方向。

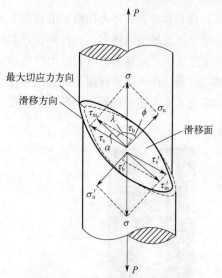

图 6-4　单晶体滑移时的应力分解图

② 滑移系　在金属的塑性变形中，可用滑移系表明金属的变形能力。一个滑移面与其上的一个滑移方向组成一个滑移系，因此，滑移系的数目可用滑移面数和滑移方向数的乘积来表示。表 6-1 列出了三种典型金属晶体中原子密度最大的滑移面、滑移方向和滑移系。

表 6-1　三种典型金属晶格的滑移面、滑移方向和滑移系

晶格	体心立方晶格		面心立方晶格		密排六方晶格	
滑移面	{110}×6		{111}×4		六方底面×1	六方面
滑移方向	⟨111⟩×2		⟨110⟩×3		底面对角线×3	对角线
滑移系	6×2=12		4×3=12		1×3=3	

实验表明，滑移系数目越大，则产生滑移越容易，金属的塑性越好。经研究还证实，滑移方向比滑移面在塑性变形中的作用要大，因为滑移方向适应外力使之产生变形的能力比滑移面要大，故当滑移系数目相同时，滑移方向越多，滑移越容易，产生塑性变形的能力越强。例如，面心立方晶体和体心立方晶体的滑移系都是 12，但面心立方晶体的滑移方向多，所以面心立方晶体比体心立方晶体的塑性变形能力好。影响金属塑性变形能力的因素是多方面的，如变形时所处的温度、应力状态和晶粒大小等。因此，只能说在其他条件相同的情况下，滑移系越多，金属的塑性越好。

③ **滑移线和滑移带**　晶体中产生滑移在其表面出现的滑移痕迹称为滑移线。它是晶体中滑移面与晶体表面的交界线。滑移线之间的距离为几十至几百埃。

由许多滑移线组成的带称为滑移带。金属晶体中滑移一般都集中在滑移带内进行。图 6-5 为 Al 单晶体滑移时所产生的滑移带和滑移线示意图。图中表明，Al 单晶体的滑移距离大约为 200nm，滑移线之间的距离约为 20nm，不同金属将有不同的数据。因为滑移是由于晶体内部的相对移动而产生，所以滑移不引起晶体结构的变化，即滑移前后晶体结构相同。

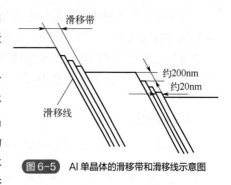

图 6-5　Al 单晶体的滑移带和滑移线示意图

④ **关于位错的两个基本类型**　以简单立方晶体结构为例，当晶体受力后，若在其内部产生滑移，它必将在晶体中一定的滑移面上出现已滑移区 B 和未滑移区 A，图 6-6（a）中的"b"一般称为柏氏矢量，表示滑移方向和滑移量的大小。已滑移区 B 和未滑移区 A 的分界线构成了位错线。在图中，位错线形成一个环形，所以称为位错环，如图 6-6（a）所示。环中 E 部位形成了刃型位错，它是"b"与位错线垂直的部分，其形态如图 6-6（b）中 AB 线所示。环中 S 部位形成了螺型位错，它是"b"与位错线平行的部分，其形态如图 6-6（c）中 AB 线部位所示。

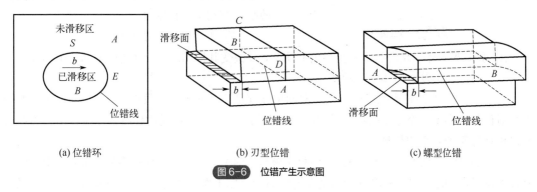

(a) 位错环　　　　　　　　(b) 刃型位错　　　　　　　　(c) 螺型位错

图 6-6　位错产生示意图

在简单立方结构晶体中，当滑移量为一个原子间距时可用图 6-7（a）和（b）分别表示刃型和螺型位错的原子分布状态。图（a）中，AB 线上部分原子面像刀刃一样存在于晶体中，称为刃型位错；图（b）的晶体部分中，AB 线上原子 1，2，…，8 分布在一个螺旋线上，称为螺型位错。

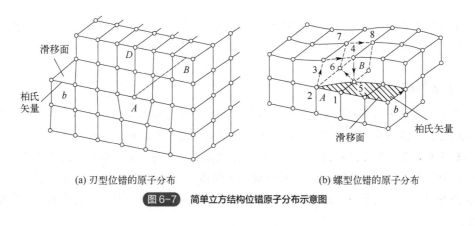

(a) 刃型位错的原子分布　　　　　　　　(b) 螺型位错的原子分布

图 6-7　简单立方结构位错原子分布示意图

从上述分析可看出，在晶体中刃型位错和螺型位错是同时出现的，当然这两种位错都属于较典型的特殊情况。一般情况下，在晶体中的位错线和滑移方向既不平行，也不垂直。至于金属中常见晶格类型中其他结构的位错线上原子分布就更加复杂。原子排列和分布介于刃型位错和螺型位错之间形态的位错称为混合型位错。

（2）孪生

在切应力作用下，晶体的一部分相对于另一部分以一定的晶面（孪生晶面）及晶向（孪生方向）产生剪切变形，这种变形方式称为孪生变形，如图 6-8 所示。发生剪切变形的晶面称为孪晶面。发生孪生的晶体称为孪晶或双晶。孪生的结果使孪生面两侧的晶体呈镜面对称。

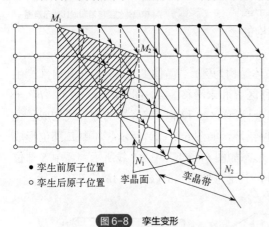

● 孪生前原子位置
○ 孪生后原子位置
孪晶面　孪晶带

图 6-8　孪生变形

滑移和孪生虽然都是在切应力作用下产生的，但孪生所需要的切应力比滑移所需要的切应力要大得多。当密排六方晶体和体心立方晶体在低温或受到冲击时，容易产生孪生。孪生对塑性变形的直接贡献不大，但孪生能引起晶体位向的改变，有利于滑移发生。

孪生和滑移的主要区别如下。

① 孪生变形使孪晶内晶体发生均匀的切变，并改变其位向；而滑移变形是晶体中两部分晶体发生滑动，并不发生晶体位向的变化。

② 孪生时，孪晶带内原子沿孪生方向的位移都是原子间距的分数倍，而且相邻原子面原子的相对位移量小于一个原子间距，并与距孪晶面的距离成正比；而滑移时，原子在滑移方向的相对位移是原子间距的整数倍。

③ 在晶体滑移和孪生变形的比较中可了解到，孪生变形区域包含许多原子面，即变形区内有许多原子在同时移动；而滑移变形是在滑移面一层原子面上移动，且又是逐步滑移的。当然，孪生变形所需的切应力比滑移变形大得多，因此，一般在不易滑移的条件下产生孪生变形。例如，在面心立方晶体中不易产生孪生，而在密排六方晶体中则易产生孪生。

6.2.2　多晶体的塑性变形

实际使用的金属材料绝大多数是多晶体，由晶界和许多不同位向的晶粒组成。当然，晶界和晶粒位向对多晶体的塑性变形有影响，而且它的变形比单晶体要复杂得多。

（1）晶界的作用

由于晶界是处于两个晶粒之间的过渡区域，因此原子排列不规则，晶格扭曲，并有杂质和显微孔洞存在，其位错密度很大。所以从滑移条件看，晶界对滑移是不利的，它将阻碍滑移，即使滑移困难，并且也使晶粒内部的滑移不易通过晶界转到另一晶粒中去。结果使晶体的变形呈现"竹节状"，这是在研究由两个晶粒组成的锡晶体时发现的，如图 6-9 所示。它证明了室温下的晶界强度高于晶内强度。由于金属晶粒小，则晶界的相对数量多，对滑移的阻碍作用大。

若使之滑移必须得消耗更多的能量，需要更大的外力，当然强度就高。图6-10说明金属多晶体的强度比单晶体高，这充分表明了晶界对金属强度起着很重要的作用。

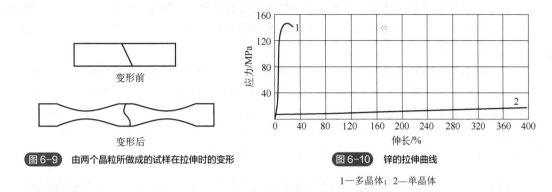

变形前

变形后

图 6-9 由两个晶粒所做成的试样在拉伸时的变形

图 6-10 锌的拉伸曲线

1—多晶体；2—单晶体

（2）晶粒位向的作用

由于多晶体是由不同位向的晶粒组成，其滑移面和滑移方向的分布不同，故在外力作用下，在每个晶粒内滑移面和滑移方向的分切应力便不同。由材料力学得知，在拉伸试验时，试样的切应力在与外力成45°角方向上最大，在与外力垂直和平行的方向上最小。因此，在多晶体试样中，凡是滑移面和滑移方向处于或接近于与外力成45°夹角位向的晶粒必将首先产生滑移变形。而其他位向的晶粒将逐步产生滑移变形，即晶粒滑移变形在多晶体中是逐次产生的。结果使各晶粒的变形及晶粒内不同区域的变形也是不均匀的，有的变形大，有的变形小，有的产生塑性变形，有的还处于弹性变形阶段，故当外力去除后弹性变形恢复原状，而塑性变形则保留下来。

金属多晶体在变形时由于各晶粒的大小、形状、位向和分布情况不同，因而各晶粒的受力状态也不同。每个晶粒变形必将影响到其周围的晶粒，同时也将受到其周围晶粒的限制。有的受压、拉、弯曲和扭转等力，造成晶粒之间互相影响，结果阻碍滑移，变形困难，多晶体金属强度增加。图6-10表明，多晶体锌的强度比单晶体高很多。总之，多晶体金属晶粒越细，其强度越高。同时，金属晶粒越细，有利于滑移的位向的晶粒就越多，滑移晶粒多的同时，也会使变形分散到较多的晶粒内，而不易产生应力集中，结果使金属多晶体能够承受较大的塑性变形，即多晶体金属的塑性好，而且晶粒越细，其塑性越好。

由此可得出结论，常温下细晶粒金属比粗晶粒金属的强度和塑性都好，而且韧性也好。应当指出，金属只有在强度和塑性都好时，其韧性才好。例如，钢的强度和塑性都好，其韧性就好；而铸铁的强度高，塑性不好；铅虽然塑性好，但强度低，所以铸铁和铅的韧性都不好。

6.3 塑性变形对金属组织和性能的影响

金属经过塑性变形可使其组织和性能发生很大的变化。

6.3.1 对金属结构和组织的影响

① **晶粒破碎、亚结构细化和位错密度增加** 当变形量不大时，晶粒内出现了滑移，在滑移

面附近的晶格发生扭曲和紊乱，进一步滑移形成滑移带，随变形量增大滑移带增加。经 X 射线进行结构分析证明，变形的晶粒也逐渐"碎化"成许多细小亚结构，即亚结构细化。亚晶界增加，并在其上聚集有大量位错，结果金属中位错密度显著增加。例如，一般退火金属的位错密度为 $10^6 \sim 10^7$ 根/cm²，而冷压力加工后金属的位错密度则为 $10^{11} \sim 10^{12}$ 根/cm²。在亚结构内，虽然原子排列规则，但其原子还是处于弹性变形状态。

② **晶粒沿变形方向被拉长，并形成"纤维组织"** 当变形量达到一定量时，晶粒沿变形方向被拉长、拔长和压扁等。金属所有变形都将引起晶粒外形和尺寸的变化，随着变形量的增加，晶粒形状的改变也增大，使等轴晶粒沿变形方向被拉长。当变形量很大时，晶粒变成细条状，晶界变得模糊不清。同时，金属中夹杂物也沿着变形方向被拉长，若变形量继续增大，则金属多晶体将形成"纤维组织"。图 6-11 为纯铜经不同程度冷变形后的显微组织。

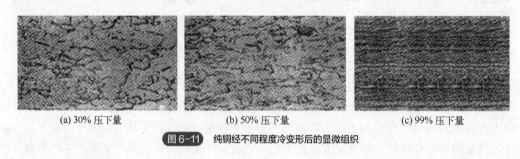

(a) 30% 压下量   (b) 50% 压下量   (c) 99% 压下量

图 6-11 纯铜经不同程度冷变形后的显微组织

③ **形变织构形成** 在多晶体金属中，由于各晶粒位向的无规则排列，宏观上的性能表现出"伪无向性"。当金属经过大量变形后，晶粒的位向，如滑移方向力图与外力方向一致，它是由晶粒内滑移面和滑移方向的转动和旋转而引起，结果造成了晶粒位向的一致性。金属经形变后形成晶粒位向的这种有序结构称为织构。由于它是由形变而造成，因此也称为形变织构。

6.3.2 对金属性能的影响

（1）产生加工硬化现象

由金属拉伸曲线可知，在均匀塑性变形阶段，只有不断增加外力才能使塑性变形继续下去。而在不均匀塑性变形阶段，虽然由于塑性变形集中在"颈缩"部位而使外力下降，但从其真实

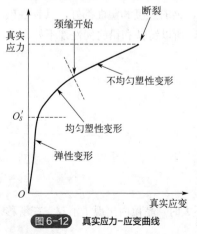

图 6-12 真实应力-应变曲线

的应力-应变看，应如图 6-12 所示，它表示金属在试验中的真实应力和真实应变的关系。真实应力是瞬时载荷除以瞬时面积。该曲线的特点是应力随应变的增加而一直升高。曲线的变化，说明金属多晶体在变形过程中为了继续变形必须增加外力。它表示金属进一步变形困难，宏观上强度增加。金属变形使强度增加、塑性降低的性质称为加工硬化，也称作冷硬化或形变强化。

产生加工硬化的原因是在实际金属晶体原有晶粒、亚结构、晶格畸变和位错等基础上，由于变形使晶粒和亚结构碎化、晶格畸变概率和严重程度增加以及大量位错的产生，同时还由于位错的运动和复杂的交互作用，使位错堆积和缠结

现象出现。变形越大，晶粒和亚结构的碎化程度越大，亚结构的数量越多，位错密度增加，造成更多更大的应力场，这成为进一步滑移的障碍，使金属变形抗力增大，产生加工硬化，直到断裂。

① **加工硬化的应用** 在工业生产中，加工硬化是一种非常重要的强化手段，尤其是对那些不能用热处理方法强化的金属材料，如冷拉高强度钢丝和冷卷弹簧等，主要是利用冷加工变形来提高它们的强度和弹性极限。坦克和拖拉机履带板、破碎机的颚板和铁路的道岔等，都是利用加工硬化来提高它们的硬度和耐磨性。在金属的冷拔和深冲压等工艺上，要利用加工硬化敏感的性质来保证金属的均匀变形，否则这个工艺很难完成。

② **加工硬化的缺点** 加工硬化使金属进一步加工变形困难。例如，汽车上用的薄板是用冷轧工艺制成的，在轧制过程中必须安排一些中间退火的工序，通过加热消除加工硬化现象，也称消除硬化退火或再结晶退火。在加工硬化的同时，不仅金属的力学性能发生变化，还会出现金属的抗蚀性降低、电阻增加等现象，所有这些在设计和制造各种零部件时都应予以考虑。

③ **金属强度和位错的关系** 根据滑移是晶体的一部分相对于晶体的另一部分的相对滑动的理论，滑移时必须同时破坏滑移面上所有原子间的结合，按这个理论可求出理论的临界切应力值，而根据实验又可测出实验值，见表6-2。

表6-2 Fe和Cu的理论计算值及实验测定值

金属	理论计算值/MPa	实验测定值/MPa
Fe	2300	29
Cu	1540	1

从上述数据看，实测值比理论计算值要小得多，这说明把滑移看成滑移面上所有原子的刚性滑动的理解是不对的。

根据近几十年来大量的理论研究证明，滑移是由于滑移面上的位错在滑移方向的运动造成的，而且滑移的过程又是以位错依次破坏原子间结合的方式进行的。图6-13表示滑移的过程是一个正刃型位错在切应力作用下在滑移面的滑移方向上的运动过程。从图中可看出，晶体中有一个正刃型位错，在切应力作用下，它从左向右移动，即位错中心从左向右移动，当位错移出晶体的右边缘时便造成了一个原子间距的滑移。从图6-14中可看出，晶体中当位错中心上面的正刃型位错的原子向右移动时，只需位错中心附近的两列少量原子向右做微量的位移，而位错中心下面的原子向左做微量的位移。由于位移中心附近极少量原子微量位移的结果便可造成一个原子间距的滑移，微量位移所需要的切应力远远小于刚性滑移所需要的临界切应力。滑移是由于晶体中局部区域位错的逐步移动而引起，即滑移是由位错运动而逐步进行的，它不是晶体的刚性滑动造成的。位错容易移动的性质称为位错的易动性，它使晶体容易产生滑移变形，从而大大降低了金属晶体的强度，因此，要求金属晶体中位错越少越好。当晶体中位错密度极小或没有时，金属晶体即可接近或达到其理论强度。

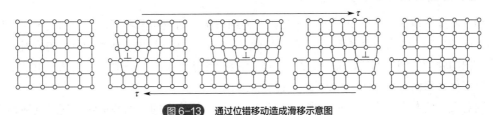

图6-13 通过位错移动造成滑移示意图

研究证明，在位错密度较低时，位错的增加会加剧金属结构的不完整，位错容易移动，即促进了滑移，结果使金属强度降低，位错越多则金属强度越低，当位错密度达到 $10^6 \sim 10^8$ 根/cm^2 时金属强度达到最低值，相当于金属的退火状态。在此基础上位错密度再增加，由于它们相互作用的增强，位错运动阻力增大，使位错堆集和缠结阻碍了滑移，位错密度越大，位错的易动性越差，阻碍作用就越大，金属的强度也越高，最终形成金属强度 σ_b 和位错密度 ρ 之间的关系曲线，如图 6-15 所示。从图中可看出，降低位错密度或增加位错密度都是提高金属强度的有效途径。当前工业生产中主要是以增加位错密度来提高金属材料的强度，并取得了很大进展。而用降低位错密度的方法提高金属强度则受到条件的限制。目前，随着材料科学和工艺技术的不断进步，已经可以在一定程度上大批量生产大尺寸低位错密度的材料。然而，是否可以大批量生产还取决于具体的材料类型、工艺要求以及生产设备的限制。对于某些材料，如单晶高温合金、某些金属和陶瓷材料等，已经可以通过先进的制备工艺和技术，如定向凝固、单晶生长、热等静压、粉末冶金等，实现大尺寸低位错密度的生产。这些工艺和技术的运用可以有效地控制材料的微观结构，减少位错密度，提高材料的整体性能。

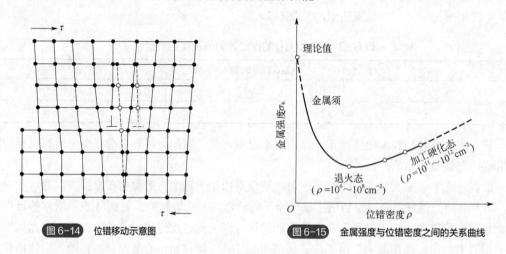

图 6-14　位错移动示意图　　　　　　图 6-15　金属强度与位错密度之间的关系曲线

然而，对于一些其他材料，如某些高分子材料或复合材料，大批量生产大尺寸低位错密度的材料可能仍然面临一些挑战。这可能需要进一步的研究和开发，以改进现有的制备工艺或开发新的工艺方法。此外，大规模生产还涉及生产成本、生产效率、设备容量以及市场需求等方面的问题。因此，在实际应用中，需要根据具体情况进行综合考虑，以确定是否适合进行大批量生产。

总的来说，虽然目前已经可以在一定程度上大批量生产大尺寸低位错密度的材料，但具体是否可行还需要根据材料类型、工艺要求和生产条件等因素进行具体分析和评估。

（2）使金属性能具有方向性

当多晶体金属在其变形量很大时，晶粒变为细条状，晶粒的滑移带、晶界和夹杂物等也沿变形方向被拉长，结果使金属多晶体形成"纤维组织"，它使多晶体金属性能具有方向性，垂直纤维方向的强度和塑性都低，而沿着纤维方向的强度和塑性都高。一般零件工艺要求纤维方向要沿着工件外形的方向分布，如曲轴、气阀等零件。

随着变形的发生，当变形量达到一定值时，由于晶粒位向的转动和旋转，使之逐渐趋于外力的方向而形成织构组织，它在不同方向的性能差别很大，即多晶体金属织构的形成使其性能具有方向性。在垂直织构方向上，其强度和塑性都低，沿着织构方向则高。也使金属材料进一步变形具有了方向性，结果造成变形出现了不均匀现象。例如，在用具有织构的铜板制成环形或筒形工件时，垂直或平行于碾压方向的延长率仅为 40%，而在与变形方向成 45°角方向的延长率则达到 75%，结果会使加工后的工件边缘不齐，厚度不均，同时会出现"制耳"现象，如图 6-16 所示，严重时成为废品。一般情况下不希望有织构组织。

图 6-16　冷冲压件的制耳现象

在特殊情况下，有时也利用织构组织。例如，制造变压器的硅钢片，在其体心立方晶体的〈100〉晶向上易被磁化；用具有〈100〉织构的硅钢片，并在制作中注意使其〈100〉晶向平行于磁场，将使铁芯的磁导率显著增加，磁滞损耗大为减少，提高了变压器的效率。

（3）使金属产生内应力

金属塑性变形时外力对金属所做的功，除用于改变形状外，有 90%以上的能量变成热能使金属温度升高，随后散失掉，而小于 10%的能量被保留在金属内部称为储存能，其表现方式为残余应力，它是一种内应力，是由于金属晶体内变形不均匀而引起的。金属表层和心部之间或其他不同部位之间变形不均匀造成的内应力称为第一类内应力，也称为宏观内应力。相邻晶粒或晶粒内不同部位变形不均匀造成的微观内应力称为第二类内应力。由于位错、空位等缺陷的增加，使原子偏离平衡位置产生晶格畸变造成原子间的内应力称为第三类内应力，它是变形金属的主要内应力。在变形金属储存能中有 80%～90%属于晶格畸变能，它使变形金属的能量提高，并处于不稳定状态，它有向稳定状态变化的自发趋势。第一类和第二类内应力虽然占的比例不大，但它们能引起金属变形，并使金属的抗蚀性下降，因此金属塑性变形后通常要进行退火，以消除和降低内应力，从而提高其性能。

6.4　变形金属在加热时组织和性能的变化

由于外力对金属做功使之变形，同时使金属原子间产生了内应力，原子离开平衡位置，并处于畸变和不稳定状态。在冷变形加工后，为了恢复金属性能，一般要进行退火。退火加热可使原子吸收能量，增加活动能力，促使它恢复到正常位置上，使之处于稳定状态。因此，加热过程是变形金属由不稳定状态转变为稳定状态的过程，其实质是原子扩散的过程，也是畸变状态消除的过程。退火的目的有时是保留其加工硬化性能，仅减少内应力或改善某些物理化学性能，进行低温消除应力退火；有时是消除加工硬化，以便进一步加工，如冷轧、冷拔和冷冲过程中的中间退火。为了正确掌握这些不同目的的退火工艺，有必要了解随温度升高在变形金属中产生的一系列变化。随加热温度的升高，在变形金属内的变化可分成三个阶段，即回复、再结晶和晶粒长大。

6.4.1　回复

变形金属内常发生亚结构细化和位错密度增加，同时有许多"空位"等缺陷，当加热温度低时，由于原子活动能力小，只能使原子产生短距离的移动，在晶体内的空位向晶体表面、晶界和位错等部位扩散，使晶格逐渐恢复较规则状态，内应力基本消除。但位错密度下降不大，晶粒大小和形状尚无明显变化，因此变形金属的强度和硬度等力学性能变化不大，而电阻和应力腐蚀等理化性能则显著降低。图 6-17 所示为变形金属在加热时晶粒大小和性能变化的示意图。

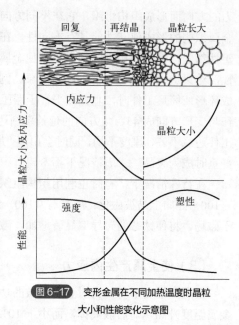

图 6-17　变形金属在不同加热温度时晶粒大小和性能变化示意图

在工业生产中利用冷变形金属的回复现象，是将已加工硬化的金属在较低温度下进行加热，消除内应力，而保留其强化的力学性能，这种处理称为去应力退火。例如，用冷拉钢丝卷制弹簧，在卷成之后要进行一次 250～300℃ 的低温加热退火，以消除内应力，使其定型。

6.4.2　再结晶

通过回复虽然金属中的点缺陷空位等大为减少，晶格畸变有所降低，但整个变形金属的晶粒破碎、拉长等状态未改变，组织仍处于不稳定状态。随着加热温度升高，原子活动能力增加，当加热到一定温度时，在变形金属内重新进行生核和晶核长大的结晶过程。

① **晶核的形成**　金属在变形过程中由于各晶粒的位向、大小和分布等的不同，使不同部位和各晶粒处于不同的受力状态，所以变形是不均匀的，其畸变状态也不一样。在畸变最严重的部位原子最不稳定，受热后它最容易移动，而重新排列形成晶核。即在畸变最严重的部位形核，形核后变为较稳定的区域。

② **晶核的长大**　在变形金属内局部区域形核后，其周围仍处于畸变状态而不太稳定，在一定温度下，处于畸变状态的原子必然会脱离畸变状态，而向较为稳定的核心移动，并按核心原子的位向排列起来，即晶核长大。这个过程是靠消耗不稳定的区域进行的。最终在多晶体内被拉长的晶粒，便形成新的等轴晶粒。

在变形金属内由于加热重新形成晶核和晶核长大也是结晶过程，为了和液态金属结晶相区别，把这一结晶过程称为再结晶。再结晶使金属的显微组织基本上恢复到无变形状态，也使金属在塑性变形时所造成的各种晶体缺陷完全消除。因此，金属的各种性能也基本恢复到变形前的状态，其强度和硬度有所降低，但塑性升高。再结晶后，新晶粒的结构(指晶格类型)和未变形前晶粒的结构相同，即再结晶前后没有晶格类型的变化，只有多晶体金属晶粒大小、形状和分布的变化，这是组织的变化。

塑性变形金属不是在任何温度都可发生再结晶，必须加热到某一温度以上才能开始再结晶，开始进行再结晶的最低温度称为再结晶温度。实验证明，纯金属和工业纯金属的再结晶温度与其熔化温度之间有如下关系：

$$T_{再}=(0.35\sim0.40)T_{熔} \quad (K)$$

把冷塑性变形金属加热到再结晶温度以上使其发生再结晶的处理过程称为再结晶退火。生产上广泛采用的再结晶退火，就是用来消除经冷变形而产生的加工硬化，提高其塑性变形能力，便于进一步加工，使之最终成型。工业上再结晶温度的选择是在材料的再结晶温度以上 100～200℃。

6.4.3 二次再结晶——晶粒长大

再结晶完成后，若继续升高加热温度或延长加热保温时间，则金属内新的等轴晶粒将继续长大。因为晶界一般都是畸变严重的部位，并处于不稳定的状态，所以它有向稳定状态转变的趋势。从热力学条件来看，大晶粒比小晶粒更稳定，因此在继续加热或在某一定温度（再结晶温度以上的温度）下保温时，新的等轴大晶粒会以"吞并"小晶粒的方式进行长大，即由细晶粒变为粗晶粒。这样可减少金属内晶界畸变状态的不稳定因素，从而使金属处于更稳定的状态。晶粒的长大是个自发过程，它需要晶界的移动，而晶界的移动又与曲率有关，晶界曲率越大，其表面积越大，也越不稳定，因此一个弯曲率大的小晶粒的晶界必然向弯曲率小的大晶粒的晶界移动，这必然要引起晶粒粗化。晶粒长大示意图如图 6-18 所示。

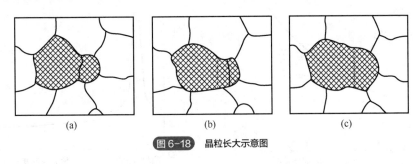

(a)   (b)   (c)

图 6-18 晶粒长大示意图

通常在再结晶后获得细而均匀的等轴细晶粒的情况下，晶粒长大并不很大。如果原来金属多晶体变形不均匀，经过再结晶后得到大小不均匀的晶粒，由于大小晶粒的稳定性不同，小晶粒的稳定性差，所以很容易发生大晶粒"吞并"小晶粒，出现晶粒长大现象，从而得到异常粗大的晶粒。为了与通常的晶粒长大相区别，常把这种晶粒不均匀急剧长大的现象称为"二次再结晶"。晶粒粗大会使金属的强度，特别是塑性、韧性降低，这是不希望发生的。因此，实际生产中再结晶退火的温度不能太高。再结晶是一个不可逆过程，如果再结晶后晶粒长大，除非经过再次冷压力加工，否则是不可能细化的。塑性变形后的金属进行再结晶对无相变的金属是改变晶粒度的有效工艺。表 6-3 是常见工业金属材料的再结晶退火和去应力退火温度范围。

表6-3 常见工业金属材料的再结晶退火和去应力退火温度

	金属材料	去应力退火温度/℃	再结晶退火温度/℃
钢	碳素结构钢及合金结构钢	500～650	680～720
	碳素弹簧钢	280～300	
铝及其合金	工业纯铝	≈100	350～420
	普通硬铝合金	≈100	350～370
铜及其合金（黄铜）		270～300	600～700

6.4.4 影响再结晶后晶粒大小的因素

如前所述，金属材料晶粒的大小对其力学性能有很大影响，不仅影响其强度、塑性和韧性，还将对后续的冷变形加工产品的质量有很大的影响。例如，对于冷冲压的铜板，一般要求它具有均匀的细晶粒，如果晶粒过粗或粗细不匀就会产生裂纹，因此有必要了解金属材料在再结晶退火时晶粒大小的变化规律及其影响因素。

（1）加热温度和保温时间的影响

加热温度越高，保温时间越长，晶粒越大，如图 6-19 所示。因此，再结晶退火的加热温度不能太高，保温时间也不能太长，防止晶粒长大使力学性能变坏。一般情况下，加热温度的影响比保温时间的影响要大。

（2）变形度的影响

变形度对再结晶后晶粒大小的影响特别显著，如图 6-20 所示。

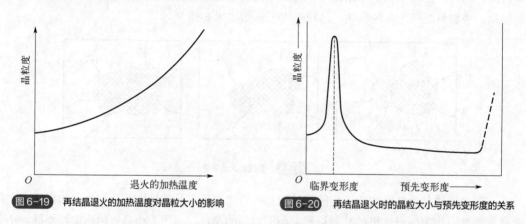

图 6-19 再结晶退火的加热温度对晶粒大小的影响　　**图 6-20** 再结晶退火时的晶粒大小与预先变形度的关系

从理论上分析，没有变形就没有再结晶。当变形度很小时，可形核的数目少，其他部位没有变形，也没有长大的条件，不能引起再结晶，因此晶粒保持原来大小和形状。当变形度达到一定程度，畸变状态能够形核的数目达到一定值时，形核长大，且长大很显著，主要是由于形核少、长大条件好造成的。晶粒急剧长大的变形度称为临界变形度。例如，铁的临界变形度为 2%～10%，钢的临界变形度为 5%～10%，铝的临界变形度为 2%，铜及黄铜的临界变形度为 5%。在生产上要尽量避免采用在临界变形度范围内进行冷加工变形。变形度大，形核概率增加，相互影响，限制长大，结果形成细小晶粒。在冷轧金属薄板时一般采用 30%～60% 的变形度。图 6-21 是纯铝的再结晶晶粒度与变形度关系的显微组织图。

图 6-22 为铝板上的弹孔经再结晶退火后的显微组织。在弹孔周围由于不同变形度的变形，经再结晶退火后出现了不同大小的晶粒。由图可见，弹孔周围至远离弹孔处，由于变形度不同，所显示出的晶粒度不同。弹孔周围变形度大，晶粒很细小，稍远处为临界变形度范围内变形，出现粗大晶粒区，更远处变形很小或没有变形，结果还是原始的细晶粒区。

以上是两个主要因素，一般变形量大和退火温度低有助于获得细小的晶粒，为防止晶粒粗大，首先要避免采用临界变形度进行变形。此外，金属中的杂质、合金元素和变形前的原始晶粒度等，也都影响再结晶后的晶粒大小，所有这些都要根据金属材料的冶炼等因素采取措施来解决。

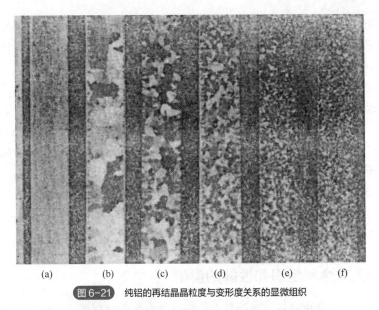

图 6-21　纯铝的再结晶晶粒度与变形度关系的显微组织

图 6-22　铝板上的弹孔经再结晶退火后的显微组织

6.5　热加工

金属的变形加工经常在高温下进行，如锻压、热轧等工艺。因为在再结晶温度以上进行，在变形过程中会发生回复和再结晶软化，使得变形容易进行。

6.5.1　热加工和冷加工的区别

大多数金属在室温下进行塑性变形，可使强度提高和塑性降低，产生加工硬化。如果金属在一定温度下进行塑性变形，在引起加工硬化的同时，还由于再结晶使强度降低、塑性提高而产生软化。金属变形时的软化和硬化与再结晶温度有密切关系，一般在再结晶温度以上对金属进行变形是以软化为主，此时变形称为热加工；而在再结晶温度以下对金属进行变形是以硬化为主，此时的变形称为冷加工。例如，钨的再结晶温度为1200℃，即使在1000℃变形，仍会造成硬化，仍属于冷加工；而铅和锡的再结晶温度在室温以下，它们在室温下进行变形也属于热加工。

近年来经研究表明，硬化过程是随变形的进行而立即产生，但软化过程由于涉及原子的扩散、位错的移动和重新组合，因而与变形时的温度高低、变形度大小和变形速率的大小有关。当变形温度高、变形度大、变形速率小时就容易产生软化，使金属继续变形的应力减小。否则，变形温度低、变形速率大，同时变形度小，位错密度低，使金属处于较稳定的状态，金属软化驱动力就小，不易软化，而产生硬化，使继续变形的应力增加。综上分析，按更严格的区分，可将金属在变形中伴随着硬化，使变形所需的应力随变形的进行而不断增加的变形加工称为冷加工；而热加工则是在变形的同时，由于回复和再结晶等的软化作用，结果再硬化现象得以消除，使变形所需的应力逐渐下降的变形加工。

6.5.2　热加工对金属组织和性能的影响

由于金属在高温下强度降低，塑性提高，所以在高温下对金属进行塑性变形加工就比在低温下容易得多。一般在工业生产中将钢材或毛坯加热至高温进行压力加工，如锻造和热轧等，它们是零件初成型的重要手段。热加工的主要优点是金属塑性好，变形阻力小，能量消耗少，需要的功率小，产生裂纹的危险性也小，同时可以改善组织，消除粗大的枝晶和柱状晶等，从而细化晶粒，使组织均匀。由此可见，金属的组织和性能得到了改善。凡是受力复杂、负荷较大的重要工件经常用热加工的方式来制造。热加工多用在大件和大批量的生产上。但对于小件，如要求尺寸精确度高及要求表面光洁度好的薄板等，以冷加工为好。

在热加工的过程中，金属内各种夹杂物、偏析、第二相、晶粒和晶界等也沿着热变形方向被拉长，使金属组织呈现"纤维状"，也称流线。流线的形成使金属性能出现了方向性，沿流线方向具有较高的力学性能，而垂直流线方向的力学性能较低。表6-4列出了轧制正火状态45钢的力学性能与其纤维方向的关系。可以看出，顺着纤维方向，钢材具有较好的力学性能，而在横向上则性能较差，特别是塑性和韧性要低得多。因此，锻件在热加工时，其流线有正确分布。零件宏观组织的流线分布与加工方式有密切关系。图6-23（a）和（b）分别为锻造曲轴和切削加工曲轴的流线分布示意图，可见锻造曲轴的流线是连续的，性能较好，而经切削加工的流线分布不当，从而使曲轴在工作时极易沿着轴肩处发生断裂。图6-24所示为曲轴的宏观组织，可见曲轴锻坯的流线沿其轮廓分布时，它在工作中的最大拉应力将与其流线平行，而冲击力与其流线垂直，曲轴不易断裂。

表6-4　45钢力学性能和纤维方向的关系

取样方向	σ_b/MPa	$\sigma_{0.2}$/MPa	δ/%	ψ/%	α_k/(kJ/m²)
纵向	701.1	460.8	17.5	62.8	608
横向	658.9	431.5	10.0	31.0	294

热加工时由于金属表面氧化，不能保证工件的光洁度和尺寸精度，并有大量烧损，这始终是热加工的不足之处。

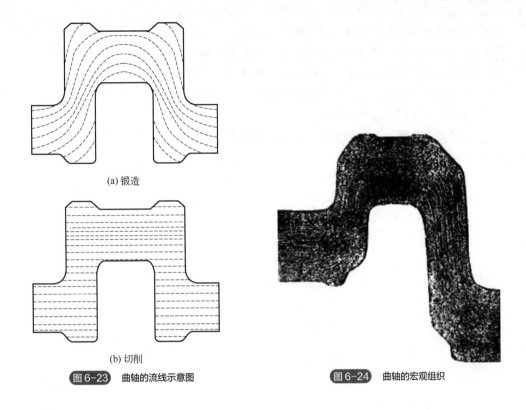

(a) 锻造

(b) 切削

图 6-23 曲轴的流线示意图

图 6-24 曲轴的宏观组织

本章小结

本章着重介绍了金属的塑性变形过程、特点及本质，形变金属在加热过程中组织和性能变化的规律，热加工与冷加工的本质区别以及热加工的特点，金属塑性变形本质以及金属塑性成形规律。

（1）塑性变形是强化金属的重要手段。金属的塑性变形方式主要为滑移和孪生，滑移是通过位错在滑移面上的运动实现的。

（2）金属经塑性变形后，其组织结构和性能都发生变化，出现"加工硬化"现象，即强度和硬度显著提高，塑性和韧性明显下降。

（3）金属在塑性变形后加热时其组织将依次发生回复、再结晶和晶粒长大。

（4）金属在高温下变形抗力小，塑性好，易于进行变形加工。对于大尺寸或塑性不太好的金属，生产上常在加热状态下进行塑性变形。

（5）断裂是金属材料在外力的作用下丧失连续性的过程，包括裂纹的萌生和扩展两个基本过程。金属材料断裂不仅与化学成分和组织结构有关，还与工作环境、应力状态、加载方式等因素有关。

 习题

（1）解释下列名词：加工硬化、回复、再结晶、热加工、冷加工。

（2）产生加工硬化的原因是什么？加工硬化在金属加工中有什么利弊？

（3）划分冷加工和热加工的主要条件是什么？

（4）与冷加工比较，热加工给金属件带来的益处有哪些？

（5）为什么细晶粒钢强度高，塑性、韧性也好？

（6）金属经冷塑性变形后，组织和性能发生什么变化？

（7）分析加工硬化对金属材料的强化作用。

（8）在制造齿轮时，有时采用喷丸法（即将金属丸喷射到零件表面上）使齿面得以强化。试分析强化原因。

第7章

工业用钢

本章思维导图

扫码获取本书配套资源

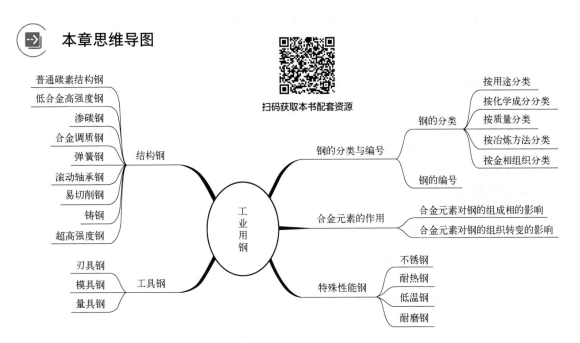

本章学习目标

（1）掌握钢的分类、牌号、性能和用途。

（2）可以根据使用场合，合理选用工业用钢的种类。

（3）明确合金元素在钢中的作用。

（4）能分析各类钢的成分、组织、热处理和性能之间的关系。

工业用钢是指以碳钢（含碳量 0.0218%～2.11%）为主，含有少量锰、硅、硫、磷等杂质元素，或有意加入一定量的合金元素的材料。由于碳钢价格低廉，工艺性能好，力学性能能够满足一般工程和机械制造的要求，是工业中用量最大的金属材料，因此得到了广泛的应用。随着现代工业和科学技术的发展，对钢的力学性能和物理、化学性能提出了更高的要求，需要有目的地向钢中加入某些合金元素，从而研发了合金钢。与碳钢相比，合金钢经过合理的加工处理后，除了能够获得较高的力学性能，有的还具有耐热、耐酸等特殊的物理及化学性能。但由于价格较高，加工工艺性能较差，某些专用钢只能应用于特定工作条件。因此，应正确选用各类钢材，合理制定其冷、热加工工艺，以达到提高效能、延长寿命、节约材料、降低成本、提高经济效益的目的。

7.1 钢的分类与编号

7.1.1 钢的分类

国家标准 GB/T 13304《钢分类》是参照国际标准制定的。钢的分类方法包括按化学成分分类、按主要质量等级分类和按主要性能或使用特性分类，具体如下。

（1）按用途分类

按用途可把钢分为结构钢、工具钢及特殊性能钢。

① **结构钢** 可分为工程构件用钢（如建筑工程用钢、桥梁工程用钢、船舶工程用钢、车辆工程用钢）和机器零件用钢（如调质钢、渗碳钢、弹簧钢、轴承钢）等。

② **工具钢** 根据用途不同可分为刃具钢、模具钢、量具钢。

③ **特殊性能钢** 可分为不锈钢、耐热钢、耐磨钢等。

（2）按化学成分分类

按钢的化学成分可将钢分为碳素钢及合金钢（表 7-1）。碳素钢又按含碳量不同分为低碳钢（$w_C <0.25\%$）、中碳钢（$w_C =0.25\%～0.60\%$）和高碳钢（$w_C >60\%$）。合金钢按合金元素总含量分为低合金钢（$w_{Me} <5\%$）、中合金钢（$w_{Me} =5\%～10\%$）和高合金钢（$w_{Me} >10\%$）。另外，根据钢中所含主要合金元素的种类不同，也可分为锰钢、铬钢、铬钼钢和铬锰钛钢等。

（3）按质量等级分类

按钢中的有害杂质磷含量（w_P）、硫含量（w_S）不同，可将钢分为普通钢（$w_P \leq0.045\%$、$w_S \leq0.05\%$）、优质钢（w_P、$w_S \leq0.035\%$）和高级优质钢（w_P、$w_S \leq0.025\%$）。

（4）按冶炼方法分类

根据冶炼所用炼钢炉不同，可将钢分为平炉钢、转炉钢和电炉钢。根据冶炼时的脱氧程度不同，又可将钢分为沸腾钢、镇静钢和半镇静钢。沸腾钢在冶炼时脱氧不充分，浇注时碳与氧反应发生沸腾。这类钢一般为低碳钢，其塑性好、成本低、成材率高，但不致密，主要用于制造用量大的冷冲压零件，如汽车外壳、仪器仪表外壳等。镇静钢脱氧充分，组织致密，但成材率低。半镇静钢介于前两者之间。

（5）按金相组织分类

钢的金相组织随处理方法不同而异，按退火组织可分为亚共析钢、共析钢、过共析钢；按正火组织可分为珠光体钢、贝氏体钢、马氏体钢及奥氏体钢。

表 7-1　钢的分类

分类		钢别
非合金钢	普通质量非合金钢	结构钢、钢筋钢、铁道用一般碳素钢、一般钢板等
	优质非合金钢	机械结构用优质碳素钢、工程结构用碳素钢、冲压薄板用低碳结构钢、镀层板带用碳素钢、锅炉和压力容器用碳素钢、造船用碳素钢、铁道用碳素钢、焊条用碳素钢、标准件用钢、冷锻用钢、非合金易切削钢、电工用非合金钢、优质铸造碳素钢等
	特殊质量非合金钢	保证淬透性非合金钢、保证厚度方向性能非合金钢、铁道用特殊非合金钢、航空兵器等用非合金结构钢、核能用非合金钢、特殊焊条用非合金钢、碳素弹簧钢、特殊盘条钢丝、特殊易切削钢、碳素工具钢、电磁纯铁、原料纯铁等
低合金钢	普通质量低合金钢	一般低合金高强度结构钢、低合金钢筋钢、铁道用一般低合金钢、矿用一般低合金钢等
	优质低合金钢	通用低合金高强度结构钢、锅炉和压力容器用低合金钢、造船用低合金钢、汽车用低合金钢、桥梁用低合金钢、自行车用低合金钢、低合金耐候钢、铁道用低合金钢、矿用优质低合金钢、输油管线用低合金钢等
	特殊质量低合金钢	核能用低合金钢、保证厚度方向性能低合金钢、铁道用特殊低合金钢、低温压力容器用钢、舰船及兵器等专用低合金钢等
合金钢	优质合金钢	一般工程结构用合金钢、合金钢筋钢、电工用硅（铝）钢、铁道用合金钢、地质和石油钻探用合金钢、耐磨钢、硅锰弹簧钢等
	特殊质量合金钢	压力容器用合金钢、经热处理的合金结构钢、经热处理的地质和石油钻探用合金钢管、合金结构钢（调质钢、渗碳钢、渗氮钢、冷塑性成形用钢）、合金弹簧钢、不锈钢、耐热钢、合金工具钢（量具刃具用钢、耐冲击工具用钢、热作模具钢、冷作模具钢、塑料模具钢）、高速工具钢、轴承钢、高电阻电热钢、无磁钢、永磁钢、软磁钢等

7.1.2　钢的编号

我国钢材的编号是按含碳量、合金元素的种类和数量以及质量级别来编号的。依据国家标准规定，采用国际化学元素符号与汉语拼音字母并用的原则，即牌号中的化学元素采用国际化学元素符号表示，如 Si、Mn、Cr 等，仅稀土元素例外，用"RE"表示其总含量。常用钢产品的名称和表示符号见表 7-2。

表 7-2　常用钢产品的名称和表示符号（GB/T 221—2008）

名称	采用汉字	采用符号	名称	采用汉字	采用符号	名称	采用汉字	采用符号
碳素结构钢	屈	Q	钢轨钢	轨	U	沸腾钢	沸	F
低合金高强度钢	屈	Q	铆螺钢	铆螺	ML	半镇静钢	半	b
易切削钢	易	Y	汽车大梁用钢	梁	L	镇静钢	镇	Z
碳素工具钢	碳	T	压力容器用钢	容	R	特殊镇静钢	特镇	TZ
滚动轴承钢	滚	G	桥梁用钢	桥	q	质量等级		ABCDE
焊接用钢	焊	H	锅炉用钢	锅	g			

（1）普通碳素结构钢

普通碳素结构钢的牌号表示方法由代表屈服强度的字母（Q）、屈服强度数值、质量等级符号（A、B、C、D）及脱氧方法符号（F、Z、TZ）等四部分按顺序组成。例如，Q235AF 表示屈服强度为 235MPa 的 A 级沸腾钢。质量等级符号反映碳素结构钢中磷、硫含量的多少，A、B、C 和 D 的质量等级依次增高。

（2）优质碳素结构钢

优质碳素结构钢的牌号用钢中平均含碳量的两位数字表示，单位为万分之一。例如，牌号 45 表示平均碳的质量分数为 0.45%的钢。

对于含锰量较高的钢，应将锰元素标出。碳的质量分数大于 0.6%、锰的质量分数为 0.9%～1.2%的钢，以及碳的质量分数小于 0.6%、锰的质量分数为 0.7%～1.0%的钢，应在其数字后面附加汉字"锰"或化学元素符号"Mn"。例如，牌号 25Mn 表示平均碳的质量分数为 0.25%、锰的质量分数为 0.7%～1.0%的钢。

沸腾钢以及专门用途的优质碳素结构钢应在牌号后特别标出。例如，15g 指平均碳的质量分数为 0.15%的锅炉钢。

（3）工具钢

① **碳素工具钢** 碳素工具钢是在牌号前加"碳"或"T"表示，其后跟以表示钢中平均含碳量的千分之几的数字。例如，平均碳的质量分数为 0.8%的该类钢记为"碳 8"或"T8"。含锰量较高者应注出。高级优质钢则在牌号末尾加"高"或"A"，如"碳 10 高"或"T10A"。

② **合金工具钢** 合金工具钢是在牌号前用一位数字表示平均含碳量的千分之几。当平均碳的质量分数大于或等于 1.0%时，不标出含碳量。例如，牌号 9Mn2V 表示钢的平均碳的质量分数为 0.85%～0.95%，而 CrMn 钢中平均碳的质量分数为 1.3%～1.5%。当合金工具钢的含碳量小于 1.00%时，含碳量用一位数字标明，这一位数字表示平均含碳量的千分之几，如 8MnSi。平均含铬量小于 1%的合金工具钢，在含铬量（以千分之一为单位）前加数字"0"，如 Cr06。

③ **高速工具钢** 高速钢的牌号一般不标出含碳量，仅标出合金元素的含量。例如，牌号 W6Mo5Cr4V2 表示 w_W=6%、w_{Mo}=5%、w_{Cr}=4%、w_V=2%（w_C =0.8%～0.9%）。

（4）合金结构钢

合金结构钢的牌号由"数字+元素+数字"三部分组成。前两位数字表示平均含碳量的万分之几，合金元素用汉字或化学元素符号表示，合金元素后面的数字表示该元素的近似含量，单位是百分之几。当合金元素的平均质量分数低于 1.5%时，则不标明其含量；当其平均质量分数大于或等于 1.50%～2.49%时，则在元素后面标"2"，以此类推。如为高级优质钢，则在牌号后面加"高"或"A"。例如，27SiMn 表示碳的质量分数为 0.24%～0.32%，硅及锰的质量分数为 1.10%～1.40%的钢。

（5）滚动轴承钢

滚动轴承钢在牌号前冠以"滚"或"G"，其后为铬（Cr）+数字来表示，数字表示铬的平均质量分数的千分之几。例如，滚铬 15（GCrl5）表示铬的平均质量分数为 1.5% 的滚动轴承钢。渗碳轴承钢牌号的表示方法与合金结构钢相同，仅在牌号头部加字母"G"，如 G20CrNiMo。

（6）不锈钢及耐热钢

此两类钢牌号前的数字表示平均碳的质量分数的万分之几，合金元素的表示方法与其他合金钢相同。当 $w_C \leq 0.03\%$ 或 0.08% 时，在牌号前分别冠以"00"与"0"。例如，不锈钢 30Cr13 的平均 $w_C = 0.3\%$、$w_{Cr} = 13\%$；06Cr19Ni10 的平均 $w_C = 0.06\%$、$w_{Cr} = 19\%$、$w_{Ni} = 10\%$；另外，当 $w_{Si} \leq 1.5\%$、$w_{Mn} \leq 2\%$ 时，牌号中不标。

（7）铸造碳钢

铸造碳钢的牌号有两种表达方式：

① 由"ZG"加两组数字组成，第一组数字表示屈服强度，第二组数字表示抗拉强度。例如，ZG200400 表示其屈服强度为 200MPa，抗拉强度为 400MPa。

② 以化学成分为主要特征的铸钢牌号为"ZG"加上两位数字，这两位数字表示平均含碳量的万分之几。合金铸钢牌号在两位数字后再加上带有百分含量数字的元素符号。当合金元素平均含量为 0.9%～1.4% 时，除锰只标符号不标含量外，其他元素需在符号后标注数字 1；当合金元素平均含量大于 1.5% 时，标注方法同合金结构钢，如 ZG15Cr1Mo1V、ZG20Cr13。

7.2 工业用钢中合金元素的作用

钢中存在的各类元素都会对材料的组织及性能产生各种各样的影响。由于冶炼时所用原料以及冶炼工艺方法等因素的影响，钢中除碳外不可避免有少量其他元素存在，如 Si、Mn、S、P 等，这些元素一般作为杂质看待，它们的存在对钢的性能也有较大影响。而为了一定目的加入到钢中，能起到改善钢的组织和获得所需性能的元素，才称为合金元素。常用的合金元素有 Cr、Mn、Si、Ni、Mo、W、V、Co、Ti、Al、Cu、B、N、稀土等。合金元素在钢中的作用主要表现为与铁、碳之间的相互作用以及对铁碳相图和热处理相变过程的影响。

7.2.1 合金元素对钢的组成相的影响

钢的基本相主要是固溶体（如铁素体）和化合物（如碳化物）。大多数合金元素（如 Mn、Cr、Ni 等）都能溶于铁素体，引起铁素体晶格畸变，产生固溶强化，使铁素体的强度、硬度升高，塑性、韧性下降，如图 7-1 所示。

有些合金元素可与碳作用形成碳化物，这类元素称为碳化物形成元素，如 Fe、Mn、Cr、W、V、Nb、Zr、Ti 等（按与碳亲和力由弱到强排列）。与碳的亲和力越强，形成的碳化物就越稳定，硬度就越高。由于与碳的亲和力强弱不同及含量不同，合金元素可以形成不同类型的碳化物：①溶入渗碳体中，可形成合金渗碳体，如（Fe，Mn）K、（Fe，Cr）$_3$C 等；②形成合金碳化物，如 Cr$_7$C$_3$ 等；③形成特殊碳化物，如 WC、MoC、VC、TiC 等。从合金渗碳体到特殊碳化物，其稳定性及硬度依次升高。碳化物的稳定性越高，高温下就越难溶于奥氏体，也越不易聚集长大。随着碳化物含量的增加，钢的硬度、强度提高，塑性、韧性下降。

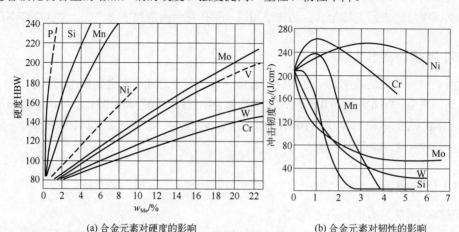

(a) 合金元素对硬度的影响   (b) 合金元素对韧性的影响

图 7-1　合金元素对铁素体力学性能的影响

非碳化物形成元素（Ni、Si、Al、Co、Cu 等）与碳的亲和力很弱，不形成碳化物。

7.2.2　合金元素对钢的组织转变的影响

Fe-Fe₃C 相图是以铁和碳两种元素为基本组元的相图，如果在这两种元素的基础上加入一定量的合金元素，必将使 Fe-Fe₃C 相图的相区和转变点等发生变化。

（1）合金元素对相图的影响

① 合金元素对奥氏体相区的影响　Ni、Mn 等合金元素使单相奥氏体区扩大，即使 A_1 线、A_3 线下降。若其含量足够高时，可使单相奥氏体区扩大至常温，即可在常温下保持稳定的单相奥氏体组织。利用合金元素扩大奥氏体相区的作用可生产出奥氏体钢。

Cr、Mo、Ti、Si、Al 等合金元素使单相奥氏体区缩小，即使 A_1 线、A_3 线升高。当其含量足够高时，可使钢在高温与常温均保持铁素体组织，这类钢称为铁素体钢。

② 合金元素对 S 点和 E 点的影响　合金元素都使 Fe-Fe₃C 相图的 S 点和 E 点左移，即使钢的共析含碳量和奥氏体对碳的最大固溶度降低。若合金元素含量足够高时，可以在 w_C=0.4% 的钢中产生过共析组织，在 w_C=1.0% 的钢中产生莱氏体。例如，在高速钢 W18Cr4V（w_C=0.7%～0.8%）的铸态组织中就有莱氏体，故可称之为莱氏体钢。

（2）合金元素对钢的热处理的影响

① 加热时对奥氏体化及奥氏体晶粒长大的影响　合金钢的奥氏体形成过程基本上与碳素钢相同，但合金钢的奥氏体化比碳素钢需要的温度更高，保温时间更长。由于高熔点的合金碳化物、特殊碳化物（特别是 W、Mo、V、Ti 等的碳化物）的细小颗粒分散在奥氏体组织中，能机械地阻碍晶粒长大，所以热处理时合金钢一般不宜过热。

② 冷却时对过冷奥氏体转变的影响　除 Co 外，大多数合金元素（如 Cr、Ni、Mn、Mo、B 等）溶于奥氏体后都使钢的过冷奥氏体的稳定性提高，从而使钢的淬透性提高。因此，合金元素一方面有利于大截面零件的淬透，另一方面可采用较缓和的冷却介质淬火，有利于降低淬

火应力，减少变形和开裂。有的钢中含有较多的提高淬透性的元素，因此其过冷奥氏体非常稳定，甚至在空气中冷却也能形成马氏体组织，故此类钢称为马氏体钢。除 Co 和 Al 以外，大多数合金元素都使 M_s 和 M_f 点降低，并增加残留奥氏体量。

　　③ **对回火转变的影响**　由于淬火时溶入马氏体的合金元素阻碍马氏体的分解，所以合金钢回火到相同的硬度需要比碳素钢更高的加热温度，这说明合金元素提高了钢的耐回火性（回火稳定性）。所谓耐回火性是指淬火钢在回火时抵抗强度、硬度下降的能力。

　　在高合金钢中，W、Mo、V 等强碳化物形成元素在 500～600℃回火时，会形成细小弥散的特殊碳化物，使钢回火后的硬度有所升高；同时淬火后残留的奥氏体在回火冷却过程中部分转变为马氏体，使钢回火后的硬度显著提高。这两种现象都称为"二次硬化"，如图 7-2 所示。高的耐回火性和二次硬化使合金钢在较高温度（500～600℃）仍保持高硬度（60HRC），这种性能称

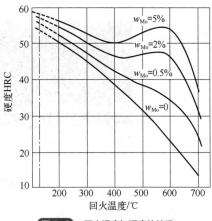

图 7-2　回火温度与硬度的关系

为热硬性。热硬性对高速切削刀具及热变形模具等非常重要。合金元素对淬火钢回火后力学性能的不利方面主要是产生回火脆性，这种脆性主要在含 Cr、Ni、Mn、Si 的调质钢中出现，而 Mo 和 W 可降低这种回火脆性。

7.3　结构钢

　　结构钢包括工程构件用钢和机器零件用钢两大类。

　　工程构件用钢主要是指用来制造钢架、桥梁、钢轨、车辆及船舶等结构件的钢种，一般做成钢板和型钢。它们大都是用普通碳素钢和低合金高强度钢制造，冶炼简便，成本低，用量大，一般不进行热处理，在热轧空冷状态下使用。

　　机器零件用钢主要是指用来制造各种机器结构中的轴类、齿轮、连杆、弹簧、紧固件（螺钉、螺母）等的钢种，包括渗碳钢、调质钢、弹簧钢及滚动轴承钢等。它们大都是用优质碳素钢和合金结构钢制造，一般都经过热处理后使用。如果按热处理状态来分有以下四大类：

　　① 一般供应或正火状态下使用的钢种，包括碳钢和碳素易切削钢。

　　② 淬火+回火状态下使用，按照回火温度可分为调质钢（高温回火）、弹簧钢（中温回火）、滚动轴承钢和超高强度钢（低温回火）。

　　③ 化学热处理后使用，包括渗碳钢（渗碳后淬火加低温回火）、渗氮钢（调质处理后渗氮）。

　　④ 高、中频感应+热淬火+低温回火后使用，即高中频淬火用钢。

7.3.1　普通碳素结构钢

　　普通碳素结构钢是建筑及工程用非合金结构钢，价格低廉，工艺性能（焊接性、冷变形成型性）优良，用于制造一般工程结构及普通机械零件。通常，热轧成扁平成品或各种型材（圆钢、方钢、工字钢、钢筋等），一般不经过热处理，在热轧状态下直接使用。

（1）应用

普通碳素结构钢适用于一般工程用热轧钢板、钢带、型钢、棒钢等，可供焊接、铆接、栓接构件使用，如图 7-3 所示。

图 7-3　普通碳素结构钢的应用举例

（2）成分特点和钢种

普通碳素结构钢碳的平均质量分数为 0.06%～0.38%，虽然含有较多的有害杂质元素和非金属夹杂物，但能满足一般工程结构及普通零件的性能要求，因而应用较广。表 7-3 为普通碳素结构钢的牌号、化学成分、力学性能和应用。

碳素结构钢一般以热轧空冷状态供应。Q195 牌号的钢是不分质量等级的，出厂时同时保证力学性能和化学成分。Q195 钢的含碳量很低，塑性好，常用作铁钉、铁丝及各种薄板等。Q275 钢属于中碳钢，强度较高，能代替 30 钢和 40 钢制造零件。Q215、Q235、Q275 当钢的质量等级为 A 级时，出厂时保证力学性能及硅、磷、硫等成分，其他成分不保证。

7.3.2　低合金高强度钢

（1）应用

低合金高强度钢用来制造桥梁、船舶、车辆、锅炉、高压容器、输油输气管道、大型钢结构等（图 7-4）。用它来代替普通碳素结构钢，屈服强度可提高 25%～100%，重量可减轻 30%，使用更可靠和耐久。

（2）对低合金高强度钢的性能要求

① **高强度**　一般低合金高强度钢的屈服强度在 300MPa 以上。强度高才能减轻结构自重，节约钢材和减少其他消耗。因此，在保证塑性和韧性的条件下，应尽量提高其强度。

② **高韧性**　用高强钢制造的大型工程结构一旦发生断裂，往往会带来灾难性的后果，所以许多在低温下工作的构件必须具有良好的低温韧性（具有较高的解理断裂抗力或较低的韧脆转变温度）。大型焊接结构因不可避免地存在有各种缺陷（如焊接冷、热裂纹），必须具有较高的断裂韧度。

③ **良好的焊接性能和冷成型性能**　大型结构大都采用焊接制造，焊前往往要冷成型，而焊后又不易进行热处理，因此要求钢具有很好的焊接性能和冷成型性能。

表7-3　碳素结构钢的牌号、化学成分、力学性能及应用举例（GB/T 700—2006）

牌号	等级	C	Mn	Si	S	P	R_{eL}/MPa，不小于 ≤16	>16~40	>40~60	>60~100	>100~150	>150	R_m/MPa	A_5/%，不小于 ≤40	>40~60	>60~100	>100~150	>150~200	应用举例
		不大于（质量分数）/%					厚度（或直径）/mm							厚度（或直径）/mm					
Q195		0.12	0.50	0.30	0.040	0.035	195	185					315~430	33					塑性好，有一定的强度，用于制造受力不大的零件，如螺钉、螺母、垫圈等，焊接件、冲压及桥梁建设金属结构件
Q215	A	0.15	1.20	0.35	0.050	0.045	215	205	195	185	175	165	335~450	31	30	29	27	26	
	B				0.045	0.045													
Q235	A	0.22	1.40	0.35	0.050	0.045	235	225	215	205	195	185	370~500	26	25	24	22	21	
	B	0.20			0.045	0.045													
	C	≤0.17			0.040	0.040													
	D				0.035	0.035													
Q275	A	0.24	1.50	0.35	0.050	0.045	275	265	255	245	225	215	410~540	22	21	20	18	17	强度较高，用于制造承受中等载荷的零件，如小轴、销子、连杆、农机零件等
	B	0.21			0.045	0.045													
	C	0.22			0.040	0.040													
	D	0.20			0.035	0.035													

图 7-4   低合金高强度钢的应用举例

此外，许多大型结构在大气（如桥梁、容器）、海洋（如船舶）中使用，还要求有较高的耐蚀能力。

（3）化学成分特点

低合金高强度钢的含碳量较低（$w_C<0.20\%$），合金元素含量较少（$w_{Me}<3\%$），其主加元素为 Mn，辅加元素为 Nb、Ti、V、RE。

碳虽然可以提高钢的强度，但会使钢的焊接性能和冷成型性能下降，尤其是使其韧性明显下降、韧脆转变温度升高，因此，这类钢碳的质量分数不应超过 0.2%。

合金元素 Mn 的主要作用是固溶强化铁素体，通过降低奥氏体分解温度来细化铁素体晶粒，使珠光体片变细，并能消除晶界上的粗大片状碳化物。因此，能提高钢的强度和韧性。

少量的 Nb、Ti 或 V 在钢中形成细碳化物，会阻碍钢热轧时奥氏体晶粒的长大，有利于获得细小的铁素体晶粒；另外，这些元素在热轧时，部分固溶在奥氏体内，冷却时弥散析出，可起到一定的析出沉淀作用，从而提高钢的强度和韧性。此外，少量的 Cu（$w_{Cu}<0.4\%$）和 P（$w_P<0.1\%$）可提高钢的耐蚀能力。加入少量稀土元素可以脱硫、去气、净化钢材，改善钢的韧性和工艺性能。

（4）热处理特点

低合金高强度钢一般在热轧空冷状态下使用，不需要进行专门的热处理。有特殊需要时，如为了改善焊接接头性能，可进行一次正火处理。

（5）钢种、牌号与用途

低合金高强度结构钢的牌号、化学成分、力学性能及用途见表 7-4。

在较低强度级别的钢中，以 Q345（16Mn）最具有代表性，它是我国低合金高强度钢中发

表7-4 低合金高强度结构钢的牌号、化学成分、力学性能及应用（GB/T 1591—2018）

牌号 钢级	质量等级	C ≤40	C >40	Si	Mn	P	S	Nb	V	Ti	Cr	Ni	R_{eH}/MPa 不小于 ≤16	>16~40	R_m/MPa ≤100	>100~150	试样方向	A/% ≤40	>40~63	冲击 纵向	冲击 横向	应用
		以下公称厚度或直径/mm 不大于		化学成分（质量分数）/% 不大于									上屈服强度 不小于		抗拉强度 公称厚度或直径/mm		断后伸长率 不小于			冲击吸收能量 最小值 KV_2/J 20℃		
Q355 B	B	0.24	0.24	0.55	1.60	0.035	0.035	—	—	—	0.30	0.30	355	345	470~630	450~600	纵向	22	21	34	27	桥梁、车辆、船舶、压力容器、建筑结构
	C	0.20	0.22	0.55	1.60	0.030	0.030	—	—	—	0.30	0.30	355	345	470~630	450~600	横向	20	19	—	—	
	D	0.20	0.22	0.55	1.60	0.025	0.025	—	—	—	0.30	0.30	355	345	470~630	450~600				—	—	
Q390 B	B	0.20	0.20	0.55	1.70	0.035	0.035	0.05	0.13	0.05	0.30	0.50	390	380	490~650	470~620	纵向	21	20	34	27	桥梁、船舶、起重设备、压力容器
	C	0.20	0.20	0.55	1.70	0.030	0.030	0.05	0.13	0.05	0.30	0.50	390	380	490~650	470~620	横向	20	19	—	—	
	D	0.20	0.20	0.55	1.70	0.025	0.025	0.05	0.13	0.05	0.30	0.50	390	380	490~650	470~620				—	—	
Q420 B	B	0.20	0.20	0.55	1.70	0.035	0.035	0.05	0.13	0.05	0.30	0.80	420	410	520~680	500~650	纵向	20	19	34	27	桥梁、高压容器、大型船舶、电站设备、管道
	C	0.20	0.20	0.55	1.70	0.030	0.030	0.05	0.13	0.05	0.30	0.80	420	410	520~680	500~650				—	—	
Q460 C	C	0.20	0.20	0.55	1.80	0.030	0.030	0.05	0.13	0.05	0.30	0.80	460	450	550~720	530~700	纵向	18	17	—	—	中温高压容器（V120Y）、锅炉、石油化工高压厚壁容器（<100无）

展最早、使用最多、产量最大的钢种。其使用状态的组织为细晶粒的铁素体-珠光体，强度比普通碳钢 Q235 高 20%～30%，耐大气腐蚀性能高 20%～38%。用它制造工程结构时，重量可减轻 20%～30%，如南京长江大桥、广州电视塔等。

Q420（15MnVN）是具有代表性的中等强度级别的钢种。钢中加入 V 和 N 后，生成钢的碳氮化物，可细化晶粒，又有析出强化作用，因此强度水平提高，而韧性和焊接性能也较好，较广泛用于制造大型桥梁、锅炉、船舶和焊接结构件。

强度级别超过 500MPa 后，铁素体-珠光体组织难以满足要求，于是发展了低碳贝氏体型钢，加入 Cr、Mo、Mn 和 B 等元素，阻碍珠光体转变，使奥氏体等温转变图的珠光体转变区右移，对贝氏体转变的影响小，有利于在空冷条件下得到贝氏体组织，获得更高的强度。其塑性和焊接性能也较好，多用于高压锅炉、高压容器等。

（6）提高低合金结构钢性能的途径

低合金结构钢具有以下几种发展趋势：

① 微合金化与控制轧制相结合，以达到最佳强韧化效果。加入少量 V、Ti、Nb 等微合金化元素，通过控制轧制时的再结晶过程，使钢的晶粒细化，进而达到强韧化效果。

② 通过多元微合金化（如加入 Cr、Mn、Mo、Si、B 等）改变基体组织（在热轧空冷状态下获得贝氏体组织，甚至马氏体组织），提高强度。

③ 超低碳化。为了保证韧性、焊接性与冲压性能，需要进一步降低碳的质量分数，甚至降低 0.6～1.0 个数量级，此时需采用真空冶炼、真空除气等先进冶炼工艺。

提高低合金结构钢性能的途径有以下几种：

① **发展微合金化低碳高强度钢**　其成分特点是低碳、高锰并加入微量合金元素钒、钛、铌、锆、镍、钼及稀土元素等。常用碳的质量分数为 0.12%～0.14%，甚至降至 0.03%～0.05%，降碳主要是从保证塑性、韧性和焊接性的方面考虑。微量合金元素复合加入（质量分数为 0.01%～0.10%）对钢的组织、性能的影响主要表现在：a.改变钢的相变温度、相变时间，从而影响相变产物的组织和性能；b.细晶强化；c.沉淀强化；d.改变钢中夹杂物的形态、大小、数量和分布；e.严格控制 P 的体积分数，从而获得少珠光体钢、无珠光体钢（如针状铁素体）乃至无间隙固溶钢等新型微合金化钢种。

注意：微合金化必须与控制轧制、控制冷却和控制沉淀相结合，才能发挥其强韧化作用。

② **发展新型普通低合金结构钢**

a. 低碳贝氏体型普通低合金结构钢　其主要特点是使大截面构件在热轧空冷（正火）条件下，能获得单一的贝氏体组织。发展贝氏体型钢的主要冶金措施是向钢中加入能显著推迟珠光体转变而对贝氏体转变影响很小的元素（如在 w_{Mo}=0.5%、w_B=0.003%基本成分的基础上，加入 Mn、Cr、V 等元素），从而保证在热轧空冷条件下获得贝氏体组织。

我国发展的几种低碳贝氏体型钢见表 7-5，这些钢种主要用作锅炉和石油工业中的中温压力容器。

b. 低碳索氏体型普通低合金结构钢　采用低碳低合金钢淬火得到低碳马氏体组织，然后进行高温回火以获得低碳回火索氏体组织，从而保证钢具有良好的综合力学性能和焊接性能。

低碳索氏体型钢已在重型载重车辆、桥梁、水轮机及舰艇等方面得到应用。我国在发展这类钢中也取得不少成就，并已将其成功地应用于导弹、火箭等国防工业。

表 7-5　我国发展的几种低碳贝氏体型钢

牌号	化学成分（质量分数）/%					
	C	Mn	Si	V	Mo	Cr
14MnMoV	0.10～0.18	1.20～1.50	0.20～0.40	0.08～0.16	0.45～0.65	
14MnMoVBRE	0.10～0.16	1.10～1.60	0.17～0.37	0.04～0.10	0.30～0.60	
14CrMnMoVB	0.10～0.15	1.10～1.60	0.20～0.40	0.03～0.06	0.32～0.42	0.90～1.30

牌号	化学成分（质量分数）/%		板厚/mm	力学性能		
	B	RE（加入量）		R_m/MPa	R_{el}/MPa	A_5/MPa
14MnMoV			30～115（正火回火）	≥6200	≥500	N15
14MnMoVBRE	0.0015～0.006	0.15～0.20	6～10（热轧态）	≥650	≥500	N16
14CrMnMoVB	0.002～0.006		6～20（正火回火）	≥750	≥650	N15

　　c. 针状铁素体型普通低合金结构钢　为了满足在严寒条件下工作的大直径石油和天然气输出管道用钢的需要，目前世界各国正在发展针状铁素体型钢，并通过轧制获得良好的强韧化效果。此类钢合金化的主要特点是：低碳（w_C=0.04%～0.08%），主要用 Mn、Mo、Nb 进行合金化，对 V、Si、N 及 S 的质量分数加以适当限制。其目的在于：a.通过控制轧制后冷却时形成非平衡的针状铁素体提供大量位错亚结构，为以后碳化物的弥散析出创造条件；b.以 Nb（C、N）为强化相，使之在轧制后冷却过程中从铁素体中弥散析出以造成弥散强化；c.采用控制轧制细化晶粒等。

7.3.3　渗碳钢

　　许多机器零件，如汽车中的变速齿轮，在工作时载荷主要集中在啮合的轮齿上，会在局部产生很大的压应力、弯曲应力和摩擦力，因而要求其表面必须具有很高的硬度、耐磨性以及高的疲劳强度。而在传递动力的过程中，又要求这些零件具有足够的强度和韧性，能承受大的冲击载荷。为解决这一矛盾，首先应从保证零件具有足够的韧性和强度入手，选用含碳量低的钢材，通过渗碳使表面变成高碳，经淬火+低温回火后，心部和表面同时满足要求。

（1）应用与性能特点

　　合金渗碳钢通常是指经渗碳淬火、低温回火后使用的合金钢。合金渗碳钢主要用于制造承受强烈冲击和摩擦磨损的机械零件，如汽车、拖拉机中的变速齿轮，内燃机上的凸轮轴、活塞销等，如图 7-5 所示。要求其工作表面具有高硬度、高耐磨性，心部具有良好的塑性和韧性。例如，齿轮常见的失效方式为麻点剥落、磨损或轮齿断裂。对其提出的性能要求是：渗碳层表面具有高硬度、高耐磨性、高疲劳抗力及适当的塑韧性；心部具有高的韧性和高的强度，即具有良好的综合性能。

（2）化学成分特点

　　为保证心部具有足够的强度和良好的韧性，渗碳钢中碳的质量分数为 0.10%～0.25%，其主加元素为 Si、Mn、Cr、Ni、B，辅加元素为 V、Ti、M、Mo。

　　渗碳钢中合金元素的主要作用是：Si、Mn、Cr、Ni、B 可提高淬透性；V、Ti、W、Mo 可细化晶粒，在渗碳阶段防止奥氏体粗大，从而获得良好的渗碳性能；碳化物形成元素（Cr、V、Ti、W、Mo）可增加渗碳层硬度，提高耐磨性。

图 7-5　渗碳钢的应用举例

（3）热处理特点

渗碳钢的最终热处理是在渗碳后进行的。对于在渗碳温度下仍保持细小奥氏体晶粒的钢，如 20CrMnTi，渗碳后如不需要机加工，则可在渗碳后预冷并直接淬火+低温回火。而对于渗碳时容易过热的钢，如 20Cr，渗碳后需先正火消除过热组织，进行淬火+低温回火，得到心部为低碳回火马氏体，表面为高碳回火马氏体+合金渗碳体+少量残留奥氏体的组织。20CrMnTi 是应用最广泛的合金渗碳钢，用于制造汽车、拖拉机的变速齿轮、轴等零件，表面硬度一般为 58～64HRC，而心部组织则视钢的淬透性高低及零件尺寸大小而定，可得到低碳回火马氏体或珠光体加铁素体组织。

（4）钢种、牌号及应用

常用渗碳钢的牌号、化学成分、热处理、力学性能及应用见表 7-6。合金渗碳钢按淬透性或强度不同分为低淬透性、中淬透性及高淬透性三类。

① **低淬透性渗碳钢**　水淬临界淬透直径为 20～35mm。典型钢种有 20Mn2、20Cr、20MnV 等，用于制造受力不大、要求耐磨并承受冲击的小型零件。

② **中淬透性渗碳钢**　油淬临界淬透直径为 25～60mm。典型钢种有 20CrMnTi、20Mn2TiB 等，用于制造尺寸较大、承受中等载荷或重要的耐磨零件，如汽车齿轮。

③ **高淬透性渗碳钢**　油淬临界淬透直径为 100mm 以上，属于马氏体钢。典型钢种有 20Cr2Ni4A、18Cr2Ni4WA、15CrMn2SiMo 等，用于制造承受重载与强烈磨损或极为重要的大型零件，如航空发动机、坦克齿轮等。

7.3.4　合金调质钢

合金调质钢主要是采用调质处理得到回火索氏体组织，其综合力学性能好，用作轴及杆类零件。

这里以轴类零件为例，轴的作用是传递力矩，受到扭转、弯曲等交变载荷，也会受到冲击，在配合处有强烈摩擦。其失效方式主要是由于硬度低、耐磨性差而造成的花键磨损，以及承受交变的扭转、弯曲载荷所引起的疲劳破坏。因此，对轴类零件提出的性能要求是高强度，尤其是高的疲劳强度，高硬度、高耐磨性及良好的塑韧性。

表7-6 常用渗碳钢的牌号、化学成分、热处理、力学性能及应用（GB/T 3077—2015）

类别	牌号	主要化学成分（质量分数）/%								热处理/℃				力学性能（不小于）					毛坯尺寸/mm	应用
		C	Si	Mn	Cr	Mo	Ni	V	其他	渗碳	预备处理	淬火/℃	回火/℃	R_m/MPa	R_{eL}/MPa	A/%	Z/%	KV_2/(J/cm²)		
低淬透性	15	0.12~0.19	0.17~0.37	0.35~0.65						930	890±10 空	770~800 水	200	>500	N300	15	N55		<30	活塞销等
	20Mn2	0.17~0.24	0.17~0.37	1.40~1.80						930	—	850 水油	200	785	590	10	40	47	15	小齿轮、小轴、活塞销等
	20Cr	0.18~0.24	0.17~0.37	0.50~0.80	0.70~1.00					930	880 水、油	780~820 水、油	200	835	540	10	40	47	15	齿轮、小轴、活塞销等
	20MnV	0.17~0.24	0.17~0.37	1.30~1.60				0.07~0.12		930	—	880 水、油	200	785	590	10	40	55	15	同上，也用作锅炉、高压容器管道等
	20CrV	0.17~0.24	0.20~0.40	0.50~0.80	0.80~1.10			0.10~0.20		930	880	800 水、油	200	850	600	12	45	70	15	齿轮、小轴、顶杆、活塞销、耐热垫圈
	20CrMn	0.17~0.23	0.17~0.37	0.90~1.20	0.90~1.20					930		850 油	200	930	735	10	45	47	15	齿轮、轴、蜗杆、活塞销、摩擦轮
中淬透性	20CrMnTi	0.17~0.23	0.17~0.37	0.80~1.10	1.00~1.30				Ti 0.04~0.10	930	880 油	870 油	200	1080	850	10	45	55	15	汽车及拖拉机上的变速箱齿轮
	20Mn2TiB	0.17~0.24	0.20~0.40	1.50~1.80					Ti 0.06~0.12	930	—	860 油	200	1150	950	10	45	70	15	代20CrMnTi
	20SiMnVB	0.17~0.24	0.50~0.80	1.30~1.60				0.07~0.12	B0.001~0.004	930	850~880 油	780~800 油	200	≥1200	≥1000	≥10	≥45	≥70	15	代20CrMnTi
高淬透性	18Cr2Ni4WA	0.13~0.19	0.17~0.37	0.30~0.60	1.35~1.65		4.00~4.50		W 0.80~1.20	930	950 空	850 空	200	1180	835	10	45	100	15	大型渗碳齿轮和轴类件
	18CrMnNiMo	0.15~0.21	0.17~0.37	1.10~1.40	1.00~1.30	0.20~0.30	1.00~1.30	—	—	930	—	830 油	200	1180	885	10	45	71	15	大型渗碳齿轮类件
	20Cr2Ni4A	0.17~0.24	0.20~0.40	0.30~0.60	1.25~1.75		3.25~3.75			930	880 油	780 油	200	1200	1100	10	45	80	15	飞机齿轮
	15CrMn2SiMo	0.13~0.19	0.40~0.70	2.00~2.40	0.40~0.70				Mo 0.4~0.5	930	880~920 空	860 油	200	1200	900	10	45	80	15	大型渗碳齿轮、飞机齿轮

（1）应用与性能特点

图7-6 合金调质钢的应用举例

合金调质钢是指经调质后使用的钢，主要用于制造在重载荷下同时又受冲击载荷的一些重要零件，如汽车、拖拉机、机床等的齿轮、轴、连杆、高强度螺栓等，如图 7-6 所示。它是机械结构用钢的主体，要求零件具有高强度、高韧性相结合的良好综合力学性能。

（2）化学成分特点

调质钢的碳含量为 0.25%～0.50%，含碳量过低不易淬硬，回火后强度不足；含碳量过高则韧性不够。调质钢合金化的主加元素为 Mn、Cr、Si、Ni，辅加元素为 V、Mo、W、Ti。合金元素的主要作用是提高淬透性（Mn、Cr、Si、Ni 等），降低第二类回火脆性倾向（Mo、W），细化奥氏体晶粒（V、Ti），提高钢的耐回火性。典型的调质钢牌号有 40Cr、40CrNiMo、40CrMn。

（3）热处理特点

调质钢的最终热处理通常采用淬火+高温回火，回火温度为 500～650℃，得到回火索氏体组织，可在具有良好塑性的情况下保证足够的强度。为了避免回火脆性，回火后可快冷；对于大尺寸的零件，可通过加入 Mo、W 来避免。对于某些要求具有高耐磨性的部位，可在整体调质处理后局部采用高频感应加热表面淬火或渗氮处理；对于带有缺口的零件，可采用调质处理后喷丸或滚压强化来提高疲劳强度，延长其使用寿命；对于要求有特别高强度的零件，也可采用淬火+低温回火或淬火+中温回火处理，获得中碳回火马氏体或回火托氏体组织。

（4）钢种、牌号与用途

常用调质钢的牌号、化学成分、热处理、力学性能及用途见表7-7。按淬透性的高低，合金调质钢大致可分为以下三类：

① **低淬透性调质钢** 这类钢的油淬临界直径为 30～40mm，最典型的钢种是 40Cr，广泛用于制造一般尺寸的重要零件。40MnB 是一种取代 40Cr 钢比较成功的新钢种，它具有较高的强度、硬度、耐磨性及良好的韧性，其淬透性较 40Cr 稍高，在油中临界淬透直径为 18～33mm；正火后可切削性良好，冷拔、滚丝、攻丝和锻造、热处理工艺性能也都较好，高温下晶粒长大、氧化、脱碳倾向及淬火变形倾向均较小；但有回火脆性，回火稳定性比 40Cr 钢稍差。40MnB 可用作汽车上的转向臂、转向节、转向轴、半轴、蜗杆、花键轴、刹车调整臂等，也可代替 40Cr 钢制造较大截面的零件。

② **中淬透性调质钢** 这类钢的油淬临界直径为 40～60mm，含有较多合金元素。典型牌号有 35CrMo 等，用于制造截面较大的零件，如曲轴、连杆等。加入钼不仅使淬透性显著提高，而且可以防止回火脆性。

③ **高淬透性调质钢** 这类钢的油淬临界直径为 60～160mm，多为铬镍钢。铬镍的适当配合可大大提高淬透性，并获得优良的力学性能，如 37CrNi3，但对回火脆性十分敏感，因此不宜用于制作大截面零件。在铬镍钢中加入适量的钼，如 40CrNiMo，不仅具有很好的淬透性和

表7-7 常用调质钢的牌号、化学成分、热处理、力学性能及应用（GB/T 3077—2015）

牌号	主要化学成分（质量分数）/%								热处理		试样毛坯尺寸/mm	力学性能（不小于）					退火或高温回火状态硬度 HBW（不大于）	应用
	C	Mn	Si	Cr	Ni	Mo	V	其他	淬火/℃	回火/℃		抗拉强度 R_m/MPa	下屈服强度 R_{eL}/MPa	断后伸长率 A/%	断面收缩率 Z/%	冲击吸收能量 KV_2/J		
45Mn2	0.42~0.49	1.40~1.80	0.17~0.37						840 油	550 水、油	25	885	735	10	45	47	217	代替直径小于50mm的40Cr作重要螺栓和轴类件等
40MnB	0.37~0.44	1.10~1.40	0.17~0.37					B0.0008~0.0035	850 油	500 水、油	25	980	785	10	45	47	207	可代替40Cr及部分代替40CrNi作重要零件,也可代替38CrSi作重要销钉
40MnVB	0.37~0.44	1.10~1.40	0.17~0.37				0.05~0.10	B0.0008~0.0035	850 油	520 水、油	25	980	785	10	45	47	207	作重要调质件,如轴类、连杆螺栓,进气阀和重要齿轮等
40Cr	0.37~0.44	0.50~0.80	0.17~0.37	0.80~1.10					850 油	520 水、油	25	980	785	9	45	47	207	作重要调质件,如轴类、连杆螺栓,进气阀和重要齿轮等
38CrSi	0.35~0.43	0.30~0.60	1.00~1.30	1.30~1.60					900 油	600 水、油	25	980	835	12	50	55	255	承受载荷的重要调质件及气车载荷的轴类件及车辆上的重要调质件
40CrMn	0.37~0.45	0.90~1.20	0.17~0.37	0.90~1.20					840 油	550 水、油	25	980	835	9	45	47	229	代替40CrNi
30CrMnSi	0.28~0.34	0.80~1.10	0.90~1.20	0.80~1.10					880 油	540 水、油	25	1080	885	10	45	39	229	高强度钢,作高速载荷砂轮轴,车轴上内外摩擦片等
35CrMo	0.32~0.40	0.40~0.70	0.17~0.37	0.80~1.10		0.15~0.25			850 油	550 水、油	25	980	835	12	45	63	229	作重要调质件,如曲轴、连杆、连杆及代替40CrNi作大截面轴类件
38CrMoAl	0.35~0.42	0.30~0.60	0.20~0.45	1.35~1.65		0.15~0.25		Al 0.70~1.10	940 水、油	640 水、油	30	980	835	14	50	71	229	作渗氮零件,如精密机床主轴、高压阀门,缸套等
40CrNi	0.37~0.44	0.50~0.80	0.17~0.37	0.45~0.75	1.00~1.40				820 水、油	500 水、油	25	980	785	10	45	55	241	作较大截面的曲轴、主轴、连杆等
37CrNi3	0.34~0.41	0.30~0.60	0.17~0.37	1.20~1.60	3.00~3.50				820 油	500 水、油	25	1130	980	10	50	47	269	作大截面并需要高强度、高韧性的零件
40CrMnMo	0.37~0.45	0.90~1.20	0.17~0.37	0.90~1.20		0.20~0.30			850 油	600 水、油	25	980	785	10	45	63	217	相当于40CrNiMo的高级调质钢
40CrNiMo	0.37~0.44	0.50~0.80	0.17~0.37	0.60~0.90	1.25~1.65	0.15~0.25			850 油	600 水、油	25	980	835	12	55	78	269	作高强度零件,如航空发动机,在500℃以下工作的喷气发动机承力零件等
45CrNiMoV	0.42~0.49	0.50~0.80	0.17~0.37	0.80~1.10	1.30~1.80	0.20~0.30	0.10~0.20		860 油	460 油	试样	1470	1330	7	35	31	269	作高强度、高弹性的零件,如车辆上的扭力轴等

冲击韧度，还可消除回火脆性，用于制造大截面、重载荷的零件，如汽轮机主轴、叶轮、航空发动机轴等。

（5）调质钢的进展

① **低碳马氏体钢** 低碳马氏体钢采用低碳（合金）钢（如渗碳钢和低合金高强度钢等）经适当介质淬火和低温回火得到低碳马氏体，从而可以获得比常用中碳合金钢调质后更优越的综合力学性能。它充分利用了钢的强化和韧化手段，使钢不仅强度高，而且塑性和韧性好。例如，采用 15MnVB 钢代替 40Cr 钢制造汽车的连杆螺栓，提高了强度和塑性、韧性（表 7-8），从而使螺栓的承载能力提高了 45%～70%，延长了螺栓的使用寿命，并能满足大功率新车型设计的要求；又如，采用 20SiMnMoV 钢代替 35CrMo 钢制造石油钻井用的吊环，使吊环重量由原来的 97kg 减小为 29kg，大大减轻了钻井工人的劳动强度。

表 7-8　低碳马氏体钢 15MnVB 与调质钢 40Cr 的力学性能对比

牌号	状态	硬度 HRC	R_m /MPa	R_{eL} /MPa	A_5/%	Z/%	a_k / (J/cm²)	a_k (−50℃) / (J/cm²)
15MnVB	低碳 M	43	1353	1133	12.6	51	95	70
40Cr	调质态	38	1000	800	9	45	60	≤40

② **中碳微合金非调质钢** 为了进一步提高劳动生产率、节约能源、降低成本，世界各国正在研制开发非调质钢，以取代需淬火回火的调质钢。非调质钢的化学成分特点是在中碳碳钢成分的基础上添加微量（w_{Me} <0.2%）的 V、Ti、Nb 等元素，所以称为微合金非调质钢。其突出特点是不需要淬火回火处理，通过控制轧制或锻造工艺，在空冷条件下即可使零件获得较满意的综合力学性能，其显微组织为 F+P。其强韧化机制是靠微量合金元素在热变形加工后冷却时，从 F 中析出弥散的碳化物或氮化物质点形成沉淀强化，同时又通过控制 P 与 F 的量的比例及 P 的片层间距、细化晶粒等途径，来保证其强度和良好韧性的配合。目前，该钢存在的主要缺点是塑性及冲击韧性偏低，因而限制了其在强冲击条件下的应用。

为了满足汽车工业迅速发展对高强韧性非调质钢的需要，又出现了贝氏体型和马氏体型微合金非调质钢。这两类钢在锻轧后的冷却中即可获得 B 和 M 或以 M 为主的组织，其成分特点是降碳并适当添加 Mn、Cr、Mo、V、B（微量）等，使钢在获得高于 900MPa 抗拉强度的同时保持足够的塑性和韧性。

用中碳微合金非调质钢代替调质钢，具有简化生产工序、节约能源、降低成本的特点，已引起国内外广泛的关注，一些发达国家以及我国已在多种型号的汽车曲轴及连杆上成功地应用了微合金非调质钢。例如，我国一汽 CA15 型钢汽车发动机曲轴采用非调质钢 YF45V 代替原 45 钢正火或调质，其力学性能（表 7-9）符合 CA15 曲轴产品要求。中碳微合金非调质钢的开发应用有着广阔的发展前景。

表 7-9　非调质钢与调质钢力学性能的对比

材料	R_m/MPa	R_{eL}/MPa	A_5/%	Z/%	KV/J	硬度 HBW
YF45V（非调质钢）	779	473	16.5	33	27	220～240
45（正火）	652	360	23.0	40	35	170～195
45（调质）	784	519	19.0	43	86	210～240

7.3.5　弹簧钢

弹簧按结构形态可分为螺旋弹簧和板簧，可通过弹性变形储存能量，以达到消振、缓冲或驱动的作用。在长期承受冲击、振动的周期性交变应力作用下，板簧会出现反复的弯曲，螺旋弹簧会出现反复的扭转，因而其失效方式通常为弯曲疲劳或扭转疲劳破坏，也可能由于弹性极限较低引起弹簧的过量变形或永久变形而失去弹性。因此，弹簧必须具有高的弹性极限与屈服强度、高的屈强比、高的疲劳极限及足够的冲击韧度和塑性。另外，由于弹簧表面受力最大，表面质量会严重影响疲劳极限，所以弹簧钢表面不应有脱碳、裂纹、折叠、夹杂等缺陷。

（1）应用与性能特点

合金弹簧钢是专用结构钢，主要用于制造弹簧等弹性元件。弹簧类零件应有高的弹性极限和屈强比，还应具有足够的疲劳强度和韧性。图 7-7 为常用弹簧钢的应用举例。

(a) 板簧　　　　　　　　　　　　(b) 螺旋弹簧

图 7-7　常用弹簧钢的应用举例

（2）化学成分特点

碳素弹簧钢碳的质量分数为 0.6%～0.9%，合金弹簧钢碳的质量分数为 0.45%～0.70%，中高碳含量用来保证高的弹性极限和疲劳极限。其合金化主加元素为 Mn、Si、Cr，辅加元素为 Mo、V、Nb、W。

合金元素的主要作用是提高淬透性（Mn、Si、Cr），提高耐回火性（Cr、Si、Mo、W、V、Nb），细化晶粒、防止脱碳（Mo、V、Nb、W），提高弹性极限（Si、Mn）等，典型牌号为 60Si2Mn 和 65Mn。

（3）热处理特点

按加工工艺不同，可将弹簧分为冷成型弹簧和热成型弹簧两种类型。对于大型弹簧或复杂形状的弹簧，采用热轧成型后淬火+中温回火（450～550℃）处理，获得回火托氏体组织，保证高的弹性极限、疲劳极限及一定的塑韧性。对于小尺寸弹簧，按强化方式和生产工艺的不同可分为以下三种类型：

① **铅浴等温淬火冷拉弹簧钢丝**　冷拔前将钢丝加热到 $Ac_3(Ac_{cm})$+100～200℃，完全奥氏体化，再在盐浴（480～540℃）中进行等温淬火，得到塑性高的索氏体组织，经冷拔后绕卷成型，再进行去应力退火（200～300℃），这种方法能生产强度很高的钢丝。

② **油淬回火弹簧钢丝**　将冷拔钢丝退火后冷绕成弹簧，再进行淬火+中温回火处理，得到回火托氏体组织。

③ **硬拉弹簧钢丝**　将钢丝冷拔至要求尺寸后，利用淬火+回火进行强化，再冷绕成弹簧，

并进行去应力退火，之后不再热处理。

（4）钢种、牌号及用途

常用弹簧钢的牌号、化学成分、热处理、力学性能及用途见表 7-10。合金弹簧钢大致分为两类。

① 以 Si、Mn 元素合金化的弹簧钢　代表性钢种有 65Mn 和 60Si2Mn 等，它们的淬透性显著优于碳素弹簧钢，可制造截面尺寸较大的弹簧。Si、Mn 的复合合金化弹簧钢性能比只加 Mn 的弹簧钢好，这类钢主要用作汽车、拖拉机和机车上的板簧和螺旋弹簧。

② 含 Cr、V、W 等元素的弹簧钢　代表性钢种是 50CrVA。Cr 和 V 的复合加入不仅使钢具有较高的淬透性，而且有较高的高温强度、韧性和较好的热处理工艺性能。因此，这类钢可制作在 350～400℃下承受重载的较大型弹簧，如阀门弹簧、高速柴油机的气门弹簧等。

表 7-10　常用弹簧钢的牌号、化学成分、热处理、力学性能及应用（GB/T 1222—2016）

牌号	化学成分（质量分数）/%						热处理		力学性能（不小于）				应用
	C	Si	Mn	Cr	V	其他	淬火/℃	回火/℃	R_{eL}/MPa	R_m/MPa	$A_{11.3}$/%	Z/%	
65	0.62～0.70	0.17～0.37	0.50～0.80	≤0.25	—		840油	500	785	980	9.0	35	小于 ϕ12mm 的一般机器上的弹簧，或拉成钢丝作小型机械弹簧
85	0.82～0.90	0.17～0.37	0.50～0.80	≤0.25	—		820油	480	980	1130	6.0	30	
65 Mn	0.62～0.70	0.17～0.37	0.09～1.20	≤0.25	—	—	830油	540	785	980	8.0	30	
60Si2Mn	0.56～0.64	1.50～2.00	0.70～1.00	≤0.35	—		870油	440	1375	1570	5.0	20	ϕ<25～30mm 弹簧，工作温度低于 300℃
50CrV	0.46～0.54	0.17～0.37	0.50～0.80	0.80～1.10	0.10～0.20	—	850油	500	1130	12750	10.0	40	ϕ<30～50mm 弹簧，工作温度低于 210℃ 的气阀弹簧
60Si2CrV	0.56～0.64	1.40～1.80	0.40～0.70	0.90～1.20	0.10～0.20	—	850油	410	1665	1860	6	20	ϕ<50mm 弹簧，工作温度低于 250℃

7.3.6　滚动轴承钢

滚动轴承钢主要用来制造滚动轴承的滚动体及内外套圈。当轴转动时，位于轴承正下方的钢球承受轴的径向载荷最大。由于接触面积小，接触应力可达 1500～5000MPa，应力交变次数达每分钟数万次。常见的失效方式有因接触疲劳破坏产生的麻点或剥落，长期摩擦造成磨损而丧失精度以及处于润滑油环境下带来的锈蚀。因此，对这类零件提出的性能要求为具有高的接触疲劳强度，高硬度、高耐磨性，以及良好的耐蚀性。

（1）应用及性能特点

滚动轴承钢主要用于制造滚动轴承的内、外套圈以及滚动体，此外还可用于制造某些工具，如模具、量具等，如图 7-8 所示。由于滚动轴承在工作时承受很大的交变载荷和极大的接

图 7-8　滚动轴承钢应用举例

触应力，受到严重的摩擦磨损，并受到冲击载荷、大气和润滑介质腐蚀的作用，这就要求滚动轴承钢必须具有高而均匀的硬度和耐磨性、高的接触疲劳强度、足够的韧性和对大气的耐蚀能力。

（2）化学成分特点

滚动轴承钢碳的质量分数为 0.95%～1.10%，以保证高硬度、高耐磨性和高强度。其主加元素为 Cr，辅加元素为 Si、Mn、V 和 Mo。

Cr 的作用有：提高淬透性，并形成（Fe，Cr）$_3$C 呈细小均匀分布，提高耐磨性和接触疲劳强度；提高耐回火性；提高耐蚀性。其缺点是当 w_{Cr}>1.65% 时，会增大残留奥氏体量并增大碳化物的带状分布趋势，使硬度和疲劳强度下降。因此，为了进一步提高淬透性，补加 Mn、Si 来制造大型轴承；加入 V、Mo 可阻止奥氏体晶粒长大，防止过热，还可进一步提高钢的耐磨性。

（3）热处理特点

滚动轴承钢的最终热处理通常采用淬火（820～840℃）+低温回火（150～160℃），得到回火马氏体+细小均匀分布的碳化物+少量残留奥氏体。淬火温度要求十分严格，过高会引起奥氏体晶粒长大出现过热；过低则奥氏体中的铬与碳溶解不足，影响硬度。

对于精密轴承，为了稳定其尺寸，保证长期存放和使用中不变形，淬火后可立即进行冷处理，并且在回火和磨削加工后进行 120～130℃ 保温 5～10h 的尺寸稳定化处理，尽量减少残留奥氏体量并充分去除内应力。

（4）钢种、牌号及用途

我国轴承钢分为以下两类：

① **铬轴承钢**　最有代表性的是 GCr15，其使用量占轴承钢的绝大部分。由于它的淬透性不是很高，多用于制造中、小型轴承，也常用来制造冷冲模、量具和丝锥等。

为了进一步增加淬透性，可添加 Si、Mn 提高淬透性（如 GCr15MnSi 钢等），用于制造大型轴承。

② **无铬轴承钢**　为了节约铬，在 GCr15 钢的基础上研究出了以 Mo 代 Cr，并加入 RE，使钢的耐磨性有所提高的无铬轴承钢，如 GSiMnMoV、GSiMnMoVRE 等，其性能与 GCr15 相近。

常用滚动轴承钢的牌号、化学成分、力学性能见表 7-11。

表 7-11　滚动轴承钢的牌号、化学成分、力学性能（GB/T 18254—2016）

牌号	化学成分（质量分数）/%										球化退火硬度 HBW
	C	Si	Mn	Cr	Mo	P	S	Ni	Cu	O	
						不大于					
G8Cr15	0.75～0.85	0.15～0.35	0.20～0.40	1.30～1.65	≤0.10	0.025	0.020	0.25	0.25	0.0012	179～207
GCr15	0.95～1.05	0.15～0.35	0.25～0.45	1.40～1.65	≤0.10	0.025	0.020	0.25	0.25	0.0012	179～207
GCr15SiMn	0.95～1.05	0.45～0.75	0.95～1.25	1.40～1.65	≤0.10	0.025	0.020	0.25	0.25	0.0012	179～217
GCr15SiMo	0.95～1.05	0.65～0.85	0.20～0.40	1.40～1.70	0.30～0.40	0.025	0.020	0.25	0.25	0.0012	179～217
GCr18Mo	0.95～1.05	0.20～0.40	0.25～0.40	1.65～1.95	0.15～0.25	0.025	0.020	0.25	0.25	0.0012	179～207

注：钢中氧的质量分数均不大于 0.0015。

7.3.7　易切削钢

在钢中加入一种或几种元素，以改善其切削加工性能，这类钢称为易切削钢。随着切削加工的自动化、高速化与精密化，要求钢材具有良好的切削性能是非常重要的，这类钢主要在自动切削机床上加工，属于专用钢。

（1）工作条件与性能要求

易切削钢的好坏代表材料被切削加工的难易程度，由于材料的切削过程比较复杂，易切削性用单一的参量难以表达。通常，钢的切削加工性是以刀具寿命、切削力大小、加工表面的粗糙度、切削热以及切屑排除的难易程度等来综合衡量的。

（2）化学成分特点

为了改善钢的切削加工性能，最常用的合金元素有 S、Pb、Ca、P 等，其一般作用如下：

① S 的作用　在钢中与 Mn 和 Fe 形成（Mn，Fe）S 夹杂物，它能中断基体的连续性，使切屑易于脆断，减少切屑与刀具的接触面积。S 还能起到减摩作用，使切屑不易黏附在刀刃上。但 S 的存在使钢产生热脆，所以其质量分数一般限定在 0.08%～0.30%范围内，并适当提高含 Mn 量与其配合。

② Pb 的作用　其质量分数通常控制在 0.01%～0.35%范围内，可改善钢的切削性能。Pb 在钢中基本不溶，而是形成细小颗粒（2～3μm）均匀分布在基体中。在切削过程中所产生的热量达到 Pb 颗粒的熔点时它即呈熔化状态，在刀具与切屑及刀具与钢材被加工面之间产生润滑作用，使摩擦因数降低，刀具温度下降，磨损减少。

③ Ca 的作用　其质量分数通常在 0.001%～0.005%范围内，能形成高熔点（1300～1600℃）的 Ca-Si-Al 的复合氧化物（钙铝硅酸盐）附在刀具上，形成薄的具有减摩作用的保护膜，可防止刀具磨损。

④ P 的作用　其质量分数为 0.05%～0.10%，能形成 Fe-P 化合物，性能硬而脆，有利于切屑折断，但有冷脆倾向。

（3）常用易切削钢

易切削钢的牌号是以汉字"易"或拼音字母"Y"为首，其后的表示法同一般工业用钢。例如，Y40CrSCa 表示 S、Ca 复合的易切削 40Cr 调质钢，它广泛用于各种高速切削自动机床；T10Pb 表示碳的质量分数为 1.0%的附加易切削元素 Pb 的易切削碳素工具钢，它常用于精密仪表行业中，如制作手表、照相机的齿轮轴等。

应注意以下两点：

① 易切削钢可进行最终热处理，但一般不进行预备热处理，以免损害其切削加工性。

② 易切削钢的冶金工艺要求比普通钢严格，成本较高，故只有针对大批量生产的零件，在必须改善钢材的切削加工性时，采用它才能获得良好的经济效益。

7.3.8　铸钢

铸钢是在冶炼后直接铸造成型而不须锻轧成型的钢种。在实际生产中，一些形状复杂、综合力学性能要求较高的大型零件难以用锻轧方法成型，此时可采用铸钢制造。随着铸造技术的进步和精密铸造技术的发展，铸钢件在组织、性能、精度和表面粗糙度等方面都已接近锻钢件，可在不经切削加工或只需少量切削加工后使用，能大量节约钢材和成本，因此，铸钢得到了更加广泛的应用。铸钢的 w_C=0.15%～0.60%，为了提高其性能，也可进行热处理（主要是退火、正火，小型铸钢件还可进行淬火、回火）。生产中应用的铸钢主要有以下两种类型：

（1）碳素铸钢

按用途不同可将碳素铸钢分为一般工程用碳素铸钢和焊接结构用碳素铸钢，详见表 7-12。

表 7-12　碳素铸钢的牌号、力学性能及用途

种类与牌号		对应旧牌号	力学性能					用途
			R_m /MPa	R_{eL} /MPa	A_5 /%	Z /%	KV/J	
一般工程用碳素铸钢	ZG200400	ZG15	400	200	25	40	30	良好的塑韧性、焊接性能，用于受力不大、要求高韧性的零件
	ZG230450	ZG25	450	230	22	32	25	一定的强度和较好的韧性及焊接性能，用于受力不大、要求高韧性的零件
	ZG270-500	ZG35	500	270	18	25	22	较高的强韧性，用于受力较大且有一定强韧性要求的零件，如连杆、曲轴
	ZG310-570	ZG45	570	310	15	21	15	较高的强度和较低的韧性，用于载荷较大的零件，如大齿轮、制动轮
	ZG340-640	ZG55	640	340	10	18	10	高的强度、硬度和耐磨性，用于齿轮、棘轮、联轴器、叉头等
焊接结构用碳素铸钢	ZG2CXM00H	ZG15	400	200	25	40	30	由于碳的质量分数偏下限，故焊接性能优良，其用途基本同于ZG200400、ZG230450和ZG270-500
	ZG230450H	ZG20	450	230	22	35	25	
	ZG275485H	ZG25	485	275	20	35	22	

注：表中力学性能是在正火（或退火）+回火状态下测定的。

（2）低合金铸钢

它是在碳素铸钢基础上，适当提高 Mn、Si 的质量分数，以发挥其合金化作用，另外还可添加低质量分数的 Cr、Mo 等合金元素，常用牌号有 ZG40Cr、ZG40Mn、ZG35SiMn、ZG35CrMo 和 ZG35CrMnSi 等。低合金铸钢的综合力学性能明显优于碳素铸钢，大多用于承受较重载荷、冲击和摩擦的机械零件，如各种高强度齿轮、水压机工作缸、高速列车车钩等。为充分发挥合金元素作用以提高低合金铸钢的性能，通常应对其进行热处理，如退火、正火、调质和各种表面强化热处理。

7.3.9　超高强度钢

工程上一般把 R_m>1500MPa 的钢称为超高强度钢，它在航空航天工业中使用较为广泛，主

要用来制造飞机起落架、机翼大梁、火箭发动机壳体、液体燃料氧化剂贮箱、高压容器以及常规武器的炮筒、枪筒、防弹板等。作为飞行器的构件，必须有较轻的自重，有抵抗高速气流的剧烈冲击与耐高温（300～500℃）的能力，还要有能在强烈的腐蚀性介质中工作的能力。

（1）成分及性能特点

此类钢的含碳量范围较宽，w_C=0.03%～0.45%，合金元素按少量多元的原则加入钢中。常加的元素有 Cr、Mn、Ni、Si、Mo、V、Nb、Ti、Al。其中，Cr、Mn、Ni 和 Si 能显著提高钢的淬透性，Si 还可使钢的耐回火性大大提高，导致第一类回火脆性区向高温方向偏移，从而使钢可在较高的温度下回火，有利于塑性、韧性的改善；Mo、V、Ti、Nb、Al 等元素的加入能形成特殊碳化物（Mo_2C、V_4C_3 等）和金属间化合物 [Ni_3Mo、Ni_3Ti、$(Ni·Fe)_3(Ti·Al)$ 等] 使钢产生二次硬化，V、Ti、Nb 等元素还有细化晶粒的作用。超高强度钢有着与铝合金相近的比强度，因此，用它制造飞行器的构件可以使其重量大大减轻。它有足够的耐热性，适应在气动力加热的条件下工作，此外，它还有一定的塑性、冲击韧性及断裂韧性，能抵抗高速气流剧烈而长时间的冲击，加之它有良好的切削性能、焊接性能及价格低于钛合金等优点，使它成为可以替代钛合金用于制造高温（250～450℃）气流条件下工作的飞行器材料。

（2）常用牌号及热处理

按成分和使用性能不同，可将超高强度钢分为三类：低合金超高强度钢、中合金超高强度钢及高合金超高强度钢。

① **低合金超高强度钢**　低合金超高强度钢的抗拉强度一般为 1500～2300MPa，它是由合金调质钢发展而来的，w_C=0.30%～0.45%。随着碳的质量分数的增加，钢的抗拉强度明显提高，其大致规律是：w_C=0.30%，R_m=1700～1800MPa；w_C=0.35%，R_m=2000～2100MPa；w_C=0.40%，R_m=2200～2300MPa。钢中合金元素的总质量分数不超过 5%。常加入的合金元素有 Si、Mn、Ni、Cr、Mo、W、V 等，它们的主要作用是提高钢的淬透性和耐回火性及强化马氏体和铁素体，从而提高钢的强度。此外，Mo 还能防止第二类回火脆性，Si 还能使第一类回火脆性出现的温度向高温推移。例如，w_{Si}=0.20%～0.35%的钢在 260℃左右出现第一类回火脆性，而 w_{Si}=1.45%～1.80%的钢在 350℃才开始出现第一类回火脆性。

低合金超高强度钢主要用于制造飞机上一些负荷很大的零件，如主起落架的支柱、轮叉、机翼主梁等。可采用 900℃加热、650℃等温的方式进行预备热处理，以达到改善切削加工性能的目的。为了获得超高的强度，钢的最终热处理不采用调质，而采用淬火后低温回火，钢件在细针状的回火马氏体组织状态下使用。为了减少淬火应力和变形，还可以采用等温淬火处理，其工艺为 900℃加热，置入 280～300℃硝盐中或在 180～280℃下等温，得到下贝氏体或马氏体组织。钢件经精加工后，还应在 200～250℃下加热并保温 2～3h，以消除切削加工应力，减弱钢对应力集中的敏感性。

常用的低合金超高强度钢的牌号、化学成分、热处理规范及力学性能见表 7-13。

② **中合金超高强度钢**　中合金超高强度钢是指在 300～500℃的使用温度下能保持较高比强度与热疲劳强度的钢。从所含的碳量来看，此类钢又分为两个系列，即中合金中碳超高强度钢（是在热作模具钢的基础上发展起来的）与中合金低碳超高强度钢，这里着重介绍前者。此类钢的 w_C=0.30%～0.40%，合金元素的总质量分数为 5%～10%，其中，以 Cr、Mo 元素为主。

表 7-13　常用低合金超高强度钢的化学成分、热处理规范及力学性能

牌号	主要化学成分（质量分数）/%							热处理规范	力学性能					
	C	Si	Mn	Mo	V	Cr	其他		R_m/MPa	R_{eL}/MPa	A_5/%	Z/%	a_K/(J/cm²)	K_{IC}/(MPa·m$^{1/2}$)
30CrMnSiNi2A	0.27~0.34	0.9~1.2	1.0~1.3			0.90~1.20	Ni 1.4~1.8	900℃，油淬+250~300℃回火	1600~1800		8~9	35~45	40~60	260-274
40CrMnSiMoV	0.37~0.24	1.2~1.6	0.8~1.2	0.45~0.60	0.07~0.12	1.20~1.50		920℃，淬油+200℃回火	1943		13.7	45.4	79	203~230
30Si2Mn2MoWV	0.27~0.31	2.0~2.5	1.5~2.0	0.55~0.75	0.05~0.15	—	W0.4~0.6	950℃，淬油+250℃回火	≥1900	>1500	10~12	≥25	≥50	2350
32Si2Mn2MoV	0.31~0.36	1.45~1.75	1.6~1.9	0.35~0.45	0.20~0.35	—	—	920℃，淬油+320℃回火	1845	1580	12.0	46	58	250~280
35Si2MnMoV	0.32~0.36	1.4~1.7	0.9~1.2	0.5~0.6	0.1~0.2			930℃，淬油+300℃回火	1800~2000	1600~1800	8~10	30~35	50~70	
40SiMnCrMoVRE	0.38~0.43	1.4~1.7	0.9~1.2	0.35~0.45	0.08~0.18	1.0~1.3	RE 0.15	930℃，淬油+280℃回火	2050~2150	1750~1850	9~14	40~50	70~90	
GC-19	0.32~0.37	0.8~1.2	0.8~1.2	2.0~2.5	0.4~0.5	1.3~1.7	—	1020℃淬油+550℃回火两次	1895		10.5	46.5	63	
40CrNiMoA (AISI4340)	0.38~0.43	0.20~0.35	0.6~0.8	0.2~0.3		0.7~0.9	Ni 1.65~2.00	900℃，淬油+230℃回火	1820	1560	8	30	55~75	177~232
AMS6434（美制）	0.31~0.38	0.20~0.35	0.6~0.8	0.3~0.4	0.17~0.23	0.65~0.90	Ni 1.65~2.00	900℃，淬油+240℃回火	1780	1620	12①	33		
300M（美制）	0.41~0.46	1.45~1.80	0.65~0.90	0.3~0.4	≥0.05	0.65~0.95	Ni 1.6~2.0	870℃，淬油+315℃回火	2020	1720	9.5①	34		
D6AC（美制）	0.42~0.48	0.15~0.30	0.6~0.9	0.9~1.1	0.05~0.1	0.9~1.2	Ni 0.4~0.7	880℃，淬油+510℃回火	1700~2080	1500~1600	9~11①	40		
3H643（苏联制）	0.4	0.8	0.7			1.0	Ni 2.8 W 1.0	910℃，淬油+250℃回火	1600~1900		8	35	5	

① 表示用标距为 50.8mm（2in）的试样测出的断后伸长率。

这类钢有高的淬透性和抗氧化能力，可以空冷淬火，且在 500～600℃回火时能从马氏体中析出弥散细小的 M_3C 和 MC 型碳化物（如 Mo_2C、VC 等），产生二次硬化效果。

中合金超高强度钢可用于制造超声速飞机中承受中温的强力构件、轴类和螺栓等构件。常用的牌号、化学成分、热处理工艺及力学性能分别见表 7-14～表 7-16。

表 7-14　中合金超高强度钢的牌号及化学成分（质量分数）　　　　%

牌号	C	Si	Mn	Cr	Mo	V
4Cr5MoSiV（美 H11）	0.32～0.42	0.8～1.2	≤0.4	4.5～5.5	1～1.5	0.3～0.5
4Ci5MoSiVl（美 H13）	0.32～0.42	0.8～1.2	≤0.4	4.5～5.5	1～1.5	0.8～1.1
HST140（英）	0.4	0.35	0.6	5.0	2.0	0.5

表 7-15　中合金超高强度钢的热处理工艺及力学性能（室温）

牌号	热处理工艺	R_m/MPa	R_{eL}/MPa	A/%	Z/%	a_k/(J/cm²)	硬度 HRC
4Ci5MoSiV	1000℃淬火，580℃二次回火	1745		13.5	45	55	51
4Cr5MoSiVl	1000℃淬火，580℃二次回火	1830	1670	9	28	19	51
HST140	1050℃淬火，600℃回火	2150	1630	13	45	60	—

表 7-16　4Cr5MoSiV 钢在不同温度下的疲劳极限

试样类别	在不同温度时的疲劳极限/MPa				
	室温	300℃	400℃	500℃	600℃
光滑试样	880	680	640	630	610
缺口试样	570	440	430	—	420

③ **高合金超高强度钢**　马氏体时效钢是高合金超高强度钢中的一个系列，它是一种以铁、镍为基础的高合金钢，具有极好的强韧性。此类钢的高强度是通过时效处理使金属间化合物从马氏体中析出而获得的。其成分特点是钢中含镍量极高（$w_{Ni}=18\%～25\%$），而含碳量极低（$w_C<0.03\%$），并含有 Mo、Ti、Al、Nb 等元素。

高合金超高强度钢的热处理分为两步：首先是固溶处理，即加热得到溶入大量合金元素的奥氏体，再冷却成为含有大量合金元素的单相马氏体；第二步是进行时效，即在一定温度下使金属间化合物［Ni_3Mo、Ni_3Ti、Ni_3Nb、$Ni_3(Al·Ti)$等］同马氏体保持一定的晶格联系沉淀析出。

研究表明，镍的作用是使钢在加热时获得合金化的单相奥氏体，并保证冷却时马氏体的形成，镍还与钢中加入的其他元素形成金属间化合物。此外，由于超高含量的镍与超低含量的碳，使此类钢在空冷的条件下即可得到硬度不高（30～35HRC）、塑性及韧性都很好的低碳板条马氏体，使其机械加工在此状态下也易进行。

根据含镍量不同，马氏体时效钢可分为多种类型，主要用于航空航天上尺寸精度要求高而其他超高强度钢又难以满足要求的重要构件，如火箭发动机壳体与机匣、空间运载工具的扭力棒悬挂体、高压容器等。典型马氏体时效钢的牌号、化学成分、热处理工艺及力学性能见表 7-17 和表 7-18。

表 7-17 典型马氏体时效钢的牌号及化学成分（质量分数）   %

牌号	C	Si	Mn	Ni	Mo	Ti	Al	其他
Nil8Co9Mo5TiAl(18Ni)	≤0.3	≤0.1	≤0.1	17～19	4.7～5.2	0.5～0.7	0.05～0.15	Co 8.5～9.5
Ni20Ti2AlNb(20Ni)	≤0.3	≤0.1	≤0.1	19～20		1.3～1.6	0.15～0.30	Nb 0.3～0.5
Ni25Ti2AlNb(25Ni)	≤0.3	≤0.1	≤0.1	25～26		1.3～1.6	0.15～0.30	Nb 0.3～0.5

表 7-18 典型马氏体时效钢的热处理工艺与力学性能

牌号	热处理工艺	R_m/MPa	R_{eL}/MPa	A/%	Z/%	a_{KV}/(J/cm²)	硬度 HRC	K_{IC}/(MPa·m$^{1/2}$)
Nil8Co9Mo5TiAl (18Ni)	815℃固溶处理 1h 空冷+480℃时效 3h 空冷	1400～1500	1350～1450	14～16	65～70	83～152	46～48	88～176
Ni20Ti2AlNb (20Ni)	815℃固溶处理 1h 空冷+80℃时效 3h 空冷	1800	1750	11	45	21～28		
Ni25Ti2AlNb (25Ni)	815℃固溶处理 1h 空冷+705℃时效 4h+冷处理+435℃时效 1h	1900	1800	12	53			

7.4 工具钢

工具钢是用来制造刃具、模具和量具的钢。按化学成分不同，可分为碳素工具钢、低合金工具钢、高合金工具钢等。按用途不同，可分为刃具钢、模具钢和量具钢。

7.4.1 刃具钢

刃具钢主要是指用于制造车刀、铣刀、钻头等金属切削刀具的钢种。刃具切削时承受着压力、弯曲力和摩擦力，同时因摩擦产生热量，使刃部温度升高，有时可达 500～600℃，此外还承受着一定的冲击和振动。其常见的失效方式为磨损、崩刃或折断，因此对刃具钢提出的性能要求为：①高硬度，一般为 60HRC 以上；②高耐磨性，由高硬度的基体及其上分布的碳化物的性质、数量、大小和分布来决定；③高切断抗力，用来承受压缩、扭转、弯曲等力；④高热硬性，即在高温下保持高硬度的能力（随温度升高出现硬度的下降，是由马氏体的分解、碳化物聚集长大及基体的再结晶引起的，若能提高钢的耐回火性、推迟马氏体分解及利用二次硬化现象都可保证钢的热硬性）；⑤足够的塑性和韧性，防止刃具受冲击或振动时折断或崩刃。

（1）碳素工具钢

① **化学成分特点** 碳的质量分数为 0.65%～1.35%，这种含碳量范围可保证钢淬火后有足够高的硬度。该类钢淬火后硬度相近，但随着含碳量增加，未溶渗碳体增多，使钢的耐磨性增加、韧性下降。

② **热处理特点** 碳素工具钢的预备热处理为球化退火，其目的是降低硬度、改善切削加工性，为后面的淬火做好组织准备。最终热处理是淬火+低温回火，淬火温度为 780℃，回火温度为 180℃，组织为回火马氏体+粒状渗碳体+少量残留奥氏体。

③ **性能特点** 碳素工具钢的锻造及切削加工性好，价格最便宜。但缺点是淬透性低，在水

中淬透直径小于 15mm，且用水作为冷却介质时易淬裂、变形。另外，其淬火温度范围窄，易过热；其耐回火性也差，只能在 200℃ 以下使用。

因此，碳素工具钢仅用来制造截面较小、形状简单、切削速度较低的刀具，用来加工低硬度材料。

④ **钢种、牌号及应用** 碳素工具钢的牌号、化学成分及应用见表 7-19。

表 7-19 刃具模具非合金钢的牌号、化学成分及应用（GB/T 1299—2014）

牌号	化学成分（质量分数）/%			退火交货状态/HBW（不大于）	试样淬火硬度			应用
	C	Si	Mn		淬火温度/℃	冷却剂	洛氏硬度/HRC（不小于）	
T7、T7A	0.65~0.74	≤0.35	≤0.40	187	800~820	水	62	承受冲击、韧性较好、硬度适当的工具，如扁铲、手钳、大锤、旋具、木工工具
T8、T8A	0.75~0.84	≤0.35	≤0.40	187	780~800	水	62	承受冲击，要求较高硬度的工具，如冲头、压缩空气工具、木工工具
T8Mn、T8MnA	0.80~0.90	≤0.35	0.40~0.60	187	780~800	水	62	同上，但淬透性较大，可制断面较大的工具
T9、T9A	0.85~0.94	≤0.35	≤0.40	192	760~780	水	62	韧性中等、硬度高的工具，如冲头、木工工具、凿岩工具
T10、T10A	0.95~1.04	≤0.35	≤0.40	197	760~780	水	62	不受剧烈冲击、高硬度耐磨的工具，如车刀、刨刀、丝锥、钻头、手锯条
T11、T11A	1.05~1.14	≤0.35	≤0.40	207	760~780	水	62	同 T10、T10A
T12、T12A	1.15~1.24	≤0.35	≤0.40	207	760~780	水	62	不受冲击、要求高硬度耐磨的工具，如锉刀、刮刀、精车刀、丝锥、量具
T13、T13A	1.25~1.35	≤0.35	≤0.40	217	760~780	水	62	同 T12、T12A，要求更耐磨的工具，如刮刀、剃刀

（2）低合金工具钢

① **化学成分特点** 低合金工具钢碳的质量分数为 0.9%~1.1%，以保证高硬度和高耐磨性。常加入的合金化元素为 Cr、Mn、Si、W、V。

合金元素的作用是提高淬透性（Cr、Mn、Si），提高耐回火性（Cr、Si），提高硬度和耐磨性（W、V），细化晶粒，降低过热敏感性（W、V）。

② **热处理特点** 预备热处理为球化退火，最终热处理为淬火+低温回火，其组织为回火马氏体+未溶碳化物+残留奥氏体。

③ **性能特点** 与碳素工具钢相比，由于合金元素的加入，提高了淬透性、耐回火性并降低了过热倾向。因此，低合金工具钢可采用油淬，降低淬火变形开裂倾向；淬火允许加热温度区增大；最高使用温度可达到 250℃。但相应地，成本提高，锻压及切削加工性降低。

④ **钢种、牌号及应用** 低合金工具钢的牌号、化学成分、热处理及应用见表 7-20。

低合金工具钢的典型钢种为 9SiCr，它含有提高耐回火性的 Si，经 230~250℃ 回火后硬度仍不低于 60HRC，使用温度可达 250~300℃，广泛用于制造各种低速切削的刀具，如板牙、丝锥等，也常用作冷冲模。

表7-20　低合金工具钢的牌号、化学成分、热处理及应用
(GB/T 1299—2014，YB/T 5302—2010，GB/T 9943—2008)

牌号	化学成分（质量分数）/%					淬火		退火交货状态硬度HBW	应用
	C	Si	Mn	Cr	其他	温度/℃	硬度HRC		
9SiCr	0.85~0.95	1.20~1.60	0.30~0.60	0.95~1.25	—	820~860油	≥62	197~241	丝锥、板牙、钻头、铰刀、齿轮铣刀、冷冲模、轧辊
8MnSi	0.75~0.85	0.30~0.60	0.80~1.10	—	—	800~820油	≥60	≤229	一般多用作木工凿子、锯条或其他刀具
Cr06	1.30~1.45	≤0.40	≤0.40	0.50~0.70	—	780~810水	≥64	187~241	用作剃刀、刀片、刮片、刻刀、外科医疗刀具
Cr2	0.95~1.10	≤0.40	≤0.40	1.30~1.65	—	830~860油	≥62	179~229	低速、材料硬度不高的切削刀具、量规、冷轧辊等
9Cr2	0.80~0.95	≤0.40	≤0.40	1.30~1.70	—	820~850油	≥62	179~217	主要用作冷轧根、冷冲头及冲头、木工工具等
W	1.05~1.25	≤0.40	≤0.40	0.10~0.30	W0.80~1.20	800~830水	≥62	187~229	低速切削硬金属的工具，如麻花钻、车刀等
9Mn2V	0.85~0.95	≤0.40	1.70~2.00	—	V0.10~0.25	780~810油	≥62	≤229	丝锥、板牙、铰刀、小冲模、冷压模、料模、剪刀等
CrWMn	0.90~1.05	≤0.40	0.80~1.10	0.90~1.20	W1.20~1.60	800~830油	≥62	207~255	拉刀、长丝锥、量规及形状复杂精度高的冲模、丝杠等

（3）高速钢

高速钢是指用于制造高速切削刀具的钢，具有很高的热硬性，在高速切削刃部温度达到600℃时，硬度仍无明显下降。

① **化学成分特点**　高速钢碳的质量分数为 0.7%～1.6%，以保证马氏体基体的高硬度和形成足够数量的碳化物。常加入的合金元素为 W、Mo、Cr、V。

几乎所有高速钢铬的质量分数均在 4%左右。铬的碳化物（$Cr_{23}C_6$）在淬火加热时几乎全部溶于奥氏体中，可增加过冷奥氏体的稳定性，大大提高钢的淬透性。铬还能提高钢的抗氧化脱碳能力。

钨和钼的作用相似，退火态以 M_6C 形式存在。当加热奥氏体化时，一部分钨、钼溶解进入奥氏体中，淬火后钨、钼存于马氏体中。在回火时，M_6C 一方面阻止马氏体的分解，使基体在 560℃回火时仍处于回火马氏体状态；另一方面，回火温度达到 500℃时，开始析出特殊碳化物 W_2C 及 Mo_2C，造成二次硬化，在 560℃时硬度达到最高值。这种碳化物在 500～600℃温度范围内非常稳定，不易聚集长大，从而使钢具有良好的热硬性。而在淬火加热时，未溶入奥氏体的碳化物，可阻止奥氏体晶粒长大并提高耐磨性。

高速钢中钨的加入量达到 $w_W=18\%$，或降低到 $w_W=6\%$再配合加入 $w_{Mo}=5\%$。在高速钢中加入少量的钒，主要是起细化奥氏体晶粒并提高钢的耐磨性的作用。VC 非常稳定，极难溶解，硬度很高。

② **锻造及热处理特点**　高速钢属于莱氏体钢，其铸态组织中含有大量呈鱼骨状分布的粗大共晶碳化物 M_6C［图 7-9（a）］，使钢的韧性明显降低。这些碳化物不能通过热处理来改善其分布，只能依靠锻打来击碎，并通过反复多次的镦粗拔长，使其尽可能均匀分布。高速钢的导热

性较差，注意锻后必须缓冷。高速钢锻造后进行球化退火，其显微组织为索氏体和在其上均匀分布的碳化物［图7-9（b）］。

高速钢淬火温度的选择应能提高钢的热硬性，要求淬火马氏体中合金化程度高，即淬火加热奥氏体化时碳化物能充分溶解进入到奥氏体中，温度应是越高越好；但另一方面，碳化物若全部溶解，奥氏体晶粒会急剧长大，且晶界处易熔化过烧。因此，对于 W18CMV 钢，其最佳的淬火温度为 1280℃。由于高速钢导热性差，淬火温度又很高，因此在淬火加热过程中必须预热。对于大型或形状复杂的工具，还要采用两次预热。

淬火方式通常采用油淬或分级淬火。分级淬火可减小变形开裂倾向。高速钢淬火后的组织为淬火马氏体+未溶碳化物+大量残留奥氏体［图7-9（c）］。

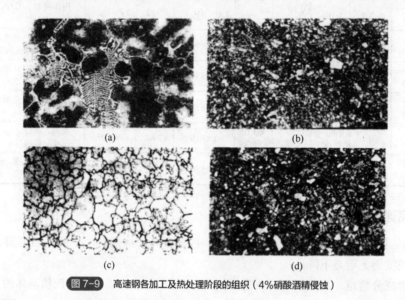

(a)   (b)

(c)   (d)

图7-9 高速钢各加工及热处理阶段的组织（4%硝酸酒精侵蚀）

（a）铸态组织（400×）；（b）锻造及球化退火组织（1000×）；（c）淬火组织（1000×）；（d）淬火回火组织（1000×）

为了消除淬火应力，减少残留奥氏体量，以达到所需性能，高速钢通常采用 550～570℃ 多次回火的方式。因为在 550～570℃ 时，特殊碳化物 W_2C 或 Mo_2C 呈细小弥散状从马氏体中析出，这些碳化物很稳定，难以聚集长大，从而提高了钢的硬度，即"弥散强化"。另外，在此温度范围内，由于碳化物也从残留奥氏体中析出，使残留奥氏体中的含碳量及合金元素含量降低，熔点升高，在随后冷却时，就会有部分残留奥氏体转变为马氏体，即"二次淬火"，也使钢的硬度升高。由于以上原因，在回火时便出现了硬度回升的"二次硬化"现象。

多次回火的目的主要是充分消除残留奥氏体。W18CMV 钢在淬火状态有 20%～25% 的残留奥氏体，通过二次淬火可使残留的奥氏体在回火冷却时发生部分转变，但转变难以一次完成，通常经一次回火后剩 10%～15%，经二次回火后剩 3%～5%，经三次回火后剩 1%～2%。后一次回火还可消除前一次回火由于奥氏体转变为马氏体所产生的内应力。经过三次回火，其组织为回火马氏体+少量碳化物+未溶碳化物。W18CMV 钢的热处理过程如图 7-10 所示。

③ **性能特点** 在高速切削或加工强度高、韧性好的材料时，刀具刃部的温度有时可高达 500℃以上，此时一般碳素工具钢和低合金工具钢已不能胜任，因为它们的热硬性较低。高速钢则可用于制造生产率及耐磨性均高的、在比较高的温度下（600℃左右）能保持其切削性能和耐磨性的工具。其切削速度比碳素工具钢和低合金工具钢增加 1～3 倍，而耐用性增加 7～14 倍。

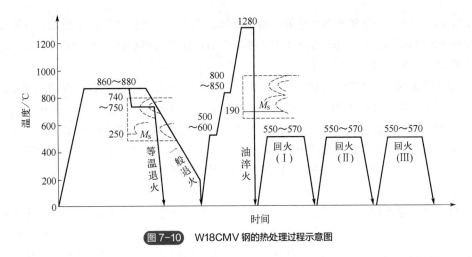

图 7-10　W18CMV 钢的热处理过程示意图

④ 钢种、牌号与应用　常用高速钢的牌号、化学成分、热处理见表 7-21。常用的高速钢有两种：钨系 W18Cr4V 钢和钨钼系 W6Mo5Cr4V2 钢。这两种钢的组织和性能相似，但 W6Mo5Gr4V2 钢的耐磨性、热塑性和韧性较好些，而 W18Cr4V 钢的热硬性高、热处理脱碳及过热倾向性小。

表 7-21　高速钢的牌号、化学成分、热处理
（GB/T 1299—2014，YB/T 5302—2010，GB/T 9943—2008）

牌号	化学成分（质量分数）/%							退火态交货硬度 HBW	热处理制度及淬火-回火硬度			
	C	Mn	Si	Cr	W	Mo	V		预热温度/℃	淬火/℃	回火/℃	淬火回火 HRC
W18Cr4V	0.73～0.83	0.10～0.40	0.20～0.40	3.80～4.50	17.20～18.70	—	1.00～1.20	207～255	800～900	1250～1270 油	550～570	≥63
W6Mo5Cr4V2	0.80～0.90	0.15～0.40	0.20～0.45	3.80～4.40	5.50～6.75	4.50～5.50	1.75～2.20	207～255		1200～1220 油	550～570	≥63
W6Mo5Cr4V3	1.15～1.25	0.15～0.40	0.20～0.45	3.80～4.50	5.90～6.70	4.70～5.20	2.70～3.20	≤262		1190～1210 油	540～560	≥64
W9Mo3Cr4V	0.77～0.87	0.20～0.40	0.20～0.40	3.80～4.40	8.50～9.50	2.70～3.30	1.30～1.70	207～255		1200～1220 油	540～560	≥63

⑤ 高速钢的分类及选用　高速钢是一种广泛应用于切削工具和其他耐磨部件的合金钢，W 系高速钢是以钨为主要合金元素的高速钢，其典型钢种包括 W18Cr4V、W9Cr4V 和 W6Mo5Cr4V2 等。这些钢种具有高的硬度、耐磨性和红硬性，适用于制造高速切削的刀具，如车刀、铣刀、钻头、铰刀等。其中，W18Cr4V 是 W 系高速钢中应用最广泛的一种，具有优良的综合性能，适用于各种切削速度下的加工。除了 W 系高速钢外，还有其他系列的高速钢，如 Mo 系高速钢和 W-Mo 系高速钢等。

Mo 系高速钢是以钼为主要合金元素的高速钢，典型钢种包括 W2Mo8Cr4V 和 Mo8Cr4V2（也被称为美国的 M1 和 M10）。这种钢材具有高热硬性、高耐磨性和良好的抗回火稳定性，适用于制造高速切削工具和耐磨部件。

W-Mo 系高速钢则同时含有钨和钼两种合金元素，典型钢种如 W6Mo5Cr4V2。这种钢材结合了 W 系和 Mo 系高速钢的优点，具有更高的硬度和耐磨性，适用于制造更高速度和更重负荷的切削工具。

在选择高速钢时，需要根据具体的应用场景和需求来选择合适的钢种。例如，在需要更高热硬性和耐磨性的情况下，Mo 系高速钢可能更合适；而在需要更高硬度和更高切削速度的情况下，W-Mo 系高速钢可能更合适。

a. **超硬高速钢**　是指热处理硬度达 67HRC 以上的高速钢，多为高 C 高 V 并含 Co 钢，如 5F6（W10Mo4Cr4V3Al）、B201（W6Mo5Cr4V5SiNbAl）、Co5Si（W12Mo3Cr4V3Co5Si）等。由于其高的硬度和热硬性，在加工难加工材料和高速切削领域显示出较大的优越性。但含 Co 高速钢成本高，高 C 高 V 高速钢的可磨削性差，而且超硬高速钢的切削加工性能和韧性普遍较差，因此各国在进行超硬高速钢成分精细调整和热处理工艺改进的同时，加紧开发高性能且价格低廉的超硬高速钢新品种。

b. **时效硬化高速钢**　是指通过金属间化合物析出而不是碳化物析出来获得高硬度和热硬性的工具钢，这类钢往往是低碳或无碳和高合金度的。时效硬化高速钢淬火后得到无碳或低碳的高合金马氏体，其硬度仅为 30～40HRC，可进行切削加工，加工成刀具后再进行时效获得高硬度，简化了工具制造工艺，并提高了精度。时效硬化高速钢不含碳化物，又不存在共晶转变，钢中的强化相是呈细粒状的金属间化合物，分布也比高速钢中的碳化物均匀，因此其磨削性大大优于传统高速钢，而且时效硬化高速钢的耐回火性比高速钢还高出 100 天左右。

时效硬化高速钢特别适于制作尺寸小、形状复杂，要求精度特别高、表面粗糙度特别低的刃具和超硬精密模具，是解决钛合金等难加工材料的成型切削与精加工的较理想材料，其主要问题是合金度高（高 Co）、价格贵。

c. **低合金高速钢**　以相应的通用高速钢基体成分为基础，采用较低的合金质量分数和较高的碳质量分数来产生二次硬化。而通用高速钢是采用较高的合金质量分数和较低的碳质量分数来产生二次硬化，二者所获得的硬度、强度及热硬性相近（表 7-22），但低合金高速钢具有以下特点：节约合金元素，W、Mo 的质量分数约为通用高速钢的 1/2，成本低；碳化物细小，分布较均匀，有较好的工艺性能和综合性能；热处理淬火温度低，节能；在中低速切削条件下，其性能与通用高速钢相当。

表 7-22　国产低合金高速钢的性能

牌号	淬火温度 /℃	540℃回火硬度 HRC	热硬性 600℃×4h	HRC 625℃×4h	抗弯强度 /MPa	冲击韧度 /(J/cm²)
301	1180	64.4	62.9	59.0	3600	≈20
F205	1180	66.2	64.4	56.5	3500	45
D101	1180	66.8	62.9	58.3	4700	—
M2	1230	66.3	64.3	60.3	3340	36

高速钢的冶金生产还采用了电渣重熔、快速凝固等新工艺，也都为改善钢的组织和性能起到了良好的作用。

7.4.2　模具钢

模具钢大致可分为冷作模具钢、热作模具钢和塑料模具钢三类，用于锻造、冲压、切型、压铸等。由于各种模具用途不同，工作条件复杂，因此，模具用钢按其所制造模具的工作条件，应具有高的硬度、强度、耐磨性，足够的韧性，以及高的淬透性、淬硬性和其他工艺性能。由于用途不同，工作条件复杂，因此对模具用钢的性能要求也不同。为了满足其性能要求，必须合理选用钢材，正确制定热处理工艺。

（1）冷作模具钢

① **应用与性能特点**　冷作模具钢是指使金属在冷状态下变形的模具用钢，包括冷冲模、冷挤压模、冷镦模和拉丝模等，其工作温度不超过 200～300℃。在工作时，由于被加工材料的变形抗力较大，模具的工作部分受到强烈的摩擦和挤压，有些还受到很大的冲击力的作用。其常见的失效方式为磨损，也有崩刃或疲劳断裂等现象。因此，冷作模具钢应具有高硬度、高耐磨性、足够的韧性和疲劳抗力。

② **化学成分特点**　冷作模具钢碳的质量分数为 1.3%～2.3%，以便形成足够数量的碳化物来保证高的耐磨性。其主加元素为 Cr，质量分数高达 11%～13%；辅加元素为 Mo 和 V。

铬的主要作用是提高淬透性和耐回火性，并配合高碳形成大量铬的碳化物分布在马氏体基体上，可提高耐磨性。钼和钒的作用主要是细化奥氏体晶粒，也有提高耐磨性的作用。

③ **锻造及热处理特点**　Cr12 型钢属于莱氏体钢，其铸态组织中有网状共晶碳化物，因此要通过轧制将其打碎，并注意改善碳化物分布的不均匀性和偏析。

Cr12 型冷作模具钢的热处理方案有以下两种：

a. **一次硬化法**　在较低温度（950～1000℃）下淬火，得到的马氏体晶粒较细，强度韧性较好，再经低温回火（150～180℃）。该工艺方法简单，热处理变形小，硬度、耐磨性高，适用于重载模具。

b. **二次硬化法**　在较高温度（1100～1150℃）下淬火，马氏体较粗大，但溶解进入奥氏体中的碳化物多，因而马氏体中碳及合金元素含量较高，在随后进行的多次高温回火（510～520℃）中可产生二次硬化，热硬性高，但其强度、韧性稍低，工艺较复杂。因而，适用于工作温度较高（400～450℃）、受载不大或表面要求渗氮的冷作模具。

④ **钢种、牌号及应用**　大部分要求不高的冷作模具可用碳素工具钢和低合金工具钢来制造，这两类材料已在前面介绍过。大型冷作模具采用 Cr12 型钢（Cr12 或 Cr12MoV）制造，它们的牌号、化学成分、热处理及性能见表 7-23。

⑤ **冷作模具钢的发展**　新型冷作模具钢与 Cr12MoV 钢相比，其奥氏体合金化程度高，二次硬化效果更为显著，且具有高强韧性、耐磨性及良好工艺性能。例如，7Cr7Mo3VSi（代号 LDQ）钢的含碳量与合金元素含量都高于基体钢，其综合力学性能好，适于制造要求较高强韧性的冷锻及冷冲模；9Cr6W3Mo2V2（代号 GM）钢具有最佳的二次硬化能力和抗磨损能力，其冷、热加工和电加工性能良好，硬化能力接近高速钢而强韧性优于高速钢和高铬工具钢，适于制作精密、耐磨的冷冲裁、冷挤、冷剪等模具及高强度滚丝轮；6CrNiSiMnMoV（代号 GD）钢是一种高强韧性低合金钢，其碳化物偏析小，可以不改锻，直接下料使用，适合制造各类易崩刃、易断裂的冷冲、冷弯及冷锻模具。

（2）热作模具钢

实际上，热作模具和冷作模具工作时的受力方式是一样的，有冲击力、压应力、拉应力、摩擦力等。不同之处在于，冷作模具加工的是冷工件；热作模具加工的是热工件，变形抗力较小，但型腔表面与高温金属接触，可被加热至 300～400℃，局部达 500～600℃。热作模具经反

表 7-23 冷作模具钢的牌号、化学成分、热处理及硬度（GB/T 1299—2014）

| 牌号 | 化学成分（质量分数）/% | | | | | | | 淬火 | | 退火交货状态硬度 HBW |
	C	Si	Mn	Cr	W	Mo	V	温度/°C，冷却剂	硬度 HRC	
9Mn2V	0.85~0.95	≤0.40	1.70~2.00	—	—	—	0.10~0.25	780~810，油	≥62	≤229
CrWMn	0.90~1.05	≤0.40	0.80~1.10	0.90~1.20	1.20~1.60	—	—	800~830，油	≥62	207~255
Cr12	2.00~2.30	≤0.40	≤0.40	11.50~13.00	—	—	—	950~1000，油	≥60	217~269
Cr12Mo1V1	1.40~1.60	≤0.60	≤0.60	11.00~13.00	—	0.70~1.20	0.50~1.10	（820±15）°C预热，（1000±6）°C盐浴或（1010±6）°C炉控气氛，保温 10~20min，空冷，200°C回火 1 次，2h	≥59	≤255
Cr12MoV	1.45~1.70	≤0.40	≤0.40	11.00~12.50	—	0.40~0.60	0.15~0.30	950~1000，油	≥58	207~255
Cr5Mo1V	0.95~1.05	≤0.50	≤1.00	4.75~5.50	—	0.90~1.40	0.15~0.50	（790±15）°C预热，940°C盐浴或（950±6）°C炉控气氛，保温 5~15min，油冷，（200±6）°C回火 1 次，2h	≥60	≤255
9CrWMn	0.85~0.95	≤0.40	0.90~1.20	0.50~0.80	0.50~0.80	—	—	800~830，油	≥62	197~241
Cr4W2MoV	1.12~1.25	0.40~0.70	≤0.40	3.50~4.00	1.90~2.60	0.80~1.20	0.80~1.10	960~980，油或 1020~1040，油	≥60	≤269
6Cr4W3Mo2VNb（0.20%~0.35% Nb）	0.60~0.70	≤0.40	≤0.40	3.80~4.40	2.50~3.50	1.80~2.50	0.80~1.20	1100~1160，油	≥60	≤255
6W6Mo5Cr4V	0.55~0.65	≤0.40	≤0.60	3.70~4.30	6.00~7.00	4.50~5.50	0.70~1.10	1180~1200，油	≥60	≤269
7CrSiMnMoV	0.65~0.75	0.85~1.15	0.65~1.05	0.90~1.20	—	0.20~0.50	0.15~0.30	870~900，油冷或空冷，（150±10）°C回火空冷	≥60	≤235

复加热、冷却，造成热应力，引起热疲劳裂纹。其常见的失效方式是磨损、塌陷、崩裂及龟裂等。

① **应用与性能特点** 热作模具钢用于制作使金属在高温下塑性变形的模具，如热锻模、热挤压模、压铸模等，工作时型腔表面温度可在 600℃以上。热作模具的工作条件与冷作模具有很大不同，其在工作时承受很大的压力和冲击，并反复受热和冷却，因此要求热作模具钢在高温下具有足够的强度、硬度、耐磨性和韧性，以及良好的耐热疲劳性，即在反复的受热、冷却循环中，表面不易热疲劳（龟裂），还应具有良好的导热性及高的淬透性。

② **化学成分特点** 热作模具钢碳的质量分数为 0.3%～0.6%，以保证足够的强度和韧性。其合金化主加元素为 Cr、Ni、Mn、Si 等，辅加元素为 Mo、W、V。合金元素的作用是提高淬透性（Cr、Ni、Mn、Si），提高耐回火性（Cr、Ni、Mn、Si），防止第二类回火脆性（Mo、W），产生二次硬化（W、Mo、V），阻止奥氏体晶粒长大（W、Mo、V）。

③ **热处理特点** 热作模具钢的最终热处理采用淬火+高温回火，得到回火索氏体组织，获得良好的综合力学性能。

热作模具钢的化学成分、热处理方式都与调质钢相似，但分属于不同范围，故牌号表示上有差别，如 40CrNiMo 为调质钢，5CrNiMo 为热作模具钢。

④ **钢种、牌号及应用** 用来制造热锻模具的材料为 5CrMnMo、5CrNiMo。5CrNiMo 的淬透性要比 5CrMnMo 好一些。用来制造热挤压模具的材料为 4Cr5MoSiV、4Cr5W2SiV、3Cr2W8V，其淬透性更高，强韧性好，抗氧化和抗热疲劳性都好。

常见热作模具钢的牌号、化学成分及应用见表 7-24。

⑤ **热作模具钢的发展** 随着新技术新工艺的发展，对热作模具钢的性能提出了越来越高的要求，促进了 Cr-Mo 系热作模具钢的发展。其发展方向有以下两种：

a. **提高热作模具钢的性能** 在 3Cr3Mo3V 钢的基础上适当增减碳和合金元素的质量分数，以达到在保持较好韧性的条件下，提高钢的热稳定性或满足特殊要求的目的。例如，2Cr3Mo2NiVSi（PH）钢是国内研制的析出硬化型热作模具钢，可在淬火、回火后进行机械加工，加工后直接使用。在使用过程中模具表层受热产生碳化物析出，导致二次硬化，硬度可达48HRC 左右，而心部组织未发生转变。这样，模具可同时具有表层所需要的高温强度和心部的高韧性。

b. **发展基体钢** 例如，5Cr4W5Mo2V（RM-2）、4Cr3Mo4VN（GR）等钢的 W、Mo 含量较高，明显提高了钢的高温强度和热硬性，又因基体中碳化物少，故保持有一定韧性。基体钢用于工作条件恶劣的热挤压模、压力机锻模可以有好的效果。

（3）塑料模具钢

塑料制品在工业及日常生活中得到广泛应用，无论热塑性塑料还是热固性塑料（表 7-25），其成型过程都是在加热加压条件下完成的。但一般加热温度不高（150～250℃），成型压力也不大（大多为 40～200MPa），因此，塑料模具用钢的常规力学性能要求不高。

然而，伴随着塑料制品向高速化、精密复杂化、多型化和多型腔化的方向发展，对塑料模具钢的要求越来越高，越来越全面。尽管对塑料模具材料强度、韧性的要求不如冷作模具和热作模具高，但对加工工艺性能却要求很高，如要求材料变形小，易切削，研磨抛光性能好，表面粗糙度值低，花纹图案的刻蚀性、耐蚀性等均要求较高，而且要求有较好的焊接性能和比较

表7-24 热作模具钢的牌号、化学成分、热处理及硬度（GB/T 1299—2014）

牌号	化学成分（质量分数）/%								淬火温度℃，冷却剂	交货状态硬度 HBW
	C	Si	Mn	Cr	W	Mo	V	其他		
5CrMnMo	0.50~0.60	0.25~0.60	1.20~1.60	0.60~0.90	—	0.15~0.30	—	—	820~850，油	197~241
5CrNiMo	0.50~0.60	≤0.40	0.50~0.80	0.50~0.80	—	0.15~0.30	—	Ni 1.40~1.80	830~860，油	197~241
3Cr2W8V	0.30~0.40	≤0.40	≤0.40	2.20~2.70	7.50~9.00	—	0.20~0.50	—	1075~1125，油	≤255
5Cr4Mo3SiMnVAl	0.47~0.57	0.80~1.10	0.80~1.10	3.80~4.30	—	2.80~3.40	0.80~1.20	Al 0.30~0.70	1090~1120，油	≤255
3Cr3Mo3W2V	0.32~0.42	0.60~0.90	≤0.65	2.80~3.30	1.20~1.80	2.50~3.00	0.80~1.20	—	1060~1130，油	≤255
5Cr4W5Mo2V	0.40~0.50	≤0.40	≤0.40	3.40~4.40	4.50~5.30	1.50~2.10	0.70~1.10	—	1100~1150，油	≤269
8Cr3	0.75~0.85	≤0.40	≤0.40	3.20~3.80	—	—	—	—	850~880，油	207~255
4CrMnSiMoV	0.35~0.45	0.80~1.10	0.80~1.10	1.30~1.50	—	0.40~0.60	0.20~0.40	—	870~930，油	≤255
4Cr3Mo3SiV	0.35~0.45	0.80~1.20	0.25~0.70	3.00~3.75	—	2.00~3.00	0.25~0.75	—	（790±15）℃预热，1010℃盐浴或（1020±6）℃炉控气氛，保温5~15min，油冷，（550±6）℃回火，2次回火，每次2h	≤229
4Cr5MoSiV	0.33~0.43	0.80~1.20	0.20~0.50	4.75~5.50	—	1.10~1.60	0.30~0.60	—	（790±15）℃预热，1010℃盐浴或（1020±6）℃炉控气氛，保温5~15min，油冷，（550±6）℃回火，2次回火，每次2h	≤229
4Cr5MoSiV1	0.32~0.45	0.80~1.20	0.20~0.50	4.75~5.50	—	1.10~1.75	0.80~1.20	—	（790±15）℃预热，1000℃盐浴或（1010±6）℃炉控气氛，保温5~15min，油冷，（550±6）℃回火，2次回火，每次2h	≤229
4Cr5W2VSi	0.32~0.42	0.80~1.20	≤0.40	4.50~5.50	1.60~2.40	—	0.60~1.00	—	1030~1050，油或空气	≤229

表 7-25 塑料成型模的工作条件

模具名称	工作条件	特点
热塑性塑料压模	温度 200~250℃，受力大、易磨损、易侵蚀，手工操作时还会受到脱模的冲击和碰撞	压制各种胶木粉，含大量固体填充剂，热压成型，受力较大，磨损较重
热固性塑料注射模	受热、压、磨损，但不严重。部分品种含氯及氟，压制时放出腐蚀性气体，侵蚀型腔表面	通常不含固体填料，以软化态注入型腔，当含玻璃纤维填料时，对型腔的磨损严重

简单的热处理工艺等。

① 性能要求

a. 综合力学性能良好　热固性塑料工作温度为 200~250℃，并在制品中添加云母、石英等耐磨损材料，要求模具在工作温度下保持力学性能不变，并有足够的抗磨损性能。而塑料成型模具在工作过程中要受到不同的温度、压力侵蚀和磨损作用，因此，要求模具材料组织均匀、无网状及带状碳化物出现，热处理过程应具有较小的氧化脱碳及畸变倾向，热处理后应具有一定强度。

b. 切削加工性能良好　由于塑性模具形状比较复杂，在制造过程中切削加工成本约占整个模具制造成本的 75%（模具钢成本费仅为 20%左右），因此，必须提高其切削加工性能。

c. 预硬化性能好　一般塑性模具形状都比较复杂，要求易加工、变形小，所以多采用预硬化处理后再加工，如采用调质处理，应选用预硬化钢或时效硬化钢等。

d. 其他性能要求　较高的冷压性能（采用冷压成型法制造模具时），退火态硬度低、塑性好、冷作硬化倾向小；较高的抛光性能，要求模具表面粗糙度 Ra=0.1μm 以下抛光时模具表面不出现麻点和橘皮状缺陷；还应具有较高的耐蚀性能、表面图案花纹的刻蚀性能等。

② 塑料模具钢的分类、成分特点、特性及应用　发达工业国家已有适应于各种用途的塑料模具钢系列，我国机械行业标准 JB/T 6057—2017 推荐了普通及常用部分塑料模具钢。现结合一些研制的新型塑料模具钢，按使用性能作如下分类，见表 7-26。

表 7-26 典型塑料模具钢的分类、成分特点、特性及应用

分类	牌号	成分特点	特性	应用
渗碳型	20Cr、12Cr2Ni4、20Cr2Ni4、12CrNi2	低碳，保证心部韧性；Cr、Ni 保证足够淬透性	表硬内韧，具有很高的硬度、耐磨性和适当的耐蚀性	适于要求表硬内韧的塑料模具
淬硬型	40Cr、T10A、CrWMn、9Mn2V、4Cr5MoSiV1、5CrNiMo、5CrMnMo	中、高碳，高强度、耐磨性（W、V）；Cr、Ni、Mn、Si 提高淬透性	高的强度、硬度、耐磨性，足够的韧性及淬透性。有的还有良好的切削加工性能	用途最为广泛的一类塑料模具钢
预硬型	3Cr2Mo、3Cr2NiMnMo、5CrNiMnMoVSCa、8Cr2MnWMoVS	中（高）碳。中碳 Cr-Mo 系调质钢，添加 Ni、Mn 提高淬透性和耐回火性；中高碳易切削钢，加入 S、Ca 进一步改善切削加工性	对调质钢预调质至 30HRC，直接制模，不需要热处理；对易切削钢则预调质至 36~45HRC，不再热处理，直接制模而切削性良好	广泛用于制造大、中型精密注射模，大、中型注射模
耐蚀型	20Cr13、06Cr18Ni11Ti、40Cr13	低（中）碳，保证耐蚀性；高 Cr，提高耐蚀性	以保证耐蚀性为主，随着含碳量增加，耐蚀性下降	腐蚀性介质条件下工作的模具
时效硬化型	25CrNi3MoAl、10Ni3MnCuAl	低 C、低 Ni，时效硬化型。经固溶处理后得板条状马氏体，经高温回火得回火索氏体。加工后时效	固溶+高温回火后得回火索氏体，以便于机械加工。在 250℃时效，析出 NiAl 相，使硬度升至 40HRC，变形小	适于制造高精度塑料模，还可用冷挤成型法制造复杂型腔模具

7.4.3　量具钢

（1）应用与性能特点

量具钢用于制造各种测量工具，如卡尺、千分尺、量块、塞规等。量具在多次使用中会与工件表面之间有摩擦作用，使量具磨损而失去精确度。另外，由于组织上和应力上的原因，也会引起量具在长期使用和存放中尺寸精度的变化，这种现象称为时效效应。所以，对量具钢的性能要求是：①高的硬度和耐磨性；②高的尺寸稳定性，热处理变形要小，在存放和使用过程中尺寸不发生变化。

（2）化学成分特点

量具钢的化学成分与低合金刃具钢相同，为高碳（w_C=0.9%～1.5%）和加入提高淬透性的元素（Cr、W、Mn）等。

（3）热处理特点

为了保证量具的高硬度和高耐磨性，应选择的热处理工艺为淬火+低温回火。

在淬火和低温回火状态下，钢中存在以下三种导致尺寸变化的因素：①残留奥氏体转变成马氏体，引起体积膨胀；②马氏体分解，正方度下降，使体积收缩；③残余应力的变化和重新分布，使弹性变形部分转变为塑性变形而引起尺寸变化。因此，为了量具的尺寸稳定，减小时效效应，通常需要有 3 个附加的热处理工序：淬火之前的调质处理、常规淬火之后的冷处理、常规热处理后的时效处理。

① 调质处理的目的是获得回火索氏体组织。因为回火索氏体组织与马氏体的体积差别较小，能使淬火应力和变形减小，从而有利于降低量具的时效效应。

② 冷处理的目的是使残留奥氏体转变为马氏体，减少残留奥氏体量，从而增加量具的尺寸稳定性。冷处理应在淬火后立即进行。

③ 时效处理的目的是消除残留应力，稳定马氏体和残留奥氏体，通常在淬火、回火后进行。时效温度一般为 120～130℃，时间为几至几十小时。为了去除在磨削加工中产生的应力，有时还要在 120～130℃保温 8h，进行二次时效处理。

（4）钢种、牌号与用途

量具钢没有专用钢，常见的量具用钢见表 7-27。

表 7-27　量具用钢的选用举例（GB/T 1299—2014）

用途	选用牌号举例	
	钢的类别	牌号
尺寸小、精度不高、形状简单的量规、塞规、样板等	碳素工具钢	T10A、T11A、T12A
精度不高，耐冲击的卡板、样板、钢直尺等	渗碳钢	15、20、15Cr
量块、螺纹塞规、环规、样柱、样套等	低合金工具钢	CrMn、9CrWMn、CrWMn
量块、塞规、样柱等	滚动轴承钢	GCr15

续表

用途	选用牌号举例	
	钢的类别	牌号
各种要求精度的量具	冷作模具钢	9Mn2V
要求精度和耐腐蚀的量具	不锈钢	40Cr13、95Cr18

7.5　特殊性能钢

用于制造在特殊工作条件或特殊环境（腐蚀、高温等）下具有特殊性能要求的构件零件的钢材，称为特殊性能钢。特殊性能钢一般包括不锈钢、耐热钢、低温钢、耐磨钢、磁钢等。

7.5.1　不锈钢

不锈钢是不锈耐酸钢的简称，是指在自然环境（大气、水蒸气）或一定工业介质（盐、酸、碱等）中具有高度化学稳定性、能够抵抗腐蚀的一类钢。有时仅把能够抵抗大气腐蚀的钢称为不锈钢，而在某些侵蚀性强烈的介质中抵抗腐蚀的钢称为耐酸钢。

为了理解不锈钢通过合金化及热处理来保证钢的耐蚀性能的原理，首先应了解钢的腐蚀过程及提高钢耐蚀性的途径。

（1）金属腐蚀的基本概念

腐蚀按化学原理分为化学腐蚀和电化学腐蚀。

① 化学腐蚀　是指金属与化学介质直接产生化学反应而造成的腐蚀，如铁的氧化过程为

$$4Fe+3O_2 \longrightarrow 2Fe_2O_3$$

其特征是腐蚀产物覆盖在工件的表面，它的结构与性质决定了材料的耐蚀性。若产生的腐蚀膜结构致密、化学稳定性高、能完全覆盖工件表面并且与基体牢固结合，就会有效隔离化学介质和金属，阻止腐蚀的继续进行。因此，提高金属耐化学腐蚀性能的主要措施之一是加入 Si、Cr、Al 等能形成致密保护膜的合金元素进行合金化。

② 电化学腐蚀　是指金属在腐蚀介质中由于形成原电池，阳极失去电子变成离子溶解进入腐蚀介质中，电子跑向阴极，被腐蚀介质中能够吸收电子的物质，如图 7-11 所示。其产生的条件是有液体腐蚀介质 H_2SO_4，金属或相之间有电位差，能构成原电池的两极并连通或接触，其特征是腐蚀产物在溶液中。因此，提高材料抗电化学腐蚀的能力可以采用以下方法：a.减少原电池形成的可能性，使金属具有均匀的单相组织，并尽可能提高金属的电极电位；b.形成原电池时，尽可能减少两极的电极电位差，提高阳极的电极电位；c.减少甚至阻断腐蚀电流，使金属"钝化"，即在表面形成致密的、稳定的保护膜，将介质与金属隔离。

金属在大气、海水及酸碱盐介质中工作时，腐蚀会自发地进行。统计表明，全世界每年有15%的钢材在腐蚀中失效。为了提高材料在腐蚀性介质中的工作寿命，人们研究了一系列不锈钢。这些材料除了要求在相应的环境下具有良好的耐蚀性外，还要考虑其受力状态、制造条件，因而要求它们具备良好的耐蚀性、力学性能、工艺性能以及经济性。

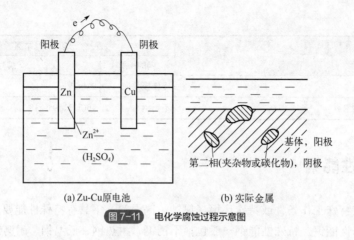

(a) Zu-Cu原电池　　　　　(b) 实际金属

图 7-11　电化学腐蚀过程示意图

（2）化学成分特点

不锈钢碳的质量分数为 0.08%～0.95%，其主加元素为 Cr、Cr-Ni，辅加元素为 Ti、Nb、Mo、Cu、Mn 和 N。

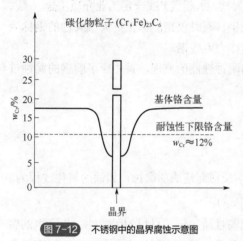

图 7-12　不锈钢中的晶界腐蚀示意图

在不锈钢中，碳含量的变化范围很大，其选取主要考虑两个方面。一方面从耐蚀性的角度来看，含碳量越低越好，因为碳会与铬形成碳化物 $Cr_{23}C_6$，沿晶界析出，使晶界周围基体严重贫铬，当铬贫化到耐蚀所必需的最低含量（$w_C \approx 12\%$）以下时，贫铬区迅速被腐蚀，造成沿晶界发展的晶间腐蚀（图 7-12），使金属产生沿晶脆断的危险，大多数不锈钢碳的质量分数为 0.1%～0.2%。另一方面从力学性能的角度来看，含碳量越高，钢的强度、硬度、耐磨性会相应地提高，因而对于要求具有高硬度、高耐磨性的刀具和滚动轴承钢，其 w_C=0.85%～0.95%，同时要相应提高含铬量，以保证形成碳化物后基体含铬量仍为 w_{Cr}>12%。

铬是不锈钢中最重要的合金元素。它能按 $n/8$ 规律显著提高基体的电极电位，即当铬的加入量的原子比达到 1/8、2/8、3/8、…时，会使钢基体的电极电位产生突变。铬是缩小奥氏体区的元素，当含铬量达到一定值时，能获得单一的铁素体组织。另外，铬在氧化性介质（如水蒸气、大气、海水、氧化性酸等）中极易钝化，生成致密的氧化膜，使钢的耐蚀性大大提高。

镍为扩大奥氏体区元素，它的加入主要是配合铬调整组织形式，当 $w_{Cr} \leq 18\%$，w_{Ni}>8%时，可获得单相奥氏体不锈钢，称为 18-8 型。在此基础上进行调整，可获得不同组织形式。如果适当提高含铬量，降低含镍量，可获得铁素体+奥氏体双相不锈钢；对于原为单相铁素体的 10Cr17，加入质量分数为 2%的镍后就变为马氏体型不锈钢 14Cr17Ni2；另外，还可得到 17-7 型奥氏体-马氏体超高强度不锈钢。

钛、铌作为与碳亲和力更强的碳化物形成元素，会优先与碳形成碳化物，使铬保留在基体中，避免晶界贫铬，从而减轻钢的晶间腐蚀倾向。钼、铜的加入，可提高钢在非氧化性酸中的耐蚀性。锰、氮也为扩大奥氏体区元素，它们的加入是为了部分取代镍，以降低成本。

（3）常用不锈钢

根据成分与组织的不同特点，可将不锈钢分为以下几种类型。

① **奥氏体型**　这类钢的成分范围为 $w_C \leq 0.1\%$、$w_{Cr} \leq 18\%$、$w_{Ni} > 8\%$，有时为了避免晶间腐蚀，还加入少量 Ti、Nb，其热处理方式为固溶处理（850～950℃加热，水冷），获得单相奥氏体组织，或者再加一个稳定化退火（850～950℃加热，空冷），以避免晶间腐蚀的产生。这类钢的耐蚀性很好，同时也具有优良的塑性、韧性和焊接性；其缺点是强度较低。

② **铁素体型**　这类钢的成分范围为 $w_C < 0.15\%$，$w_{Cr} > 17\%$，加热和冷却时不发生 α→γ 相转变，不能通过热处理改变其组织和性能，通常在退火或正火状态下使用。这类钢具有较好的塑性，强度不高，对硝酸、磷酸有较高的耐蚀性。

③ **马氏体型**　这类钢的成分范围为 $w_C=0.1\%\sim0.4\%$ 的 Cr13 型、$w_C=0.8\%\sim1.0\%$ 的 Crl8 型和 14Cr17Ni2 型。这类材料的淬透性很高，正火可得到马氏体组织，其热处理方式为：12Cr13、20Cr13 为淬火+高温回火，类似于调质钢，作为结构件使用；30Cr13、40Cr13、95Cr18 为淬火+低温回火，类似于工具钢，具有高硬度、高耐磨性。马氏体不锈钢具有很好的力学性能，但其耐蚀性、塑性及焊接性稍差。

④ **奥氏体+马氏体沉淀硬化型**　这类钢的成分范围为 $w_C=0.04\%\sim0.13\%$，$w_{Cr}=15\%\sim17\%$，$w_{Ni}=4\%\sim8\%$，加入少量的 Al、Mo、Ti、Nb 等元素。超低碳的目的是保证高的耐蚀性，避免形成碳化物。Al、Mo、Ti、Nb 等的加入是为了与 Ni 形成金属间化合物，产生沉淀硬化。Cr、Ni 及其他元素的配合是为了使钢的 M_s 点在室温至 -78℃ 之间，以便在随后通过冷处理、塑性变形或调质处理使奥氏体转变为马氏体，进一步强化基体。这类材料的热处理方式为固溶处理（950～1050℃，获得奥氏体），再经冷处理、塑性变形或调质处理（750℃加热、空冷或 950℃加热、空冷）使部分奥氏体转变为马氏体，再经过时效处理（400～500℃），析出金属间化合物沉淀强化。这类材料既是不锈钢，又是超高强度钢，用于制造、火箭发动机壳、压力容器等。

常用不锈钢的牌号、化学成分、热处理、力学性能及应用见表 7-28。

表 7-28　常用不锈钢的牌号、化学成分、热处理、力学性能及用途（GB/T 1220-2007）

类别	牌号	化学成分（质量分数）/%			热处理/℃		力学性能（不小于）					应用
		C	Cr	其他	淬火	回火	R_{eL}/MPa	R_m/MPa	A_s/%	Z/%	硬度 HBW	
马氏体型	12Cr13	0.80～0.15	11.50～13.50	Si≤1.00 Mn≤1.00	950～1000 油冷	700～750 快冷	345	540	22	55	≥159	制作抗弱腐蚀介质并承受冲击载荷的零件，如汽轮机叶片、水压机阀、螺栓、螺帽
	20Cr13	0.16～0.25	12.00～14.00	Si≤1.00 Mn≤1.00	920～980 油冷	600～750 快冷	440	640	20	50	≥192	
	30Cr13	0.26～0.35	12.00～14.00	Si≤1.00 Mn≤1.00	920～980 油冷	600～750 快冷	540	735	12	40	≥217	
	40Cr13	0.36～0.45	12.00～14.00	Si≤0.60 Mn≤0.80	1050～1100 油冷	200～300 空冷					≥50 HRC	制作具有较高硬度和耐磨性的医疗器械、量具、滚动轴承等
	95Cr18	0.90～1.00	17.00～19.00	Si≤0.80 Mn≤0.80	1000～1050 油冷	200～300 油、空冷					≥55 HRC	不锈切片机械刀具，剪切刀具，手术刀片，高耐磨、耐蚀性
铁素体型	10Cr17	≤0.12	16.00～18.00	Si≤1.00 Mn≤1.00	退火 780～850 空冷或缓冷		205	450	22	50	W≤183	制作硝酸工厂、食品工厂的设备

类别	牌号	化学成分（质量分数）/%			热处理/℃		力学性能（不小于）					应用
		C	Cr	其他	淬火	回火	R_{eL}/MPa	R_m/MPa	A_s/%	Z/%	硬度HBW	
奥氏体型	06Cr19Ni10	≤0.80	17.00～19.00	Ni8.00～11.00	固溶 1010～1150 快冷		205	520	40	60	≤187	具有良好的耐蚀及耐晶间腐蚀性能，为化学工业用的良好耐蚀材料
	12Cr18Ni9	≤0.15	17.00～19.00	Ni8.00～10.00	固溶 1010～1150 快冷		205	520	40	60	≤187	制作耐硝酸、冷磷酸、有机酸及盐、碱溶液腐蚀的设备零件

注：1.表中所列奥氏体不锈钢的 w_{Si}≤1%、w_{Mn}≤2%。

2.表中所列各钢种的 w_P≤0.035%、w_S≤0.030%。

7.5.2 耐热钢

耐热钢是指在高温下具有高的热化学稳定性和热强性的特殊钢。

（1）应用及性能特点

耐热钢主要用于热工动力机械（汽轮机、燃气轮机、锅炉和内燃机）、化工机械、石油装置和加热炉等高温条件下工作的构件，图 7-13 所示耐热钢是在 300℃以上（有时高达 1200℃）的温度下长期工作应用举例。温度升高一方面会带来钢的剧烈氧化，形成氧化皮，使截面不断缩小，最终导致破坏；另一方面会引起强度急剧下降而致破坏。因此，对耐热钢提出的性能要求是：①抗氧化性高；②高温力学性能（抗蠕变性、热强性、热疲劳性、抗热松弛性等）高；③组织稳定性高；④膨胀系数小，导热性好；⑤工艺性及经济性好。

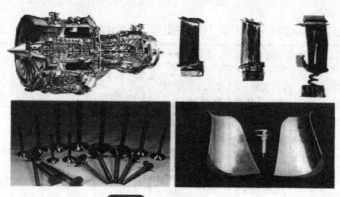

图 7-13 耐热钢的应用举例

（2）化学成分特点

耐热钢按性能和应用可分为抗氧化钢和热强钢两类。抗氧化钢主要用于长期在燃烧环境中工作、有一定强度的零件，如各种加热炉底板、辗道、渗碳箱、燃气轮机燃烧室等。氧化过程是化学腐蚀过程，腐蚀产物即氧化膜覆盖在金属表面，这层膜的结构、性质决定了进一步腐蚀进行的难易程度。在 570℃以上，铁的氧化膜主要是 FeO，FeO 结构疏松，保护性差。因此，提高钢的抗氧化性的途径是合金化，通过加入 Cr、Si、Al 等合金元素，使钢的表面形成致密稳定的合金氧化膜层，防止钢的进一步腐蚀。

（3）失效及强化途径

金属在高温下所表现的力学性能与室温下大不相同。当温度超过再结晶温度时，除了受机械力的作用产生塑性变形和加工硬化外，同时还可发生再结晶和软化的过程。当工作温度高于金属的再结晶温度时，若工作应力超过金属在该温度下的弹性极限，随着时间的延长金属会发生极其缓慢的变形，这种现象称为"蠕变"。金属的蠕变过程使得由塑性变形引起金属的强化过程在高温下通过原子扩散而迅速消除。因此，在蠕变过程中，两个相互矛盾的过程同时进行，即塑性变形使金属强化和由温度的作用而消除强化。

高温下的强化机制与室温有所不同。高温变形不仅由晶内滑移引起，还有扩散和晶界滑动的贡献。扩散能促进位错运动引起变形，同时本身也能导致变形。高温时晶界强度低，晶粒容易滑动而产生变形。因此，提高金属的热强性可采取以下措施：

① **固溶强化基体的热强性首先取决于固溶体的晶体结构**　高温时奥氏体的强度高于铁素体，主要是奥氏体结构紧密，扩散较困难，使蠕变难以发生。其次，加入一定量的合金元素 Mo、W、Co 时，因增大了原子间的结合力，也减慢了固溶体中的扩散过程，使热强性提高。

② **第二相强化**　这是提高热强性最有效的方法之一。为了提高强化效果，第二相粒子在高温下应当非常稳定，不易聚集长大，保持高度的弥散分布。耐热钢主要采用难溶碳化物 MC、M_6C、M23C6 等作强化相；耐热合金则多利用金属间化合物如 $Ni_3(Ti, Al)$ 来强化。

③ **晶界强化**　在高温下晶界为薄弱部位，为了提高热强性，应当减少晶界，采用粗晶金属。进一步提高热强性的办法有：a.定向结晶，消除与外力垂直的晶界，甚至采用没有晶界的单晶体；b.加入微量的 B、Zr 或 RE 等元素以净化晶界和提高晶界强度；c.使晶界呈齿状，以阻止晶界滑动等。

（4）常用耐热钢及其热处理

耐热钢按其正火组织可分为马氏体型、铁素体型、奥氏体型、沉淀硬化型。其化学成分、热处理、力学性能及应用见表 7-29。

① **马氏体型耐热钢**　这类钢的淬透性好，空冷就能得到马氏体。它包括两种类型。一类是低碳高铬钢，它是在 Cr13 型不锈钢的基础上加入 Mo、W、V、Ti、Nb 等合金元素，以便强化铁素体，形成稳定的碳化物，提高钢的高温强度。常用的牌号有 14Cr11MoV、15Cr12WMoV 等，它们在 500℃ 以下具有良好的蠕变抗力和优良的消振性，最宜制造汽轮机的叶片，故又称为叶片钢。另一类是中碳铬硅钢，其抗氧化性好、蠕变抗力高，还有较高的硬度和耐磨性。常用的牌号有 42Cr9Si2 和 40Cr10Si2M 等，主要用于制造使用温度低于 750℃ 的发动机排气阀，故又称为气阀钢。此类钢通常是在淬火（1000～1100℃）加热后空冷或油冷及高温回火（650～800℃空冷或油冷）后获得具有马氏体形态的回火索氏体状态下使用。

② **铁素体型耐热钢**　这类钢在铁素体不锈钢的基础上加入 Al 等合金元素以提高抗氧化性，如 06Cr13Al 等。此类钢的特点是抗氧化性强，但高温强度低，焊接性能差，脆性大，多用于受力不大的加热炉构件。此类钢通常采用正火处理（700～800℃加热空冷），得到铁素体组织。

③ **奥氏体型耐热钢**　这类钢在奥氏体不锈钢的基础上加入 W、Mo、V、Ti、Nb、Al 等元

表7-29 常用耐热钢的化学成分、热处理、力学性能及用途（GB/T 1221—2007）

类别	牌号	化学成分（质量分数）/%										热处理				力学性能（不小于）						用途举例
		C	Si	Mn	Cr	Ni	Mo	W	V	Ti	其他	淬火温度/℃	冷却剂	回火温度/℃	冷却剂	R_{eL}/MPa	R_m/MPa	A/%	Z/%	KV/J	硬度HBW	
马氏体型	12Cr13	≤0.15	≤1.00	≤1.00	11.50~13.50	≤0.60						950~1000	油	700~750	水	345	540	22	55	78	150	制造800℃以下抗氧化部件及400~450℃工作的汽轮机叶片、阀、螺栓、导管等
	20Cr13	0.16~0.25	≤1.00	≤1.00	12.00~14.00	≤0.60						920~980	油	600~750	水	440	635	20	50	63	192	
	14Cr11MoV	0.11~0.18	≤0.50	≤0.60	10.00~11.50	≤0.60	0.50~0.70		0.25~0.40			1050~1100	空	720~740	空	490	685	16	55	47		制造535~540℃工作的汽轮机叶片及涡轮叶片和导向叶片等
	15Cr12WMoV	0.12~0.18	≤0.50	0.50~0.90	11.00~13.00	≤0.60	0.50~0.70	0.70~1.10	0.18~0.30			1000~1050	油	680~700	空	585	735	15	45	47		制造550~580℃工作的汽轮机叶片、紧固件及涡轮叶片、紧固件、转子和轮盘等
	42Cr9Si2	0.35~0.50	2.00~3.00	≤0.70	8.00~10.00							1020~1040	油	700~780	油	590	885	19	50			制造内燃机进气阀和工作温度低于700℃的轻负荷发动机排气阀等
	40Cr10Si2Mo	0.35~0.45	1.90~2.60	≤0.70	9.00~10.50	≤0.60	0.70~0.90					1010~1040	油	120~160	空	685	885	10	35			
铁素体型	06Cr13Al	≤0.08	≤1.00	≤1.00	11.50~14.50						Al 0.10~0.30	780~830	空、炉			177	410	20	60		183	制造燃气涡轮压缩机叶片、退火箱、淬火台架等
	10Cr17	≤0.12	≤1.00	≤1.00	16.00~18.00							780~850	空、炉			205	450	22	50		183	制造900℃以下抗氧化部件、散热器、炉用部件、油喷嘴等
	16Cr25N	≤0.20	≤1.00	≤1.50	23.00~27.00						N≤0.25	780~880	水			275	510	20	40		≤201	制造工作温度低于1080℃的抗氧化部件、燃烧室等
	022Cr12	≤0.03	≤1.00	≤1.00	11.00~13.00							700~820	空、炉			195	360	22	60		183	制造汽车排气阀净化装置、锅炉燃烧室、喷嘴等

续表

类别	牌号	化学成分（质量分数）/%										热处理				力学性能（不小于）						用途举例
		C	Si	Mn	Cr	Ni	Mo	W	V	Ti	其他	淬火温度/℃	冷却剂	回火温度/℃	冷却剂	R_{eL}/MPa	R_m/MPa	A/%	Z/%	KV/J	硬度 HBW	
奥氏体型	16Cr20Ni14Si2	≤0.20	1.50~2.50	≤1.50	19.00~22.00	12.00~15.00						1080~1130	水、油			295	590	35	50		≤187	制造管壁温度低于800℃的加热炉炉管及承受应力的各种炉用构件
	26Cr18Mn12Si2N	0.22~0.30	1.40~2.20	10.50~12.50	17.00~19.00						N 0.22~0.33	1100~1150	水、油			390	685	35	45		≤248	制造工作温度低于900℃的加热炉构件，如吊挂支架、渗碳炉料盘、加热炉传送带、炉爪等
	45Cr14Ni14W2Mo	0.40~0.50	≤0.80	≤0.70	13.00~15.00	13.00~15.00	0.25~0.40	2.00~2.75				820~850	水、油			315	705	20	35		≤248	制造工作温度低于800℃的内燃机、柴油机重负荷进、排气阀和紧固件
	06Cr15Ni25Ti2MoAlVB	≤0.08	≤1.00	≤2.00	13.50~16.00	24.00~27.00	1.00~1.50		0.10~0.50	1.90~2.35	Al<0.35 B0.001~0.010	965~995	水、油	+610~630℃回火4h（空）		590	900	15	18		248	制造耐700℃高温的汽轮机转子、叶片的螺栓、轴及工作温度低于800℃的涡轮盘、紧固件等
沉淀硬化型	05Cr17Ni4Cu4Nb	≤0.07	≤1.00	≤1.00	15.50~17.50	3.00~5.00					Cu 3.00~5.00 Nb 0.15~0.45	1020~1060℃（水） 1020~1060℃（水）+470~490℃回火4h（空）+ 1020~1060℃（水）+540~560℃回火4h（空） 1020~1060℃（水）+610~630℃回火4h（空）				1180 1000 725	1310 1060 930	10 12 16	40 45 50		≤363 375（40HRC） 331（35HRC） 277（28HRC）	制造燃气涡轮压缩机叶片、燃气涡轮发动机轴、汽轮机部件等
	07Cr17Ni7Al	≤0.09	≤1.00	≤1.00	16.00~18.00	6.50~7.75					Al 0.75~1.50	1000~1100℃（水） 1000~1100℃（水）+565℃回火90min（空） 1000~1100℃（空）+（-73℃）+955℃回火10min（空）+冷处理8h+510℃回火60min（空）				380 960 1030	1030 1140 1230	20 5 4	25 10		≤229 363 388	制造高温弹簧、膜片、固定器波纹管等

素，用以强化奥氏体，形成稳定碳化物和金属间化合物，以提高钢的高温强度。此类钢具有高的热强性和抗氧化性，高的塑性和冲击韧性，良好的焊接和冷成型性，主要用于制造工作温度在 600～850℃ 的高压锅炉过热器、汽轮机叶片、叶轮、发动机气阀等，常用的牌号有 07Cr19Ni11Ti、45Cr14Ni14W2Mo 等。奥氏体耐热钢一般采用固溶处理（1000～1150℃加热后水冷或油冷）或是固溶+时效处理，获得单相奥氏体+弥散碳化物和金属间化合物的组织。其时效温度应比使用温度高 60～100℃，保温 10h 以上。

④ **沉淀硬化型耐热钢**　这类钢的化学成分、热处理及沉淀硬化机理与沉淀硬化型不锈钢相同，这里不再重复。常用沉淀硬化型耐热钢有 05Cr17Ni4Cu4Nb 和 07Cr17Ni7Al，前者用于制造高温燃气涡轮压缩机和透平发动机的叶片和轴等，后者用于制造高温下工作的弹簧、膜片、波纹管等。

⑤ **耐热钢的发展**　随着近代石油化工、电力及动力工业的不断发展，耐热钢及耐热合金的研究和应用得到了迅猛发展。P 型耐热钢主要围绕着在焊接热影响区低熔点杂质元素偏析使钢晶界强度降低的问题，开发了添加稀土、硼等元素的微合金化钢，显著提高了钢材的使用强度及使用寿命。抗氧化钢及奥氏体耐热钢主要围绕抗介质腐蚀和提高使用温度而开发了添加 Al 的 Fe-Ni-Cr-Al 系抗氧化、抗硫介质的钢种。

7.5.3　低温钢

低温钢是指用于工作温度在 0℃ 以下的零件和结构件的钢种。它广泛用于低温下工作的设备，如冷冻设备、制氧设备、石油液化气设备，航天工业用的高能推进剂液氢、液氟等液体燃料的制造、储运装置以及海洋工程、寒冷地区（如北极、南极）开发所用的机械设备等。

（1）性能要求及成分特点

工程上常用的中、低强度结构钢，当其使用温度低于某一温度时，材料的冲击韧度显著下降，这一现象称为韧脆转变，把对应韧度下降的温度称为韧脆转变温度。低温钢主要工作在低温下，因此，衡量它的主要性能指标是低温韧度和韧脆转变温度，即低温冲击韧度越高，韧脆转变温度越低，则其低温韧性越好。

研究表明，影响低温冲击韧度的主要因素有以下两种：

① **钢的成分**　如图 7-14 所示，钢中所含的 C、P、Si 元素使韧脆转变温度升高，尤其是 C、P 的影响更为显著，故其含量必须严格加以控制。通常要求 $w_C \leqslant 0.20\%$，$w_P \leqslant 0.04\%$，$w_{Si} \leqslant 0.60\%$。而 Mn 与 Ni 使韧脆转变温度降低，对低温韧性有利，尤以 Ni 最为显著，当钢中的 Ni 含量增高时，可在很低的温度下保持相对高的冲击韧度。例如，18-8 型奥氏体不锈钢在 -200℃ 时冲击韧度仍在 70J/cm² 以上。此外，钢中的 V、Ti、Nb、Al 等元素可以细化晶粒，有利于低温韧性的提高。

② **晶体结构**　一般具有体心立方结构的金属，随着温度的降低，韧性显著降低；而面心立方结构的金属，其韧性随温度的变化则较小。低碳钢的基体是体

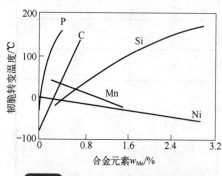
图 7-14　合金元素对韧脆转变温度的影响

心立方结构的铁素体，其冲击韧度随温度的降低比面心立方的奥氏体钢及铝、铜等要显著得多。

（2）常用低温钢及其热处理

常用的低温钢有低碳锭钢、镍钢及奥氏体不锈钢，可根据需用的温度进行选择。用 Al 脱氧的低碳镍钢经正火处理后，可在-45℃使用；调质处理后可用于-60℃；若加入 Ni 及 V、Ti、Nb 和 RE 进一步细化晶粒，其使用温度还可降低，如 09MnNiDR、09Mn2VRE、09MnTiCuRE 正火态就可在-70℃使用。

w_{Ni}=9%的低碳镍钢经二次正火处理或淬火+回火处理后，其使用温度可达-196℃。

奥氏体型低温用钢就是奥氏体不锈钢，此类钢具有良好的低温韧性，使用温度可达-269℃，其中，06Cr19Ni10、12Cr18Ni9 钢使用最为广泛。我国低温压力容器用低合金钢板的化学成分、力学性能及低温冲击韧性列于表 7-30。

7.5.4 耐磨钢

广义地讲，耐磨钢是指用于制造高耐磨零件及构件的一类钢种，如高碳铸钢、Si-Mn 结构钢、高碳工具钢、滚动轴承钢等。但习惯上耐磨钢主要是指在强烈冲击和严重磨损条件下发生冲击硬化，具有很高耐磨能力的钢。

（1）应用及性能要求

耐磨钢主要用于运转过程中承受严重磨损和强烈冲击的零件，如铁路道岔、坦克履带、挖掘机铲齿等，如图 7-15 所示。这类零件常见的失效方式为磨损，有时出现脆断。因此，对耐磨钢的主要要求是表面硬度高、耐磨，心部韧性好、强度高。

（2）化学成分特点

耐磨钢的成分范围为 w_C=0.9%～1.5%、w_{Mn}=11%～14%、w_{Si}=0.3%～0.8%。

高碳是为了保证钢的耐磨性和强度，但过高的碳会在高温下析出碳化物，引起韧性下降。高锰的目的是与碳配合保证完全获得奥氏体组织，提高钢的加工硬化速率。加入一定量的硅是为了改善钢的流动性，起到固溶强化作用，并提高钢的加工硬化能力。

由于机械加工困难，耐磨钢基本上都由铸造生产，因此牌号为 ZGMn13，也称为高锰钢。

（3）热处理特点

高锰钢铸件的性质硬而脆，耐磨性也差，不能直接应用。其原因是在铸态组织中存在沿奥氏体晶界分布的碳化物，因此必须经过热处理。

高锰钢都采用水韧处理，即将钢加热到 1050～1100℃，保温一段时间后，使碳化物全部溶解获得单一奥氏体，然后迅速水淬至室温，使其组织仍保持为单一奥氏体。水韧处理后一般不进行回火，因为加热超过 300℃时会有碳化物析出。

（4）性能特点

奥氏体组织具有很高的韧性，同时在受到强烈的冲击载荷和强大的压力下，不仅表层会迅

表7-30 低温压力容器用低合金钢板的化学成分、力学性能及低温冲击韧性（GB 3531—2014）

牌号	化学成分（质量分数）/%								热处理	钢板厚度 /mm	力学性能			冲击吸收能量	
	C	Si	Mn	Ni	Al	其他	P	S			R_m /MPa	R_{eL} /MPa 不小于	A/% 不小于	试验温度/℃	KV_2/J 不小于
	不大于						不大于								
16MnDR	≤0.20	0.15~0.50	1.20~1.60	—	≥0.020	—	0.020	0.010	正火或正火+回火	6~16	490~620	315	21	−40	47
										>16~36	470~600	295			
										>36~60	460~590	285			
										>60~100	450~580	275		−30	
15MnNiDR	≤0.18	0.15~0.50	1.20~1.60	0.20~0.60	≥0.020	V≤0.05	0.020	0.008		6~16	490~620	325	20	−45	60
										>16~36	480~610	315			
										>36~60	470~600	305			
15MnNiNbDR	≤0.18	0.15~0.50	1.20~1.60	0.30~0.70	—	Nb 0.015~0.040	0.020	0.008		10~16	530~630	370	20	−50	60
										>16~36	530~630	360			
										>36~60	520~620	350			
09MnNiDR	≤0.12	0.15~0.50	1.20~1.60	0.30~0.80	≥0.020	Nb≤0.040	0.020	0.008		6~16	440~570	300	23	−70	60
										>16~36	430~560	280			
										>36~60	430~560	270			

注：DR 为"低容"的汉语拼音首字母。

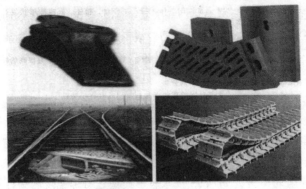

图 7-15　耐磨钢的应用举例

速产生加工硬化，还会诱发马氏体转变，使表面层硬度及耐磨性显著提高，而心部仍保持为原来的高韧性状态。

应当指出，在工作中受力不大的情况下，高锰钢的高耐磨性是发挥不出来的。

本章小结

本章详细叙述了工业用钢的分类、牌号、特点、性能、用途以及钢中化学成分的作用。结合各钢种化学成分、性能及用途的国家标准，清晰明了。

工业用钢是制造业的重要基础材料，广泛应用于建筑、机械、汽车、石油化工等领域。

工业用钢种类繁多，按用途可分为结构钢、工具钢、特殊钢等。其中，结构钢主要用于构建各种工程结构，要求具有良好的强度、韧性和焊接性；工具钢则用于制造切削工具、模具等，需具备高硬度和耐磨性；特殊钢则根据具体使用要求，具有特定的性能，如耐腐蚀性、耐热性等。

工业用钢的性能优化与材料创新持续推动着工业制造的发展。

 习题

（1）何谓调质钢？为什么调质钢的含碳量均为中碳？合金调质钢中常含哪些合金元素？它们在调质钢中起什么作用？

（2）W18Cr4V 钢的 Ac_1 约为 820℃，若以一般工具钢 Ac_1+30～50℃常规方法来确定淬火加热温度，在最终热处理后能否达到高速切削刃具所要求的性能？为什么？

（3）合金元素 Mn、Cr、W、Mo、V、Ti、Zr、Ni 对钢的 C 曲线和 M_s 点有何影响？将引起钢在热处理、组织和性能方面的哪些变化？

（4）为什么比较重要的大截面的结构零件，如重型运输机械和矿山机器的轴类、大型发电机转子等，都必须用合金钢制造？与碳钢比较，合金钢有何优点？

（5）有甲、乙两种钢，同时加热至 1150℃，保温 2h，经金相显微组织检查，甲钢奥氏体晶粒度为 3 级，乙钢为 6 级。由此能否得出结论：甲钢是本质粗晶粒钢，而乙钢是本质细晶粒钢？

（6）某型号柴油机的凸轮轴，要求凸轮表面有高的硬度（HRC>50），而心部具有良好的韧性（a_k>40J），原采用 45 钢调质处理再在凸轮表面进行高频淬火，最后低温回火，现因工厂库存的 45 钢已用完，只剩 15 钢，拟用 15 钢代替。试说明：

① 原 45 钢各热处理工序的作用；

② 改用 15 钢后，按原热处理工序进行能否满足性能要求？为什么？

③ 改用 15 钢后，为达到所要求的性能，在心部强度足够的前提下采用何种热处理工艺？

（7）选择下列零件的热处理方法，并编写简明的工艺路线（各零件均选用锻造毛坯，并且钢材具有足够的淬透性）：

① 某机床变速箱齿轮（模数 m=4），要求齿面耐磨，心部强度和韧性要求不高，材料选用 45 钢；

② 某机床主轴，要求有良好的综合力学性能，轴径部分要求耐磨（50～55HRC），材料选用 45 钢；

③ 镗床镗杆，在重载荷下工作，精度要求极高，并在滑动轴承中运转，要求镗杆表面 38CrMoAlA 有极高的硬度，心部有较高的综合力学性能，材料选用。

（8）拟用 T10 制造形状简单的车刀，工艺路线为：锻造→热处理→机加工→热处理→磨加工。

① 写出各热处理工序的名称并指出各热处理工序的作用；

② 指出最终热处理后的显微组织及大致硬度；

③ 制定最终热处理工艺规定（温度、冷却介质）。

（9）汽车、拖拉机变速箱齿轮和后桥齿轮多半用渗碳钢来制造，而机床变速箱齿轮又多半用中碳（合金）钢来制造，试分析其原因。

（10）某厂原用 45MnSiV 生产 ϕ8mm 高强度钢筋，要求 σ_b>1450MPa，$\sigma_{0.2}$>1200MPa，d>5%，其热处理工艺是 920℃油淬，470℃回火。因该钢种缺货，库存有 25MnSi 钢，请考虑是否可能代用，热处理规程该如何调整？

（11）分析碳和合金元素在高速钢中的作用及高速钢热处理工艺的特点。

（12）为什么正火状态的 40CrNiMo 及 37SiMnCrMoV 钢（直径 25mm）都难于进行切削加工？请考虑最经济的改善切削加工性能的方法。

（13）滚齿机上的螺栓，本应用 45 钢制造，但错用了 T12 钢，退火、淬火都沿用 45 钢的工艺，问此时将得到什么组织？性能如何？

（14）用 9SiCr 钢制成圆板牙，其工艺路线为：锻造→球化退火→机械加工→淬火→低温回火→磨平面→开槽开口。试分析：①球化退火、淬火及回火的目的；②球化退火、淬火及回火的大致工艺。

（15）有一批碳素工具钢工件淬火后发现硬度不够，估计或者是表面脱碳，或者是淬火时冷却不好未淬上火。判断发生问题的原因。

（16）简述不锈钢的合金化原理。为什么 Cr12MoV 钢不是不锈钢，也不能通过热处理的方法使它变为不锈钢？

（17）高碳高铬钢的拔丝模磨损之后内孔变大，采用怎样的热处理能减小内孔直径？

第 8 章

铸铁

本章思维导图

扫码获取本书配套资源

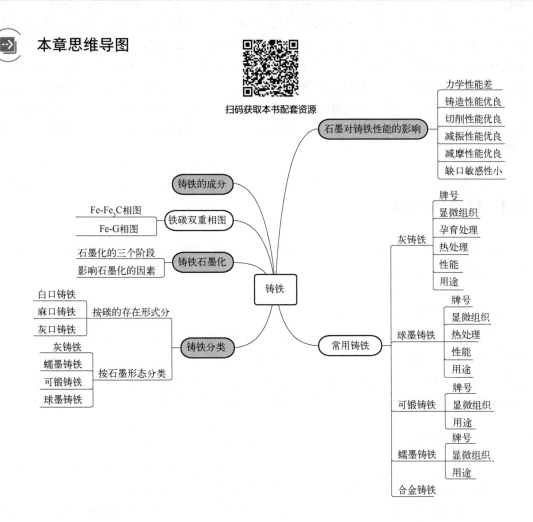

- 石墨对铸铁性能的影响
  - 力学性能差
  - 铸造性能优良
  - 切削性能优良
  - 减振性能优良
  - 减摩性能优良
  - 缺口敏感性小

- 铸铁的成分
- 铁碳双重相图
  - Fe-Fe₃C相图
  - Fe-G相图
- 铸铁石墨化
  - 石墨化的三个阶段
  - 影响石墨化的因素
- 铸铁分类
  - 按碳的存在形式分
    - 白口铸铁
    - 麻口铸铁
    - 灰口铸铁
  - 按石墨形态分类
    - 灰铸铁
    - 蠕墨铸铁
    - 可锻铸铁
    - 球墨铸铁

- 常用铸铁
  - 灰铸铁
    - 牌号
    - 显微组织
    - 孕育处理
    - 热处理
    - 性能
    - 用途
  - 球墨铸铁
    - 牌号
    - 显微组织
    - 热处理
    - 性能
    - 用途
  - 可锻铸铁
    - 牌号
    - 显微组织
    - 用途
  - 蠕墨铸铁
    - 牌号
    - 显微组织
    - 用途
  - 合金铸铁

本章学习目标

（1）描述铸铁的成分特点。

（2）描述铸铁按碳的存在形式和石墨的形态如何分类。

（3）结合铁碳双重相图理解并掌握铸铁石墨化三个阶段的具体内容。

（4）描述影响铸铁石墨化的因素，并能正确分析说明各因素如何影响石墨化。

（5）理解石墨对铸铁性能的影响，并能做简要分析说明。

（6）掌握灰铸铁、球墨铸铁的牌号、热处理工艺、性能及用途。

（7）了解可锻铸铁、蠕墨铸铁的牌号及用途。

（8）了解合金铸铁的种类及用途。

铸铁作为工程材料历史悠久，中国早在春秋时期就已发明铸铁技术。现代所知的早期铸铁器件，如江苏六合铁丸，湖南长沙铁、铁鼎等，其年代都在公元前 6 世纪左右；《左转》中也有关于铸铁的记载：昭公二十九年（公元前 513）"赋晋国一鼓铁以铸刑鼎"。如今，铸铁仍是工业上重要的金属材料之一，被广泛应用于各个工业部门。一般机器中，铸铁件的质量常占机器总质量的 50%以上。**铸铁**是碳质量分数大于 2.11%的铁碳合金，含有较多的硅、锰、硫、磷，是一种多元铁碳合金。工业上常用铸铁的碳质量分数在 2.11%～4.5%。与钢相比，铸铁的强度、塑性、韧性较差，不能进行锻造，但铸铁却具有优良的铸造性能，良好的减摩性、耐磨性、减振性和切削加工性，以及缺口敏感性低等一系列优点。铸铁生产设备简单，价格低廉。

8.1　铸铁的分类

铸铁的使用与铸铁中碳的存在形式密切相关。按碳的存在形式不同，铸铁分为白口铸铁、灰口铸铁和麻口铸铁三种。

（1）白口铸铁

白口铸铁中的碳除少量溶于铁素体外，绝大部分以渗碳体的形式存在于铸铁中，因其断口呈银白色，故称为**白口铸铁**。由于存在大量硬而脆的 Fe_3C，白口铸铁硬度高，脆性大，不能承受冲击载荷，不能进行切削加工。白口铸铁主要用于生产可锻铸铁和作为炼钢原料，也可用于制作硬度高、耐磨的零件，如犁铧、磨球、轧辊、火车轮的压板等。

（2）灰口铸铁

灰口铸铁中的碳除少量溶于铁素体外，其他全部或大部分以石墨的形式存在，因其断口呈灰色，故称为**灰口铸铁**。灰口铸铁是机械工业中应用最广泛的铸铁材料。

灰口铸铁根据石墨形态的不同又分为灰铸铁、球墨铸铁、可锻铸铁和蠕墨铸铁四种。灰铸铁中石墨呈片状；球墨铸铁中石墨呈球状；可锻铸铁中石墨呈团絮状；蠕墨铸铁中石墨呈蠕虫状。

（3）麻口铸铁

麻口铸铁是介于白口铸铁和灰铸铁之间的一种铸铁。麻口铸铁中的碳以石墨和渗碳体两种形式存在，断口有黑白相间的麻点，故称为**麻口铸铁**。麻口铸铁不易加工，性能不好，工业中也很少应用。

如果在铸铁中加入一定量的钒、钛、铬、铜等元素，可以获得具有特殊的耐热、耐腐蚀、耐磨损等性能的合金铸铁。

8.2 铸铁的石墨化

碳在铁碳合金中可以三种形式存在：一是溶于固溶体中，如铁素体、奥氏体中的碳；二是以化合物形式存在，如渗碳体 Fe_3C；三是以石墨 G 单质形式存在。

（1）铁碳双重相图

实践证明，对已形成渗碳体的铸铁，将其加热到高温保持一段时间，其中的渗碳体可以分解为铁素体和石墨，即 $Fe_3C \longrightarrow 3Fe + G$（石墨），这表明，渗碳体是一个亚稳相，石墨才是稳定相。此外，含 C、Si 较多的铁水在缓慢冷却时，液相中可直接析出石墨，冷却速度越慢，越容易析出石墨，冷却速度快，析出 Fe_3C 的倾向变大。

铁碳合金的 Fe-Fe_3C 相图表达了 Fe_3C 的析出规律，描述石墨 G 析出规律的应用 Fe-G 相图，即完整的铁碳相图应是由 Fe-Fe_3C 相图和 Fe-G 相图组成的双重相图，如图 8-1 所示。图中，实

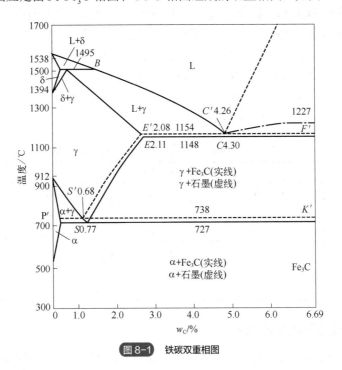

图 8-1 铁碳双重相图

线表示 Fe-Fe₃C 相图，虚线表示 Fe-G 相图，重合部分用实线表示。当铸铁中碳、硅含量较低，冷却速度较快时，合金按 Fe-Fe₃C 相图结晶析出 Fe₃C，获得白口铸铁。灰铸铁、球墨铸铁及蠕墨铸铁中碳、硅含量较高，在冷却速度较慢时，将按照 Fe-G 相图结晶析出石墨。

（2）铸铁石墨化

铸铁中析出石墨的过程称为**铸铁石墨化**。按照 Fe-G 相图，铸铁的石墨化过程可分成三个阶段。

第一阶段石墨化　液相至共晶转变阶段。因温度高，原子扩散能力强，该阶段石墨化过程最容易进行，包括从过共晶液相中直接结晶析出一次石墨（$L \longrightarrow G_I$）和在 1154℃ 通过共晶反应形成共晶石墨（$L_{4.26} \xrightarrow{1154℃} A_{2.08} + G_{共晶}$）以及由一次渗碳体和共晶渗碳体在高温分解析出石墨（$Fe_3C_I \longrightarrow 3Fe+G$，$Fe_3C_{共晶} \longrightarrow 3Fe+G$）等过程。第一阶段石墨化结束得到奥氏体（$A_{2.08}$）和石墨。

第二阶段石墨化　共晶转变至共析转变之间阶段，即在 738～1154℃ 范围内冷却时，包括自奥氏体中沿 $E'S'$ 线不断析出二次石墨（$A_{2.08} \longrightarrow G_{II}$）和由二次渗碳体分解析出石墨（$Fe_3C_{II} \longrightarrow 3Fe+G$（石墨））等过程。第二阶段石墨化结束得到奥氏体（$A_{0.68}$）和石墨。

第三阶段石墨化　共析转变阶段。该阶段包括在 738℃ 通过共析反应析出共析石墨（$A_{0.68} \xrightarrow{738℃} F+G_{共析}$）和由共析渗碳体分解析出石墨（$Fe_3C_{共析} \longrightarrow 3Fe+G$）等过程。第三阶段石墨化结束得到铁素体和石墨。由于温度低、冷却速度大，原子扩散更加困难，通常情况下第三阶段石墨化难以充分进行。

铸铁各阶段石墨化的进行程度直接影响铸铁的最终组织和性能。如果第一、二阶段石墨化过程都充分进行，就可得到灰口铸铁。如果铸铁三个阶段的石墨化过程都按 Fe-G 相图进行，得到的铸铁组织即为铁素体和石墨。如果铸铁在第一、二阶段石墨化过程按 Fe-G 相图进行，第三阶段完全按 Fe-Fe₃C 相图转变（$A_{0.77} \xrightarrow{727℃} P$），得到珠光体和石墨。如果第一、二阶段石墨化完全按 Fe-G 相图进行，第三阶段石墨化过程进行不充分，即第三阶段石墨化部分按 Fe-G 相图进行相变，部分按 Fe-G 相图进行相变，得到的铸铁组织为铁素体、珠光体和石墨。表 8-1 所示为铸铁石墨化程度不同，所得的不同组织。因此，灰口铸铁按基体组织可分为珠光体灰铸铁、铁素体-珠光体灰铸铁、铁素体灰铸铁三种。珠光体、铁素体都是钢的组织，所以，铸铁的组织可以看作在钢的基体上分布着不同形态的石墨。

表 8-1　铸铁不同程度石墨化后得到的组织

名称	石墨化程度			显微组织
	第一阶段	第二阶段	第三阶段	
灰口铸铁	充分进行	充分进行	充分进行	F+G
	充分进行	充分进行	部分进行	F+P+G
	充分进行	充分进行	不进行	P+G
麻口铸铁	部分进行	部分进行	不进行	$L'_d + P + G$
白口铸铁	不进行	不进行	不进行	$L'_d + P + Fe_3C$

（3）影响铸铁石墨化的因素

铸铁的组织取决于石墨化进行的程度，为了获得所需要的组织，关键在于控制石墨化进行的程度。影响石墨化过程的主要因素有铸铁的成分、铸件实际冷却速度及铁水的过热和静置时间等。

① **铸铁成分的影响** 碳和硅是强烈促进石墨化的元素，铸铁中 C 和 Si 含量越高，石墨化程度越充分。在一定冷却条件下，C 和 Si 两种元素对石墨化的共同影响可以用图 8-2 表示。由图可知，对于薄壁件，要得到灰铸铁件，需要增大铸铁中 C 和 Si 的含量。一般铸铁中 C 含量为 2.5%～4.0%，Si 含量为 1%～3%。除 C 和 Si 外，促进石墨化过程的元素还有 Al、Ti、Ni、Cu、P 等，但其作用不如 C 和 Si 强烈。P 对石墨化影响不显著，但它能降低铸铁的韧性，其含量常限制在 0.3%以下。

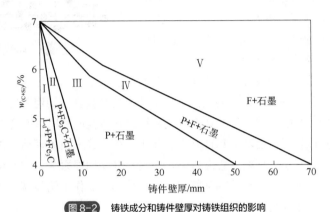

图 8-2 铸铁成分和铸件壁厚对铸铁组织的影响

铸铁中的 Mn、S、Mo、Cr、V 等碳化物形成元素则阻碍铸铁石墨化。其中，S 不仅强烈地阻碍石墨化，还会降低铸铁的力学性能和流动性，其含量一般控制在 0.15%以下。Mn 虽是阻碍石墨化元素，但它能与 S 易形成 MnS，从而削弱 S 的有害作用。Mn 的含量一般在 0.5%～1.4%范围内。

生产中，C、Si、Mn 为调节组织元素，P 是控制使用元素，S 属于限制使用元素。

② **冷却速度的影响** 冷却速度对铸铁石墨化过程影响很大。若冷却速度较快，碳原子来不及充分扩散，石墨化难以充分进行，则容易产生白口铸铁组织；若冷却速度缓慢，碳原子有时间充分扩散，有利于石墨化过程充分进行，则容易获得灰铸铁组织。在实际生产中，经常发现同一铸件厚壁处为灰口，而薄壁处出现白口的现象。

铸件的实际冷却速度受浇铸温度、铸件壁厚和铸型材料等因素的影响。一般砂型铸造条件下，铸件的壁厚对石墨化过程的影响见图 8-2。

③ **铁水的过热和高温静置时间的影响** 在一定温度范围内，提高铁水过热温度，延长铁水高温静置时间，都会促进铸铁石墨化，但会导致铸铁基体组织晶粒粗化，铸铁性能下降，并且铁水过热度高，会导致铸铁的成核能力下降，使石墨形态变差，因而存在一个"临界温度"。普通灰铸铁的临界温度约在 1500～1550℃。

（4）石墨晶体结构

石墨是简单六方晶格，原子呈层状排列，图 8-3 所示为石墨的晶体结构；同一层晶面上碳原子间距为 0.142nm，以共价键结合，结合力较强；层与层之间的距离为 0.340nm，原子间以分子键结合，结合力较弱，因此层与层容易相对滑动，导致石墨的强度、硬度、塑性极低，韧性接近于零。石墨的存在如同在钢的基体上存在大量小缺口，既减少承载面积，又增加裂纹源，所以灰口铸铁的很多力学性能都与石墨有关。

（5）石墨形态对铸铁组织和性能的影响

从液相中直接结晶出石墨多为片状；而将白口铸铁加热至高温，经长时间保温，使渗碳体分解，形成的石墨为团絮状；若想使从液体中直接结晶出的石墨呈球状，在球墨铸铁生产中，除配备合适的化学成分外，更重要的是要在浇铸前对铁水进行球化处理和孕育处理；若想使从液体中直接结晶出的石墨呈蠕虫状，除合适的化学成分外，还需在浇铸前在铁水中添加蠕化剂。

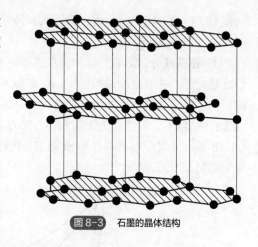

图 8-3　石墨的晶体结构

由于石墨的存在犹如许多空洞、裂纹割裂了基体，使基体强度利用率降低。灰铸铁中石墨呈片状，对基体有严重割裂作用。据统计，普通灰铸铁基体强度利用率不超过 30%～50%。灰铸铁的抗拉强度和塑性较低，而塑、韧性几乎表现不出来。经变质处理后，由于石墨片细化，石墨对基体的割裂作用减小，使铸铁强度提高，但对塑性无明显影响。与灰铸铁相比，蠕墨铸铁中的石墨呈蠕虫状，其长度较短，端部圆钝，对基体的割裂作用明显减弱，因此，蠕墨铸铁的抗拉强度和塑性都明显提高。可锻铸铁中石墨呈团絮状，对基体的割裂作用大大降低，可锻铸铁基体强度使用率可达 40%～70%。由于石墨周围的应力集中减轻，因而可锻铸铁的强度增大，塑性也明显改善。球墨铸铁中的石墨呈球状，对基体的割裂作用最小，球磨铸铁的强度和塑性显著提高，有的甚至可与钢相媲美。球墨铸铁基体强度利用率为 70%～90%。因此，改变石墨形态可使灰口铸铁性能有较大的提高。

石墨的存在，赋予铸铁许多优良的性能：

① 良好的铸造性能。铸件凝固时形成石墨会产生体积膨胀，减少了铸件体积的收缩，并降低了铸件中的内应力。

② 优异的切削加工性能。石墨力学性能很差，切削加工时极易断屑；此外，石墨是优良的固体润滑剂，对刀具有润滑减摩作用。

③ 优良的减振性能。铸铁中的石墨类似空洞，对振动的传递有明显削弱作用。

④ 良好的减摩性。石墨材料层间结合力很小，当其与金属摩擦时，在金属表面极易形成石墨薄膜，可以起到减摩作用；且石墨空穴还可储存润滑剂，因而减摩、耐磨性良好。

⑤ 缺口敏感性小。大量石墨对基体的割裂作用导致铸铁对缺口不敏感。

8.3　灰铸铁

灰铸铁的铸造性能、切削性能、耐磨性和减振性都优于其他各类铸铁，而且生产工艺简单，成本低，是应用最广的铸铁，其产量占铸铁总产量的 80%以上。

（1）灰铸铁的化学成分、组织、性能和用途

① **化学成分** 普通灰铸铁的化学成分一般为：w_C =2.6%～3.6%，w_{Si} =1.0%～2.0%，w_{Mn} =0.5%～1.3%，w_P ≤0.3%，w_S ≤0.15%。

② **显微组织** 灰铸铁的显微组织由片状石墨和金属基体组成。金属基体按共析阶段石墨化的进行程度分为铁素体、珠光体-铁素体、珠光体三种，如图 8-4～图 8-6 所示。普通灰铸铁的金属基体以珠光体为主，并含有少量铁素体。高强度铸铁主要是珠光作基体。属于铁素体基体的主要是高硅铸铁。

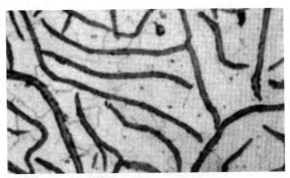

图 8-4 铁素体基体灰铸铁

图 8-5 珠光体-铁素体基体灰铸铁

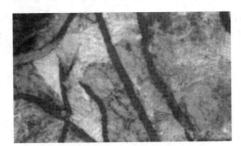

图 8-6 珠光体基体灰铸铁

③ **性能和用途** 在石墨片的尖端，容易引起应力集中。石墨本身强度、韧性非常低，对基体有明显的割裂作用，灰铸铁的强度、塑性与韧性远低于钢，见表 8-2。但灰铸铁的抗压强度、硬度受石墨的影响较小，与钢相近。

表 8-2 灰铸铁与碳钢力学性能比较

性能指标	抗拉强度 R_m（N/mm^2）	延伸率 A/%	冲击韧性 K/J	弹性模量 E（N/mm^2）
铸造碳钢	400～650	10～25	20～60	$20000×10^7$
灰铸铁	100～400	～0.5	～5.0	（7000～16000）$×10^7$

注：冲击试样尺寸为 10mm×10mm×55mm。

灰铸铁结晶时，因石墨析出时体积膨胀，使其有"自补缩能力"，所以灰铸铁的收缩率小，灰铸铁件的缩孔、缩松倾向小。由 Fe-G 相图知，灰铸铁熔点较低，结晶温度范围较窄，液态合金流动性好，有良好的铸造性能。切削加工时，铸铁中由于有石墨存在，易于断屑，而且由于石墨的润滑作用，刀具磨损较小，所以铸铁的切削性能好。但是铸铁属于脆性材料，锻压性能很差，不能进行压力加工。灰铸铁含碳量高，焊接时容易产生裂纹和白口组织，焊接性能也差。

此外，由于热处理无法改变石墨的大小和分布，灰铸铁热处理改性效果很差。

灰铸铁是一种优良的耐磨材料，铸铁中的石墨具有好的润滑作用，摩擦导致磨损面上部分石墨脱落，出现大量的细小凹坑，起着储存润滑油的作用。灰铸铁常用来制造滑动轴承、轴套、活塞环、机床导轨等耐磨零件。

灰铸铁中的石墨能阻止振动能量的传播，有效消除机器所受的振动，降低噪声。灰铸铁的减振能力大约是钢的 10 倍，常用来制造机器机座、机床床身等受压、减振的零件。

此外，因石墨强度低，可把灰铸铁中的石墨片看成微裂纹，所以灰铸铁具有较小的缺口敏感性。

灰铸铁的性能除与石墨的形态数量、大小和分布等因素有关外，还与基体组织的类型相关。珠光体力学性能较好，以珠光体为基体的灰铸铁，其强度、硬度稍高，可用来制造较为重要的机件。以珠光体和铁素体为基体的灰铸铁，强度稍低，但其铸造性能、切削加工性能和减振性能较好，用途最广。以铁素体为基体的灰铸铁，石墨片比较粗大，虽然铁素体的塑性、韧性较好，但其对铸件的改善作用不大，相反铁素体会使铸铁的强度、硬度下降，生产中应用较少。

（2）孕育铸铁

普通灰铸铁壁厚敏感性大，同一铸件，不同壁厚部位的组织和性能存在不均匀性。生产中常用孕育处理提高灰铸铁的力学性能，经过孕育处理的铸铁叫**孕育铸铁**。所谓**孕育处理**是浇铸前往铁水中加入一定量的孕育剂，增大非自发形核的形核率，以得到细小、均匀分布的片状石墨和细小的珠光体组织。生产中常用的孕育剂是含硅量为 75% 的硅铁或硅钙合金。

孕育铸铁的组织是在致密的珠光体基体上均匀分布着细小的石墨片，其抗拉强度、硬度、耐磨性明显提高，但片状石墨对基体仍有明显的割裂作用，其塑性、韧性仍然很低，孕育铸铁本质上仍属于灰铸铁。

孕育铸铁与普通铸铁相比，壁厚敏感性小，比较适合制造要求较高强度、高耐磨性的厚大铸件。

（3）灰铸铁的牌号

灰铸铁的牌号由"HT+数字"组成，其中，"HT"是"灰铁"汉语拼音的首字母，数字表示直径 30mm 单铸试棒的最低抗拉强度值，单位为 MPa。按灰铸铁所测的最低抗拉强度值，将灰铸铁分为 HT100、HT150、HT200、HT225、HT250、HT2750、HT300 和 HT350 等 8 个牌号，如 HT250 表示最低抗拉强度为 250MPa 的灰铸铁。灰铸铁的牌号和力学性能见表 8-3。

表 8-3　灰铸铁 ϕ30mm 单铸试棒部分力学性能（GB/T 9439—2023）

牌号	抗拉强度 R_m/MPa	0.1%屈服强度 $R_{p0.1}$/MPa	抗压强度/MPa	抗弯强度/MPa	弹性模量/GPa
HT150	150～250	98～165	600	270～455（1.82R_m）	78～103
HT200	200～300	130～195	720	345～520（1.73R_m）	88～113
HT225	225～325	150～210	780	380～550（1.69R_m）	95～115
HT250	250～350	165～228	840	415～580（1.66R_m）	103～118
HT275	275～375	180～245	900	450～610（1.63R_m）	105～128
HT300	300～400	195～260	960	480～640（1.60R_m）	108～137
HT350	350～450	228～285	1080	540～690（1.54R_m）	123～143

（4）灰铸铁的热处理

因热处理只能改变灰铸铁的基体组织，不能改变石墨片的形态，而片状石墨对基体割裂作用非常大，故利用热处理来提高灰铸铁的力学性能效果不大。生产中，对灰铸铁进行热处理的种类并不多，较常用的仅有以下几种。

① **低温去应力退火** 形状复杂、厚薄不均的铸件，浇铸后在铸件冷却过程中，因各部位冷却速度不同，往往在铸件内部产生很大的应力。内应力的存在不仅削弱了铸件的强度，而且在切削加工之后，因应力的重新分布会引起铸件变形，严重的甚至导致铸件开裂。因此，对精度要求较高或大型复杂的铸件（如机床床身、机架等）在切削加工之前，都要进行一次去内应力退火，有时甚至在粗加工之后还要进行一次。

去应力退火的温度与铸铁的化学成分有关。普通灰铸铁当退火温度超过 550℃或保温时间过长，会引起石墨化，使铸件的强度与硬度降低；当含有合金元素时，渗碳体开始分解的温度约 650℃。通常，普通灰铸铁去应力退火温度以 550℃为宜，低合金灰铸铁为 600℃，高合金灰铸铁可提高到 650℃。保温时间的长短取决于加热温度、铸件的大小和结构复杂程度以及对消除应力程度的要求。保温后随炉冷却至 150～200℃后出炉空冷，去应力退火可以消除 90%以上的内应力。

② **高温软化退火（消除白口改善切削性）** 铸件冷却时，在铸件表面或某些薄壁处，因冷却速度较快，易出现白口组织。白口组织硬而脆、切削加工性能差、易剥落，因此必须进行消除白口的软化退火。退火工艺为：把铸件加热到 850～950℃，保温 1～3h，随炉缓冷到 500～550℃，再出炉空冷，得到以铁素体或铁素体-珠光体为基体的灰铸铁。在高温保温期间，游离渗碳体和共晶渗碳体分解为奥氏体和石墨，在随后炉冷过程中二次渗碳体和共析渗碳体也分解，发生石墨化过程。由于渗碳体的分解，导致铸件硬度降低，改善了切削加工性。

③ **表面淬火** 表面淬火的目的是提高灰铸铁件（如内燃机气缸套内壁、机床导轨表面等）的表面硬度和耐磨性。表面淬火的方法有高频感应加热表面淬火及接触电阻加热表面淬火等。图 8-7 为接触电阻加热表面淬火方法的原理示意图。用石墨或紫铜滚轮电极和工件紧密接触，通以低压（2～5V）、大电流（400～750A）的交流电，利用电极与工作接触处的电阻热将工件表面迅速加热到淬火温度。操作时将电极以一定速度移动，工件表面通过自身散热而迅速降温，达到表面淬火的目的。接触电阻加热表面淬火层的深度可达 0.20～0.30mm，淬火后组织为细马氏体+片状石墨，

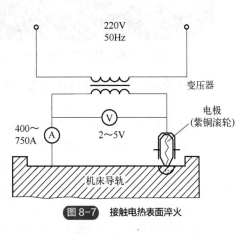

图8-7 接触电热表面淬火

硬度可达 59～61HRC。接触电阻加热表面淬火变形小，设备简单操作方便，经过这种方法淬火后的机床导轨寿命可提高 1.5 倍。

8.4 球墨铸铁

球墨铸铁是由普通灰铸铁铁水经过球化处理和孕育处理得到的。**球化处理**的方法是在铁水

出炉后、浇铸前加入一定量的球化剂。铁水经球化处理后容易出现白口，难以产生石墨核心，因此，球化处理的同时必须进行孕育处理。常用的孕育剂为硅含量 75% 的硅铁和硅钙合金。

国外使用的球化剂主要是金属镁，我国广泛采用的球化剂是稀土镁合金。稀土镁合金中的镁和稀土都是球化元素。

（1）球墨铸铁的化学成分、显微组织、性能和用途

① **化学成分**　球墨铸铁的化学成分与灰铸铁相比，其特点是含碳与含硅量高，含锰量较低，

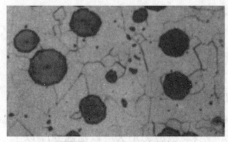

含硫与含磷量低，并含有一定量的稀土镁。球墨铸铁的化学成分大致是：w_C=3.6%～3.9%，w_{Si}=2.0%～2.8%，w_{Mn}=0.6%～0.8%，w_P≤0.1%，w_S≤0.04%，w_{Mg}=0.03%～0.05%。

② **显微组织**　球墨铸铁由球形石墨和金属基体两部分组成。按基体组织不同，球墨铸铁的组织可分为三种：铁素体（F）+球状石墨（G）、铁素体（F）+珠光体（P）+球状石墨（G）、珠光体（P）+球状石墨

图8-8　铁素体基体球墨铸铁

（G），如图 8-8～图 8-10 所示。

图8-9　铁素体-珠光体基体球墨铸铁

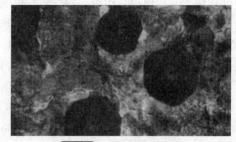

图8-10　珠光体基体球墨铸铁

③ **性能和用途**　球墨铸铁的力学性能与其基体组织的类型以及球状石墨的大小、形状及分布状况有关。

由于球状石墨对金属基体割裂作用最小，所以其力学性能优于其他类型的灰口铸铁。球墨铸铁具有较高的强度和良好的塑、韧性，而且其性能可与相应组织的铸钢相媲美。对于承受静载荷的零件，用球墨铸铁代替铸钢，可以减轻机器重量。球磨铸铁的疲劳强度接近一般中碳钢，耐磨性优于碳钢，但球墨铸铁的塑性与韧性低于钢。石墨球的圆整度越好，球径越小，分布越均匀，则球墨铸铁的强度、塑性、韧性越好。

铁素体基体具有高的塑性和韧性，但强度与硬度较低，耐磨性较差。珠光体基体强度较高，耐磨性较好，但塑性、韧性较低。铁素体-珠光体基体的球墨铸铁性能介于前两种基体之间。热处理后，具有回火马氏体基体的球墨铸铁硬度最高，但韧性很低；下贝氏体基体的球墨铸铁具有良好的综合力学性能。

球状石墨的存在，使球墨铸铁具有近似于灰铸铁的某些优良性能，如铸造性能、减摩性、切削加工性等，但其减振性比灰铸铁差。

球墨铸铁常用于制造汽车、拖拉机或柴油机中的连杆、凸轮轴、齿轮等，以及大型水压机的工作缸、缸套及活塞等。铁素体基体的球墨铸铁多用于制造受压阀门、汽车后桥壳等。

（2）球墨铸铁的牌号

球墨铸铁的牌号用"QT+数字-数字"表示。"QT"是"球铁"汉语拼音的首字母，两组数字分别代表球墨铸铁的最低抗拉强度和最低伸长率。例如，QT400-15，QT 表示球墨铸铁，400表示最低抗拉强度 400MPa，15 表示最低伸长率为 15%。球墨铸铁的力学性能见表 8-4。

表 8-4 球墨铸铁力学性能（GB/T 1348—2019） 铸件壁厚 $t \leqslant 30$mm

牌号	屈服强度 $R_{p0.2}$（min）/MPa	抗拉强度 R_{m}（min）/MPa	断后伸长率 A（min）/%	抗压强度 /MPa	主要基体组织
QT350-22	220	350	22	—	铁素体
QT400-18	250	400	18	700	铁素体
QT450-10	310	450	10	700	铁素体
QT500-7	320	500	7	800	铁素体-珠光体
QT550-5	350	550	5	840	铁素体-珠光体
QT600-3	370	600	3	870	珠光体-铁素体
QT700-2	420	700	2	1000	珠光体
QT800-2	480	800	2	1150	珠光体或索氏体
QT900-2	600	900	2	—	回火马氏体或索氏体+屈氏体
QT450-18	350	450	18	—	铁素体
QT500-14	400	500	14	—	铁素体
QT600-10	470	600	10	—	铁素体

（3）球墨铸铁的热处理

因球墨铸铁中的石墨呈球状，对金属基体的割裂作用大大减轻，故通过热处理可使金属基体组织充分发挥作用，可以显著改善球墨铸铁的力学性能。故球墨铸铁像钢一样，其热处理工艺有退火、正火、调质、等温淬火和表面热处理等。

① 退火

a. 去应力退火 将铸件缓慢加热到 500～620℃，保温 2～8h，然后随炉缓冷。球墨铸铁的弹性模量以及凝固时收缩率比灰铸铁高，故铸造内应力比灰铸铁约大 2 倍，对于不再进行其他热处理的球墨铸铁铸件，都应进行去应力退火。

b. 石墨化退火 石墨化退火的目的是消除白口，降低硬度，改善切削加工性以及获得铁素体基体球墨铸铁。据铸态基体组织不同，分为高温石墨化退火和低温石墨化退火两种。

- 高温石墨化退火 为了获得铁素体基体球墨铸铁，需要进行高温石墨化退火。将铸件加热到 900～950℃，保温 2～4h，使自由渗碳体分解析出石墨，然后随炉缓冷至 600℃，再出炉空冷。当铸件中共晶渗碳体数量较多时，须进行高温石墨化退火。
- 低温石墨化退火 当铸态基体组织为珠光体+铁素体，而无自由渗碳体存在时，为了获得塑性、韧性较高的铁素体基体球墨铸铁，可进行低温石墨化退火。把铸件加热至稍低于 Ac_1 的温度，即 720～760℃，保温 2～8h，然后随炉缓冷至 600℃，再出炉空冷。低温退火时会出现共析渗碳体石墨化。若铸件中不存在共晶渗碳体或其数量不多时，可进行低温石墨化退火。

② 正火 正火的目的是获得珠光体基体球墨铸铁，并使晶粒细化、组织均匀，提高零件的

强度、硬度和耐磨性。正火也可作为表面淬火的预先热处理。球墨铸铁正火可分为高温正火和低温正火两种。

a. **高温正火** 把铸件加热至共析温度以上，一般为900~950℃，保温1~3h，使基体组织全部奥氏体化，然后出炉空冷，获得珠光体基体球墨铸铁。

b. **低温正火** 把铸件加热至共析温度范围内，即820~860℃，保温1~4h，使基体组织部分奥氏体化，然后出炉空冷，获得珠光体-铁素体球墨铸铁，提高铸件的韧性、塑性。

球墨铸铁导热性较差，弹性模量较大，正火后铸件内有较大的内应力，还应进行一次去应力退火。

③ **等温淬火** 等温淬火是为了得到贝氏体基体的球墨铸铁，从而获得高强度、高硬度和较高韧性的综合力学性能，适用于形状复杂、易变形、开裂的铸件，如齿轮、凸轮轴等。把铸件加热至860~920℃，保温一定时间（约是钢的一倍），然后迅速放入温度为250~350℃的等温盐浴炉中进行0.5~1.5h的等温处理，最后取出空冷。

④ **调质** 调质的目的是获得回火索氏体基体的球墨铸铁，使铸件获得高的综合力学性能，如柴油机连杆、曲轴等零件。将铸件加热至860~920℃，保温一定时间，除形状简单的铸件采用水冷外，一般都采用油冷。淬火后组织为细片状马氏体和球状石墨，然后再加热到550~600℃回火2~6h，得到回火索氏体基体的球墨铸铁。

⑤ **表面热处理** 为了提高球墨铸铁零件表面硬度、耐磨性、耐蚀性及零件疲劳强度，可以像钢一样对零件进行表面处理，如表面淬火、渗氮等。

8.5 可锻铸铁

可锻铸铁俗称玛钢、马铁，是由白口铸铁经过长时间石墨化退火而获得的一种高强度铸铁。

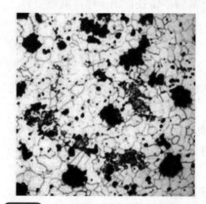

可锻铸铁中石墨呈团絮状，如图8-11所示。与灰铸铁相比，可锻铸铁具有较高的强度、塑性、韧性，而耐磨性和减振性优于普通碳素钢，可部分代替碳钢、有色金属。

为了获得100%的白口铸铁，可锻铸铁中碳和硅的质量分数较低。一般可锻铸铁中w_C=2.2%~2.8%，w_{Si}=1.2%~1.8%，w_{Mn}=0.3%~0.8%，w_P≤0.1%，w_S≤0.2%。

按退火方法不同，可锻铸铁分为黑心可锻铸铁、珠光体可锻铸铁和白心可锻铸铁，其中黑心可锻铸铁最为常用。黑心可锻铸铁的金相组织主要是铁素体基体+团絮状石墨。珠光体可锻铸铁的金相组织主要是珠光体基体+团

图8-11 可锻铸铁（铁素体基体+团絮状石墨）

絮状石墨。白心可锻铸铁的组织取决于断面尺寸，目前，我国白心可锻铸铁应用较少。

黑心可锻铸铁具有较高的塑性和韧性，而珠光体可锻铸铁则具有较高的强度、硬度和耐磨性。

可锻铸铁常用于制造形状复杂、工作时受振动，强度、韧性要求较高的薄壁零件，例如汽车扳手。这些薄壁零件，若用灰铸铁制造，不能满足力学性能要求；若用球墨铸铁铸造，易形成白口；若用铸钢制造，则因铸造性能较差质量不易保证。

可锻铸铁的牌号是由"KTH+数字-数字"或"KTZ+数字-数字"或"KTB+数字-数字"组成。其中，前两个字母"KT"是"可铁"汉语拼音首字母；第三个字母代表铸铁类别，"H"是黑心可锻铸铁中"黑"字汉语拼音首字母，"Z"是珠光体可锻铸铁中"珠"字汉语拼音首字母，"B"是白心可锻铸铁中"白"字汉语拼音首字母；其后的两组数字分别表示可锻铸铁的最低抗拉强度和最低伸长率。例如，KTH350-10，KTH 表示黑心可锻铸铁，350 表示最低抗拉强度 350MPa，10 表示最低伸长率为10%。

按 GB/T 9440—2010 规定，黑心可锻铸铁有 5 个牌号：KTH 275-05、KTH 300-06、KTH 330-08、KTH 350-10、KTH 370-12。珠光体可锻铸铁有 7 个牌号：KTZ 450-06、KTZ 500-05、KTZ 550-04、KTZ 600-03、KTZ 650-02、KTZ 700-02、KTZ 800-01。白心可锻铸铁有 5 个牌号：KTB 350-04、KTB 360-12、KTB 400-05、KTB 450-07、KTB 550-04。表 8-5 所示为黑心可锻铸铁和珠光体可锻铸铁的牌号和对应力学性能。

表 8-5　黑心可锻铸铁和珠光体可锻铸铁的力学性能

牌号	试样直径 d/mm	抗拉强度 R_m(min)/MPa	0.2%屈服强度 $R_{p0.2}$(min)/MPa	伸长率 A/%(min)(L_0=3d)	布氏硬度 HBW
KTH275-05	12 或 15	275	—	5	≤150
KTH300-06	12 或 15	300	—	6	
KTH330-08	12 或 15	330	—	8	
KTH350-10	12 或 15	350	200	10	
KTH370-12	12 或 15	370	—	12	
KTZ450-06	12 或 15	450	270	6	150～200
KTZ500-05	12 或 15	500	300	5	165～215
KTZ550-04	12 或 15	550	340	4	180～230
KTZ600-03	12 或 15	600	390	3	195～245
KTZ650-02	12 或 15	650	430	2	210～260
KTZ700-02	12 或 15	700	530	2	240～290
KTZ800-01	12 或 15	800	600	1	270～320

8.6　蠕墨铸铁

蠕墨铸铁是 20 世纪 60 年代发展起来的一种新型结构材料。我国是研究蠕墨铸铁较早的国家之一。蠕墨铸铁是在高碳、低硫、低磷的铁液中加入蠕化剂，经蠕化处理后，使石墨变为蠕虫状的高强度铸铁。常用的蠕化剂有稀土镁钛合金、稀土镁钙合金、稀土硅铁合金等。

蠕墨铸铁属于含高碳硅的共晶合金或过共晶合金，它的化学成分一般为：w_C=3.4%～3.6%，w_{Si}=2.4%～3.0%，w_{Mn}=0.4%～0.6%，w_S<0.06%，w_P<0.07%。

蠕墨铸铁中的石墨呈短小的蠕虫状，如图 8-12 所示，其形状介于片状石墨和球状石墨之间。蠕墨铸铁的显微组织有三种类型：铁素体（F）+蠕虫状石墨（G）、珠光体（P）–铁素体（F）+蠕虫状石墨（G）、珠光体

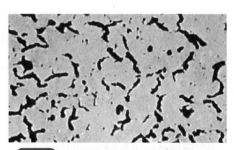

图 8-12　蠕墨铸铁（铁素体基体+蠕虫状石墨）

（P）+蠕虫状石墨（G）。

与片状石墨相比，蠕虫状石墨长度较短而厚，端部较圆，且表面粗糙。较圆的端部能抑制裂纹的发生和扩展，粗糙的表面也能限制石墨的脱落，这种独特的石墨形状与灰铸铁相比，能大大提高蠕墨铸铁的抗拉强度、疲劳强度、弹性模量和耐磨性能。蠕墨铸铁强度不如球墨铸铁，但其冲击韧度接近球墨铸铁，其铸造性能、导热性能也比球墨铸铁好。

蠕墨铸铁的牌号用"RuT+数字"表示。"RuT"代表蠕墨铸铁，其后的数字表示蠕墨铸铁的最低抗拉强度。例如，牌号 RuT300 表示最低抗拉强度为 300MPa 的蠕墨铸铁。

蠕墨铸铁具有良好的综合力学性能，在高温下有较高的强度；蠕墨铸铁氧化生长较小、组织致密、热导率高以及断面敏感性小。蠕墨铸铁常用于制造受热循环载荷、要求组织致密、强度较高、形状复杂的大型铸件，如机床的立柱、柴油机的气缸盖、缸套、排气管等。表 8-6 为蠕墨铸铁的牌号、性能及用途。

表 8-6 蠕墨铸铁的牌号、性能及用途（GB/T 26655—2022）

牌号	布氏硬度范围 HBW	基体组织	性能特点	应用举例
RuT300	140～210	铁素体	强度低，塑韧性高； 高的热导率和低的弹性模量； 热应力积聚小； 以铁素体基体为主，长时间暴露于高温之中引起的生长小	排气歧管； 涡轮增压器壳体； 离合器零部件； 大型船用和固定式发动机缸盖
RuT350	160～220	铁素体+珠光体	与合金灰铸铁比较，有较高强度并有一定的塑韧性； 与球墨铸铁比较，有较好的铸造、机加工性能和较高的工艺出品率	机床底座； 托架和联轴器； 离合器零部件； 大型船用和固定式柴油机缸体和缸盖； 铸锭模
RuT400	180～240	珠光体+铁素体	材料强度、刚性和热传导综合性能好； 较好的耐磨性	汽车发动机缸体和缸盖； 机床底座、托架和联轴器； 重型卡车制动鼓； 泵壳和液压件； 铸锭模
RuT450	200～250	珠光体	比 RuT400 有更高的强度、刚性和耐磨性，不过切削性稍差	汽车发动机缸体和缸盖； 气缸套； 火车制动盘； 泵壳和液压件
RuT500	220～260	珠光体	强度高，塑韧性低； 耐磨性最好，切削性差	高负荷汽车缸体； 气缸套

8.7 合金铸铁

合金铸铁是在普通铸铁基础上加入某些合金元素，从而使其具有耐磨性、耐热性或腐蚀性等某些特殊性能的铸铁。合金铸铁可用来制造在高温、高摩擦或耐蚀条件下工作的机器零件。常用的合金铸铁有耐磨铸铁、耐热铸铁及耐蚀铸铁等。

（1）耐磨铸铁

不易磨损的铸铁称为耐磨铸铁。根据工作条件不同，耐磨铸铁分为减磨铸铁和耐磨铸铁两类。**减磨铸铁**用于制造在润滑条件下工作的零件，如机床导轨、气缸套、滑动轴承等，这些零件要求摩擦系数小。在润滑条件下工作的零件，其组织应为软基体上分布着硬的组成相，使用时软基体首先被磨损，形成沟槽，可以储存润滑油，有利于润滑，硬组成相起支撑作用。

耐磨铸铁用来制造在无润滑、干摩擦条件下工作的零件，如轧辊、抛丸机叶片、球磨机磨球等。这些零件往往承受很大的负荷，使用中受到严重磨损，材料要有高而均匀的硬度，其组织应为硬基体上分布着软质点。典型的耐磨铸铁材料是高铬白口耐磨铸铁，其硬化态的组织是碳化物+马氏体+残余奥氏体。

（2）耐热铸铁

铸铁在高温条件下工作，通常会产生氧化和生长等现象。"氧化"是指铸铁在高温、氧化性气氛下，铸件表面发生的化学腐蚀现象。"生长"是指氧化性气体沿着石墨片的边界和裂纹深入铸铁内部造成的氧化和由于渗碳体分解发生石墨化而引起的铸铁件体积膨胀。为了提高铸铁的耐热性，常向铸铁中加入硅、铝、铬等合金元素，使铸铁表面形成一层致密的 SiO_2、Al_2O_3、Cr_2O_3 氧化膜，阻止氧化性气体渗入铸铁内部产生内部氧化，从而抑制铸铁的生长。

在高温负荷作用下，氧化和生长会导致铸件变形、翘曲、产生裂纹，甚至开裂。铸铁在高温下抵抗破坏的能力通常指铸铁的抗氧化性和抗生长能力。

耐热铸铁是指在高温条件下，其抗氧化或抗生长性能符合使用要求的铸铁。我国目前广泛应用的是高硅、高铝或铝硅耐热铸铁以及铬耐热铸铁。

耐热铸铁主要用于制作工业加热炉附件，如炉底板、烟道挡板、废气道、渗碳坩埚、热交换器、压铸模等。

（3）耐蚀铸铁

普通铸铁的耐蚀性很差。因为铸铁是一种多相合金，在电解质中各相具有不同的电极电位，其中，石墨的电极电位最高，渗碳体次之，铁素体最低。电位高的相是阴极，电位低的相是阳极。在电解质环境下，铸铁就相当于原电池，很容易发生电化学腐蚀。

提高铸铁耐蚀性的方法主要是加入合金元素提高基体组织电极电位。铸铁的基体组织最好是致密、均匀的单相组织（例如铁素体）或在铸铁表面形成一层致密的保护膜。中等大小而又不相互连贯的石墨对提高耐蚀性有利；石墨的形状则以球状或团絮状为好。

能耐化学、电化学腐蚀的铸铁，称为**耐蚀铸铁**。常用的耐蚀铸铁有高硅钼耐蚀铸铁、高铝耐蚀铸铁、高铬耐蚀铸铁、镍铸铁等。耐蚀铸铁主要用于化工机械，如潜水泵、管道、阀门、耐酸泵、低压容器等。

本章小结

本章重点介绍了两部分内容：一部分是铸铁的分类及铸铁石墨化，一部分是常见铸铁的特点、热处理及应用。

（1）铸铁是含碳量大于 2.11% 的铁碳合金，并且合金中硅、锰、硫、磷含量较多。

① 碳在铁碳合金中主要有 3 种存在形式：溶于固溶体、渗碳体、石墨。

② 渗碳体是亚稳相，高温下会分解成铁和石墨。

③ 依据碳在铸铁中的存在形式不同，铸铁分为白口铸铁、麻口铸铁和灰口铸铁，生产中大量使用的是灰口铸铁。

④ 依据石墨的形状不同，灰口铸铁分为灰铸铁、蠕墨铸铁、可锻铸铁和球墨铸铁4种，对应的石墨形状分别是片状、蠕虫状、团絮状和球状，它们对基体的割裂作用依次减弱。

⑤ 在铸铁内加入合金元素能够得到具有特殊性能的合金铸铁。合金铸铁主要有耐磨铸铁、耐热铸铁和耐蚀铸铁。

（2）铸铁中获得石墨的过程称为铸铁石墨化。石墨对铸铁性能有很大影响。

① 按形成温度不同，铸铁石墨化过程分为三个阶段，第一阶段石墨化温度高，最容易实现，第三阶段石墨化温度低，石墨化进程容易受到阻碍。

② 影响石墨化的因素主要有铸铁化学成分、冷却速度及铁水过热度和高温停留时间。碳、硅强烈促进石墨化，锰和硫阻碍石墨化；冷却速度越大越不利于石墨化；铁水过热度大，高温停留时间长有利于石墨化。

③ 石墨强度、硬度极低，塑韧性几乎为零，石墨的存在导致铸铁有优良的铸造性能、切削加工性能、减摩性能、减振性能，铸铁缺口敏感性低。

（3）铸铁组织可以看作在钢的基体上分布着不同的石墨。铸铁可以进行热处理，但铸铁热处理只能改变钢的组织，不能改变石墨的形态。铸铁不同，用途不同。

① 灰铸铁强度不高，可制造耐磨零件和减振零件。灰铸铁的热处理主要有低温去应力退火、高温消白口退火和表面淬火。灰铸铁的力学性能可以通过孕育处理来改善。

② 球墨铸铁力学性能高，可以像钢一样进行各种热处理。球墨铸铁可以代替部分钢制造机械零件。

③ 可锻铸铁适合制造薄壁零件，蠕墨铸铁适合制造耐热铸件。

④ 灰铸铁和蠕墨铸铁的牌号都是表示铸铁的代表性字母+铸铁最低抗拉强度。球墨铸铁和可锻铸铁的牌号都是表示铸铁的代表性字母+铸铁最低抗拉强度+最低伸长率。

 习题

一、填空题

（1）铸铁组织中的石墨形态主要有（　　）、（　　）、（　　）和（　　）。

（2）依据石墨形态的不同，灰口铸铁分为（　　）、（　　）、（　　）和（　　）四大类。

（3）铁素体基体灰铸铁、珠光体-铁素体基体灰铸铁、珠光体基体灰铸铁，三者中强度、硬度最高的是（　　）。

（4）影响铸铁石墨化的因素有（　　）、（　　）、铁水过热度和高温静置时间。

（5）QT600-10 的含义是（　　）。

二、判断题

（1）可锻铸铁在高温时可以进行锻造加工。（　　）

（2）白口铸铁由于硬度较高，可作切削工具使用。（　　）

（3）热处理可以改变铸铁中的石墨形态。（　　）

（4）铸铁的减振性比钢好。（　　）

（5）制造水泵底座，要求耐压、减振，宜选用球墨铸铁。（　　）

第9章

有色金属及其合金

本章思维导图

扫码获取本书配套资源

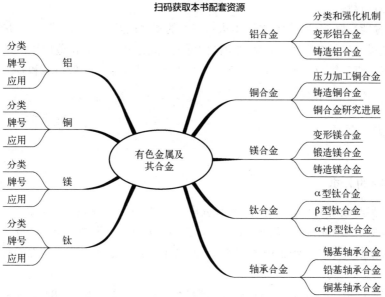

本章学习目标

（1）掌握常见有色金属及其合金的种类、牌号、性能及使用场合等。

（2）能够根据使用条件和环境，准确选用所需的有色金属及其合金。

（3）能够洞察有色金属及其合金的发展方向与趋势。

狭义的有色金属又称非铁金属，是铁、锰、铬以外所有金属的统称。广义的有色金属还包括有色合金，有色合金是以一种有色金属为基体（通常含量大于 50%），加入一种或几种其他元素而构成的合金。因此，有色金属是铁、锰、铬以外的所有金属及其有色合金。因有色金属及其合金具有很多钢铁材料所不具备的特殊力学、物理和化学性能，如比强度高、导电性好、耐蚀性和耐热性高等性能，使其广泛应用于航空、航天、航海、机电及仪表等工业领域。有色金属材料的种类很多，通常分为 5 类，即轻金属、重金属、贵金属、半金属以及稀有金属。本章仅就在工业中应用较广的铝及铝合金、镁及镁合金、铜及铜合金、钛及钛合金以及轴承合金做简要介绍。

9.1 铝及铝合金

铝及铝合金有下列特性：

① **密度小、比强度高** 纯铝的密度只有 $2.72g/cm^3$，故其合金的密度（$2.5\sim2.88g/cm^3$）也很小，采用各种强化手段后，铝合金可以达到与低合金高强钢相近的强度，因此比强度要比一般高强钢高得多。

② **有优良的物理、化学性能** 铝的导电性好，仅次于银、铜和金，在室温时的电导率约为铜的 64%。铝资源丰富，成本较低。铝及铝合金有相当好的抗大气腐蚀能力，其磁化率极低，接近于非铁磁性材料。

③ **加工性能良好** 铝及铝合金（退火状态）的塑性很好，可以冷成型，切削性能也很好。超高强铝合金成型后经热处理，可达到很高的强度。铸造铝合金的铸造性能极好。

由于上述优点，铝及铝合金在电气工程、航空及航天工业、一般机械和轻工业中都有广泛的应用。

9.1.1 纯铝

（1）纯铝的分类

铝是自然界蕴藏量最丰富的金属，占地壳质量的 8%左右。纯铝是一种银白色的金属，熔点（与其纯度有关，99.996%时）为 660℃，具有面心立方晶格，无同素异构转变。表现出极好的塑性，适于冷热加工成型。纯铝中含有 Fe、Si、Cu、Zn 等杂质元素，使性能略微降低。纯铝材料按纯度可分为三类。

① **高纯铝** 纯度为 99.93%～99.99%，牌号有 L01、L02、L03、L04 等，编号越大，纯度越高。高纯铝主要用于科学研究及制作电容器等。

② **工业高纯铝** 纯度为 98.85%～99.9%，牌号有 L0、L00 等，用于制作铝箔、包铝及冶炼铝合金的原料。

③ **工业纯铝** 纯度为 98.0%～99.0%，牌号有 L1、L2、L3、L4、L5 等，编号越大，纯度越低。工业纯铝可制作电线、电缆、器皿及配制合金。工业纯铝的抗拉强度和硬度很低，分别（铸态）为 90～120MPa，24～32HBS，不能作为结构材料使用。但其塑性极高，延长率 δ（退火）为 32%～40%，断面收缩率 ψ（退火）为 70%～90%，能通过各种压力加工制成型材。

（2）纯铝的牌号

纯铝的牌号用国际四位字符体系表示。牌号中第一、三、四位为阿拉伯数字，第二位为英文大写字母 A、B 或其他字母（有时也可用数字）。牌号中第一位数为 1，即其牌号用 1×表示；第三、四位为最低铝的质量分数中小数点后面的两位小数，如图 9-1 所示。

如果第二位的字母为 A，则表示原始纯铝；如果第二位字母为 B 或其他字母，则表示原始纯铝的改型情况，即与原始纯铝相比，元素含量略有

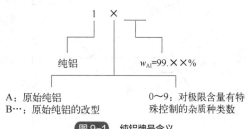

图 9-1　纯铝牌号含义

改变；如果第二位不是英文字母而是数字时，则表示杂质极限含量的控制情况，0 表示纯铝中杂质极限含量无特殊控制，1～9 则表示对一种或几种杂质极限含量有特殊控制。例如，1A93 表示铝的质量分数为 99.93%的原始纯铝；1B93 表示铝的质量分数为 99.93%的改型纯铝，1B93 是 1A93 的改型牌号；1060 表示杂质极限含量无特殊控制，铝的质量分数为 99.60%的纯铝；1235 表示对两种杂质的极限含量有特殊控制，铝的质量分数为 99.35%的纯铝。显然，纯铝牌号中最后两位数字越大，则其纯度越高。纯铝常用牌号有 1A99（原 LG5）、1A97（原 LG4）、1A93（原 LG3）、1A90（原 LG2）、1A85（原 LG1）、1070A（代 L1）、1060（代 L2）、1050A（代 13）、1035（代 14）、1200（代 L5）。

（3）纯铝的应用

纯铝的主要用途是配制铝合金，在电气工业中用铝代替铜作导线、电容器等，还可以制作质轻、导热、耐大气腐蚀的器具及包覆材料。

9.1.2　铝合金

铝中加入合金元素（Si、Cu、Mg、Zn、Mn 等）后，配制成各种成分的铝合金，除了保留纯铝的低密度、良好的导电性和导热性等优点外，通过合金化和其他工艺方法，可获得较高的强度（已高达 600MPa 以上），并保持良好的加工性能。许多铝合金不仅可通过冷变形提高强度，而且可用热处理来大幅改善性能。因此，铝合金可用于制造承受较大载荷的机器零件和构件。

（1）铝合金的分类和强化机制

① **铝合金的分类**　根据铝合金的成分和生产工艺特点，通常将铝合金分为变形铝合金和铸造铝合金。**变形铝合金**是指合金经熔化后浇成铸锭，再经压力加工（锻造、轧制、挤压等）制成板材、带材、棒材、管材、线材以及其他各种型材，要求具有较高的塑性和良好的工艺成型性能。**铸造铝合金**则是将熔融的合金液直接浇入铸型中获得成型铸件，要求合金应具有良好的铸造性能，如流动性好、收缩小、抗热裂性高。在铝中通常加入的合金元素有 Cu、Mg、Zn、Si、Mn 及稀土元素。这些元素在固态铝中的溶解度一般都是有限的，它们与铝所成的相图大都具有二元共晶相图的特点，相图的一般形式如图 9-2 所示。在相图上可以直观划分变形铝合金和铸造铝合金的成分范围，相图上最大饱和溶解度 D 是这两类合金的理论分界线。溶质合金成分低于 D 点的合金，加热时均能形成单相固溶体组织，塑性好，适于压力加工，故划归为**变形**

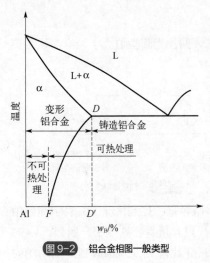

图 9-2 铝合金相图一般类型

铝合金。成分位于 D 点右侧的合金熔点低，结晶时发生共晶反应，固态下具有共晶组织，塑性较差，但流动性好，适于铸造，故划归为**铸造铝合金**。变形铝合金又分为可热处理强化和不可热处理强化两类，凡成分在 F 点左侧的合金不能进行热处理强化，即为不可热处理强化的铝合金，但它们能通过形变强化（加工硬化）和再结晶处理来调整其组织性能。成分在 F、D 两点之间的铝合金，其固溶体的成分随温度的变化而发生改变，可以通过热处理改性，即属于可热处理强化的铝合金。

② **铝合金的强化机制** 固态铝无同素异构转变，因此铝合金不能像钢一样借助于相变强化。合金元素对铝的强化作用主要表现为固溶强化、时效强化和细化组织强化。对不可热处理强化的铝合金进行冷变形是这类合金强化的主要方式。

a. **固溶强化** 合金元素加入纯铝中后形成铝基固溶体，导致晶格发生畸变，增加了位错运动的阻力，由此提高铝的强度。合金元素的固溶强化能力同其本身的性质及固溶度有关。但由于在一些铝的简单二元合金中，如 Al-Zn、Al-Ag 合金系中，组元间常常具有相似的物理化学性质和原子尺寸，固溶体晶格畸变程度低，导致固溶强化效果不高。因此，铝的强化不能单纯依靠合金元素的固溶强化作用。

b. **时效强化** 时效强化是铝合金强化的一种重要手段，又称为沉淀强化。所谓时效，是指类似于图 9-2 中 F、D 之间成分的铝合金经固溶处理（铝合金加热到单相区保温后，快速冷却得到过饱和固溶体的热处理操作称为固溶处理，也称为淬火）后在室温或较高的环境温度下，随着停留时间的延长，其强度、硬度升高，塑性和韧性下降的现象。一般把合金在室温放置过程中发生的时效称为自然时效；而把合金在加热条件下发生的时效称为人工时效。铝合金的时效强化与钢的淬火、回火根本不同，钢淬火后得到含碳过饱和的马氏体组织，强度、硬度显著升高而塑性、韧性急剧降低，回火时马氏体发生分解，强度、硬度降低，塑性和韧性提高；而铝合金固溶处理（淬火）后虽然得到的也是过饱和固溶体，但强度、硬度并未得到提高，塑性和韧性却较好，它是在随后的过饱和固溶体发生分解的过程中出现时效现象的。

研究表明，铝合金的时效强化与其在时效过程中所产生的组织有关。下面以 Al4%Cu 合金为例说明组织变化与时效的关系。图 9-3 所示为 Al-Cu 合金二元相图，由图中可见，铜在铝中有较大的固溶度（548℃时为 5.65%），且固溶度随温度下降而减小（室温时为 0.46%）。该合金在室温时的平衡组织为 α+CuM（$CuAl_2$ 即为平衡相 θ），加热到固相线以上，第二相完全溶入 α 固溶体中，淬火后获得铜在铝中的过饱和固溶体。这种过饱和固溶体是不稳定的，有自发分解的倾向，当给予一定的温度与时间条件时便要发生分解。时效过程基本上就是过饱和固溶体分解（沉淀）的过程，亦即组织转变过程。它包括以下四个阶段：

- 在时效初期，铜原子逐步自发地偏聚于 α 固溶体的 {100} 晶面上，形成铜原子富集区，称为 GP[Ⅰ]区。由于 GP[Ⅰ]区中铜原子的浓度较高，引起点阵的严重畸变，使位错的运动受阻，因而合金的强度、硬度提高。
- 随着时间的延长或温度的提高，在 GP[Ⅰ]区的基础上铜原子进一步偏聚，使 GP 区扩大并有序化，即铝、铜原子按一定方式规则排列，称为 GP[U] 区。GP[U] 区可视为中间过渡相，常用 θ″ 相表示，会使其周围基体产生更大的弹性畸变，使合金得到进一步强化。过渡相的数量越多，弥散度越大，所获得的强化效果就越明显。

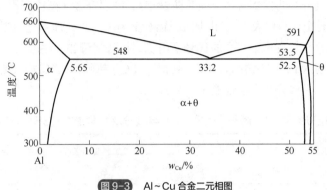

图 9-3　Al～Cu 合金二元相图

- 随着时效过程的进一步发展，铜原子在 GP[U] 区继续偏聚，并形成过渡相，此时 α 晶格畸变减轻，合金的硬度开始下降。
- 时效后期，过渡相 θ′完全从母相 α 中脱溶，形成平衡相 θ，使合金的强度、硬度进一步降低，即所谓"过时效"。综上所述，A1%～4%Cu 合金时效的基本过程可以概括为：合金淬火→过饱和 α 固溶体→形成铜原子富集区（GP[Ⅰ]区）→铜原子富集区有序化（GP[Ⅱ]区）→形成过渡相 θ′→析出平衡相 θ（CuAl₂）+平衡的 α 固溶体。除了时效时间外，时效强化效果还受到时效温度、淬火温度、淬火冷却速度等影响。一般来说，时效温度越高，原子活动能力越强，沉淀相脱溶的速度越快，达到峰值时

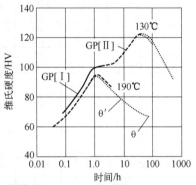

图 9-4　合金 130T 和 190Y 时效硬化曲线

效所需的时间越短，峰值硬度较低温时效低，如图 9-4 所示，淬火温度越高、淬火冷却速度越快，所得到的固溶体过饱和度越大，时效后的强化效果越明显。

　　c. **细晶强化（变质处理）**　在铝合金中添加微量合金元素以细化组织，这是提高铝合金力学性能的另一种重要手段。细化组织包括细化铝合金固溶体基体和过剩相组织。铸造铝合金中常加入微量元素（变质剂）进行变质处理来细化合金组织，既能提高合金强度，又能改善其塑性和韧性。例如，在铝硅合金中加入微量钠、钠盐或锐作变质剂来细化组织，可使合金的塑性和强度显著提高；在变形铝合金中添加微量钛、锆、铍、锶以及稀土等元素，它们能形成难熔化合物，在合金结晶时作为非自发晶核，起到细化晶粒作用，提高合金的强度和塑性。

　　d. **冷变形强化**　不可热处理强化的变形铝合金在固态范围内加热、冷却时无相变，因而不能通过热处理强化，其常用的强化方法是冷变形，如冷轧、压延等工艺。对铝合金进行冷变形，能增加其内部的位错密度，阻碍位错运动，提高合金强度，这为不能热处理强化的铝合金提供了强化的途径和方法。

（2）变形铝合金

变形铝合金均是以压力加工（轧、挤、拉等）方法制成各种型材、棒料、板、管、线、箔等半成品供应，供应状态有退火态、淬火自然时效态、淬火人工时效态等。依据变形铝合金的主要性能特点可将其分为防锈铝合金（简称防锈铝）、硬铝合金（简称硬铝）、超硬铝合金（简称超硬铝）和锻铝合金（简称锻铝），其中防锈铝合金为不可热处理强化的铝合金，其余三种为可热处理强化的铝合金。变形铝合金的代号采用汉语拼音字母加顺序号表示，代表上述四种变形铝合金的字母分别为LF（防锈铝）、LY（硬铝）、LC（超硬铝）、LD（锻铝）。常用变形铝合金的牌（代）号、化学成分及力学性能见表9-1。

表 9-1　常用变形铝合金的牌号（代号）、化学成分及力学性能（GB/T 3190—2020）

组别	牌号（代号）	化学成分（质量分数）/%					直径板厚/mm	供应状态①	试样状态①	力学性能	
		Cu	Mg	Mn	Zn	其他				R_m/MPa	A_{10}/%
防锈铝	5A05（LF5）	0.10	4.80～5.50	0.30～0.60	0.20	—	≤φ200	BR	BR	265	15
	3A21（LF21）	0.20	0.05	1.00～1.60	0.10	—	所有	BR	BR	<167	20
硬铝	2A01（LY1）	2.20～3.00	0.20～0.50	0.20	0.10	Ti: 0.15	—	—	BM BCZ	—	—
	2A11（LY11）	3.80～4.80	0.40～0.80	0.40～0.80	0.30	Ti: 0.15	>2.5～4.0	Y	M CZ	<235 373	12 15
	2A12（LY12）	3.80～4.90	1.20～1.80	0.30～0.90	0.30	Ti: 0.15	>2.5～4.0	Y	M CZ	W216 456	14 8
超硬铝	7A04（LC4）	1.40～2.00	1.8～2.8	0.20～0.60	5.0～7.0	Cr: 0.10～0.25	0.5～4.0	Y	M	245	10
							>2.5～4.0	Y	CS	490	7
							φ20～100	BR	BCS	549	6
锻铝	6A02（LD2）	0.20～0.60	0.45～0.90	0.15～0.35	—	Si: 0.5～1.2 Ti: 0.15	φ20～150	R BCZ	BCS	304	8
	2A50（LD5）	1.80～2.60	0.40～0.80	0.40～0.80	0.30	Si: 0.7～1.2 Ti: 0.15	φ20～150	R BCZ	BCS	382	10

①状态：B为不包铝（无B者为包铝）；R为热加工；M为退火；C为淬火；CZ为淬火+人工时效；Y为硬化（冷轧）。

变形铝及铝合金的牌号可直接引用国际四位数字体系牌号表示，未命名为国际四位数字体系牌号的变形铝及铝合金应采用四位字符牌号表示，这两种编号方法见表9-2。

表 9-2　变形铝及铝合金的牌号表示方法（GB/T 16474—2011）

位数	国际四位数字体系牌号		四位字符牌号	
	纯铝	铝合金	纯铝	铝合金
第一位	阿拉伯数字，表示铝及铝合金的组别。1：铝的质量分数不小于99.00%的纯铝；2：Al～Cu合金；3：Al～Mn合金；4：Al～Si合金；5：Al～Mg合金；6：Al～Mg～Si合金；7：Al～Zn合金；8：Al～其他合金；9：备用组			
第二位	阿拉伯数字，表示合金元素或杂质极限含量的控制情况。0表示其杂质极限含量无特殊控制；2～9表示对一项或一项以上的单个杂质或合金元素极限含量有特殊控制	阿拉伯数字，表示改型情况。0表示原始合金；2～9表示改型合金	英文大写字母，表示原始铝的改型情况。A表示原始纯铝；B～Y（C、I、L、N、O、P、Q、Z除外）表示原始纯铝的改型，其元素含量略有变化	英文大写字母，表示原始合金的改型情况。A表示原始合金；B～Y（C、I、L、N、O、P、Q、Z除外）表示原始合金的改型，其元素含量略有变化
最后两位	阿拉伯数字，表示最低铝的质量分数中小数点后面两位	阿拉伯数字，无特殊意义，仅用来识别同一组中的不同合金	阿拉伯数字，表示最低铝的质量分数中小数点后面两位	阿拉伯数字，无特殊意义，仅用来识别同一组中的不同合金

① **铝锰合金** 这类合金以 Mn 为主要合金元素，其中还含有适量的 Mg 和少量的 Si 和 Fe。Mn 和 Mg 可提高合金的耐蚀性和塑性，并起固溶强化作用；Si 和 Fe 主要起固溶强化作用。

铝锰合金锻造退火后为单相固溶体组织，耐蚀性高，塑性好，易于变形加工，焊接性好，但切削性差，不能进行热处理强化，常用冷变形加工产生加工硬化以提高其强度。常用变形铝锰合金的牌号有 3A21（原 LF21）、3003、3103、3004，其耐蚀性和强度均高于纯铝，用于制造需要弯曲及冲压加工的零件，如油罐、油箱、管道、铆钉等。

② **铝镁合金** 这类合金以 Mg 为主要合金元素，再加入适量的 Mn 和少量的 Si、Fe 等元素。Mg 可减小合金的密度，提高耐蚀性和塑性，并起固溶强化作用；Mn 可提高合金的耐蚀性和塑性，也起固溶强化作用；Si、Fe 主要起固溶强化作用。

和铝锰合金相似，铝镁合金锻造退火后也为单相固溶体组织，其耐蚀性高，塑性好，易于变形加工，焊接性好，但切削加工性差，不能进行热处理强化，常用冷变形加工产生加工硬化以提高其强度。常用变形铝镁合金的牌号有 5A03（原 LF3）、5A05（原 LF5）、5B05（原 LF10）、5A06（原 LF6），它们的密度比纯铝小，强度比铝锭合金高，有较高的疲劳强度和抗震性，在航空工业中得到广泛应用，如制造管道、容器、铆钉及承受中等载荷的零件。

③ **铝铜合金** 这类合金以 Cu 为主要合金元素，再加入 Si、Mn、Mg、Fe、Ni 等元素。Cu 和 Mg 形成强化相 $CuAl_2$（θ 相）或 $CuMgAl_2$（S 相）而使合金的强度、硬度提高。通常采用自然时效，也可以采用人工时效，自然时效强化过程在 5 天内完成，其抗拉强度由原来的 280～300MPa 提高到 380～470MPa，硬度由 75～85HBW 提高至 120HBW 左右，而塑性基本保持不变。若在 100～150℃进行人工时效，可在 2～3h 内加速完成时效强化过程，但比自然时效的强化水平要低些，而且保温时间过长便会引起"过时效"，且合金的耐蚀性也不如自然时效的好。在加工和使用这些铝铜合金时，必须注意它的两个缺点：其一是热处理的淬火温度范围窄，例如，2A11 淬火温度为 505～510℃，2A12 的淬火温度为 495～505℃，一般淬火温度范围不超过 ±5℃，必须严格控制，低于规定温度则强化效果降低，高于规定温度则易发生晶界爆化，产生过烧而使零件报废；其二是易产生晶间腐蚀，在海水中尤甚，因而要加以保护，通常是在硬铝表面包覆一层纯度铝。

2A01、2A10、2A11、2A12 在机械工业和航空工业中得到广泛应用。2A01、2A10 中 Mg 和 Cu 的含量低，强度低、塑性好，主要用作铆钉；2A11 和 2A12 中 Mg 和 Cu 的含量较多，时效处理后抗拉强度可分别达到 400MPa 和 470MPa，通常将它们制成板材、型材和管材，主要用作飞机构件、蒙皮或挤压成螺旋桨、叶片等重要部件。

2A14、2A50、2B50 基本上是 Al-Cu-Mg-Si 合金，其中 Mg 和 Si 形成强化相 Mg_2Si。这类合金的热塑性好，适宜进行锻造、挤压、轧制、冲压等工艺加工，主要用于制造要求中等强度、较高塑性及耐蚀性的锻件或模锻件，如喷气发动机的压气机叶轮、导风轮及飞机上的接头、框架、支杆等。2A70、2A80、2A90 基本上是 Al-Cu-Mg-Fe-Ni 合金，其中 Fe 和 Ni 形成耐热强化相 Al_9FeNi。这三种合金的耐热强度依次递减，在 3002、100h 下的持久强度分别为 45MPa、40MPa、35MPa，主要用于制造在 150～225℃工作的铝合金零件，如发动机的压气机叶片、超声音速飞机的蒙皮、隔框、桁架等。应该注意，2A14、2A50、2B50、2A70、2A80、2A90 等合金都是经淬火+人工时效后使用，其淬火加热温度为 500～530℃，人工时效温度为 150～190℃。淬火后若在室温停留时间过长，由于有 Mg_2Si 自然析出，会显著降低随后的人工时效强化效果。

④ **铝锌合金** 这类合金以 Zn 为主要合金元素，再加入适量的 Mg 和少量的 Cr、Mn 等元

素，基本上是 Al-Zn-Cu-Mg 合金，其时效强化相除了 θ 相和 S 相外，主要强化相有 $MgZn_2$（η 相）和 $Al_2Mg_3Zn_3$（T 相）。铝锌合金在时效时产生强烈的强化效果，是时效后强度最高的一种铝合金。铝锌合金的常用牌号为 7A04（原 LC4）和 7A09（原 LC9）。

铝锌合金的热态塑性好，一般经热加工后进行淬火+人工时效。其淬火温度为 455～480℃，人工时效温度为 120～140℃。7A04 时效后的抗拉强度可达 600MPa，7A09 可达 680MPa。这类铝合金的缺点是耐蚀性差，一般采用 w_{Zn}=1%的铝锌合金或纯铝进行包铝，以提高耐蚀性。另外，其耐热性也较差。

铝锌合金主要用作要求质量轻、工作温度不超过 120～130℃的受力较大的结构件，如飞机的蒙皮、壁板、大梁、起落架部件和隔框等，以及光学仪器中受力较大的结构件。

⑤ **铝锂合金** 铝锂合金是近年来国内外致力研究的一种新型变形铝合金，它是在 Al-Cu 合金和 Al-Mg 合金的基础上加入质量分数为 0.9%～2.8%的锂和 0.08%～0.16%的锂而发展起来的。已研制成功的铝锂合金有 Al-Cu-Li 系、Al-Mg-Li 系和 Al-Cu-Mg-Li 系，它们的牌号和化学成分见表 9-3。研究表明，铝锂合金中的强化相有 δ′（Al_3Li）相、θ′（$CuAl_2$）相和 T_1（Al_2MgLi）相，它们都有明显的时效强化效果，可以通过热处理（固溶处理+时效）来提高铝锂合金的强度。

表 9-3 国内外常用铝锂合金的牌号和化学成分（质量分数） %

合金牌号	Li	Cu	Mg	Zr	其他元素
2020	0.9～1.7	4.0～5.0	0.03	—	Mn 0.3～0.8
2090	1.9～2.6	2.4～3.0	<0.05	0.08～0.15	Fe 0.12
1420	1.8～2.1	—	4.9～5.5	0.08～0.15	Mn 0.6
1421	1.8～2.1	—	4.9～5.5	0.08～0.15	Se 0.1～0.2
2091	1.7～2.3	1.8～2.5	1.1～1.9	0.10	Fe 0.12
8090	2.3～2.6	1.0～1.6	0.6～1.3	0.08～0.16	Mn 0.1, Fe 0.2
8091	2.4～2.8	2.0～2.2	0.5～1.0	0.08～0.16	Fe0.2
CP276	1.9～2.6	2.5～3.3	0.2～0.8	0.04～0.16	Fe0.2

铝锂合金具有密度低、比强度和比刚度高（优于传统铝合金和钛合金）、疲劳强度较好、耐蚀性和耐热性好等优点，是取代传统铝合金制作飞机和航天器结构件的理想材料，可减轻质量 10%～20%。目前，2090 合金（Al-Cu-Li 系）、1420 合金（Al-Mg-Li 系）和 8090 合金（Al-Cu-Mg-Li 系）已成功用于制造波音飞机、F-15 战斗机、EFA 战斗机、新型军用运输机的结构件及火箭和导弹的壳体、燃料箱等，取得了明显的减重效果。

（3）铸造铝合金

铸造铝合金中加入的合金元素主要有 Si、Cu、Mg、Mn、Ni、Cr、Zn、RE 等。依合金中主加元素种类的不同，可将铸造铝合金分为 Al-Si 系、Al-Cu 系、Al-Mg 系、Al-RE 系和 Al-Zn 系五大类，其中，Al-Si 系应用最为广泛。铸造铝合金的代号用"铸铝"两字的汉语拼音首字母"ZL"加三位数字表示，第一位数表示合金类别（数字 1 表示 Al-Si 系、2 表示 Al-Cu 系、3 表示 Al-Mg 系、4 表示 Al-Zn 系），后两位数字表示合金顺序号，顺序号不同，化学成分也不一样。常用铸造铝合金的牌号、化学成分、力学性能及用途见表 9-4。

表9-4 常用铸造铝合金的牌号、化学成分、力学性能及用途（GB/T 1173—2013）

类别	牌号	代号	化学成分（质量分数）/%						力学性能（不低于）					用途
			Si	Cu	Mg	Mn	其他	Al	铸造方法	热处理	R_m/MPa	A/%	硬度 HBW	
铝硅合金	ZAlSil2	ZL102	10.0~13.0					余量	SB	F	145	4	50	形状复杂的零件，如飞机及仪器零件、抽水机壳体
									J	F	155	2	50	
									SB	T2	135	4	50	
									J	T2	145	3	50	
	ZAlSi9Mg	ZL104	8.0~10.5		0.17~0.35	0.2~0.5			J	T1	200	1.5	65	工作温度为220℃以下形状复杂的零件，如电动机壳体、气缸体
									J	T6	240	2	70	
	ZAlSi5CulMg	ZL105	4.5~5.5	1.0~1.5	0.40~0.60				J	T5	235	0.5	70	工作温度为250℃以下形状复杂的零件，如风冷发动机的气缸头、机匣、液压泵壳体
									J	T7	175	1	65	
铝硅合金	ZAlSi7Cu4	ZL107	6.5~7.5	3.5~4.5					SB	T6	245	2	90	强度和硬度较高的零件
									J	T6	275	2.5	100	
	ZAlSil2CulMglNil	ZL109	11.0~13.0	0.5~1.5	0.8~1.3		Ni 0.8~1.5		J	T1	195	0.5	90	较高温度下工作的零件，如活塞
									J	T6	245	—	100	
	ZAlSi9Cu2Mg	ZL111	8.0~10.0	1.3~1.8	0.4~0.6	0.10~0.35	Ti 0.10~0.35		SB	T6	255	1.5	90	活塞及高温下工作的其他零件
									J	T6	315	2	100	
铝铜合金	ZAlCu5Mn	ZL201		4.5~5.3		0.6~1.0	Ti 0.15~0.35		S	T4	295	8	70	砂型铸造工件温度为175~300℃的零件，如内燃机气缸头、活塞
									S	T5	335	4	90	
	ZAlCu4	ZL203		4.0~5.0					J	T4	205	6	60	中等载荷、形状比较简单的零件
									J	T5	225	3	70	
铝镁合金、铝锌合金	ZAlMgl0	ZL301			9.5~11.0				S,J	T4	280	9	60	大气或海水中工作的零件，承受冲击载荷、外形不太复杂的零件，如舰船配件、氨用泵体等
	ZAlMg5Si	ZL303	0.8~1.3		4.5~5.5	0.1~0.4			S,J	F	143	1	55	
	ZAlZn11Si7	ZL401	6.0~8.0		1~0.3		Zn 9.0~13.0		J	T1	245	1.5	90	
	ZAlZn6Mg	ZL402			0.50~0.65		Cr 0.4~0.6 Zn 5.0~6.5 Ti 0.15~0.25		J	T1	235	4	70	结构形状复杂的汽车、飞机及仪器零件，也可制造日用品

注：J—金属模；S—砂模；B—变质处理；F—铸态；T1—A工时效；T2—退火；T4—固溶处理+自然时效；T5—固溶处理+不完全人工时效；T6—固溶处理+完全人工时效；T7—固溶处理+稳定化处理。

① Al-Si 系铸造铝合金　Al-Si 系合金是工业上使用最为广泛的铸造铝合金，这是因为该系合金在液态下具有很好的流动性，凝固时的补缩能力强，热裂倾向小。

Al-Si 系铸造铝合金又称为硅铝明，仅由 Al、Si 两组元组成的二元合金称为简单硅铝明（ZL102 即属于简单硅铝明）。图 9-5 所示为 Al-Si 二元合金相图，属于共晶型。在共晶温度时，Si 在 Al 中的最大溶解度只有 1.65%，因而从固溶体中再析出 Si 的数量很少，几乎不产生强化作用，因此简单硅铝明被认为是不可热处理强化的铝合金。一般情况下，简单硅铝明铸造后的组织为粗大针状的硅与铝基α固溶体构成的共晶体，其间有少量板块状初晶硅（图 9-6）。这种组织的力学性能很差，强度与塑性都很低，不能满足使用要求。为了改善合金的力学性能，通常对这种成分的合金进行变质处理，即在合金中加入微量钠（w_{Na} =0.005%~0.15%）或钠盐（2/3NaF+1/3NaCl）。变质处理后，由于共晶点移向右下方，ZAlSi12（ZL102）合金处于亚共晶区（图 9-7），故合金中的初晶硅消失，而粗大的针状共晶硅细化成细小条状或点状，并在组织中出现初晶α固溶体（图 9-8），因此合金的力学性能大为改善，抗拉强度可由变质前的 130～140MPa 提高到 170～180MPa，伸长率由 1%～2%提高到 3%～8%。但因变质后的强度仍不够高，故通常只用于制造形状复杂、强度要求不高的铸件，如内燃机缸体及缸盖、仪表支架、壳体等。

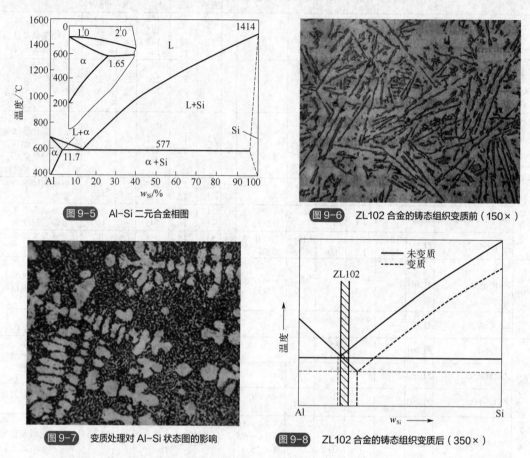

图 9-5　Al-Si 二元合金相图

图 9-6　ZL102 合金的铸态组织变质前（150×）

图 9-7　变质处理对 Al-Si 状态图的影响

图 9-8　ZL102 合金的铸态组织变质后（350×）

简单硅铝系是不能热处理的，但只要在合金中加入 Cu、Mg、Mn 等合金元素，就构成了复杂硅铝系。由于组织中出现了更多的强化相，如 $CuAl_2$、Mg_2Si 及 Al_2CuMg 等，在变质处理和时效强化的综合作用下，可使复杂硅铝明强度得到很大提高。复杂硅铝明常用来制造气缸体、风扇叶片等形状复杂的铸件。

② **其他铸造铝合金**　除了 Al-Si 系铸造铝合金外，其他几类铸造铝合金也有各自的特点，并广为应用。

Al-Cu 系铸造铝合金是以 Al-Cu 为基的二元或多元合金，由于合金中只含有少量共晶体，故铸造性能不好，耐蚀性及比强度也较一般优质硅铝明低，目前大部分已为其他铝合金所代替。在这类合金中，ZL201 的室温强度和塑性比较好，可制作在 300℃以下工作的零件。

Al-Mg 系铸造铝合金是密度最小、耐蚀性最好、强度最高的铸造铝合金，且抗冲击和切削加工性能良好，但铸造工艺性能和耐热性能较差。该系铸造铝合金常用作承受冲击载荷、振动载荷和耐海水或大气腐蚀、形状较简单的零件或接头。

Al-Zn 系合金是较便宜的一类铸造铝合金，具有较高强度，无特别突出的优点；主要缺点是耐蚀性较差。ZN01 合金中含有较高的 Si，主要用作工作温度不超过 200℃、形状复杂、受力不大的零件。

9.2 铜及铜合金

与其他金属不同，铜在自然界中既以矿石的形式存在，又以纯金属的形式存在。其应用以纯铜为主。据统计，在铜及其合金的产品中，约有80%是将纯铜加工成各种形状供应的。铜及铜合金有下列特性：

① **优异的物理、化学性能** 纯铜导电性、导热性极佳，铜合金的导电、导热性也很好。铜及铜合金对大气和水的抗蚀能力很高。铜是抗磁性物质。

② **良好的加工性能** 铜及其某些合金塑性较好，容易冷、热成型；铸造铜合金有很好的铸造性能。

③ **某些特殊力学性能** 如优良的减摩性和耐磨性（如青铜及部分黄铜），高的弹性极限和疲劳极限（如铍青铜等）。

④ **色泽美观** 铜及铜合金在电气工业、仪表工业、造船工业及机械制造工业部门中获得了广泛的应用。但铜的储量较小，价格较贵，属于应节约使用的材料，只有在特殊需要的情况下，如要求有特殊的磁性、耐蚀性、加工性能、力学性能以及特殊的外观等条件下，才考虑使用。

9.2.1 纯铜

纯铜呈紫红色，因其表面在空气中氧化形成一层紫红色的氧化物而常称紫铜，其密度为8.9g/cm^3，属于重金属范畴，熔点为1083℃，无同素异构转变，无磁性。纯铜最显著的特点是导电及导热性好，仅次于银，这也是工程材料中其他金属无法比拟的。纯铜具有很高的化学稳定性，在大气、淡水中具有良好的耐蚀性，但在海水中的耐蚀性较差，同时在氨盐、氯盐、碳酸盐及氧化性硝酸和浓硫酸溶液中的腐蚀速度会加快。

纯铜具有面心立方晶格，表现出极优良的塑性（$A=50\%$，$Z=70\%$），可进行冷热压力加工。纯铜的强度及硬度不高，在退火状态下抗拉强度约为240MPa，硬度为40～50HBW。采用冷变形加工可使其抗拉强度提高到400～500MPa，硬度可达100～120HBW，但塑性会相应降低（$A<5\%$）。

在工业纯铜中常含有质量分数为0.1%～0.5%的杂质，如铅、铋、氧、硫、磷等，它们对铜的性能有很大的影响，不仅降低了铜的导电及导热性，铅、铋还会与铜形成低熔点（<400℃）共晶体分布在铜的晶界上，当对铜进行热加工时，共晶体发生熔化，造成脆性断裂，即产生"热脆"。而氧、硫也会与铜形成共晶体，虽不会引起热脆，但由于共晶体中的Cu_2S和Cu_2O均为脆性化合物，在冷变形加工时易产生破裂，即产生"冷脆"。

工业纯铜中铜的含量为99.5%～99.95%，其牌号以铜的汉语拼音首字首T+顺序号表示，如T1、T2、T3、T4，顺序数字越大，纯度越低，见表9-5。纯铜除了用于配制铜合金和其他合金外，主要用于制作导电、导热及兼具耐蚀性的器材，如电线、电缆、电刷、铜管、散热器和冷凝器零件等。

表9-5　工业纯铜的牌号、成分及用途

牌号	代号	纯度/%	杂质/%		杂质总量/%	应用
			Bi	Pb		
一号铜	T1	99.95	0.002	0.005	0.05	导电材料和配制高纯度合金
二号铜	T2	99.90	0.002	0.005	0.1	导电材料，制作电线、电缆等
三号铜	T3	99.70	0.002	0.01	0.3	铜材、电气开关、垫圈、铆钉、油管等
四号铜	T4	99.50	0.003	0.05	0.5	铜材、电气开关、垫圈、铆钉、油管等

9.2.2　铜合金

工业纯铜的强度低，尽管通过冷变形加工可使其强度提高，但塑性却急剧下降，延长率仅为变形前（$\delta \approx 50\%$）的4%左右，不适于用作结构材料。为了满足制作结构件的要求，需对纯铜进行合金化，即加入一些如Zn、Al、Sn、Mn、Ni等合金元素。研究表明，这些合金元素在铜中的固溶度均大于9.4%，可产生显著的固溶强化效果，能够获得强度及塑性都满足要求的铜合金。根据合金元素的结构、性能、特点以及它们与Cu原子的相互作用情况，Cu的合金化可通过以下形式达到强化的目的。

① **固溶强化**　Cu与近20种元素有一定的互溶能力，可形成二元合金Cu-Me。从合金元素的储量、价格、溶解度及对合金性能的影响等诸方面因素考虑，在铜中的固溶度为10%左右的Zn、Al、Sn、Mr、Ni等适合作为产生固溶强化效应的合金元素，可将铜的强度由240MPa提高到650MPa。

② **时效强化**　Be、Si、Al、Ni等元素在Cu中的固溶度随温度下降会急剧减小，它们形成的铜合金可进行淬火时效强化。Be含量为2%的Cu合金经淬火时效处理后，强度可高达1400MPa。

③ **过剩相强化**　Cu中的合金元素超过极限溶解度以后，会析出过剩相，使合金的强度提高。过剩相多为脆性化合物，数量较少时，对塑性影响不太大；数量较多时，会使强度和塑性同时急剧降低。

根据化学成分的特点不同，可将铜合金分为黄铜、白铜和青铜三大类。按生产加工方式不同，又可将铜合金分为压力加工铜合金和铸造铜合金。黄铜是以锌为主要合金元素的铜合金；白铜则是以镍为主要合金元素的铜合金；早期的青铜是铜与锡的合金，现代工业则把除锌和镍以外的其他元素为主要合金元素的铜合金统称为青铜。

（1）压力加工铜合金

① **黄铜**　黄铜因铜加锌后呈金黄色而得名。简单的Cu-Zn合金称为普通黄铜，在普通黄铜中加入Al、Sn、Pb、Si、Mn、Ni等元素可制成特殊黄铜。普通黄铜的代号以"黄"字的汉语拼音首字母"H"加数字表示，数字代表铜的质量分数；特殊黄铜的代号以H+主加元素符号+铜的质量分数+主加元素的质量分数来表示。例如，HMn58-2表示$w_{Cu} = 58\%$、$w_{Mn} = 2\%$，其余为Zn的特殊黄铜。此外，对于铸造生产的黄铜，其代号前须加"铸"字的汉语拼音首字母"Z"。

　　a. **普通黄铜**　在普通黄铜中，虽然Zn在Cu中的最大溶解度可达39%，但在实际生产的条件下，因冷却较快，致使$w_{Zn} = 32\% \sim 35\%$时就出现B相。所以，普通黄铜的两种最常用的代号

H68 和 H62 分别被称为单相α黄铜和两相（α+β）黄铜。工业上之所以选择这两种含锌量，可从锌对黄铜力学性能的影响曲线（图 9-9）上看出。铜中固溶锌后，其强度随含锌量增加而升高的同时，塑性不是随强度的升高而降低，而是在提高，大约在 w_{Zn}=30%时强度与塑性达到最佳配合。含锌量继续增加时，虽然强度还在继续增加，但塑性已急剧降低。当 w_{Zn}>45%时，强度与塑性都很低，无实用价值。所以，工业上所用的黄铜一般为 w_{Zn}<50%。H68 为含锌量高的单相α组织，强度较高，塑性特别好，适宜通过冷、热变形加工制成冷冲压或深拉制品，如枪弹壳和炮弹筒等，因此有"弹壳黄铜"之称。H62 的强度高塑性适中，不

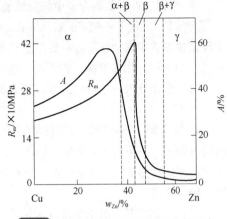

图9-9 锌对普通黄铜力学性能的影响（退火）

宜进行冷加工，但可加热到高温进行热加工，可作建筑用黄铜冷凝器、热交换器等。还有一种单相α黄铜 H80，因色泽美观，故多用于镀层及装饰品。

b. 特殊黄铜　在普通黄铜中加入 Al、Sn、Pb、Si、Mn、Ni 等合金元素，会形成各种特殊黄铜，如铝黄铜、锡黄铜、铅黄铜、锰黄铜等。这些元素的加入除了能提高合金的强度外，其中的 Al、Sn、Mn、Ni 还可提高黄铜的耐蚀性和耐磨性，Si 能改善铸造性能，Pb 可改善切削加工性能。生产中应用较多的是锰黄铜和铝黄铜。常用黄铜的化学成分和力学性能见表 9-6。

表 9-6　常用加工黄铜的代号、化学成分、产品形状及用途（GB/T 5231—2022）

组别	代号	化学成分（质量分数）/%			产品形状	用途
		Cu	Zn	其他		
普通黄铜	H96	95.0～97.0	余量	Fe0.1, Pb0.03	板、带、管、棒、线	冷凝管、散热器管及导电零件
	H90	88.0～91.0		Fe0.05, Pb0.05	板、带、棒、线、管、箔	奖章、双金属片、供水和排气管
	H85	84.0～86.0		Fe0.05, Pb0.05	管	虹吸管、蛇形管、冷却设备制件及冷凝器管
	H80	78.5～81.5		Fe0.05, Pb0.05	板、带、管、棒、线	造纸网、薄壁管
	H70	68.5～71.5		Fe0.1, Pb0.03	板、带、管、棒、线	弹壳、造纸用管、机械和电气用零件
	H68	67.0～70.0		Fe0.1, Pb0.03	板、带、箔、管、棒、线	复杂冷冲件和深冲件、散热器外壳、导管
	H65	63.0～68.5		Fe0.07, Pb0.09	板、带、线、管、箔	小五金、小弹簧及机械零件
	H62	60.5～63.5		Fe0.15, Pb0.08	板、带、管、箔、棒、线、型	销钉、铆钉、螺母、垫圈、导管、散热器
	H59	57.0～60.0		Fe0.3, Pb0.5	板、带、线、管	机械及电器用零件、焊接件、热冲压件
镍黄铜	HNi65-5	64.0～67.0		Fe0.15, Pb0.03	板、棒	压力计和船舶用冷凝器
铁黄铜	HFe59-1-1	57.0～60.0		Fe 0.6～1.2, Pb0.2 Mn0.5～0.8 Sn 0.3～0.7 Al0.1～0.5	板、棒、管	在摩擦及海水腐蚀下工作的零件，如垫圈、衬套等
铅黄铜	HPb63-3	62.0～65.0		Pb 2.4～3.0 Ni 0.5, Fe0.1	板、带、棒、线	钟表、汽车、拖拉机及一般机器零件
	HPb63-0.1	61.5～63.5		Pb 0.05～0.30 Ni 0.5, Fe 0.15	管、棒	钟表、汽车、拖拉机及一般机器零件

② **青铜** 青铜是铜合金中综合性能最好的合金,因该类合金中最早使用的 Cu-Sn 合金呈青黑色而得名。现代工业把 Cu-Al、Cu-Be、Cu-Pb、Cu-Si 等铜合金也称为青铜。青铜的代号以"青"字汉语拼音首字首"Q"加主要合金元素符号及含量表示,并通常在青铜合金前面冠以主要合金元素的名称,如锡青铜、铝青铜、铍青铜、硅青铜等。锡青铜是以锡为主要合金元素的铜合金,其力学性能取决于锡的含量。锡青铜的耐磨性、耐蚀性和弹性等较好。铸造青铜在代号前面加"Z"。

a. **锡青铜** 锡青铜的力学性能随锡的含量不同而发生明显的变化,如图 9-10 所示。w_{Sn} <6% 的锡青铜在室温下为 Sn 溶入到 Cu 中的单相 α 固溶体,有良好的塑性。w_{Sn} >6%时,合金组织中出现硬而脆的 δ 相(它是以电子化合物 $Cu_{31}Sn_8$ 为基的固溶体),虽然强度还继续升高,但塑性开始下降。

当 w_{Zn} =20%时,组织中出现大量的 δ 相,使合金完全变脆,强度也急剧下降。故工业用锡青铜中大多 w_{Sn} 在 3%~14%。随着含锡量从少到多,锡青铜可分别用于冷变形加工和铸造。一般来说,用于压力加工的锡青铜的 w_{Sn} =6%~7%,而 w_{Zn} >7%的锡青铜适宜用作铸造合金。锡青铜的铸造流动性较差,易形成分散缩孔,使铸件的致密度下降;但合金的线收缩率小,热裂倾向小,适于铸造形状复杂、尺寸要求精确但对致密度要求不太高的铸件。

锡青铜还具有良好的耐蚀性、耐磨性,广泛用于制造蒸汽锅炉、海船的零构件,还用来制造轴承、轴套和齿轮等耐磨零件。

b. **铝青铜** 铝青铜是铜与铝形成的合金,其强度和塑性同样受到铝含量的影响,如图 9-11 所示。由该图可知,铝青铜中铝的含量应控制在 w_{Al} <12%。宜于冷加工的铝青铜,其初始 w_{Al} 一般为 5%~7%,在 w_{Al} =7%~12%时宜于热加工和铸造。铝青铜是无锡青铜中应用最广的青铜,与黄铜和锡青铜相比,具有更高的强度、硬度、耐磨性以及耐大气、海水腐蚀的能力;但在热蒸气中不稳定,其铸造和焊接性能较差,主要用来制造耐磨、耐蚀零件。

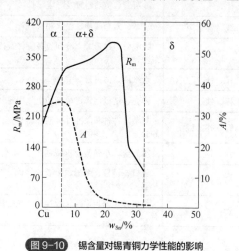

图 9-10 锡含量对锡青铜力学性能的影响

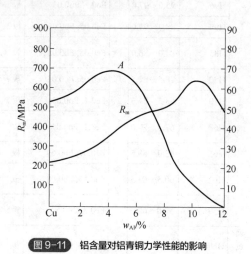

图 9-11 铝含量对铝青铜力学性能的影响

c. **铍青铜** 工业用铍青铜中大多铍含量在 1.7%~2.5%。因铍在铜中的溶解度随温度降低而急剧减小,所以该合金是典型的时效强化型合金,通过热处理可大幅提高强度、硬度和弹性。铍青铜是铜合金中性能最好的一种,除具有很高的强度和弹性外,还具有很好的耐磨、耐蚀及耐低温等特性,且导电性、导热性能优良,无磁性,受冲击时不产生火花。因此,铍青铜是工业上用来制造高级弹簧、膜片等弹性元件的重要材料,还可用于制作耐磨、耐蚀零件,航海罗盘仪中的零件及防爆工具等。但铍青铜的生产工艺复杂，价格昂贵，因而又限制了它的应用。几种青铜的代号、成分、产品形状及用途见表9-7。

表9-7 常用加工青铜的代号、化学成分、产品形状及用途（GB/T 5231—2022）

组别	代号	化学成分（质量分数）/%				产品形状	用途举例
		主加元素	其他				
锡青铜	QSn4-3	Sn 3.5～4.5	Zn 2.7～3.3	Fe 0.05		板、带、箔、棒、线	弹性元件,化工机械耐磨零件和抗磁零件
	QSn-4-4-2.5	Sn 3.0～5.0	Zn 3.0～5.0	Pb 1.5～3.5	Fe 0.05	板、带	航空、汽车、拖拉机用承受摩擦的零件，如轴套等
	QSn-4-4-4	Sn 3.0～5.0	Zn 3.0～5.0	Pb 3.0～4.0	Fe 0.05	板、带	航空、汽车、拖拉机用承受摩擦的零件，如轴套等
	QSn6.5-0.1	Sn 6.0～7.0	P 0.1～0.25	Fe 0.05	Zn 0.3	板、带、箔、棒、线、管	弹簧接触片，精密仪器中的耐磨零件和抗磁元件
	QSn6.5-0.4	Sn 6.0～7.0	P 0.26～0.4	Fe 0.02	Zn 0.3	板、带、箔、棒、线、管	金属网，弹簧及耐磨零件
铝青铜	QAl5	Al 4.0～6.0	Mn 0.5	Zn 0.5	Si 0.1	Fe 0.5	板、带	弹簧
	QAl7	Al 6.0～8.5	Zn 0.2	Fe 0.5			板、带	弹簧
	QAl9-2	Al 8.0～10.0	Mn 1.5～2.5	Zn 1.0	Sn 0.1	Fe 0.5	板、带、箔、棒、线	海轮上的零件，在 250T 以下工作的管配件和零件
	QAl9-4	Al 8.0～10.0	Fe 2.0～4.0	Zn 1.0	Mn 0.5	Si 0.1	管、棒	船舶零件及电气零件
	QAl10-3-1.5	Al 8.5～10.0	Fe 2.0～4.0	Mn 1.0～2.0	Zn 0.5	Si 0.1	管、棒	船舶用高强度耐蚀零件，如齿轮、轴承等
	QAl10-4-4	Al 9.5～11.0	Fe 3.5～5.5	Ni 3.5～5.5	Mn 0.3	Zn 0.5	管、棒	高强度耐磨零件和400℃以下工作的零件，如齿轮、阀座等
	QAl11-6-6	Al 10.0～11.5	Fe 5.0～6.5	Ni 5.0～6.5	Mn 0.5	Zn 0.6	棒	高强度耐磨零件和500℃以下工作的零件
硅青铜	QSi3-1	Si 2.70～3.5	Mn 1.0～1.5	Zn 0.5			板、带、箔、棒、线、管	弹簧、耐蚀零件以及蜗轮、蜗杆齿轮、制动杆等
	QSi1-3	Si 0.6～1.1	Ni 2.4～3.4	Mn 0.1～0.4			棒	发动机和机械制造中的结构零件，300℃以下的摩擦零件
铍青铜	QBe2	Be 1.80～2.10	Ni 0.2～0.5				板、带、棒	重要的弹簧和弹性元件，耐磨零件以及高压、高速、高温轴承
	QBe1.9	Be 1.85～2.10	Ni 0.2～0.4	Ti 0.10～0.25			板、带	各种重要的弹簧和弹性元件，可代用 QBe2.5
	QBe1.7	Be 1.60～1.85	Ni 0.2～0.4	Ti 0.10～0.25			板、带	各种重要的弹簧和弹性元件，可代用 QBe2.5

（注：Cu 余量）

③ 白铜 白铜是 $w_{Ni} < 50\%$ 的 Cu-Ni 合金。铜与镍可以任意比例互溶，这是罕见的冶金现象，故白铜合金的组织均呈单相，所以白铜不能热处理强化，它的强化方式主要是固溶强化和加工硬化。

白铜又可分为简单白铜和特殊白铜。Cu-Ni 二元合金称为简单白铜，其代号以"白"字的汉语拼音首字母"B"加镍含量表示；在简单白铜合金的基础上添加其他合金元素的铜镍合金称为特殊白铜，其代号以"B"+特殊元素的化学符号+镍的质量分数+特殊合金元素的质量分数来表示。

简单白铜的最大特点是在各种腐蚀介质（如海水、有机酸）和各种盐溶液中具有高的化学稳定性及优良的冷、热加工性能，主要用于制造在蒸汽和海水环境中工作的精密仪器仪表零件、冷凝器和热交换器，常用合金的代号为 B5、B19 和 B30 等。特殊白铜主要为锌白铜和锰白铜。锌白铜具有电阻高和电阻温度系数小的特点，是制造低温热电偶、热电偶补偿导线及变阻器和加热器的理想材料。较常用的特殊白铜有称为康铜的锰白铜 BMn40-1.5 和称为考铜的锰白铜 BMn43-0.5 等。

（2）铸造铜合金

用于制造铸件的铜合金称为铸造铜合金。铸造铜合金包括铸造黄铜和铸造青铜，其牌号表示方法是：Z（"铸"字的汉语拼音首字母）+铜元素的化学符号+主加元素的化学符号及平均质量分数+其他合金元素的化学符号及平均质量分数。例如，ZCuZn38 表示 w_{Zn}=38%、余量为铜的铸造黄铜，即 38 黄铜；ZCuZn40Mn2 表示 w_{Zn}=40%、w_{Mn}=2%、余量为铜的铸造锰黄铜，即 40-2 锰黄铜；ZCuSn5Zn5Pb5 表示 w_{Sn}=5%、w_{Zn}=5%、w_{Pb}=5%、余量为铜的铸造锡青铜，即 5-5-5 锡青铜。

① **铸造黄铜**　和加工黄铜一样，在铸造黄铜中除了含有主要加入元素 Zn 以外，还常加入 Al、Mn、Pb、Si 等元素，相应地称为铝黄铜、锰黄铜、铅黄铜、硅黄铜，这些合金元素都可以提高铸造黄铜的强度和耐蚀性，同时 Pb 还可以改善切削加工性，Si 还可以改善铸造性能。

铸造黄铜具有良好的铸造性能和切削加工性能并可以焊接，其铸造性能特点是结晶温度范围较窄，分散缩孔少，铸件致密性好，熔液流动性好，偏析倾向小。此外，铸造黄铜具有较高的力学性能，在空气、淡水、海水中有好的耐蚀性。常用的牌号有 ZCuZn25A16Fe3Mn3、ZCuZn38Mn2Pb2、ZCuZn40Mn3Fe1、ZCuZn33Pb2、ZCuZn16Si4，主要用于制造机械、船舶及仪表上的耐磨、耐蚀零件，如蜗轮、螺母、滑块、衬套、螺旋桨、泵、阀体、管接头、轴瓦等。

② **铸造青铜**　和加工青铜一样，铸造青铜根据主要加入元素 Sn、Pb、Al 等，分别称为锡青铜、铅青铜、铝青铜等。

a. **锡青铜**　铸造锡青铜具有良好的铸造性能和切削加工性能，其铸造性能特点是结晶温度范围较宽，凝固时体积收缩率小，有利于获得形状精确与复杂结构的铸件。但其熔液流动性差，偏析倾向大，易产生分散缩孔而使铸件的致密性较低。此外，铸造锡青铜具有较好的减摩性、耐磨性和耐蚀性，在海水、蒸汽、淡水中的耐蚀性超过铸造黄铜。常用铸造锡青铜有 ZCuSn3Zn8Pb6Ni1、ZCuSn5Pb5Zn5、ZCuSn10P1 和 ZCuSn10Zn2，主要用于制造耐磨及耐蚀零件，如轴瓦、衬套、蜗轮、齿轮、阀门、管配件等。

b. **铅青铜**　铸造铅青铜具有良好的自润滑性能、较高的耐磨和耐蚀性能，在稀硫酸中耐蚀性好。此外，铅青铜还具有优良的切削加工性，但铸造性能较差。常用铸造铅青铜有 ZCuPb10Sn10 和 ZCuPb15Sn8，主要用于制造滑动轴承、双金属轴瓦等。

c. **铝青铜**　铸造铝青铜具有良好的铸造性能、高的强度和硬度及良好的耐磨性，在大气、淡水、海水中有良好的耐蚀性。另外，铝青铜可以焊接，但不宜钎焊。铸造铝青铜常用牌号有 ZCuA18Mn13Fe3 和 ZCuA18Mn13Fe3Ni2，主要用于制造要求强度高、耐磨、耐腐蚀的重要铸件，如船舶螺旋桨、高压阀体、泵体、蜗轮、齿轮、法兰、衬套等。常用铸造铜合金的牌号、化学成分、力学性能及用途见表 9-8。

表 9-8　常用铸造铜合金的牌号、化学成分、力学性能及用途（GB/T 1176—1987）

牌号（名称）	化学成分（质量分数）/%		铸造方法	力学性能（不低于）			用途
	主加元素	其他		R_m/MPa	A/%	硬度 HBW	
ZCuSn3Zn8Pb6Ni1 （3-8-6-1 锡青铜）	Sn 2.0~4.0	Zn 6.0~9.0 Pb 4.0~7.0 Ni 0.5~1.5 Cu 余量	S J	175 215	8 10	590 685	各种液体燃料、海水、淡水和蒸汽（W225 无）中工作的零件，压力不大于 2.5MPa 的阀门和管配件
ZCuSn3Zn11Pb4 （3-114 锡青铜）	Sn 2.0~4.0	Zn 9.0~13.0 Pb 3.0~6.0 Cu 余量	S J	175 215	8 10	590 590	海水、淡水、蒸汽中工作的压力不大于 2.5MPa 的管配件
ZCuSn5Pb5Zn5 （5-5-5 锡青铜）	Sn 4.0~6.0	Zn 4.0~6.0 Pb 4.0~6.0 Cu 余量	S J	200 200	13 13	590[1] 590[1]	较高负荷、中等滑动速度下工作的耐磨及耐蚀零件，如轴瓦、衬套、缸套、活塞、离合器、泵件压盖以及蜗轮等
ZCuSn10P1 （10-1 锡青铜）	Sn 9.0~11.5	P 0.5~1.0 Cu 余量	S J	220 310	3 2	785[1] 885[1]	用于高负荷（20MPa 以下）和高滑动速度（8m/s）下工作的耐磨零件，如连杆、衬套、轴瓦、齿轮、蜗轮等
ZCuSn10Pb5 （10-5 锡青铜）	Sn 9.0~11.0	Pb 4.0~6.0 Cu 余量	S J	195 245	10 10	685 685	结构材料，耐蚀、耐酸的配件以及破碎机衬套、轴瓦等
ZCuSn10Zn2 （10-2 锡青铜）	Sn 9.0~11.0	Zn 1.0~3.0 Cu 余量	S J	240 245	12 6	685[1] 785[1]	在中等及较高负荷和小滑动速度下工作的重要管配件，以及阀、旋塞、泵体、齿轮、叶轮和蜗轮等
ZCuPb10Sn10 （10-10 铅青铜）	Pb 8.0~11.0	Sn 9.0~11.0 Cu 余量	S J	180 220	7 5	635[1] 685[1]	表面压力高，又存在侧压的滑动轴承，如轧辊、车辆用轴承、负荷峰值 60MPa 的受冲击的零件及内燃机的双金属轴瓦等
ZCuPb15Sn8 （15-8 铅青铜）	Pb 13.0~17.0	Sn 7.0~9.0 Cu 余量	S J	170 200	5 6	590[1] 635[1]	表面压力高，又存在侧压的轴承，冷轧机的铜冷却管，耐冲击载荷达 50MPa 的零件，内燃机双金属轴瓦、活塞销套等
ZCuPb17Sn4Zn4 （1744 铅青铜）	Pb 14.0~20.0	Sn 3.5~5.0 Zn 2.0~6.0 Cu 余量	S J	150 175	5 7	540 590	一般耐磨件，高滑动速度的轴承
ZCuPb20Sn5 （20-5 铅青铜）	Pb 18.0~23.0	Sn 4.0~6.0 Cu 余量	S J	150 150	5 6	440[1] 540[1]	高滑动速度的轴承，耐腐蚀零件，负荷达 70MPa 的活塞销套等
ZCuPb30 （30 铅青铜）	Pb 27.0~33.0	Cu 余量	J			245	高滑动速度的双金属轴瓦、减摩零件等
ZCuAl8Mn13Fe3 （8-13-3 铝青铜）	Al 7.0~9.0	Fe 2.0~4.0 Mn 12.0~14.5 Cu 余量	S J	600 650	15 10	1570 1665	重型机械用轴套以及只要求强度高、耐磨、耐压的零件，如衬套、法兰、阀体、泵体等
ZCuAl8Mn13Fe3Ni2 （8-13-3-2 铝青铜）	Al 7.0~8.5	Ni 1.8~2.5 Fe 2.5~4.0 Mn 11.5~14.0 Cu 余量	S J	645 670	20 18	1570 1665	要求强度高、耐蚀的重要铸件，如船舶螺旋桨、高压阀体，以及耐压、耐磨零件，如蜗轮、齿轮等
ZCuAl9Mn2 （9-2 铝青铜）	Al 8.0~10.0	Mn 1.5~2.5 Cu 余量	S J	390 440	20 20	835 930	管路配件和要求不高的耐磨件
ZCuZn38（38 黄铜）	60.0~63.0	Zn 余量	S J	295 295	30 30	590 685	一般结构件的耐蚀零件，如法兰、阀座、支架、手柄和螺母等
ZCuZn25Al6Fe3Mn3 （25-6-3-3 铝黄铜）	Cu 60.0~66.0	Al 4.5~7.0 Fe 2.0~4.0 Mn 1.5~4.0 Zn 余量	S J	725 740	10 7	1570[1] 1665[1]	高强度耐磨零件，如桥梁支承板、螺母、螺杆、耐磨板、滑块和蜗轮等
ZCuZn26Al4Fe3Mn3 （264-3-3 铝黄铜）	Cu 60.0~66.0	Al 2.5~5.0 Fe 1.5~4.0 Mn 1.5~4.0 Zn 余量	S J	600 600	18 18	1175[1] 1275[1]	要求强度高、耐蚀的零件

续表

牌号（名称）	化学成分（质量分数）/%		铸造方法	力学性能（不低于）			用途
	主加元素	其他		R_m/MPa	A/%	硬度 HBW	
ZCuZn31Al2 （31-2 铝黄铜）	Cu 66.0~68.0	Al 2.0~3.0 Zn 余量	S J	295 390	12 15	785 885	适用于压力铸造，如电动机、仪表等压铸件，以及造船和机械制造业的耐蚀零件
ZCuZn38Mn2Pb2 （38-2-2 锰黄铜）	Cu 57.0~65.0	Pb 1.5~2.5 Mn 1.5~2.5 Zn 余量	S J	245 345	10 18	685 785	一般用途的结构件，船舶、仪表等外形简单的铸件如套筒、衬套、轴瓦、滑块等
ZCuZn40Mn2 （40-2 锰黄铜）	Cu 57.0~60.0	Mn 1.0~2.0 Zn 余量	S J	345 390	20 25	785 885	在空气、淡水、海水、蒸汽（<300℃）和各种液体燃料中工作的零件和阀体、阀杆、泵、管接头等
ZCuZn40Mn3Fe1 （40-3-1 锰黄铜）	Cu 53.0~58.0	Mn 3.0~4.0 Fe 0.5~1.5 Zn 余量	S J	440 490	18 15	980 1080	耐海水腐蚀的零件，以及 300℃ 以下工作的管配件，制造船舶螺旋桨等大型铸件
ZCuZn33Pb2 （33-2 铅黄铜）	Cu 63.0~67.0	Pb 1.0~3.0 Zn 余量	S	180	12	490[①]	煤气和给水设备的壳体，机器制造业、电子技术、精密仪器和光学仪器的部分构件和配件
ZCuZn40Pb2 （40-2 铅黄铜）	Cu 58.0~63.0	Pb 0.5~2.5 Al 0.2~0.8 Zn 余量	S J	220 280	15 20	785[①] 885[①]	一般用途的耐磨及耐蚀零件，如轴套、齿轮等

① 该数据为参考值。

（3）铜合金的研究进展

新型铜合金包括弥散强化型高导电铜合金、高弹性铜合金、复层铜合金❶、铜基形状记忆合金和球焊铜丝等，是用于引线框架、高铁接触线、火箭发动机燃烧室、核聚变装置、电磁炮等的关键材料之一。弥散强化型高导电铜合金的典型合金为氧化铝弥散强化铜合金和 TiB_2 弥散强化铜合金，具有高导电性、高强度、高耐热性等性能，可用作大规模集成电路引线框架、高温微波管。高弹性铜合金的典型合金为 Cu-Ni-Sn 合金和沉淀强化型 Cu4NiSiCrAl 合金。复层铜合金和铜基形状记忆合金是功能材料。球焊铜丝可代替半导体连接用球焊金丝。

9.3 镁及镁合金

镁是地壳中含量丰富的金属元素之一，镁及镁合金具有下列特性：

① 密度轻，镁及镁合金是世界上实际应用中密度最轻的金属结构材料，其密度是铝的 2/3、钢铁的 1/4。

② 比强度和比刚度高，镁的比强度和比刚度均优于钢和铝合金。

③ 弹性模量小，刚度好，抗振力强，长期使用不易变形。

④ 对环境无污染，可回收性能好，符合环保要求。

⑤ 抗电磁干扰及屏蔽性好。

⑥ 色泽鲜艳美观，并能长期保持完好如新。

---

❶ 复层铜合金，也称为双金属铜合金，是一种特殊的铜合金材料。这种材料通过在铜基体上覆盖一层或多层其他金属或合金，如镍、银、锡、铅等，从而增强铜合金的某些性能，如耐腐蚀性、耐磨性、导电性、导热性和美观度等。

⑦ 具有极高的压铸生产率，尺寸收缩小，且具有优良的脱模性能。

镁及镁合金的研究和发展还很不充分，其应用也很有限。镁及镁合金作为结构件的最大应用是铸件，其中90%以上是压铸件。

限制镁及镁合金广泛应用的主要问题是：

① 由于镁元素极为活泼，镁合金在熔炼和加工过程中容易氧化燃烧，因此，镁合金的生产难度较大；

② 镁合金的生产技术还不够成熟与完善，特别是镁合金的成型技术还有待进一步发展；

③ 镁合金的耐蚀性较差；

④ 现有工业镁合金的高温强度及蠕变性能较低，限制了镁合金在高温（150～350℃）场合的应用；

⑤ 镁合金的常温力学性能，特别是强度、塑性、韧性还有待进一步提高；

⑥ 镁合金的合金系列相对较少，变形镁合金的研究开发严重滞后，不能适应不同场合的需要。

随着科技进步，国内外相关部门开始重新认识并积极开发镁及镁合金的用途。由于镁及镁合金是实际应用中密度最轻的金属结构材料，因此镁合金零部件的大规模应用有助于轻量化和节能减排。在碳达峰、碳中和背景下，镁材料的发展应用潜力巨大，在汽车、轨道交通、3C电子、航空航天、国防等领域具有重要的应用价值和广阔的应用前景。

9.3.1　工业纯镁

纯镁为银白色，密度为 1.74g/cm³，属于轻金属，具有密排六方结构，熔点为649℃，沸点1090℃。纯镁在空气中易氧化，高温下（熔融态）可燃烧，耐蚀性较差，在潮湿大气、淡水、海水和绝大多数酸、盐溶液中易受腐蚀，弹性模量小，吸振性好，可承受较大的冲击和振动载荷，但强度低、塑性差，不能用作结构材料。纯镁主要用于制作镁合金、铝合金等，也可用作化工槽罐、地下管道及船体等阴极保护的阳极，以及化工、冶金的还原剂，还可用于制作照明弹、镁光灯和烟火等。此外，镁还可制作储能材料 MgH_2，1m³ 的 MgH_2 可蓄能 $19×10^9J$。纯镁的牌号以 Mg 加数字的形式表示，数字表示 Mg 的质量分数，如 Mg99.95。

9.3.2　镁合金

纯镁的强度低、塑性差，不能制作受力结构件，只能用作合金的原材料。在纯镁中加入合金元素就构成镁合金，其力学性能可以有较大提高。常用合金元素有 Al、Zn、Mn、Zr、Li 及 RE 等。Al 和 Zn 固溶于 Mg 中可产生固溶强化，且与 Mg 形成 $Mg_{17}Al_{12}$ 及 MgZn 等强化相，并可通过时效强化和第二相强化提高镁合金的强度及塑性；Mn 可以提高合金的耐热性和耐蚀性，改善合金的焊接性能；Zn 和 RE 可以细化镁合金的晶粒，通过细晶强化提高合金的强度和塑性，并减少热裂倾向，改善合金的铸造性能和焊接性能；Li 可以减轻镁合金的质量。按照镁合金的成分和生产工艺特点，可将镁合金分为变形镁合金和铸造镁合金两大类。

（1）变形镁合金

变形镁合金均以压力加工（轧、挤、拉等）方法制成各种半成品供货，如板材、棒材、管材、线材等，其供货状态有退火态、人工时效态等。

镁合金牌号以英文字母＋数字＋英文字母的形式表示。前面的英文字母是其最主要的合金组成元素代号（元素代号符合表 9-9 的规定）；其后的数字表示最主要的合金组成元素的大致含量；最后面的英文字母为标识代号，用以标识各具体组成元素相异或元素含量有微小差别的不同合金。

表9-9　合金组成元素代号

元素代号	元素名称	元素代号	元素名称	元素代号	元素名称	元素代号	元素名称
A	铝	F	铁	M	锰	S	硅
B	铋	G	钙	N	镍	T	锡
C	铜	H	铪	P	铅	W	钨
D	镉	K	钾	Q	银	Y	钇
E	稀土	L	锂	R	铬	Z	锌

示例：

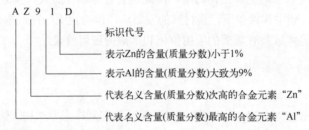

变形镁及镁合金的牌号和化学成分见表 9-10。

（2）锻造镁合金

锻造镁合金强度高，具有与载荷方向平行的变形织构。锻后组织致密，用于制造受压、密封的零件。镁合金组织的晶粒尺寸、多相结构是锻造的主要问题。这可以通过附加的挤压工艺加以克服，以满足锻造的要求。复杂几何形状零件可由多个锻造工步实现。图 9-12 为锤锻而成镁合金直升机齿轮箱盖。锻造镁合金的牌号、力学性能和用途见表 9-11。

（3）铸造镁合金

铸造镁合金中合金元素含量高于变形镁合金，以保证金属液较高的流动性和较少的缩松缺陷等。需热处理强化的铸造镁合金，所加入的合金元素在镁基体中具有较高的固溶度，固溶度随温度改变而发生明显的变化，在时效过程中能够形成强化效果显著的第二相。

铸造镁合金分为高强度铸造镁合金和耐热铸造镁合金。其牌号由 ZMg+主要合金元素的化学符号及其平均质量分数组成。如果合金元素的平均质量分数小于 1%，则合金后不标数字；如果合金元素的平均质量分数大于 1%，则合金元素后标明整数。例如，ZMgZn5Zr 表示 w_{Zn} =5%、w_{Zr} <1%的铸造镁合金。铸造镁合金的代号用"铸镁"的汉语拼音首字母 ZM+顺序号表示，如 ZM3 等，其化学成分见表 9-12。

表 9-10 变形镁及镁合金牌号和化学成分

合金组别	牌号	化学成分（质量分数）/%													其他元素	
		Mg	Al	Zn	Mn	Ce	Zr	Si	Fe	Ca	Cu	Ni	Ti	Be	单个	总计
Mg	Mg99.95	N99.95	W0.01		W0.004			W0.005	W0.003			W0.001	W0.01		C0.005	W0.05
	Mg99.50	N99.50														W0.50
	Mg99.00	>99.00														W1.0
	AZ31B	余量	2.5~3.5	0.60~1.4	0.20~1.0			W0.08	W0.003		C0.01	W0.001			W0.05	W0.30
	AZ31S	余量	2.4~3.6	0.50~1.50	0.15~0.40			W0.10	W0.005		W0.05	W0.005			W0.05	W0.30
	AZ31T	余量	2.4~3.6	0.50~1.5	0.05~0.40			W0.10	W0.05		W0.05	<0.005			W0.05	W0.30
	AZ40M	余量	3.0~4.0	0.20~0.80	0.15~0.50			W0.10	W0.05		W0.05	W0.005			W0.01	W0.30
	AZ41M	余量	3.7~4.7	0.80~1.4	0.30~0.60			W0.10	W0.05		W0.05	W0.005		W0.01	W0.01	W0.30
	AZ61A	余量	5.8~7.2	0.40~1.5	0.15~0.50			W0.10	W0.005		W0.05	W0.005			W0.01	W0.30
MgAlZn	AZ61M	余量	5.5~7.0	0.50~1.5	0.15~0.50			W0.10	W0.05		W0.05	W0.005		W0.01	W0.05	W0.30
	AZ61S	余量	5.5~6.5	0.50~1.5	0.15~0.40			W0.10	W0.005		W0.05	W0.005			W0.01	W0.30
	AZ62M	余量	5.0~7.0	2.0~3.0	0.20~0.50			W0.10	W0.05		W0.05	C0.005		W0.01	W0.01	W0.30
	AZ63B	余量	5.3~6.7	2.5~3.5	0.15~0.60			W0.08	W0.003		W0.01	W0.001				W0.30
	AZ80A	余量	7.8~9.2	0.20~0.80	0.12~0.50			W0.10	C0.005		W0.05	W0.005				W0.30
	AZ80M	余量	7.8~9.2	0.20~0.80	0.15~0.50			W0.10	W0.05		W0.05	W0.005		W0.01	W0.01	W0.30
	AZ80S	余量	7.8~9.2	0.20~0.80	0.12~0.40			W0.10	W0.005		W0.05	W0.005			W0.05	W0.30
	AZ91D	余量	8.5~9.5	0.45~0.90	0.17~0.40			W0.08	C0.004		W0.025	W0.01		0.0005~0.003	W0.01	
	MIC	余量	W0.01		0.50~1.3			W0.05	W0.01		W0.01	W0.001			W0.05	W0.30
MgMn	M2M	余量	W0.20	W0.30	1.3~2.5			W0.10	W0.05		W0.05	W0.007		W0.01	W0.01	W0.20
	M2S	余量			1.2~2.0			W0.10			W0.05	W0.01			W0.05	W0.30
MgZnZr	ZK61M	余量	W0.05	5.0~6.0	W0.10		0.30~0.90	W0.05	W0.05		W0.05	W0.005		W0.01	W0.01	W0.30
	ZK61S	余量		4.8~6.2			0.45~0.80								W0.05	W0.30
MgMnRE	ME20M	余量	W0.20	W0.30	1.3~2.2	0.15~0.35		W0.10	W0.05			W0.007		W0.01	W0.01	W0.30

图 9-12　镁合金直升机齿轮箱盖

表 9-11　锻造镁合金的牌号、力学性能及用途

牌号	抗拉强度/MPa	伸长率/%	用途
M2M	210	8	形状简单受力不大的耐蚀零件
AZ40M	250	20	飞机蒙皮、壁板及耐蚀零件
ME20M	260	1	形状复杂的锻件和模锻件
ZK61M	335	9	室温下承受大载荷的零件，如机翼等

表 9-12　铸造镁合金的主要化学成分

元素	质量分数/%	元素	质量分数/%
Mg	余量	Fe	≤0.005
Al	2.0~11.0	Cu	≤0.3
Zn	0.5~6.0	Ni	≤0.5
Mn	0.2~1.0	其他	≤0.5
Si	≤0.5		

① 高强度铸造镁合金　该类合金主要有 Mg-Al-Zn 系和 Mg-Zn-Zr 系，Mg-Al-Zn 系包括 ZMgA118Zn（ZM5）、ZMgA110Zn（ZM10）等，Mg-Zn-Zr 系包括 ZMgZn5Zr（ZM1）、ZMg-Zn4RE1Zr（ZM2）、ZMgZn8AgZr（ZM7）。此类合金具有较高的室温强度、良好的塑性和铸造性能，适于铸造各种类型的零（构）件；其缺点是耐热性差，使用温度不能超过 150℃。航空和航天工业中应用最广的高强度铸造镁合金是 ZM5（ZMgA18Zn），在固溶处理或固溶处理+人工时效状态下使用，用于制造飞机、发动机、卫星及导弹仪器舱中承受较高载荷的结构件或壳体。

② 耐热铸造镁合金　该类合金为 Mg-RE-Zr 系合金，主要包括 ZMgRE3ZnZr（ZM3）、ZMgRE3Zn2Zr（ZM4）、ZMgRE2ZnZr（ZM6）。这些合金具有良好的铸造性能，热裂倾向小，铸造致密性高，耐热性好，长期使用温度为 200~250℃，短时使用温度可达 300~350℃；其缺点是室温强度和塑性较低。耐热铸造镁合金主要用于制作飞机和发动机上形状复杂且要求耐热性的结构件。

近年来，铸造稀土镁合金、铸造高纯耐蚀镁合金、快速凝固镁合金及铸造镁合金基复合材料是镁合金研究的重要方向。

铸造稀土镁合金的研究已经相对成熟，稀土元素的加入可以显著提高镁合金的力学性能和耐腐蚀性能，使其在高温、高湿、高盐等恶劣环境下仍能保持稳定的性能。这种材料已经广泛应用于航空航天、汽车、轨道交通等领域。

铸造高纯耐蚀镁合金的研究也在不断深入。通过优化合金成分、控制杂质元素含量、提高制备工艺等手段，可以显著提高镁合金的耐腐蚀性能，使其在各种腐蚀环境下具有更好的稳定性和耐久性。这种材料在海洋工程、化工、医疗等领域有广泛的应用前景。

快速凝固镁合金作为一种新型的镁合金制备技术，也得到了广泛的研究。通过快速凝固技术，可以有效地细化晶粒、提高合金的致密性和均匀性，从而提高镁合金的性能。这种材料具有优异的力学性能、高温性能和耐蚀性能，是镁合金研究领域的重要发展方向之一。

铸造镁合金基复合材料的研究也在不断深入。通过将镁合金与其他材料（如陶瓷、纤维、金属等）进行复合，可以显著提高镁合金的强度、硬度、耐磨性、耐蚀性等性能。这种材料在航空航天、汽车、轨道交通等领域有广泛的应用前景。

9.4　钛及钛合金

钛在地壳中的含量约为 1%，由于钛及其合金具有比强度高、耐热性好、耐蚀性能优异等突出优点，自 1952 年正式作为结构材料使用以来发展极为迅速，目前在航空工业和化工工业中得到了广泛的应用。但钛的化学性质十分活泼，因此钛及其合金的熔铸、焊接和部分热处理均要在真空或稀有气体中进行，致使其生产成本高，价格较其他金属材料贵得多。

9.4.1　纯钛

钛是一种银白色的金属，密度小（$4.5g/cm^3$），熔点高（1668℃），有较高的比强度和比刚度及较高的高温强度，因此在航空工业上钛合金的用量逐渐扩大并部分取代了铝合金。钛的热膨胀系数很小，在加热和冷却过程中产生的热应力较小。钛的导热性差，所以钛及其合金的切削、磨削加工性能较差。在 550℃以下的空气中，钛的表面很容易形成薄而致密的惰性氧化膜，因此，它在氧化性介质中的耐蚀性比大多数不锈钢更为优良，在海水等介质中也具有极高的耐蚀性；钛在不同浓度的硝酸、硫酸、盐酸以及碱溶液和大多数有机酸中也具有良好的耐蚀性，但氢氟酸对钛有很大的腐蚀作用。

纯钛属于多晶型金属，具有同素异构转变：在 882.5℃以下，具有密排六方晶格，称为 α-Ti；在 882.5℃以上直至熔点，具有体心立方晶格，称为 β-Ti。

钛中常见的杂质有 O、N、C、H、Fe、Si 等元素，少量的杂质可使钛的强度和硬度上升而塑性和韧性下降。按杂质的含量不同，根据 GB/T 3620.1—2016，工业纯钛共有 13 个牌号，TA1 类型的有 4 个，TA2～TA4 每个类型的各有 3 个，它们的差别就为纯度的不同。其中，"T"为"钛"字的汉语拼音首字母，数字为顺序号，数字越大，杂质含量越多，强度越高，塑性越低。从表 9-13 中可以看出，从 TA1～TA4 每个牌号都有一个后缀带 ELI 的牌号，这个 ELI 为英文低间隙元素的缩写，也就为高纯度的意思；由于 Fe、C、N、H、O 在 α-Ti 中以间隙元素存在，它们的含量多少对工业纯钛的耐腐蚀性能以及力学性能产生很大的影响，C、N、O 固溶于钛中可以使钛的晶格产生很大的畸变，使钛被剧烈地强化和脆化；这些杂质的存在为生产过程中由生产原料带入的，主要为海绵钛的质量；要想生产高纯度的工业纯钛钛锭，就得使用高纯度的海绵钛；在标准中，带 ELI 的牌号在这 6 个元素含量的最高值均低于不带 ELI 的牌号。

表 9-13　工业纯钛牌号及化学成分（GB/T 3620.1—2016）　　　　%

合金牌号	名义化学成分	杂质（不大于）						
		Fe	C	N	H	O	其他元素	
							单一	总和
TA0	工业纯钛	0.15	0.10	0.03	0.015	0.15	0.1	0.4
TA1	工业纯钛	0.25	0.10	0.03	0.015	0.20	0.1	0.4
TA2	工业纯钛	0.30	0.10	0.15	0.015	0.25	0.1	0.4
TA3	工业纯钛	0.30	0.08	0.050	0.0150	0.35	0.10	0.40
TA1GELI	工业纯钛	0.10	0.03	0.012	0.008	0.10	0.05	0.20
TA1G	工业纯钛	0.20	0.08	0.03	0.015	0.18	0.10	0.40
TA1G-1	工业纯钛	0.15	0.05	0.03	0.003	0.12	—	0.10
TA2GELI	工业纯钛	0.20	0.05	0.03	0.008	0.10	0.05	0.20
TA2G	工业纯钛	0.30	0.08	0.03	0.015	0.25	0.10	0.40
TA3GELI	工业纯钛	0.25	0.05	0.04	0.008	0.18	0.05	0.20
TA3G	工业纯钛	0.30	0.08	0.05	0.015	0.35	0.10	0.40
TA4GELI	工业纯钛	0.30	0.05	0.05	0.008	0.25	0.05	0.20
TA4G	工业纯钛	0.50	0.08	0.05	0.015	0.45	0.10	0.40

　　工业纯钛的塑性高，具有优良的焊接性能和耐蚀性能，长期工作温度可达 300℃，可制成板材、棒材、线材、带材、管材和锻件等。它的板材、棒材具有较高的强度，可直接用于航空、船舶、化工等行业，还可用于制造各种耐蚀并在 300℃以下工作且强度要求不高的零件，如热交换器、制盐厂的管道、石油工业中的阀门等。

9.4.2　钛合金

　　在钛中加入合金元素形成钛合金，可使工业纯钛的强度获得明显提高。钛合金与纯钛一样，也具有同素异构转变，转变的温度随加入合金元素的性质和含量而定。加入的合金元素通常按其对钛的同素异构转变温度的影响分成三类：

　　① 扩大α相区，使α→β 转变温度升高的元素称为 α 相稳定元素，如 Al、O、N、C 等。

　　② 扩大 β 相区，使 β→α 转变温度降低的元素称为 β 相稳定元素，根据该类元素与钛所形成的相图不同，又将其细分为 β 同晶型元素（如 Mo、V、Nb、Ta 及 RE 等）和 β 共析型元素（如 Cr、Fe、Mn、Cu、Si 等）。

　　③ 对相变温度影响不大的元素，称为中性元素，如 Zr、Sn 等。

　　图 9-13（a）所示为α相稳定元素和 β 相稳定元素对钛的同素异构转变温度的影响规律。在上述三类合金化元素中，α相稳定元素和中性元素主要对α-Ti进行固溶强化，β 相稳定元素对α-Ti也有固溶强化作用。由图 9-13（b）可以看出，通过调整其成分可改变α和 β 相的组成量，从而控制钛合金的性能，该类元素是可热处理强化钛合金中不可缺少的。

　　按退火状态下的钛合金相组成不同，可将其分为α型钛合金、β 型钛合金和α+ β 型钛合金三大类，分别以 TA、TB、TC+顺序号表示其牌号。

　　α型钛合金中主要加入的合金元素是 Al，其次是中性元素 Sn 和 Zr，它们主要起固溶强化作用。这类合金在退火状态下的室温组织是单相α固溶体。由于工业纯钛的室温组织也可看作单相α固溶体，因此，α型钛合金的牌号与工业纯钛相同，均划入 TA 系列。

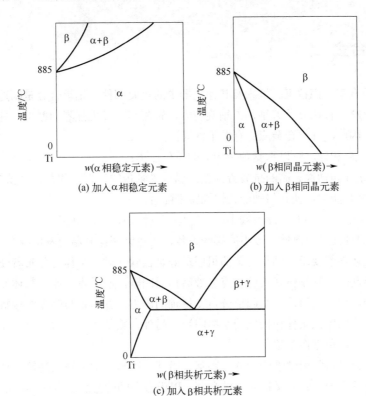

(a) 加入α相稳定元素　　　　(b) 加入β相同晶元素

(c) 加入β相共析元素

图 9-13　合金元素对钛同素异构转变温度的影响

α型钛合金不能进行热处理强化，热处理对于它们只是为了消除应力或消除加工硬化。该类合金由于含 Al、Sn 量较高，因此耐热性高于合金化程度相同的其他钛合金，在 600℃以下具有良好的热强性和抗氧化能力。另外，α型钛合金还具有优良的焊接性能。

α+β 型钛合金的退火组织为α+β，以 TC+顺序号表示其合金的牌号。这类合金中同时含有 β 相稳定元素（如 Mn、Cr、Mo、V、Fe、Si 等）和α相稳定元素（如 Al）。合金中的组织以α相为主，β 相的数量通常不超过 30%。该类合金可通过淬火及时效进行强化，热处理强化效果随 β 相稳定元素含量的增加而提高。由于应用在较高温度时淬火加时效后的组织不如退火后的组织稳定，故多在退火状态下使用。α+β 型钛合金的室温强度和塑性高于α型钛合金，但焊接性能不如α型钛合金，组织也不够稳定。α+β 型钛合金的生产工艺比较简单，通过改变成分和选择热处理规范又能在很宽的范围内改变合金的性能，因此，α型钛合金应用比较广泛，其中尤以 TC4（Ti-6%Al-4%V）合金的用途最广、用量最多，其年消耗量占钛合金总用量的 50%以上。

β 型钛合金以 TB+顺序号表示其合金的牌号，为了保证合金在退火或淬火状态下为 β 单相组织，在合金中加入了大量的多组元 β 相稳定元素，如 Mo、V、Mn、Cr、Fe 等，同时还加入一定数量的α相稳定元素 Al。目前工业上应用的 β 型钛合金主要为亚稳定的 β 钛合金，即在退火状态为α+β 两相组织，将其加热到 β 单相区后淬火，因α相来不及析出而得到过饱和的 β 相，称为亚稳 β 相。由于室温组织是单一的具有体心立方晶格的 β 相，所以该类合金的塑性好，易于冷加工成型，成型后可通过时效处理，使强度得到大幅提高。由于含有大量的 β 相稳定元素，所以该类合金的淬透性高，能使大截面零部件经热处理后得到均匀的高强度组织。但由于化学成分偏析严重，加入的合金元素又多为重金属，故失去了钛合金的原来优势。

9.5　轴承合金

滑动轴承是汽车、拖拉机、机床及其他机器中的重要部件。轴承合金是制造滑动轴承中的轴瓦及内衬的材料。轴承支承着轴，当轴旋转时，轴瓦和轴发生强烈的摩擦，并承受轴颈传给的周期性载荷。因此，轴承合金应具有以下性能：

① 足够的强度和硬度，以承受轴颈较大的单位压力；

② 足够的塑性和韧性、高的抗疲劳强度，以承受轴颈的周期性载荷，并抵抗冲击和振动；

③ 良好的磨合能力，使其与轴能较快地紧密配合；

④ 高的耐磨性，与轴的摩擦因数小，并能保留润滑油，减轻磨损；

⑤ 良好的耐蚀性、导热性，较小的膨胀系数，防止因摩擦升温而发生咬合。

为了满足上述性能要求，轴承合金的组织最好是在软（硬）基体上分布着硬（软）质点，当轴在轴瓦中转动时，软基体（或软质点）被磨损而凹陷，硬质点（或硬基体）因耐磨而相对凸起。凹陷部分可保持润滑油，凸起部分可支持轴的压力，并使轴与轴瓦的接触面积减小，从而保证了近乎理想的摩擦条件和极低的摩擦因数。另外，软基体（或软质点）还能起到嵌藏外来硬质点的作用，以免划伤轴颈。

按照化学成分可将常用轴承合金分为锡基、铅基、铝基、铜基与铁基等数种。使用最多的是锡基与铅基轴承合金，它们又称为巴氏合金。巴氏合金的牌号表示方法为：Z（"铸"字的汉语拼音首字母）+基本元素符号+主加元素符号+主加元素含量+辅加元素含量。例如，ZSnSb11Cu6表示主加元素锑的成分为 $w_{Sb}=11\%$，辅加元素铜的成分为 $w_{Cu}=6\%$，余量为锡。

锡基轴承合金具有软基体上分布着硬质点的组织特征，其软基体由锑在锡中的α固溶体组成，硬质点有以锡、锑化合物 SnSb 为基的固溶体及锡与铜形成的化合物 Cu_6Sn_5，如图 9-14 所示。此类合金的导热性、耐蚀性及工艺性良好，尤其是摩擦因数与膨胀系数较小，抗咬合能力强，所以广泛用于制作航空发动机、汽轮机、内燃机等大型机器中的高速轴承。

铅基轴承合金同样也具有软基体上分布着硬质点的组织特征，其软基体由（α+β）共晶体组成，α为锑溶于铅的固溶体，β为铅溶于锑的固溶体，硬质点的组成与锡基合金相同，如图 9-15 所示。此类合金的含锡量低，制造成本低廉，但其力学性能及导热、耐蚀、减摩等性能均比锡基合金差，主要用于制作汽车、轮船、柴油机、减速器等中、低速运转的轴承。

图 9-14　ZSnSb11Cu6 显微组织（100×）

图 9-15　ZPbSb16Sn16Cu2 显微组织（100×）

除了上述巴氏合金外，还有 ZCuPb30 及 ZCuSn10Pb1 两类青铜常用作轴承材料。它们又称为铜基轴承合金，具有硬基体上分布着软质点的组织特征，有着比巴氏合金更高的承载能力、疲劳强度及耐磨性，可直接用作高速、高载荷下的发动机轴承。

本章小结

本章详细地阐述了典型有色金属及合金的分类、化学成分、性能与应用范围以及相关的标准和规范，有色金属及合金在工业生产中的重要性。具体包括铝及铝合金、铜及铜合金、钛及钛合金、镁及镁合金、轴承合金等。

有色金属及合金的发展趋势和重要性体现在高性能化、轻量化、绿色环保、多功能化等多个方面，是国民经济发展的重要基础材料，也是科技创新和绿色环保发展的重要驱动力。

随着科技的进步，有色金属及合金正在向着更高性能的方向发展。例如，通过合金化、微合金化、复合化等手段，提高材料的强度、硬度、耐磨性、耐腐蚀性、高温性能等。随着航空航天、汽车、电子等行业的快速发展，对材料轻量化的需求日益增加。有色金属及合金，尤其是铝合金、镁合金等轻质高强材料，在这些领域的应用将更加广泛。有色金属及合金的生产和使用也在向着更加环保的方向发展。例如，通过提高材料的回收利用率、减少生产过程中的能源消耗和环境污染等，实现绿色可持续发展。有色金属及合金也在向着多功能化的方向发展。例如，一些新型的有色金属及合金材料不仅具有优异的力学性能，还具有电磁、光学、热学等多种功能，为新材料的应用提供了更广阔的空间。

 习题

（1）试述铝合金的合金化原则。为什么 Si、Cu、Mg、Mn 等元素作为铝合金的主加元素，而 Ti、RE 等作为辅加元素？

（2）2A11、2A12 合金中的主要成分是什么？其热处理有何特点？其性能和用途如何？

（3）为什么铸造的或经压力加工及热处理后的 Al-Cu 系铝合金的耐蚀性不如纯铝和 Al-Si 系合金好？

（4）硅铝明属哪类铝合金？为什么硅铝明具有良好的铸造性能？

（5）怎样的合金才能进行时效强化？黄铜和铍青铜各采用何种强化方式？为什么？

（6）Cu-Al 合金相图在 w_{Al}=11.8%处与 Fe-Fe$_3$C 相图在 w_C=0.77%处在形式上有什么相似之处？铝青铜淬火和回火处理与钢的淬火和回火处理有什么异同？

（7）钛合金的合金化原则是什么？为什么几乎所有钛合金中均含有合金元素铝？为什么铝的质量分数通常限制在 5%～6%？

（8）轴承合金在性能上有何要求？在组织上有何特点？

（9）有色金属的强化方法和钢的强化方法有何不同？

第 10 章

非金属材料

 本章思维导图

扫码获取本书配套资源

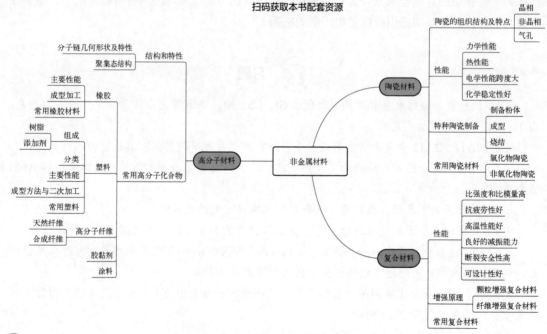

 本章学习目标

（1）列举高分子材料的类型。

（2）描述橡胶的性能特点；举例说明橡胶的应用。

（3）描述热塑性塑料和热固性塑料的结构及性能特点；了解塑料的成型方法；举例说明塑料的应用。

（4）简单了解合成纤维、胶黏剂、涂料的应用。

（5）描述陶瓷的结构特点和主要性能；了解陶瓷的分类，举例说明特种陶瓷的应用。

（6）了解复合材料的性能特点和增强原理；举例说明复合材料的应用。

工程材料中除金属材料以外，还有很多非金属材料，因非金属材料原料来源广泛，自然资源丰富，成型工艺简单，具有一些特殊性能，应用日益广泛。据相关统计，生产一辆普通轿车，其主要材料的重量占比大致为：钢材占 65%～70%，有色金属材料占 10%～15%，非金属材料占 20%左右。非金属材料已成为工程材料中不可缺少的重要组成部分，在机械工程中常用的非金属材料主要包括高分子材料、陶瓷材料和复合材料。

10.1　高分子材料

10.1.1　概述

以高分子化合物为基础的材料称为**高分子材料**，简称高聚物或聚合物。高分子化合物的相对分子量一般大于 10^4，甚至趋于无穷。

高分子化合物是通过聚合反应由低分子化合物结合形成的。这种可以聚合成高分子化合物的低分子化合物称为**单体**，如聚氯乙烯的单体是氯乙烯。组成高分子化合物的相同结构单元称为**链节**。一个高分子化合物中的链节数目叫作**聚合度**，用 n 表示。合成高分子化合物最基本的反应有两类：一类叫缩聚反应，另一类叫加聚反应。**加聚**是由一种或多种单体相互加成而连接成聚合物的反应，在反应过程中没有低分子物质生成，生成的高聚物与原料物质具有相同的化学组成，其分子量为原料分子量的整数倍。仅由一种单体发生的加聚反应称为**均聚反应**，如乙烯加聚成聚乙烯。单体为两种或两种以上的则为**共加聚**，如 ABS 工程塑料就是由丙烯腈、丁二烯和苯乙烯三种单体共加聚合成的。**缩聚**是由一种或多种单体相互作用而连接成高聚物的反应，这种反应同时析出新的低分子副产物。酚醛树脂（电木）、聚酰胺（尼龙）、环氧树脂等都是缩聚反应产物。

高分子材料按来源分为天然、半合成（改性天然高分子材料）和合成高分子材料。人类社会一开始就利用天然高分子材料作为生活资料和生产资料，例如，羊毛、麻、天然橡胶以及存在于生物组织中的淀粉、蛋白质等都是天然高分子材料。19 世纪 30 年代末期，进入天然高分子化学改性阶段，出现半合成高分子材料。1870 年，美国的 Hyatt 用硝化纤维素和樟脑制得的硝酸纤维素塑料（俗称赛璐珞塑料），是有划时代意义的一种人造高分子材料。1907 年出现的酚醛树脂，标志着人类应用合成高分子材料的开始。

10.1.2　高分子化合物的结构和特性

高分子材料和金属一样，其性能是由化学组成和组织结构决定的。高分子化合物的分子很大，主要呈长链形，因此常称大分子链或分子链。在大分子链中常见的 C、H、O、N 等元素都是原子量较小的轻元素，所以高聚物材料的密度较小，一般只有 $0.9\sim2.0g/cm^3$。

（1）大分子链的几何形状及其特性

高聚物中各原子以共价键相互连接而成，虽然它们的分子量很大，但都是以简单的结构单元和重复的方式连接的。

按照大分子链的几何形状，高聚物的分子结构可以分为线型和体型两种，对应的高分子化合物分别称为线型高聚物和体型高聚物。

线型结构是由许多链节连成的一个长链，有一些高聚物的大分子带有一些小的支链。线型结构（包括带有支链的）高聚物中有独立的大分子存在，在溶剂中或在加热熔融状态下，大分子可以彼此分离开来。线型结构（包括支链结构）高聚物由于有独立的分子存在，在溶剂中能溶解，加热能熔融；升高温度时则软化、流动，因此易于加工，可反复使用；并且具有良好的弹性和塑性，硬度和脆性较小；如聚乙烯、聚丙烯、聚氯乙烯、聚碳酸酯等。

如果分子链与分子链之间有许多链节相互交联起来，则称为**体型结构**，体型结构的高聚物在三维空间像一张不规则的网，因此也称**网状结构**。体型结构（分子链间大量交联的）的高聚物中没有独立的大分子存在。具有体型结构的高聚物不溶于任何溶剂，有的仅会有一些溶胀，升高温度时也不会熔融软化。体型结构高聚物由于没有独立大分子存在，具有较好的耐热性、难溶性、尺寸稳定性和机械强度；但弹性、塑性低，脆性大，不能塑性加工；成型加工只能在网状结构形成之前进行，材料不能反复使用。

（2）高聚物的聚集态结构

高聚物的聚集态结构包括大分子与大分子之间的相互作用和几何排列等。

大分子链中原子之间、链节之间以共价键相结合，这种结合力称为**主价力**。主价力的大小对高聚物的性能，特别是熔点、强度有重要影响。大分子之间的相互作用是范德华力和氢键，这类结合力称为**次价力**。次价力的大小比主价力小得多，只有主价力的 $1\%\sim10\%$。分子间作用力对物质性能也有重大影响。

按照大分子排列是否有序，高聚物的聚集态结构可分为晶态和非晶态两种。晶态高聚物分子链在空间规则排列，非晶态高聚物分子链在空间无规则排列。体型高聚物由于分子链间存在大量交联，分子链不可能作有序排列，所以都具有非晶态结构。线型、支链型和交联少的网状高分子聚合物固化时有可能结晶，但由于分子链运动较困难，不可能进行完全结晶，所以实际的结晶高聚物都是由晶态和非晶态所组成。

结晶会使高聚物的分子在空间呈规则有序排列，分子链间紧密堆砌，密度高，分子间作用力大。因此，结晶度越高，高聚物材料或制品的强度、硬度和刚性越大，且耐热性和耐化学腐蚀性也得到改善，而与链运动有关的性能如弹性、伸长率、冲击韧度等则降低。

10.1.3　常用高分子材料

高分子材料按特性分为橡胶、塑料、高分子纤维、胶黏剂、涂料等。

（1）橡胶

橡胶是一类线型柔性高分子聚合物，其分子链间次价力小，分子链柔性好，在外力作用下可产生较大形变，除去外力后能迅速恢复原状。橡胶具有良好的伸缩性、储能能力和耐磨、隔声、绝缘等性能，广泛用作弹性材料、密封材料和传动材料。

① **橡胶的组成**　橡胶是以生胶为原料，加入适量配合剂，经硫化后得到的高分子弹性体。

a. **生胶**　生胶是指未加配合剂、未经硫化的橡胶。按原料来源不同，橡胶有天然橡胶和合成橡胶两种。天然橡胶是从橡树上流出的胶乳。为便于运输，通常将天然橡胶乳经凝固、干燥、压片等工序制成各种胶片。天然橡胶的主要成分是聚异戊二烯。合成橡胶是由单体在一定条件下经聚合反应得到的，其单体主要来源于石油、天然气和煤等。合成橡胶是现代橡胶工业的主要原料来源。

b. **配合剂**　橡胶用的配合剂有几千种，它们决定了硫化胶的物理、力学性能和制品使用性能与寿命，对胶料的加工性能和半成品加工质量也有重要影响。按配合剂在橡胶中作用不同进行分类，橡胶里的配合剂主要有硫化剂、硫化促进剂、活性剂、填充剂、防老剂、增塑剂、其他专用配合剂等。

硫化剂相当于热塑性塑料中的固化剂，它使生胶的线型分子间形成交联而成为立体的网状结构，从而使胶料变成具有一定强度、韧性、高弹性的硫化胶。已有的硫化剂有硫黄、硒、碲、含硫化合物、金属氧化物、有机过氧化物、树脂、醌类和胺类等。因价格便宜，硫磺是最常用的一种硫化剂。

硫化促进剂的作用是缩短硫化时间，降低硫化温度，同时改善橡胶性能。促进剂多为有机化合物。

活性剂的作用是加速并充分发挥有机促进剂的活化促进作用，以减少促进剂用量，缩短硫化时间。橡胶用硫化活性剂种类很多，分为无机物和有机物两类。最常用的是氧化锌和硬脂酸并用。

填充剂的作用是增加橡胶制品的强度、降低成本及改善工艺性能。填充剂多为粉状或织物材料，常用的填料有炭黑、二氧化硅、氧化镁、滑石粉、硫酸钡等。

橡胶及其制品在储存和使用过程中，受各种外界因素的作用，如热、光照、高能射线、机械力、化学物质及霉菌等，其弹性、物理力学性能和使用性能会逐渐下降，逐渐丧失弹性和使用价值，这种现象称为**老化**。为延长制品的使用寿命，必须在橡胶中加入某些物质来抑制或延缓橡胶的老化过程，这些物质统称为橡胶的**防老剂**。常用防老剂有酚类、胺类、蜡类，为了有效抑制橡胶老化，可同时用几种防老剂协同发挥作用。

橡胶的**增塑**是通过在橡胶中加入某些物质，降低橡胶分子间的作用力，提高橡胶可塑性、流动性，便于橡胶压延、压出等成型操作，同时还能改善硫化胶的某些物理、力学性能，如降低硬度、提升橡胶弹性、耐寒性等。

不同配合剂有不同的功能，但有的配合剂在一种胶中能同时起几种作用，如石蜡既是润滑剂又是防老剂；硬脂酸既是活性剂又是分散剂，同时又有很好的增塑作用；石蜡与硬脂酸还能起内润滑与外润滑作用，帮助橡胶脱模，是很好的脱模剂。选用配合剂时可选用几种协同发挥效能。

② **橡胶的主要性能**　高弹性是橡胶性能的主要特征。橡胶在高弹态下受力会发生高弹变形，其弹性模量低，变形量大。橡胶的弹性模量约为 1MPa，而塑料、纤维的弹性模量在 2000MPa

以上；橡胶的变形量在 100%～1000%，其他聚合物的变形量只有 0.1%～0.01%。

橡胶的强度是橡胶制品的一个重要指标，它与橡胶的分子结构有关，分子间作用力越大，橡胶的拉伸强度越高。

橡胶的强度和弹性模量比金属小得多。橡胶强度越高，耐磨性越好。橡胶制品的一个突出问题是橡胶的老化，它直接影响橡胶制品的寿命，使用中必须注意橡胶的老化防护。

③ **橡胶的成型加工** 橡胶制品的成型加工一般要经过塑炼、混炼、压延与压出、成型、硫化 5 个加工工序。

a. **塑炼** 生胶具有很高的弹性，难以加工。塑炼是生胶在机械力和氧化裂解作用下，部分橡胶长分子链被切断，分子质量分布趋于均匀，降低弹性，增加可塑性的过程。通常在炼胶机中进行。

b. **混炼** 使生胶和配合剂混合均匀的过程。混炼在混炼机上进行。混炼的加料顺序是：塑炼胶、防老剂、填充剂、增塑剂、硫化剂及硫化促进剂等。混炼时要注意严格控制温度和时间。

c. **压延与压出** 混炼胶通过压延与压出等工艺，可以制成一定形状的橡胶半成品。压延的目的是将胶料压成薄胶片，或在胶片上压出某种花纹，也可以用压延机在帘布或帆布的表面挂上一层胶，或者把两层胶片贴合起来。

d. **成型** 根据制品的形状把压延或压出的各种胶片、胶布等裁剪成不同规格的部件，然后进行贴合制成半成品。

e. **硫化** 橡胶加工的主要工序之一，是橡胶由线型结构转变为交联体型结构的过程。硫化的目的是使橡胶具有足够的强度、耐久性及抗剪切和其他变形能力，减少橡胶的塑性。硫化后即得制品。

④ **常用橡胶材料。**

a. **天然橡胶** 天然橡胶是以聚异戊二烯为主要成分的不饱和状态的天然高分子化合物。天然橡胶有较好的弹性，弹性模量为 3～6MPa，约为钢铁的 1/30000，而伸长率则为其 300 倍。弹回率在 0～100℃范围内可达 70%～80%以上；在达到 130℃时仍能保证其正常使用性能，当温度低于–70℃时才失去弹性。天然橡胶机械强度高，纯硫化胶抗拉强度为 17～29MPa，用炭黑补强后可达 25～35MPa。其耐挠曲性也好，到出现裂口时为止可达 20 万次以上。天然橡胶是非极性高分子化合物，绝缘性好。因分子链中含有 C=C 不饱和键，耐臭氧、耐热、耐光等老化性能较差，使用温度为–70～110℃。

天然橡胶因综合性能好，广泛用于工业、农业、国防、交通、运输、机械制造、医药卫生领域和日常生活等方面，如交通运输上用的各种轮胎，工业上用的运输带、传动带、各种密封圈，医用的手套、输血管，日常生活中所用的胶鞋、松紧带、暖水袋等都是以天然橡胶为主要原料制造的。目前，世界上部分或完全用天然橡胶制成的物品已达 7 万种以上，其中轮胎的用量要占天然橡胶使用量的一半以上。

b. **合成橡胶** 合成橡胶的主要品种有丁苯橡胶、丁基橡胶、顺丁橡胶、氯丁橡胶、乙丙橡胶、丁腈橡胶、丙烯酸酯橡胶、硅橡胶、氟橡胶等。合成橡胶中只有少数品种的性能与天然橡胶相似，大多数品种与天然橡胶不同，但两者都是高弹性的高分子材料，一般均需经过硫化和加工之后才具有实用性和使用价值。

- **丁苯橡胶** 用量最大的通用合成橡胶，其消耗量占合成橡胶总消耗量的 80%，也是最早实现工业化生产的合成橡胶品种之一。丁苯橡胶由丁二烯和苯乙烯共聚而成。按聚合工艺，丁苯橡胶分为乳聚丁苯橡胶和溶聚丁苯橡胶，其中，乳聚丁苯橡胶是丁二烯和苯乙烯经乳液聚合制成的弹性体，溶聚丁苯橡胶是苯乙烯和丁二烯在有机锂引发下，经阴离子溶液聚合而合成的弹性体。丁苯橡胶耐磨性高，透气性小，耐臭氧性、耐老化性、耐热性比天然橡胶好，介电性、耐腐蚀性和天然橡胶相近，但耐热性、耐寒性、耐挠曲性和可塑性不如天然橡胶，最高使用温度为80～100℃。丁苯橡胶广泛用于轮胎、胶带、胶鞋、胶管、电线电缆、医疗器具及各种橡胶制品的生产等领域。

- **丁基橡胶**　异丁烯和异戊二烯的共聚物。它具有良好的化学稳定性和热稳定性，最突出的是气密性和水密性。丁基橡胶主要用来制造各种内胎、蒸汽管、水坝底层、化工设备的衬里和建筑防水材料等以及垫圈等各种橡胶制品。

- **顺丁橡胶**　由丁二烯聚合而成的结构规整的合成橡胶。顺丁橡胶是用量仅次于丁苯橡胶的第二大合成橡胶。与天然橡胶和丁苯橡胶相比，硫化后其耐寒性、耐磨性和弹性特别优异。顺丁橡胶一般与天然橡胶、氯丁橡胶或丁腈橡胶混合使用。顺丁橡胶特别适用于制造汽车轮胎和耐寒制品，还可以制造缓冲材料及各种胶鞋、胶布、胶带和海绵胶等。

- **氯丁橡胶**　由氯丁二烯（即 2-氯-1,3-丁二烯）为主要原料以乳液聚合法制成的合成橡胶。氯丁橡胶有良好的物理、力学性能，耐老化、耐热、耐油、耐化学腐蚀性优异，缺点是耐寒性和储存稳定性较差，电绝缘性不佳。氯丁橡胶被广泛用于制造煤矿用的运输带、电焊机电缆、户外电线电缆，也可用作耐油的油罐衬里、粘胶鞋底、门窗嵌条等。

- **乙丙橡胶**　乙烯与丙烯的二元共聚物，为线型无定形长链结构，具有弹性体特征。乙丙橡胶是橡胶中最轻的一种，结构非常稳定，因此不怕热、不怕臭氧，耐龟裂性好。乙丙橡胶分子中无极性基团，电性能良好，尤其是浸水后电性能不变，但耐油性差。乙丙橡胶的主要缺点是硫化速度慢，不易与不饱和橡胶并用，自黏性和互黏性差，耐燃、耐油性和气密性差。由于黏着性差，乙丙橡胶主要用于非轮胎方面，如汽车零件、电气制品、建筑材料、橡胶工业制品及家庭用品等。

- **丁腈橡胶**　以丁二烯和丙烯腈为单体，经乳液聚合而制得的高分子弹性体。丁腈橡胶的主要特点是具有优良的耐油性和耐非极性溶剂性能，抗臭氧能力强；另外其耐热性、耐腐蚀、耐老化性、耐磨性及气密性均优于天然橡胶；但其耐臭氧性、电绝缘性能和**耐寒性较差。丁腈橡胶主要用于各种耐油制品，橡胶中丙烯腈含量越多，耐油性越好，但耐寒性则相应下降。**

- **丙烯酸酯橡胶**　以丙烯酸酯为主单体经共聚而得的弹性聚合物。丙烯酸酯橡胶耐热、耐老化、耐油、耐臭氧、抗紫外线等性能优良，力学性能和加工性能优于氟橡胶和硅橡胶，其耐热、耐老化性和耐油性优于丁腈橡胶。丙烯酸酯橡胶被广泛应用于各种高温、耐油环境中，成为近年来汽车工业着重开发推广的一种密封材料，特别是用于汽车的耐高温油封、曲轴、阀杆、气缸垫、液压输油管等。

- **氟橡胶**　指主链或侧链的碳原子上含有氟原子的合成高分子弹性体。氟原子的引入，赋予橡胶优异的耐热性、抗氧化性、耐油性、耐腐蚀性和耐大气老化性，在航天、航空、汽车、石油和家用电器等领域得到了广泛应用，是国防尖端工业中无法替代的关键材料。

（2）塑料

塑料是以合成树脂或化学改性的天然高分子为主要成分，再加入填料、增塑剂和其他添加剂制得，其分子间次价力、模量和形变量等参数介于橡胶和纤维之间。

① 塑料的组成　塑料是以合成树脂为主要成分，添加能改善性能的填充剂、增塑剂、稳定剂、润滑剂、固化剂、发泡剂、着色剂、阻燃剂、防老化剂等制成的。添加剂的使用根据塑料的种类和性能要求而定。

a. 树脂　相对分子量不固定，在常温下呈固态、半固态或流动态的有机物质，在塑料中起胶黏各组分的作用，又称黏料。树脂是塑料的主要组分，占塑料的40%～100%，它直接决定塑料的类型是热固性和还是热塑性的，塑料的基本性能也由其决定。大多数塑料以所用树脂命名，如聚乙烯、尼龙、聚氯乙烯、聚酰胺、酚醛树脂等。

b. 填充剂　塑料的另一重要组成部分，占塑料重量的20%～50%，用来改善塑料的某些性能。填充剂有粉状和纤维状两类。常用的填充剂有木粉、云母粉、石墨粉、炭粉、滑石粉、氧化铝粉、各种金属粉、玻璃纤维、石棉纤维、碳纤维等。

c. 增塑剂　增塑剂的作用是削弱聚合物分子间的作用力，增加树脂的塑性和柔韧性。常用增塑剂有甲酸酯类、磷酸酯类、氯化石蜡等。近几年新发展的增塑剂有聚酯类，如聚己二酸、二丙二醇酯等。

d. 稳定剂　包括热稳定剂和光稳定剂。热稳定剂可以改善聚合物的热稳定性，常用热稳定剂有硬脂酸盐、环氧化合物和铅的化合物等。光稳定剂有抑制或削弱光降解的作用。常用的光稳定剂有炭黑、二氧化钛、氧化锌等遮光剂，水杨酸酯类、二苯甲酮类等紫外线吸收剂，金属络合物类减活剂和受阻胺类自由基捕获剂。

e. 润滑剂　用来防止塑料粘在模具或其他设备上。常用的润滑剂有硬脂酸及其盐类、有机硅等。

f. 固化剂　能将高分子化合物由线型结构转变为体型交联结构的物质，如六次甲基四胺、酸酐类化合物、过氧化物等。

g. 发泡剂　受热时会分解放出气体的有机化合物，用于制备泡沫塑料等。常用发泡剂为偶氮二甲酰胺。

② 塑料的分类。

a. 按塑料受热时的性质　分为热塑性塑料和热固性塑料。

热塑性塑料受热时软化或熔融、冷却后硬化，并可反复多次进行。包括聚乙烯、聚氯乙烯、聚苯乙烯、聚丙烯、聚酰胺、聚甲醛、聚碳酸酯、聚苯醚、聚砜、聚四氟乙烯等。热塑性塑料的特点是易加工成型，力学性能较好；缺点是耐热性和刚性较差。

热固性塑料在加热、加压并经过一定时间后即固化为不溶、不熔的坚硬制品，不可再生。大分子在成型过程中，由线型或支链型结构最终转变为体型结构。常用热固性塑料有酚醛树脂、环氧树脂、氨基树脂、呋喃树脂、有机硅树脂等。热固性塑料的特点是耐热性高，抗蠕变性强；缺点是性硬且脆，力学性能不高。

b. 按塑料的功能和用途　分为通用塑料、工程塑料和特种塑料。

通用塑料指产量大、用途广、价格低的塑料。主要包括聚乙烯、聚氯乙烯、聚苯乙烯、聚丙烯、酚醛塑料、氨基塑料等，产量占塑料总产量的75%以上。

工程塑料指具有较高力学性能，能替代金属用于制造机械零件和工程构件的塑料。除具有较高的强度外，工程塑料还有很好的耐蚀性、耐磨性、自润滑性以及制品尺寸稳定性等特点。典型的工程塑料有聚酰胺、ABS、聚甲醛、聚碳酸酯、聚砜、聚四氟乙烯、聚甲基丙烯酸甲酯、环氧树脂等。

特种塑料指耐热或具有特殊性能的塑料，如导电塑料、导磁塑料、感光塑料等。

随着高分子材料改性技术的飞速发展，新品种塑料不断涌现，通用塑料、工程塑料、特种塑料之间的界限越来越难以划分了。

③ 塑料的主要性能。

a. 塑料的密度一般为 $1\sim2g/cm^3$，质轻，化学性稳定。

b. 塑料性质较脆，其冲击韧度比金属低。热塑性塑料的冲击韧度一般为 $2\sim15kJ/m^2$（带缺口）；热固性塑料的冲击韧度较低，约为 $0.5kJ/m^2$（带缺口）。

c. 各种塑料的力学性能差异很大，一般热塑性塑料的抗拉强度为 $50\sim100MPa$，热固性塑料的抗拉强度为 $30\sim60MPa$。

d. 绝大多数塑料大分子中既无自由电子，又无导电的自由离子，绝缘性能良好。

e. 塑料的热导率低，与金属相比，差别很大，仅为其 1/100。所以，塑料是良好的绝热保温材料。

f. 大部分塑料耐热性差，在高温下承受载荷时往往软化变形，甚至分解、变质，只有少数品种能在 200℃左右使用。

g. 塑料的摩擦因数低，耐磨性好；此外，塑料对酸、碱和化学药品均具有良好的抗腐蚀能力。

h. 多数塑料耐低温性差，低温下变脆。

i. 尺寸稳定性差，容易变形。

④ **塑料的成型**　塑料的成型方法有多种，常用的有注射、挤出、吹塑、浇铸、模压成型等。根据所用的材料及制品的要求选用不同的成型方法。

a. **注射成型**　又称注塑成型，与金属压力铸造很相似。将塑料原料在注射机料筒内加热熔化，通过推杆或螺杆向前推压至喷嘴，迅速注入封闭模具内，冷却后即得塑料制品。注射成型主要用于热塑性塑料，也可用于流动性较大的热固性塑料，能生产形状复杂、薄壁、有金属或非金属嵌件的塑料制品。

b. **挤出成型**　又称挤塑成型，它与金属压力加工中金属型材挤压原理相同。塑料原料在挤出机内受热熔化的同时通过螺杆向前推压至机头，通过不同形状和结构的口模连续挤出，获得不同形状的型材，如管、棒、带、板及各种异型材，还可用于电线、电缆的塑料包覆等。挤出成型主要用于热塑性塑料。

c. **吹塑成型**　熔融态的塑料坯通过挤出机或注射机挤出后，置于模具内，用压缩空气将坯料吹胀，使其紧贴模具内壁成型而获得中空制品。

d. **浇铸成型**　与金属铸造工艺相似，在液态树脂中加入适量固化剂，然后浇入模具型腔中，在常压或低压及常温或适当加热条件下固化成型。此法主要用于生产大型制品，设备简单，但生产率低。浇铸成型既可用于热固性塑料，也可用于热塑性塑料。

e. **压制成型**　将塑料原料放入成型模加热熔化，通过压力机对模具加压，使塑料充满整个型腔，同时发生交联反应而固化，脱模后即得压塑制品。模压成型主要用于热固性塑料，有些熔融黏度极高，几乎没有流动性的热塑性塑料，也可压制成型。压制成型工艺多为间歇成型，周期长，效率低，模具成本高，适用于形状复杂或带有复杂嵌件的制品。

f. 真空成型　将热塑性塑料片置于模具中压紧，借助加热器将塑料片加热至软化温度，然后将模具型腔抽真空，借大气压力将软化的塑料片压入模内并使之紧贴模具，冷却后即得所需塑料制品。真空成型法是热塑性塑料最简单的成型方法之一，主要用于成型杯、盘、箱壳、盒、罩、盖等薄壁敞口制品；缺点是制品厚度不太均匀，不能制造形状复杂的制件。

g. 塑料制品的加工　塑料制品的加工是指塑料制品成型后的再加工，亦称二次加工，主要加工方法有机械加工、焊接、粘接、表面喷涂、电镀、镀膜、彩印等。

⑤ **常用塑料**

a. 热塑性塑料。

- **聚乙烯**　由单体乙烯经加聚反应聚合而成的高聚物。聚乙烯化学稳定性、耐水性和耐寒性良好，耐热性差，易燃烧和光老化。聚乙烯按密度不同分为低密度、高密度聚乙烯两种。低密度聚乙烯主要用作农膜、工业用包装膜、药品与食品包装薄膜、机械零件、日用品、建筑材料、电线电缆、绝缘涂层和合成纸等。高密度聚乙烯用于生产薄膜制品、日用品及工业用的各种大小中空容器、管材，包装用的压延带和结扎带、绳缆，渔网和编织用纤维、电线电缆等。

- **聚丙烯**　由丙烯经聚合反应制得的高聚物，比聚乙烯更透明更轻，是通用树脂中最轻的一种。聚丙烯具有较好的力学性能，刚性较大，强度、弹性模量、硬度都高，耐热性好（加热到150℃不变形），对高频电的绝缘性能好。聚丙烯可用于汽车及各种机械零部件，如车门、电瓶壳、方向盘、齿轮、接头、泵叶轮等，以及家用电器部件，化工管道，容器、设备衬里，医疗器械，电线电缆包皮，各种包装薄膜，过滤织物，绳缆和渔网等。

- **聚氯乙烯**　由氯乙烯聚合制得的高聚物，是目前世界上产量仅次于聚乙烯的第二大塑料品种。聚氯乙烯抗拉强度、刚度、硬度较大，有良好的耐水性、耐油性、耐化学药品侵蚀性和阻燃性；缺点是热稳定性差。聚氯乙烯有软、硬质两种。软质聚氯乙烯主要用于生产各种薄膜、人造革、地板胶、墙纸、电线电缆的绝缘层以及生活用品。硬质聚氯乙烯可用于工业管道系统、给排水系统、槽罐以及门窗、电线导管、地板、家具等建筑防火用材。

- **聚苯乙烯**　由苯乙烯聚合得到的高聚物。聚苯乙烯是应用最早的塑料品种之一，其产量仅次于聚乙烯、聚氯乙烯。聚苯乙烯的机械强度较低，质硬而脆，不耐冲击，耐热性差，耐蚀性较好，具有良好的电性能和光学性能。聚苯乙烯广泛用于日用、装潢、包装及工业制品，如各种仪表外壳、灯罩、光学零件、透明模型、化工储酸槽等。

- **ABS塑料**　丙烯腈（A）、丁二烯（B）、苯乙烯（S）三种单体的三元共聚物。ABS塑料兼有三种组元的共同性能，A使其耐化学腐蚀、耐热，并有一定的表面硬度；B使其具有高弹性和韧性；S使其具有热塑性塑料的加工成型特性并改善电性能。因此，ABS塑料是一种原料易得、综合性能良好、价格便宜、用途广泛的"坚韧、质硬、刚性"材料。ABS塑料在机械、电气、纺织、汽车、飞机、轮船等制造业及化工中获得了广泛的应用。

- **聚四氟乙烯**　俗称塑料王，具有非常优良的耐高、低温性能；可在-180～260℃范围内长期使用；几乎耐所有化学药品；摩擦系数极低，仅为0.04；聚四氟乙烯对其他物质不黏附；不吸水；电性能优良；耐老化性能好。缺点是强度低。聚四氟乙烯在化工、石油、纺织、食品、造纸、医学、电子、机械等工业和海洋作业领域都有着广泛的应用。

- **聚酰胺** 俗称尼龙，是最重要的工程塑料，具有突出的耐磨性和自润滑性，冲击韧性好，强度高，耐蚀性和成型性好；缺点是耐热性差、工作温度不能超过 100℃，导热性差，吸水性高。聚酰胺主要用于制作纤维。

- **聚甲基丙烯酸甲酯** 俗称有机玻璃或亚克力，透光率达 92%，密度只是无机玻璃的一半，强度、冲击韧性都优于无机玻璃；耐稀酸、稀碱、润滑油等化学药品；是热的不良导体；有良好的电绝缘性；在自然条件下老化发展缓慢。缺点是硬度低，易擦伤。有机玻璃的主要用途是利用它的高度透明性和户外耐候性，在飞机、车辆上作为透明的窗玻璃和罩盖。在建筑、电气、机械、日用工业等领域都有广泛的应用，如制造光学仪器、电气医疗器械、透明模型、标本、装饰品、假牙、广告铭牌等。

b. **热固性塑料。**

- **酚醛塑料** 以酚醛树脂为基，加入填料及其他添加剂而制成，有热塑性和热固性两类。酚醛塑料具有一定的机械强度和硬度，良好的耐热性、耐磨性、耐腐蚀性及电绝缘性，导率低；缺点是性脆，不耐碱。酚醛塑料用于制作电工器材（如插头、开关等）、装饰材料、隔声隔热材料等。热塑性酚醛树脂还可配制油漆、胶黏剂、涂料和防腐蚀用胶泥等。

- **环氧塑料** 以环氧树脂为基，加入固化剂、填料和增强材料后形成的热固性塑料。环氧塑料强度较高，韧性较好，尺寸稳定性高；耐腐蚀，耐热、耐寒；具有优良的电绝缘性能。缺点是稍有毒性。环氧塑料用于制备增强塑料、泡沫塑料、浇注塑料、胶黏剂和涂料等。

- **聚酯塑料** 强度和表面耐磨性较高；可在 100℃ 下长期使用；添加增塑剂可以大幅提高其韧性；有较好的耐水性；但耐碱和溶剂的性能较差；不耐氧化性介质；固化过程中有较大收缩变形。聚酯塑料主要用于玻璃钢和树脂混凝土，可以制造很多种建材制品，如波形瓦、管材、人造石材等。

- **有机硅塑料** 具有优良的耐高温（500～600℃）和防火性；良好的电绝缘性和憎水性；耐腐蚀能力很强；黏结强度高，可用于黏结金属材料和非金属材料；但其机械强度较低。有机硅塑料可制成耐热、耐水、耐腐蚀及电绝缘性能均好的塑料制品，还可用作胶黏剂、防水涂料、混凝土外加剂等。

- **氨基塑料** 氨基塑料硬度高；耐磨性和耐腐蚀性良好；具有优良的电绝缘性；不易燃。有粉状和层压材料。氨基塑料粉又称电玉粉，制品无毒无臭。氨基塑料主要用于制造家用及工业器皿、各种装饰材料、家具材料、密封件、传动带、开关、插头、隔热吸声材料、胶黏剂等。

（3）高分子纤维

高分子纤维分为天然纤维和合成纤维。前者指蚕丝、棉、麻、毛等；后者是以天然高分子或合成高分子为原料，经过纺丝和后处理制得。纤维的次价力大、形变能力小、模量高，一般为结晶聚合物。

合成纤维品种很多，常用的合成纤维有涤纶、锦纶、腈纶、氯纶、维纶、氨纶、聚烯烃弹力丝等。

① **涤纶** 学名聚对苯二甲酸乙二酯，简称聚酯纤维。涤纶的最大特点是质量稳定、强度和耐磨性较好，其耐磨性仅次于锦纶纤维；涤纶具有较好的化学稳定性，在正常温度下，不会与弱酸、弱碱、氧化剂发生作用。缺点是染色性差，吸湿性极差，织物易起球；由它纺织的面料穿在身上发闷、不透气。涤纶主要用于电气绝缘材料、运输带、传送带、输送石油软管、水龙带、绳索、工业用布、滤布轮胎帘子线、渔网、人造血管等。

② **锦纶** 学名聚酰胺纤维，是世界上最早的合成纤维品种，目前退居合成纤维的第二位。锦纶的最大特点是强度高、耐磨性好。锦纶的缺点与涤纶一样，吸湿性和通透性都较差；在干燥环境下，易产生静电；短纤维织物也易起毛、起球；锦纶的耐热、耐光性不好。锦纶主要用于工业用布、轮胎帘子线、传动带、帐篷、绳索、渔网、降落伞、航天服等。

③ **腈纶** 学名聚丙烯腈纤维，外观呈白色、卷曲、蓬松、手感柔软，酷似羊毛，多用来和羊毛混纺或作为羊毛的代用品，还可用于帆布帐篷及制备碳纤维等。弹性模量仅次于涤纶纤维，比锦纶纤维高 2~3 倍；耐光性与耐候性仅次于氟纤维，耐热性能较好，能耐酸、氧化剂、有机溶剂，但耐碱性差。

④ **氯纶** 学名聚氯乙烯纤维，耐磨性、弹性、耐化学腐蚀性、耐光性、保暖性都很好，不燃烧，绝缘性好，但耐热性和染色性较差。氯纶主要用于制造针织品、衣料、毛毯、地毯、绳索、滤布、帐篷、绝缘布等。

⑤ **维纶** 学名聚乙烯醇缩甲醛纤维，维纶洁白如雪，柔软似棉，常被用作天然棉花的代用品。维纶的吸湿性能是所有合成纤维中最好的；维纶的耐磨性、耐光性、耐腐蚀性都较好。维纶主要用于制造绳缆、渔网、帆布、滤布、自行车或拖拉机轮胎帘子线、输送带、运输盖布、炮衣。

⑥ **氨纶** 学名聚氨酯弹性纤维，氨纶弹性优异，耐酸碱性、耐汗性、耐海水性、耐干洗性、耐磨性均较好。氨纶纤维一般不单独使用，而是少量地掺入织物中，如与其他纤维合股或制成包芯纱，用于织制弹力织物。

（4）胶黏剂

胶黏剂是能把两种或两种以上同质或异质材料紧密地胶接在一起，固化后在结合处具有足够强度的物质。胶黏剂一般是多组分体系，除主要成分（基料）外，还有许多辅助成分，可对主要成分起到一定的改性或提高品质的作用。

① 胶黏剂的组成。

a. **基料** 基料是使胶黏剂具有黏附特性的主要组成部分，通常是由一种或多种高聚物所组成。常用的天然产物有淀粉、蛋白质、动物的骨和血、虫胶以及天然橡胶等；合成橡胶有氯丁橡胶、丁腈橡胶、丁苯橡胶、多硫橡胶等；合成树脂有环氧树脂、酚醛树脂、脲醛树脂、过氯乙烯树脂、有机硅树脂、聚氨酯树脂、聚酯树脂、聚醋酸乙烯酯树脂、聚酰亚胺树脂、聚乙烯醇缩醛树脂等。

b. **固化剂** 使线型分子形成网状或体型结构，使胶黏剂固化而发生胶接作用。

c. **填料** 用以降低固化时的收缩率，降低成本，有时能改善性能，如提高强度、弹性、模量、冲击韧性和耐热性等。填料分有机填料和无机填料两类。有机填料可以降低树脂的脆性，但一般吸湿性高，耐热性较低。无机填料用于主要改善和提高耐热性、介电性、收缩率等。

d. **增韧剂**　树脂固化后性能较脆，加入增韧剂可降低胶层的脆性，提高韧性。增韧剂有两种，一种是与树脂相容性良好，但不参与固化反应的非活性增韧剂，如邻苯二甲酸二丁酯、邻苯二甲酸二辛酯等；另一种是能与树脂起反应的活性增韧剂，如低分子聚酰胺等。

e. **稀释剂**　稀释剂的作用是降低黏度，以便于涂布施工，同时也起到延长胶黏剂使用寿命的作用。

f. **改性剂**　为了改善某一性能或满足特殊需要而加入。如提高胶黏强度可加入增黏剂；为促进固化反应可加入促进剂；为使胶接或胶补好的制件外表美观，可加入着色剂等。

② **胶黏剂的分类及特性**　胶黏剂品种繁多，组成各异，用途不同，按主要组成和来源分为天然和合成胶黏剂两种，应用较多的是合成胶黏剂。

天然胶黏剂主要有动物胶和植物胶两大类，皮胶、骨胶、血胶、鱼胶等属于动物胶，淀粉、松香、阿拉伯树胶等为植物胶。天然胶常用于胶黏纸张、木材和皮革等，因来源少，性能不完善，逐渐趋向淘汰。

用人工方法合成的胶黏剂统称为合成胶黏剂，占胶黏剂总量的 60%～70%，合成胶黏剂比天然胶黏剂具有更高的胶黏强度。合成胶品种很多，性能优良。其中，树脂型胶黏剂的胶接强度高，硬度、耐温、耐介质的性能都比较好，但较脆，韧性和起黏性较差；橡胶型有很好的起黏性和柔韧性，抗振性和抗弯性较好，但强度和耐热性较低；混合型是树脂与橡胶，或多种树脂、橡胶混合使用，相互掺混，取长补短，既提高强度，又增加柔韧性。

合成树脂型胶黏剂可分为热固性胶黏剂和热塑性胶黏剂两大类。热固性胶黏剂固化后，呈体型结构，其特点是耐热、耐水、耐介质的作用，胶黏强度高，但其冲击韧度、抗剥离强度差。热塑性胶黏剂特点是冲击韧度、剥离强度好，但耐热性不高。

（5）涂料

涂料是指一种涂覆在物体表面，能形成牢固附着的连续薄膜材料，通常是以树脂、油或乳液为主，添加或不添加颜料、填料，添加相应助剂，用有机溶剂或水配制而成的黏稠液体。根据成膜物质不同，分为油脂涂料、天然树脂涂料和合成树脂涂料。

涂料最早主要用于装饰，涂覆在物体表面或建筑物上，赋予鲜艳的色彩，涂料的另一个重要作用就是保护作用，可以保护材料免受或减轻各种损害和侵蚀，如金属的防锈保护、木材和塑料制品的保护、防火涂料的使用等。

涂料是多组分体系，一般有 4 种基本成分：成膜物质（树脂、乳液）、颜料（包括本质颜料）、溶剂和添加剂（助剂）。

① **成膜物质**　涂膜的主要成分，包括油脂、油脂加工产品、纤维素衍生物、天然树脂、合成树脂和合成乳液。成膜物质还包括部分不挥发的活性稀释剂，它是使涂料牢固附着于被涂物面上形成连续薄膜的主要物质，是构成涂料的基础，决定着涂料的基本特性。

② **颜料**　一般分两种，一种为着色颜料，常见的有钛白粉、铬黄等；还有一种为体质颜料，也称填料，如碳酸钙、滑石粉等。

③ **溶剂**　包括烃类、醇类、醚类、酮类和酯类等物质，作用在于使成膜基料分散而形成黏稠液体，有助于施工和改善涂膜的某些性能。

④ **助剂**　有消泡剂、润滑剂、流平剂等，一般不能成膜并且添加量少，但对基料形成涂膜

的过程与耐久性起着相当重要的作用。

10.2　陶瓷材料

陶瓷材料是以离子键和共价键为主要结合力的一类无机非金属材料。广义的陶瓷包含一切天然及合成的无机非金属固体材料，如水泥、耐火材料、玻璃、石墨、天然石材、陶瓷等。狭义的陶瓷指用天然或合成的粉体，经成型和高温烧结制成的，由金属和非金属的无机化合物构成的多晶固体材料。

（1）陶瓷的分类

除玻璃、水泥、砖瓦及耐火材料以外的陶瓷材料，按原料来源不同可分为传统陶瓷和特种陶瓷两大类。

① **传统陶瓷**　以天然的岩石、矿物、黏土、石英、长石等硅酸盐类材料为原料经制坯、成型、烧结制成的产品均属传统陶瓷，包括日用陶瓷、建筑陶瓷、电气绝缘陶瓷、化工陶瓷、多孔陶瓷等。

② **特种陶瓷**　特种陶瓷采用人工合成的高纯度无机化合物为原料，在严格控制的条件下经成型、烧结和其他处理而制成具有微细结晶组织的无机材料，具有各种特殊力学、物理或化学性能。特种陶瓷又称为新型陶瓷或先进陶瓷。

按性能特点和应用不同，特种陶瓷可分为压电陶瓷、高温陶瓷、磁性陶瓷、电容器陶瓷及电光陶瓷等。

按化学成分不同，特种陶瓷可分为两大类，一类是氧化物陶瓷，如氧化铝、氧化镁、氧化钙、氧化铍、氧化钍等陶瓷；另一类是非氧化物陶瓷，如碳化物、氮化物、硼化物、硅化物等陶瓷。

按用途不同，特种陶瓷分为结构陶瓷和功能陶瓷两大类。

结构陶瓷主要是指以应用力学性能为主，有时兼顾应用热、化学等性能的一类新型陶瓷材料，具有优越的强度、硬度、绝缘性、热传导性、耐高温、耐氧化、耐腐蚀、耐磨耗、高温强度等。

功能陶瓷是指在应用时主要利用其非力学性能的材料，这类材料通常具有一种或多种功能，如电、磁、光、热、化学、生物等；有的还有耦合功能，如压电、压磁、热电、电光、声光、磁光等。

（2）陶瓷的组织结构及特点

陶瓷材料是多相多晶材料，一般由晶相、玻璃相和气相组成。

晶相　陶瓷的主要组成相，为某些固溶体或化合物，其结构、形态、数量及分布决定了陶瓷的特性和应用。陶瓷中的晶相主要有硅酸盐、氧化物、非氧化物三种。硅酸盐是传统陶瓷的主要原料，同时也是陶瓷组织中重要的晶相，如莫来石、长石等。氧化物和非氧化物是特种陶瓷中的主要晶相。晶体的存在构成了"骨架"，使陶瓷具有高温强度。陶瓷中的晶体类型和复杂程度超过金属晶体。陶瓷晶体中也存在点缺陷、线缺陷、面缺陷等各种晶体缺陷。

玻璃相　一种非晶态的固体，它是陶瓷材料内各种组成物和混入的杂质在高温烧结时产生物理、化学反应后形成的液相，冷却后便能以玻璃相存在。

陶瓷中玻璃相的作用：①将分散的晶相粘接起来，填充晶相之间的空隙，提高材料的致密度；②降低烧成温度，加快烧结过程；③阻止晶体转变，抑制晶体长大及填充气孔间隙；④获得一定程度的玻璃特性，如透光性等。但玻璃相对于陶瓷的机械强度、介电性能、耐热耐火性等是不利的，工业陶瓷须控制玻璃相的体积分数，一般为 20%～40%。此外，由于玻璃相结构疏松，空隙中常有金属离子填充，因而降低了陶瓷的绝缘性能，增加了介电损耗。

气相　陶瓷孔隙中的气体，在陶瓷内部形成气孔。气孔的存在对陶瓷性能是不利的，它降低了陶瓷的强度，是造成裂纹的根源，使介电损耗增大等。普通陶瓷气孔率为 5%～10%，特种陶瓷小于 5%，金属陶瓷则要求低于 0.5%。

（3）陶瓷的性能

① 力学性能。

a. 硬度　陶瓷的硬度取决于化学键的键能，其硬度是各类材料中最高的。各种陶瓷的硬度为 1000～5000HV，淬火钢硬度为 500～800HV，高聚物硬度不超过 20HV。

b. 刚度　材料的刚度通过弹性模量来衡量，弹性模量反映其化学键的键能。具有强大离子键和共价键的陶瓷材料有很高弹性模量，是各类材料中最高的，比金属高数倍，比高聚物高 2～4 个数量级。

c. 强度　陶瓷的抗拉强度很低，抗弯强度较高，而抗压强度非常高，一般比抗拉强度高 10 倍。陶瓷的高温强度一般比金属高，高温抗蠕变能力强，有很高的抗氧化性，适宜作为高温材料。

d. 塑性　陶瓷在室温下几乎没有塑性。

e. 韧性或脆性　韧性差、脆性大是陶瓷的最大缺点，也是阻碍其作为结构材料广泛应用的主要原因。

② 热性能　由于陶瓷的离子键和共价键键能高，陶瓷材料熔点一般都很高，使其具有比高温金属材料更高的耐热性。陶瓷热胀系数小，导热性差，多为较好的绝热材料。陶瓷的抗热振性较差，常常在受热冲击时破坏。

③ 电学性能　陶瓷的电学性能跨越范围广，有各种电学性能，如可作导体、半导体、绝缘体等。

④ 化学稳定性　陶瓷的结构稳定，具有很强的化学稳定性，具有优良的耐高温、耐火、耐酸、耐碱、耐盐等性能。

（4）特种陶瓷的制备

特种陶瓷的主要制备工艺是粉末制备、成型和烧结。

① 粉末制备　特种陶瓷的原料一般需专门制备，主要用人工制备的粉料，其纯度非常高，杂质含量在万分之几范围内。原料的粒度很细，达到几微米。特种陶瓷原料粉的制备方法有固相法、液相法、气相法、溶剂蒸发法等。气相法和液相法是制取超细粉的主要方法。

② 成型　特种陶瓷的成型有注浆法、挤压法、轧压法、粉末压制法等。为了调整和改善物理、化学性能，适应后继工序和产品性能的要求，成型前，原料粉要经过煅烧、粉碎、分级、净化等处理。

③ **烧结** 烧结的实质是粉末坯块在适当环境或气氛中受热，通过一系列物理、化学变化，使粉末颗粒间的黏结发生质的变化，坯块强度和密度迅速增加，其他物理、化学性能也得到明显的改善。

（5）常用陶瓷材料

① **氧化铝陶瓷** 氧化铝陶瓷是以 Al_2O_3 为主要成分，含有少量的 SiO_2，熔点达 2050℃。根据 Al_2O_3 含量不同，氧化铝陶瓷分为 75 瓷（Al_2O_3 含量为 75%，又称刚玉-莫来石瓷）、85 瓷、95 瓷、99 瓷等。Al_2O_3 含量越高，玻璃相越少，气孔越少，陶瓷的性能越好，但工艺越复杂，成本越高。

氧化铝陶瓷的强度高，是普通陶瓷的 2～6 倍，抗拉强度可达 250MPa；耐磨性好，硬度仅次于金刚石、碳化硼、立方氮化硼和碳化硅；耐高温性能好，可在 1600℃ 下长期工作，在空气中的最高使用温度达 1980℃；耐蚀性和绝缘性好。但氧化铝陶瓷脆性大，抗热振性差，不能承受环境温度的突然变化。氧化铝陶瓷可用于制作内燃机火花塞、空压机泵零件、刚玉耐火砖、高压器皿、坩埚、电炉炉管、热电偶套管、刀具、金属拔丝模等。

② **氧化锆陶瓷** 氧化锆的熔点在 2700℃ 以上，化学稳定性好，抗腐蚀，还能抗熔融金属的侵蚀，可用作铂、铑、铱等金属的熔炼坩埚和 1800℃ 以上的发热体及炉子、反应堆绝热材料等。

氧化锆陶瓷硬度高，可以制成冷成型工具、整形模、拉丝模、切削刀具、温挤模具、剪刀、高尔夫球棍头等。

氧化锆具有敏感特性，可作气敏元件、钢液氧的探测头等。

③ **碳化硅陶瓷** 碳化硅陶瓷的特点是高温强度高。热压烧结、无压烧结、热等静压烧结的碳化硅，其高温强度可一直维持到 1600℃，是陶瓷材料中高温强度最高的材料；抗氧化性也是所有非氧化物陶瓷中最好的；碳化硅热传导能力强，耐磨、耐蚀、抗蠕变。碳化硅陶瓷可用于制作火箭尾喷嘴、热电偶套管等高温零件，也可作为加热元件、石墨表面保护层以及机械制造磨削加工用的砂轮的磨料等。

④ **氮化硅陶瓷** 氮化硅陶瓷是一种烧结时不收缩的无机材料陶瓷。氮化硅的强度很高，尤其是热压氮化硅，是世界上最坚硬的物质之一。氮化硅硬度高，耐磨性好，摩擦因数低，有自润滑作用，是优良的减摩材料；有优良的抗高温蠕变性，可作优良的高温结构材料；能耐很多无机酸和硝溶液侵蚀，是优良的耐腐蚀材料。氮化硅陶瓷常用于制造各种泵的耐腐蚀耐磨密封环、高温轴承、转子叶片以及加工难切削材料的刀具等。

10.3 复合材料

复合材料是由两种或两种以上物理和化学性质不同的物质组合而成的多相固体材料。复合材料使用的历史可以追溯到古代。从古至今沿用的稻草或麦秸增强黏土和已使用上百年的钢筋混凝土均由两种材料复合而成。20 世纪 40 年代，因航空工业的需要，发展了玻璃纤维增强塑料，俗称玻璃钢，从此出现了复合材料这一名称。进入 21 世纪以来，全球复合材料市场快速增长，复合材料用量持续增长，以先进军民用飞机为例，F-22 战机与空客 A380 飞机的复合材料用量在 20%～25%，而波音 B787 与空客 A350 的复合材料用量突破 50%，超越铝合金成为用量最大的材料。

（1）复合材料的分类

复合材料中的连续相称为基体，主要起黏结和固定作用；分散相称为增强相，主要起承受载荷作用。分散相以独立的形态分布在整个连续相中，两相之间存在着相界面，界面特性会影响复合材料的性能。复合材料有以下几种分类方法：

① **按基体材料类型分类**

a. 树脂基复合材料：以有机聚合物（主要为热固性树脂、热塑性树脂及橡胶）为基体制成的复合材料。

b. 金属基复合材料：以金属为基体制成的复合材料，如铝基复合材料、钛基复合材料等。

c. 陶瓷基复合材料：以陶瓷材料（也包括玻璃和水泥）为基体制成的复合材料。

② **按增强相的材料种类分类**

a. 玻璃纤维复合材料。

b. 碳纤维复合材料。

c. 有机纤维（芳香族聚酰胺纤维、芳香族聚酯纤维、高强度聚烯烃纤维等）复合材料。

d. 金属纤维（如钨丝、不锈钢丝等）复合材料。

e. 陶瓷纤维（如氧化铝纤维、碳化硅纤维、硼纤维等）复合材料。

③ **按增强材料形态分类**

a. 纤维增强复合材料。有长纤维复合材料和短纤维复合材料，长纤维复合材料中每根纤维的两个端点都位于复合材料的边界处，短纤维复合材料中的短纤维无规则地分散在基体材料中。

b. 颗粒增强复合材料。微小颗粒状增强材料分散在基体中制成的复合材料。

c. 层叠复合材料。

d. 骨架复合材料。

e. 涂层复合材料。

④ **按用途分类**

分为结构复合材料和功能复合材料。结构复合材料是作为承力结构使用的材料。功能复合材料是指除力学性能以外可提供其他物理性能的复合材料，如导电、超导、半导、磁性、压电、阻尼、吸波、透波等。

（2）复合材料的性能

复合材料是由多相材料复合而成，既保持了组成材料各自的最佳特性，又有单一材料无法比拟的综合性能。

① **比强度和比模量高**　多数情况下，复合材料的基体和增强材料密度都小，或其中之一密度较小，因而复合材料的比强度和比刚度都很高。

② **抗疲劳性好**　复合材料较金属材料或陶瓷有较高的疲劳强度。其中，缺陷少的纤维制成的复合材料的抗疲劳性好；基体的塑性好，能消除或减小应力集中区域的大小和数量，使疲劳源难以形成微裂纹。此外，在有些复合材料中密布着大量的纤维，裂纹的扩展非常困难，因而复合材料的疲劳强度很高。例如，碳纤维/树脂复合材料的疲劳强度为拉伸强度的 70%～80%，

而一般金属材料的疲劳强度仅为拉伸强度的 30%～50%。

③ **高温性能好** 复合材料高温强度高，耐疲劳性能好，纤维与基体的相容性好，热稳定性也好。

④ **良好的减振能力** 构件的自振频率与结构有关。当外加载荷的频率与结构的自振频率相同时，会产生严重的共振现象。复合材料的弹性模量很大，因而它的自振频率很高，在一般的加载频率下，不易产生共振。

⑤ **断裂安全性高** 纤维增强复合材料每平方厘米截面上有成千上万根隔离的细纤维，当其受力时，将处于力学上的静不定状态。过载会使其中部分纤维断裂，但随即迅速进行应力重新分配，由未断纤维将载荷承担起来，不致造成构件在瞬间完全丧失承载能力而断裂，所以工作安全性高。

⑥ **可设计性好** 复合材料有良好的可设计性，能根据材料的不同用途灵活方便地进行设计。

（3）复合材料的增强原理

复合材料的强度、刚度与增强材料密切相关。增强材料的形态，主要有颗粒增强型和纤维增强型。对于不同形态的增强材料，其承载方式不同。

颗粒增强的复合材料主要由基体承受载荷。颗粒相的作用是阻碍基体中位错运动（基体是金属时）或分子链运动（基体是高聚物时），增强效果与颗粒相的直径、分布、体积含量、粒子间距等有关。颗粒直径为 0.01～0.1μm 时，增强效果最大；颗粒直径太小，容易被位错绕过，难以对位错形成障碍作用，增强效果差。当细粒直径大于 0.1μm 时，其周围产生应力集中，易引发裂纹，使复合材料强度下降。

纤维增强的复合材料，承受载荷的主要是增强纤维。这是因为：

① 纤维是具有强结合键的物质或硬质材料，但它们的内部往往含有裂纹，容易断裂，表现出很大的脆性，使键的强度不能被充分利用。但是，如果将硬质材料制成细纤维，由于尺寸小，纤维中出现裂纹的概率降低，裂纹的长度也减小，脆性能明显改善，强度可显著提高。

② 纤维处于基体中，彼此隔离，纤维表面受到基体保护，不易遭受损伤，也难在受载过程中产生裂纹，使承载能力增大。

③ 在材料受到较大的应力时，部分有裂纹的纤维先断裂，但塑韧性好的基体能阻止裂纹扩展。

④ 纤维受力断裂时，断口不平齐，欲使材料整体断裂，必须使许多纤维从基体中抽出，这个过程需要克服基体对纤维的粘接力，所以复合材料的断裂强度大大提高。

⑤ 在不均匀的三向应力状态下，即使是脆性组成，也能表现出明显的塑性，即受力时，不表现为脆性断裂。

（4）典型复合材料

① **玻璃钢** 玻璃钢学名纤维增强塑料，是典型的树脂基复合材料，也是目前技术比较成熟且应用最为广泛的一类复合材料，在世界范围内已经产业化。根据采用的纤维不同分为玻璃纤维增强复合塑料、碳纤维增强复合塑料、硼纤维增强复合塑料等。由于所使用的树脂品种不同，因此有聚酯玻璃钢、环氧玻璃钢、酚醛玻璃钢之分。

玻璃钢具有质量轻强度高的特点，密度在 1.5～2.0g/cm³，只有碳钢的 1/5～1/4，但拉伸强度却接近甚至超过碳素钢，而比强度可以与高级合金钢相比。表 10-1 所示为不同材料的力学性能比较。

表 10-1　树脂基复合材料与其他材料力学性能比较

材料	密度/ （g/cm³）	抗拉强度/ （×10³MPa）	弹性模量/ （×10⁵MPa）	比强度/（×10⁷cm）	比模量/（×10⁹cm）
钢	7.8	1.03	2.1	0.13	0.27
铝合金	2.8	0.47	0.75	0.17	0.26
钛合金	4.5	0.96	1.14	0.21	0.25
玻璃纤维复合材料	2.0	1.06	0.4	0.53	0.20
碳纤维Ⅱ/环氧复合材料	1.45	1.50	1.4	1.03	0.97
碳纤维Ⅰ/环氧复合材料	1.6	1.07	2.4	0.67	1.5
有机纤维/环氧复合材料	1.4	1.4	0.8	1.0	0.57
硼纤维/环氧复合材料	2.1	1.38	2.1	0.66	1.0
硼纤维/铝复合材料	2.65	1.0	2.0	0.38	0.57

玻璃钢是良好的耐腐材料，对大气、水和一般浓度的酸、碱、盐以及多种油类和溶剂都有较好的抵抗能力。

玻璃钢是优良的绝缘材料，用来制造绝缘体，高频下仍能保持良好的介电性能，微波透过性良好，已广泛用于雷达天线罩。

玻璃钢热导率低，室温下为 1.25～1.67kJ/（m·h·K），只有金属的 1/1000～1/100，是优良的绝热材料。在瞬时超高温情况下，是理想的热防护和耐烧蚀材料，能保护宇宙飞行器在 2000℃以上承受高速气流的冲刷。

此外，玻璃钢可设计性好，工艺优良，但因基体是树脂，所以耐温性差，有老化现象，弹性模量也低。

由于玻璃钢质轻而硬，不导电，性能稳定，机械强度高，回收利用少，耐腐蚀，可以代替钢材制造机器零件等。我国已广泛采用玻璃钢制造各种小型汽艇、救生艇、游艇，以及汽车制造品等，节约了不少钢材。

② **金属基复合材料**　金属基复合材料是以金属及其合金为基体，与一种或几种金属或非金属增强相人工结合成的复合材料。其增强材料大多为无机非金属，如陶瓷、碳、石墨及硼等，也可以用金属丝。与传统的金属材料相比，金属基复合材料具有较高的比强度与比刚度，而与树脂基复合材料相比，它又具有优良的导电性与耐热性，与陶瓷材料相比，它又具有高韧性和高冲击性能。

金属基复合材料中金属基体占有很高的百分比，一般在 60%以上，因此仍能保持金属所具有的良好的导热和导电性。此外，金属基体性质稳定、组织致密，不存在树脂基复合材料会出现的老化、分解、吸潮等问题。

金属基复合材料的增强纤维、晶须、颗粒在高温下都具有很高的强度和弹性模量，特别是连续纤维增强金属基复合材料，纤维强度在高温下基本不下降。例如，石墨纤维增强铝基复合材料在 500℃下，仍具有 600MPa 的高温强度。不仅如此，高强度、高模量的纤维使得金属基复合材料的热胀系数明显下降。例如，石墨纤维增强镁基复合材料，当石墨纤维含量达到 48%

时，温度变化几乎不会导致复合材料发生热变形。

陶瓷增强的金属基复合材料具有硬度高、耐磨、化学性能稳定的优点，不仅可以提高材料的强度和刚度，也提高了复合材料的硬度和耐磨性。例如，碳化硅增强铝基复合材料由于优良的高耐磨性，在汽车、机械、电子封装中有广泛的应用。

金属基复合材料按基体来分类可分为铝基复合材料、镍基复合材料、钛基复合材料等。而按增强体来分类则可分为颗粒增强复合材料、层状复合材料、纤维增强复合材料等。

铝基复合材料在金属基复合材料中是应用最广泛的一种。铝基复合材料比强度和比刚度高，高温性能好，更耐疲劳和更耐磨，阻尼性能好，热胀系数低。按照增强体的不同，铝基复合材料可分为纤维增强铝基复合材料和颗粒增强铝基复合材料。纤维增强铝基复合材料具有比强度、比模量高，尺寸稳定性好等一系列优异性能，但价格昂贵，主要用于航天领域，作为航天飞机、人造卫星、空间站等的结构材料。颗粒增强铝基复合材料可用来制造卫星及航天用结构材料、飞机零部件、金属镜光学系统、汽车零部件；还可用来制造微波电路插件、惯性导航系统的精密零件、涡轮增压推进器、电子封装器件等。

镍基复合材料是以镍及镍合金为基体制造的。由于镍的高温性能优良，因此这种复合材料主要是用来制造高温下工作的零部件。在各种燃气轮机所用的材料中主要是镍基高温合金，用钨丝等增强后可以大幅提高其高温持久性能和高温蠕变性能，主要用来制造高性能航空发动机叶片和涡轮叶片等重要零件。

纤维增强钛基复合材料与钛合金相比，具有很高的强度和使用温度，其比强度、比模量则分别提高约50%和100%，最高使用温度可达800℃以上。例如，在飞机结构件中，钛基复合材料比铝基复合材料显示出更大优越性。

③ **陶瓷基复合材料** 陶瓷基复合材料是以陶瓷为基体与各种纤维复合的一类复合材料。陶瓷基体可为氮化硅、碳化硅等高温结构陶瓷。这些先进陶瓷具有耐高温、高强度和刚度、相对密度较小、抗腐蚀等优异性能；而其致命的弱点是具有脆性，处于应力状态时，会产生裂纹，甚至断裂导致材料失效。而采用高强度、高弹性的纤维与基体复合，则是提高陶瓷韧性和可靠性的一个有效的方法。纤维能阻止裂纹的扩展，从而得到具有优良韧性的纤维增强陶瓷基复合材料。

陶瓷基复合材料具有高强度、高模量、低密度、耐高温和良好韧性的优点，主要应用在耐磨、耐蚀、耐高温以及对于强度、比强度、质量有较为特殊要求的材料等方面。作为高温结构件的陶瓷基复合材料，较为成功的应用实例是轿车发动机涡轮增压器用转子材料（氮化硅基复合材料），其工作温度为900℃，最高转速达每分钟十几万转。氮化硅基复合材料的另一典型应用是耐磨材料，如耐磨轴承、刀具等。陶瓷基复合材料更大的潜在应用前景是用作高温结构材料和耐磨耐蚀材料，如航空燃气涡轮发动机的热端部件、大功率内燃机的增压涡轮、固体发动机燃烧室与喷管部件以及完全代替金属制成车辆用发动机、石油化工领域的加热设备和废物焚烧处理设备等。

由于复合材料具有密度小、强度高、加工成型方便、弹性优良、耐化学腐蚀和耐候性好等特点，已逐步取代木材及金属合金，广泛应用于航空航天、汽车、电子电气、建筑、健身器材等领域，在近几年更是得到了飞速发展。复合材料的研究深度和应用广度及其生产发展的速度和规模，已成为衡量一个国家科学技术先进水平的主要标志之一。

本章小结

本章介绍了高分子材料、陶瓷材料和复合材料三种非金属材料。

① 高分子材料按特性分为橡胶、塑料、高分子纤维、胶黏剂、涂料等。对于橡胶和塑料，从组成、性能特点、成型加工和常见材料方面进行了重点介绍。

a. 橡胶由生胶和配合剂组成，属于高弹性材料，弹性模量小，随分子间作用力增大，橡胶的耐磨性增加。橡胶制品的成型加工一般要经过塑炼、混炼、压延与压出、成型、硫化 5 个加工工序。橡胶在生产生活中有重要应用，如轮胎、运输带、胶鞋、橡胶手套、密封圈、电线电缆等。

b. 塑料由树脂和添加剂组成，密度小，绝缘性好，耐磨、耐蚀，但是性脆、耐冲击性差，耐热性、导热性差。塑料按受热时的特性分为热塑性塑料和热固性塑料，热塑性塑料为线型结构，受热时软化或熔融、冷却后硬化，并可反复多次进行。热固性塑料为体型结构，受热不熔化，不可再生。塑料的成型方法有多种，常用的有注射、挤出、吹塑、浇铸、模压成型等。塑料在各行各业中都有广泛应用。

c. 高分子纤维分为天然纤维和合成纤维。合成纤维品种很多，常用的合成纤维有涤纶、锦纶、腈纶、氯纶、维纶、氨纶、聚烯烃弹力丝等。

d. 胶黏剂是多组分体系，由基料和辅助成分组成。

e. 涂料是多组分体系，涂覆在物体表面起保护作用，涂料一般有四种成分：成膜物质、颜料、溶剂和添加剂。

② 陶瓷材料是多相多晶材料，一般由晶相、玻璃相和气相组成。陶瓷性硬而脆，抗拉强度低，有优良的耐热、耐磨、耐蚀性能。按原料来源不同，陶瓷材料分为传统陶瓷和特种陶瓷两大类。特种陶瓷以人工粉体为原料，经过成型和烧结制得陶瓷制品。特种陶瓷有氧化物陶瓷和非氧化物陶瓷之分，工程上用其制造高温、耐磨、耐蚀零件，如刀具、坩埚、炉管等。

③ 复合材料由基体和增强相两部分组成，它既保持了组成材料各自的最佳特性，又具有单一材料无法比拟的综合性能。复合材料的基体有高分子材料、金属材料和陶瓷材料等，增强相的形态有颗粒、纤维、骨架等。玻璃钢是广泛应用的树脂基复合材料，目前已产业化。金属基复合材料与树脂基复合材料相比，具有强度高、耐热性好、导电的特点，与陶瓷基复合材料相比，具有高韧性，耐冲击的特点，应用前景广阔。陶瓷基复合材料脆性大，在高温耐磨领域应用潜力巨大。

 习题

（1）解释名词：

单体，链节，聚合度，加聚反应，缩聚反应，线型高聚物，体型高聚物，热固性塑料，热塑性塑料

（2）陶瓷组织由哪些相组成？它们对陶瓷的性能有何影响？

（3）什么是复合材料？有哪些增强结构类型？

第 11 章

金属材料成型技术

本章思维导图

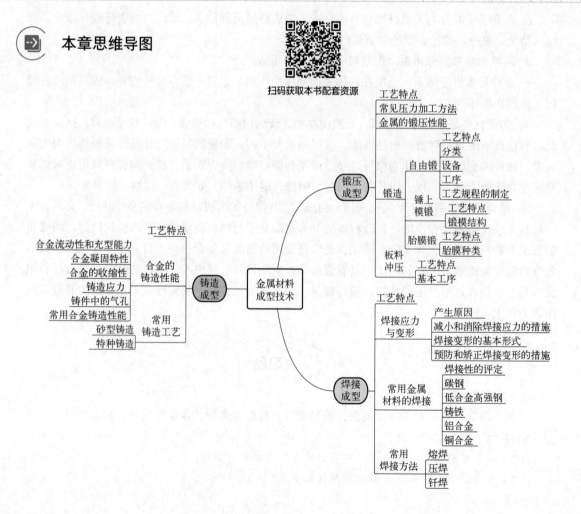

本章学习目标

（1）描述铸造生产的工艺特点和分类方法。

（2）掌握合金的铸造性能：①结合已知条件判断合金的流动性强弱及合金的充型能力；②结合相图，分析判断不同合金的凝固方式；③描述铸造合金的收缩类型及收缩引起的铸造缺陷，并能针对相应铸造缺陷提出对应改进方法措施；④描述铸造应力的类型，理解铸造应力产生的原因并提出减小或消除铸造应力的方法措施；⑤描述铸件中的气孔类型，理解对应气孔产生的原因；⑥描述常见铸造合金的铸造性能特点。

（3）了解常见铸造工艺。

（4）了解锻压工艺特点及常见锻压生产工艺。

（5）掌握影响合金锻压性能的因素：①描述影响金属塑性的因素，并能根据条件进行分析判断；②描述变形加工条件（包括变形温度、变形速度、应力状态）对金属塑性和变形抗力的影响。

（6）了解自由锻、锤上模锻、胎模锻的工艺特点，能针对具体条件进行对比分析。

（7）了解自由锻工序分类并能对一些工序进行分类；理解锤上模锻的模膛分类及各自功能并做简单描述。

（8）描述焊接工艺特点及分类。

（9）理解焊接应力及变形产生的原因；列举减小焊接应力的方法措施；描述基本焊接变形；举例说明预防和矫正焊接变形的措施。

（10）会用碳当量法评定金属材料的焊接性；描述常见金属材料的焊接性。

（11）了解常见焊接方法的工艺特点及应用。

材料成型一般是指采用适当的方法或手段，将原材料转变成所需形状、尺寸和使用功能的毛坯或成品。材料成型技术种类很多，应用广泛，是现代制造业的基础。金属材料常见的成型技术有铸造成型、锻压成型、焊接成型、切削加工成型等，随着科技的不断发展进步，出现了金属成型的新工艺，如 3D 打印。本章重点介绍金属成型中的铸造、锻压、焊接 3 种成型工艺。

11.1 铸造成型

在材料成型工艺发展过程中，铸造是人类掌握比较早的一种金属热加工工艺，已有 6000 多年的历史。中国约在公元前 1700—前 1000 年就已进入青铜铸件的全盛期，工艺上已达到相当高的水平。图 11-1 所示为商后母戊鼎，是商后期（约公元前 14 世纪至公元前 11 世纪）铸品，鼎重 832.84kg，高 133cm，口长 110cm，宽 78cm，足高 46cm，壁厚 6cm，是已知中国古代最重的青铜器。商后母戊鼎的铸造，充分说明商代后期的青铜铸造规模宏大。

据统计，2021 年我国铸件总产量达到 5405 万吨，其中汽车行业占 28.49%，铸管及管件占

16.37%，来自工程机械、矿冶重机、机床工具领域的需求占比合计为 23.68%。另外，铸件的应用领域也渗透到了内燃机、农机、轨道交通装备、发电设备、船舶制造等多种机械装备产品中，应用领域广泛，是机械装备制造业原材料的重要来源和基础。

图 11-1　商后母戊鼎

11.1.1　铸造工艺特点及分类

铸造是液态金属成型的方法，它是将液体金属浇铸到与零件形状相适应的铸造空腔中，待其冷却凝固后，获得零件或毛坯的方法。铸造工艺过程包括：熔炼金属，制造铸型，将熔融液态金属浇入铸型使其在重力、压力、离心力或电磁场等外力场作用下充满铸型，待其凝固后形成铸件。

铸造工艺方法类型很多，按充型条件不同，可分为重力铸造、压力铸造、离心铸造等；按铸型特点不同，可分为砂型铸造、金属型铸造、熔模铸造、壳型铸造、陶瓷型铸造、消失模铸造、磁性铸造等；传统上，将有别于砂型铸造工艺的其他铸造方法统称为特种铸造。砂型铸造应用最广，世界各国用砂型铸造生产的铸件占铸件总产量的 80%以上，砂型铸造可分为手工造型和机器造型两种。

以下情况尤其适合用铸造方法成型：①要生产的工件形状很大或非常复杂，以至于不能采用其他方法成型；②塑性很差的特殊合金，采用热加工或冷加工成型都非常困难。与其他制备方法比较，铸造是最经济的。铸造用原材料大多来源广泛，价格低廉，并可直接利用废旧金属、废机件、切屑和再生资源，铸造设备成本低。铸造工艺的缺点是铸件内部组织粗大，缺陷较多，力学性能低。

11.1.2　合金的铸造性能

铸造用金属材料绝大多数为合金，液态金属在金属熔炼、浇铸充型、凝固结晶等铸造成型过程中所表现出来的工艺性能称为**合金的铸造性能**。合金的铸造性能包括金属液的氧化性、吸气性、流动性、收缩性、偏析性等，下面重点介绍对铸件质量影响较大的流动性、凝固特性和收缩性。

（1）合金的流动性和充型能力

液态金属填满铸型型腔的过程称为**充型**。液态金属充满型腔，获得形状完整、轮廓清晰铸件的能力称为合金的**充型能力**。液态金属通常是在纯液态情况下充满型腔的，有时也会边充型边结晶。如果充型能力不足，在型腔被填满之前形成的晶粒堵塞充型通道，金属液流动就会被迫停止，造成铸件产生浇不足或冷隔等缺陷。影响合金充型能力的主要因素有合金的流动性、浇铸条件和铸型填充条件等。

① **合金的流动性**　液态金属自身的流动能力称**合金的流动性**。一般流动性好的合金，其充型能力也强，易于铸出轮廓清晰、薄而复杂的铸件。合金的流动性可通过螺旋形试样来测定，如图 11-2 所示。在特定情况下，用金属液浇铸螺旋形试样，通过测量其在试样内的流动长度来

衡量合金的流动性。表 11-1 列出了几种常用铸造合金的流动性。合金的化学成分、热导率、熔点、黏度、表面张力等物理性能都会影响合金的流动性。与铸钢相比，铸铁流动性好。铸钢熔点高，在铸型中散热快，凝固快，流动性差。铝合金导热性好，流动性也较差。

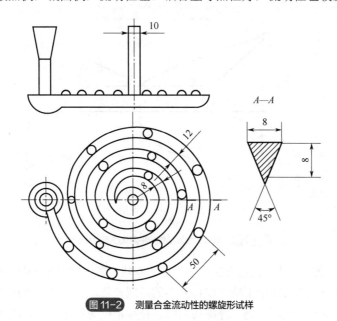

图 11-2 测量合金流动性的螺旋形试样

表 11-1 常用铸造合金的流动性

铸造合金种类		铸型种类	浇铸温度/℃	螺旋线长度/mm
铸铁，碳硅含量/%	6.2	砂型	1300	1800
	5.9	砂型	1300	1300
	5.2	砂型	1300	1000
	5.0	砂型	1300	900
	4.2	砂型	1300	600
铸钢，碳含量/%	0.4	砂型	1600	100
		砂型	1640	200
纯铝		金属型，300℃	680	400
铝硅合金		金属型，300℃	680～720	700～800
镁铝锌合金		砂型	700	400～600
锡锌青铜		砂型	1040	420
锡锌铅镍青铜		砂型	980	195
		砂型	1050	240
		砂型	1100	340
硅黄铜		砂型	1100	1000

合金的流动性与其成分之间存在一定规律性。同种合金中，成分不同时，流动性不同。纯金属和共晶成分合金的结晶在恒温下结晶，合金凝固时不存在固液混合区，已结晶的固体和液态之间界面平滑，液态金属流动阻力小，合金的流动性较好。在相同浇注温度下，共晶合金的结晶温度最低。相对来说，液态金属的过热度大，推迟了合金的凝固时间，因此，共晶成分合金的流动性最好。其他成分的合金，其结晶在一定温度范围内进行，结晶区域为一个液相与固

相并存的两相区，初生的树枝状晶使凝固层内表面参差不齐，增加了液体流动阻力，使合金的流动性变差。合金结晶温度范围越宽，合金流动性越差。图11-3所示为铁碳合金流动性与平衡状态图之间的关系。

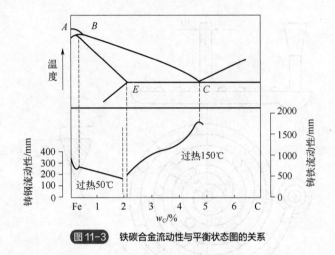

图11-3　铁碳合金流动性与平衡状态图的关系

② **浇铸条件**　浇铸温度对液态金属的充型能力有决定性影响。浇铸温度高，金属液黏度小，过热度高，在铸型中的冷却速度下降，保持液态的时间延长，合金的充型能力增加。提高浇铸温度，有利于防止铸件产生浇不到、冷隔等缺陷，这在浇铸薄壁铸件和形状复杂的铸件时尤为重要。但浇铸温度也不宜过高，浇铸温度过高，液态金属吸气增多、氧化严重，可能会使流动性下降。在保证充型能力的前提下，浇铸温度应尽可能低些。通常灰铸铁件的浇铸温度为1200～1380℃，铸钢为1520～1620℃，铝合金为680～780℃，薄壁复杂件取上限，厚大件取下限。

在重力充型条件下，液态金属在流动方向上受的压力越大，充型能力越好。砂型铸造时，充型压力是由直浇道的静压力产生的，适当提高直浇道的高度，可提高合金充型能力。

③ **铸型结构与性质**　液态金属充型时，来自铸型的阻力和铸型对合金的冷却作用，都会影响合金液的充型。

铸型材料的导热能力越强，对液态金属的冷却能力越强，合金在铸型中保持流动的时间越短，合金的充型能力越差。浇铸前将铸型预热到一定温度，能减少铸型与液态金属间温差，减缓液态金属的冷却速度，延长合金在铸型中的流动时间，合金充型能力提高。铸型排气能力差，在液态金属热作用下，型腔中产生的气体来不及排出，导致气体压力增大，阻碍液态金属充型。铸件壁厚过小、铸型结构复杂均会使液态金属充型困难。

（2）合金的凝固特性

合金从液态到固态的状态改变称为**凝固**。铸件的成型过程，就是液态金属在铸型中的凝固过程。合金的凝固方式对铸件的质量、性能以及铸造工艺等都有极大的影响。

在铸件凝固过程中，其断面上一般存在三个区域：固相区、凝固区、液相区。其中，液相与固相并存的凝固区的宽窄对铸件的质量影响较大，根据凝固区的宽窄将铸件凝固方式分为逐层凝固、糊状凝固和中间凝固三种，如图11-4所示。

图11-4表示某合金相图中a、b、c三种合金的凝固方式。a代表共晶合金，b代表窄结晶温度范围的合金，c代表宽结晶温度范围的合金，S表示凝固区的宽窄。

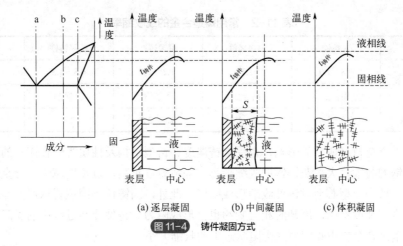

图 11-4　铸件凝固方式

① **逐层凝固**　由图 11-4 中的相图及图（a）可知，恒温结晶的共晶合金 a 凝固区域宽度等于零，铸件断面上外层固体与内层液体由一条清晰的界线（凝固前沿）分开，其凝固过程表现为该界面层逐层地由表向里推进，逐渐到达铸件中心，这种凝固方式称为**逐层凝固**。

② **中间凝固**　大多数合金的结晶温度范围较窄，铸件断面上的凝固区宽度介于前二者之间，凝固是介于逐层凝固和糊状凝固之间的，这种凝固方式称为**中间凝固**，如图 11-4（b）所示。

③ **糊状凝固（又称体积凝固）**　如果合金的结晶温度很宽，而且铸件断面上温度分布梯度较为平坦，在凝固的某段时间内铸件表层还没有形成明显的固相区，而液、固并存的凝固区已贯穿整个断面，铸件的凝固先呈糊状而后固化，故称为**糊状凝固**，如图 11-4（c）所示。

在合金成分已定的情况下，合金的结晶温度范围已经确定，铸件凝固区的宽窄主要取决于铸件内外层之间的温度梯度。若铸件的温度梯度较小，则对应的凝固区较宽，合金倾向于糊状凝固。

逐层凝固的合金，铸造时金属液流动性较好，充型能力强，易产生缩孔，其铸造性能较好。糊状凝固的合金流动性较差，易产生缩松，难以获得结晶紧实的铸件，还易产生浇不足、冷隔等缺陷。

（3）合金的收缩性

① **收缩及其影响因素**　金属液注入铸型、凝固，直至冷却到室温的过程中，其体积和尺寸缩小的现象称为**合金的收缩**。合金的收缩是铸造合金固有的物理性质，也是重要的铸造性能之一。

合金的收缩量通常用体收缩率或线收缩率来表示。当合金由 t_0 下降到 t_1 时，合金的体收缩率和线收缩率分别以单位体积和单位长度的变化量来表示：

体收缩率
$$\varepsilon_V = \frac{V_0 - V_1}{V_0} \times 100\% = a_V(t_0 - t_1) \times 100\% \qquad (11-1)$$

线收缩率
$$L_V = \frac{L_0 - L_1}{L_0} \times 100\% = a_L(t_0 - t_1) \times 100\% \qquad (11-2)$$

式中，V_0 和 V_1 分别表示 t_0 和 t_1 时的体积，L_0 和 L_1 分别表示 t_0 和 t_1 时的长度，a_V 和 a_L 分别表示 $t_0 \sim t_1$ 温度范围内的平均体收缩系数和线收缩系数。

实际生产中，一般用线收缩率来衡量合金的收缩性。表 11-2 所示是几种常用铸造合金的线收缩率。

表 11-2 常用铸造合金的线收缩率

合金种类	灰铸铁	白口铸铁	可锻铸铁	球墨铸铁	碳素铸钢
线收缩率/%	0.8～1.0	2.3	1.2～2.0	0.8～1.3	1.38～2.0
合金种类	铝合金	铜合金	不锈钢	高锰钢	高铬钢
线收缩率/%	0.8～1.6	1.2～1.4	1.8～2.5	2.3	1.8～2.0

收缩既受合金自身成分的影响，也受浇铸温度、铸型结构及性质等外在因素的影响。铁碳合金中，铸钢的收缩最大，灰铸铁的收缩最小。浇铸温度越高，过热度越大，合金液态收缩越大。冷却时，铸型及型芯会对铸件收缩形成阻碍；此外，因铸件不同位置壁厚的差异，导致铸件不同部位冷却速度不同，冷却时相互制约也会形成阻力。铸件冷却过程中的受阻收缩导致其实际线收缩率比合金自由收缩率（无阻状态下的收缩）小。

② **收缩的类型** 液态金属从浇铸温度冷却到室温的过程，要经历三个阶段的收缩。

a. **液态收缩** 指液态金属从浇铸温度冷却到液相线温度过程中的收缩。合金的液态收缩会引起型腔内液面的降低。

b. **凝固收缩** 指合金在凝固阶段的收缩，即合金从液相线温度冷却至固相线温度之间的收缩。凝固收缩一般情况下也表现为型腔内液面的下降。

c. **固态收缩** 指合金从固相线温度冷却至室温时产生的收缩。固态收缩通常直接表现为铸件外形尺寸的减小，一般多用线收缩率表示。合金的线收缩率不仅对铸件的形状和尺寸精度有直接影响，而且是铸件产生铸造应力、热裂、冷裂和变形等缺陷的基本原因。

合金的总体积收缩为以上三个阶段收缩之和，它和金属本身的成分、浇铸温度和相变有关。

③ **收缩引起的铸件缺陷** 合金的收缩会对铸件质量产生不利影响，许多铸造缺陷，如缩孔、缩松、变形、开裂等的产生，都与合金的收缩有关。

（4）缩孔和缩松

① **缩孔和缩松的成因** 凝固收缩与液态收缩是铸件产生缩孔和缩松的基本原因。

缩孔是在铸件上部或最后凝固部位出现的容积较大的孔洞，其形状极不规则，孔壁粗糙并带有枝晶状，多呈倒锥状。图 11-5 所示为缩孔的形成示意图。假设合金按逐层凝固方式凝固，当液态金属填满型腔后，随温度下降，合金产生液态收缩，此时，浇口尚未凝固，型腔是充满的［图 11-5（a）］；当温度降到结晶温度后，靠近铸型的合金先凝固形成一层固体外壳，同时浇口凝固，此时铸件如同一个里面充满液态金属的密闭容器［图 11-5（b）］；随温度继续下降，固体层加厚，当铸型内合金的液态收缩和凝固收缩大于固态收缩时，内部剩余液体的体积减小，液面下降，在铸件上部出现空隙，在大气压作用下，固体外壳上部向内凹陷［图 11-5（c）］；继续冷却、凝固、收缩，待金属全部凝固后，在最后凝固的部位形成一个倒锥形的孔洞，即缩孔［图 11-5（d）］；铸件完全凝固后，整个铸件还会进行固态收缩，外形尺寸进一步缩小［图 11-5（e）］，直至室温。

纯金属和靠近共晶成分的合金，以逐层凝固方式在恒温或较窄的温度范围内凝固，合金流动性好，倾向于形成集中的缩孔。

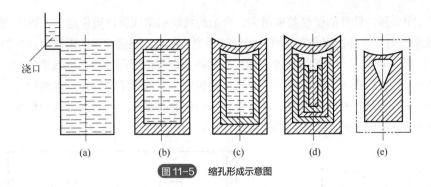

图 11-5　缩孔形成示意图

铸件断面上出现的分散、细小的孔洞称为**缩松**。缩松形成的原因和缩孔基本相同。合金的凝固温度范围较宽，合金倾向于糊状凝固时，被先结晶出的固体分隔的封闭小体积液体，因收缩造成的体积减小得不到液态金属的补充就会形成缩松。图 11-6 所示为缩松形成示意图。缩松一般出现在铸件壁的轴线区域，内浇道附近和缩孔的下方。

② **防止缩孔和缩松的方法**　缩孔与缩松会减小铸件的有效受力面积；孔洞部位易产生应力集中，使铸件力学性能下降；缩孔与缩松还会降低铸件的气密性，严重时使铸件报废；生产中要采取必要的工艺措施予以防止。

防止铸件产生缩孔就要在铸件凝固过程中建立良好的补缩条件，其根本措施是采用定向凝固。**定向凝固**是使铸件按规定方向从一部分到另一部分逐渐凝固的过程。按定向凝固的顺序，先凝固部位的收缩，由后凝固部位的液态金属来补充，后凝固部位的收缩，由冒口或浇铸系统的金属液来补充，从而将缩孔转移到铸件的冒口或浇铸系统中，如图 11-7 所示。切除多余的浇冒口，便可得到无缩孔的致密铸件。

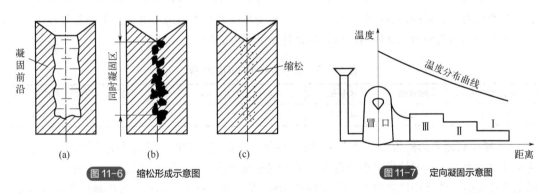

图 11-6　缩松形成示意图　　　　图 11-7　定向凝固示意图

实现定向凝固的措施是在铸件可能出现缩孔的厚大部位安放冒口，或在铸件远离浇冒口的厚大部位增设冷铁，如图 11-8 所示。

（5）铸造应力、铸件的变形和裂纹

① **铸造应力的种类**　铸件在凝固后的冷却过程中，固态收缩受到阻碍，铸件内部会产生应力，铸造应力的存在是铸件产生变形和开裂的根本原因。按成因不同，铸造应力分为热应力、机械应力和相变应力三种。铸件中的铸造应力，就是这三种应力的矢量和。

a. **热应力**　铸件在凝固和冷却过程中，因温度不同，铸件不同部位收缩不同时，相互之间出现阻碍而引起的应力，称**热应力**。热应力使铸件冷却较慢的厚壁处或心部受拉，冷却较快的

薄壁处或表面受压。铸件的壁厚差别越大，合金的线收缩率或弹性模量越大，热应力越大。

b. **收缩应力**　铸件在固态收缩时，因受到铸型、型芯、浇冒口等的阻碍而产生的应力称**收缩应力**，如图 11-9 所示。一般铸件冷却到弹性状态后，收缩受阻才会产生收缩应力。收缩应力与铸件部位无关。形成应力的原因一经消除，如铸件落砂或去除浇冒口，收缩应力也就随之消失，所以收缩应力是一种临时应力。若落砂前，铸件的收缩应力与热应力共同作用，其瞬间应力大于铸件的抗拉强度时，铸件会产生裂纹。

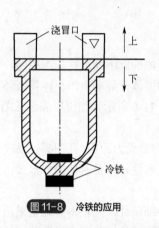

图 11-8　冷铁的应用

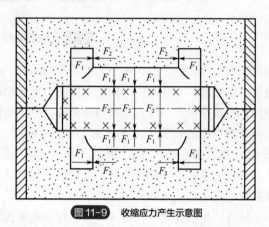

图 11-9　收缩应力产生示意图

c. **相变应力**　铸件在冷却过程中往往伴随着固态相变。因固态相变导致铸件各部分体积变化不均衡而引起的应力称**相变应力**。相变时相变产物通常具有不同的比容，表 11-3 所示为钢的各种组成相的比容。铸钢件和铸铁件在固态冷却过程中的共析转变，部分合金钢铸件冷却时的马氏体转变，都伴随有体积膨胀。如果铸件各部分温度均匀一致，相变同时发生，则不会产生宏观相变应力；如果铸件各部分温度不一致，相变不同时发生，铸件中将产生相变应力。

相变应力与热应力共同作用，可以对铸件质量产生影响。

表 11-3　钢中各种组成相的比容

钢的组成相	铁素体	渗碳体	奥氏体（含碳量 0.9%）	珠光体	马氏体
比容/（cm³/g）	0.1271	0.1304	0.1275	0.1286	0.1310

② **减小铸造应力的措施**　设计铸件时，尽可能简化铸件形状、使铸件壁厚均匀；浇铸时，选用线收缩系数小、弹性模量小的合金；采用同时凝固的工艺，铸后对铸件进行去应力退火。以上方法都能有效减小铸造应力。所谓**同时凝固**，是采用一些工艺措施，减小铸件各部分温差，使其几乎同时凝固。

③ **铸件的变形与防止**　铸造应力使零件处于不稳定状态，铸件会自发地通过变形释放应力以达到稳定状态。表 11-4 列举了几种铸件的变形形式。

铸件的变形不仅会降低铸件精度，甚至有可能使铸件报废，生产中必须予以防止。由于铸件变形是由铸造应力引起的，减少和防止铸造应力的方法，也是防止铸件变形的有效措施。此外，生产中也常采用反变形法防止铸件的变形，如表 11-4 中的机床床身导轨面的变形，预先将模样做成与铸件变形方向相反的形状，模样的预变形量与铸件的变形量相等，待铸件冷却后变形正好抵消。

④ **铸造的裂纹与防止**　变形和开裂都是释放应力的形式。当铸造应力超过材料的抗拉强度

时，铸件就会产生裂纹。按形成温度范围不同，铸件中的裂纹分为冷裂纹和热裂纹。

表11-4　几种铸件的变形形式

变形形式	典型铸件	零件变形特点
T形梁铸钢件弯曲变形	(a) (b)	T形梁薄厚不均，厚的部分内凹，薄的部分外凸
机床床身导轨面翘曲变形	导轨面正确位置　模样反挠度	导轨部分较厚，侧壁较薄。变形的结果是导轨面向下凹
平板铸件挠曲变形		平板铸件冷却过程中，上表面由于收缩脱离铸型，靠空气传热，散热慢；下表面一直和铸型接触，冷速快；上下表面有温差，产生挠曲变形

热裂纹是在凝固末期形成的，形成温度高，大约在固相线附近；热裂纹常出现在壁的拐角、截面厚度突变等应力集中大的部位或铸件最后凝固区的缩孔附近；由于温度高，热裂纹表面呈氧化色，此外裂纹较短、缝隙宽、外形曲折不规则。

冷裂纹是在较低温度下形成的；由于温度低，裂纹表面呈轻微氧化色或有金属光泽；此外，裂纹细小、宽度均匀、呈连续直线状。

由于裂纹的产生是由铸造应力引起的，所有能减小应力的措施都能有效防止裂纹的产生。此外，裂纹也与合金的成分有关，例如，合理控制铁碳合金中的硫含量能减少热裂的倾向，合理控制其中的磷含量能减少冷裂的倾向。

（6）铸件中的气孔

气孔是铸造生产中最常见的缺陷之一，铸件中的废品约有1/3是由气孔造成的。

气孔是气体在铸件内形成的孔洞，表面比较光滑、明亮或略带氧化色，一般呈梨形、圆形、椭圆形等。气孔的存在不仅会降低铸件的力学性能，还会降低零件的气密性。按气体来源不同，铸件中的气孔可分为三种类型：

① **析出性气孔**　溶入金属液的气体在铸件冷凝过程中，随温度下降，合金液对气体的溶解度下降，气体析出并留在铸件内形成的气孔称为析出性气孔。

② **侵入性气孔**　造型材料中的气体侵入金属液内所形成的气孔称为侵入性气孔。

③ **反应性气孔**　反应性气孔主要是指金属液与铸型之间发生化学反应所产生的气孔。

根据气孔类型，从气体产生的源头出发，减少气体的产生是降低铸件气孔缺陷的主要措施。

（7）常用铸造合金的铸造性能特点

除了少数几种特别难熔的合金外，几乎所有的合金都能用于铸造生产。常用的铸造合金有铸铁、铸钢、铸造铜合金和铸造铝合金等，其中，铸铁的应用最广。

① **铸铁。**

a. **灰铸铁** 灰铸铁有良好的铸造性能。灰铸铁接近共晶成分，熔点较低，铁水流动性好，可以浇铸形状复杂的大、中、小型铸件。由于石墨化膨胀使其收缩率小，故灰铸铁不容易产生缩孔、缩松缺陷，也不易产生裂纹。

b. **球墨铸铁** 球墨铸铁的铸造性能比灰铸铁差。因球化处理时铁水温度有所降低，流动性下降，加上铁水表面常有一层镁的氧化层，使球墨铸铁的充型能力比灰铸铁差，易产生浇不足、冷隔等缺陷。球墨铸铁共晶凝固范围比灰铸铁宽，呈糊状凝固的特征，易产生缩孔和缩松。球墨铸铁一般采用定向凝固原则加强对铸件的补缩，并需增加铸型的刚度。

c. **可锻铸铁** 可锻铸铁碳、硅含量较低，熔点比灰铸铁高，凝固温度范围也较大，铁水的流动性差，收缩大，易产生缩孔、缩松和裂纹等缺陷。

② **铸钢** 铸钢的铸造性能差。铸钢熔点高、流动性差、收缩大，产生缩孔、缩松、裂纹等缺陷的倾向大；钢液易氧化、吸气，易产生浇不足、冷隔、黏砂、气孔等缺陷。

③ **铸造有色金属** 常用的有铸造铝合金、铸造铜合金等，它们大多熔点低，具有流动性好、收缩性大、容易吸气和氧化等特点，特别容易产生气孔、夹渣缺陷。

11.1.3 常见铸造工艺

（1）砂型铸造

① **砂型铸造工艺过程** 砂型铸造是指在砂型中生产铸件的铸造方法。大多数合金铸件都可用砂型铸造方法获得。砂型铸造所用的造型材料价廉易得，铸型制造简便，对铸件的单件生产、成批生产和大量生产均能适应，一直是铸造生产中的基本工艺。图 11-10 示意地表达了砂型铸

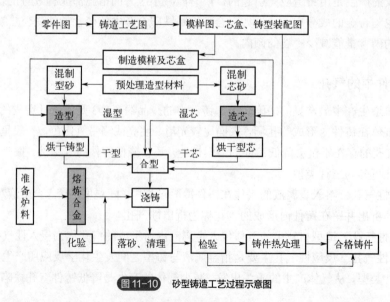

图 11-10　砂型铸造工艺过程示意图

造工艺过程。

② **造型工艺及分类** 根据完成造型工序的方法不同,砂型铸造可以分为**手工造型**和**机器造型**两大类。

a. **手工造型** 造型工序全部用手工或手动工具完成。手工造型工艺设备简单,生产准备时间短,操作灵活,适应性强,成本低,在铸造生产中应用很广。但手工造型生产率低,劳动强度大,对工人技术水平要求高。手工造型主要用于单件、小批量生产,特别是形状复杂或重型铸件的生产。表11-5列出了常用手工造型铸造的特点及应用范围。

表11-5　常用手工造型方法的特点及应用范围

造型方法	典型零件	主要特点	适用范围
整模造型		模样是一个整体,分型面是平面,型腔全部位于一个砂箱内。造型简单,铸件不会产生错型缺陷	最大截面位于零件一端且为平面的铸件
分模造型		将模样沿最大截面处分为两半,型腔位于上、下两个砂箱内,造型简单,节省工时	最大截面在中部的铸件
活块造型		铸件上有妨碍起模的小凸台、筋条等。制模时将这些部分做成活动的(即活块)。起模时,先起出主体模样,然后再从侧面取出活块。造型费工,对工人技术水平要求高	单件小批生产,带有突出部分难以起模的铸件
挖砂造型		模样是整体的,分型面为曲面。为起出模样,造型时用手工挖去阻碍起模的型砂。造型费工、生产率低,要求工人技术水平高	单件小批生产,分型面不是平面的铸件
假箱造型		克服了挖砂造型的缺点,在造型前预先做一个与分型面相吻合的底胎,然后在底胎上造下型。因底胎不参加浇铸,故称假箱。它比挖砂造型简便,且分型面整齐	在成批生产中需要挖砂的铸件
刮板造型		用刮板代替实体模样造型。可降低模样成本,节约木材,缩短生产周期。但生产率低,要求工人技术水平高	等截面的或回转体的大、中型铸件的单件小批生产,如带轮、铸管、弯头等

续表

造型方法	典型零件	主要特点	适用范围
三箱造型	φ180 120	铸型由上、中、下三箱构成。中箱高度须与铸件两个分型面的间距相适应。三箱造型操作费工时，且须配有合适的砂箱	单件小批生产。铸件两端截面尺寸比中间大，具有两个分型面的铸件

b. 机器造型 由机器完成造型过程中的填砂、紧实和起模等主要操作。机器造型生产率高，劳动条件好，铸件精度高、表面质量好，生产批量大时铸件成本低。机器造型是现代化铸造生产的基本形式。

（2）特种铸造

除砂型铸造之外的造型方法称为**特种铸造**。特种铸造工艺方法很多，下面简要介绍几种。

① **熔模铸造** 熔模铸造又称"失蜡铸造"，通常是在蜡模表面涂上数层耐火材料，待其硬化干燥后，将其中的蜡模熔掉而制成型壳，经高温焙烧，去除多余的蜡和水分，然后进行浇铸，进而获得铸件的一种方法，如图 11-11 所示。

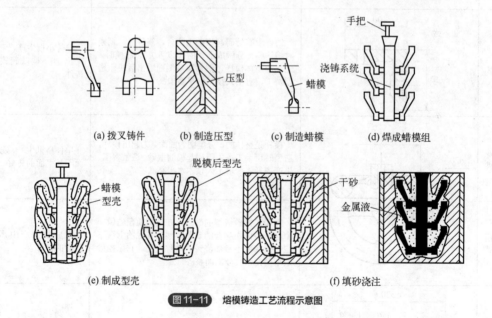

(a) 拨叉铸件　(b) 制造压型　(c) 制造蜡模　(d) 焊成蜡模组

(e) 制成型壳　　　　　　　(f) 填砂浇注

图 11-11　熔模铸造工艺流程示意图

熔模铸造没有分型面，可以生产出尺寸精度高和表面质量好的铸件，是一种精密铸造方法，可以实现少切削或无切削加工。熔模铸造能铸出各种合金铸件，尤其适合铸造高熔点、难切削和用其他加工方法难以成型的合金，如耐热合金、不锈钢等。可生产形状复杂的薄壁铸件，最小壁厚可达 0.3mm，最小铸出孔径可达 0.5mm，生产批量不受限制；但熔模铸造工艺过程复杂，工序多，生产周期长（4～15 天），生产成本高。

② **金属型铸造** 用铸铁、碳钢或低合金钢等金属材料制成铸型，将液态金属浇入金属铸型

获得铸件的方法称为**金属型铸造**，因金属型能反复使用，故也称为"永久型铸造"。简单型芯一般采用金属型芯，复杂型芯多用砂芯。金属铸型导热快，为减缓铸件冷却速度，浇铸前金属型应进行预热。为防止高温金属液对型壁的热冲击，保护铸型，浇铸前必须向金属型型腔和金属型芯表面喷刷涂料。金属铸型没有退让性，透气性差，铸件应尽早从铸型中取出，通常铸铁件出型温度为780～950℃，有色金属只要冒口基本凝固即可开型。

与砂型铸造相比，金属型铸件尺寸精度高，金属铸型冷却速度快，铸件晶粒细小，力学性能高，但金属型铸造不适合生产形状复杂和大型的薄壁铸件。

金属型铸造主要适用于大批量生产的有色合金铸件，如铝合金活塞、气缸体、气缸盖、油泵壳体、水泵叶轮及铜合金轴瓦、轴套等，对于铸铁、铸钢件，只限于形状简单的中、小件。

③ **压力铸造**　压力铸造简称压铸，是在高压作用下，使液态或半液态金属高速充填压铸型型腔，并在压力作用下凝固而获得铸件的一种方法。压铸所用的铸型叫压铸型。压铸型常常是由定型、动型和金属芯组成的金属型，上面常装有抽芯机构和顶出铸件的机构。压力铸造工艺循环如图11-12所示。

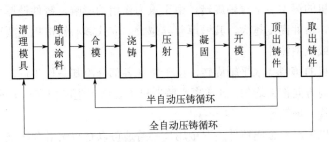

图11-12　压力铸造工艺循环

压铸所用的压力一般为20～200MPa，充型速度为0.5～70m/s，充型时间为0.01～0.2s。高压和高速是压力铸造区别于一般铸造的最基本特征。

压铸件内部组织细密，力学性能高，表11-6所示为不同铸造方法的铝合金、镁合金铸件力学性能比较。

表11-6　不同铸造方法的铝合金、镁合金力学性能

合金种类	压铸			金属型铸造			砂型铸造		
	抗拉强度/MPa	伸长率/%	硬度HBW	抗拉强度/MPa	伸长率/%	硬度HBW	抗拉强度/MPa	伸长率/%	硬度HBW
铝合金	200～220	1.5～2.2	66～86	140～170	0.5～1.0	65	120～150	1～2	60
铝硅合金（含铜0.8%）	200～300	0.5～1.0	85	180～220	2.0～3.0	60～70	170～190	2～3	65
镁合金（含铝10%）	190	1.5	—				150～170	1～2	—

压铸件尺寸精度高，可不经机加工直接使用。因在高压高速下充型，压铸可铸出轮廓清晰、形状复杂的薄壁零件。压铸有时采用镶嵌法，通过压铸使嵌件与压铸合金结合成整体，镶嵌法可制出通常难以制出的复杂件，改善铸件某些部位的性能，简化装配。压铸生产效率高，每小时可压铸50～500件。

压铸生产投资大，生产周期长，只适用于大批量生产。压铸多用于生产有色金属精密铸件，如发动机气缸体、气缸盖、变速箱箱体、发动机罩、喇叭壳等。

④ **离心铸造** 离心铸造是将液态金属浇入旋转的铸型中,使液态金属在离心力的作用下填充铸型和凝固成型的一种铸造方法。离心铸造必须在离心铸造机上进行。离心铸造机可分立式和卧式两大类,如图 11-13 所示。

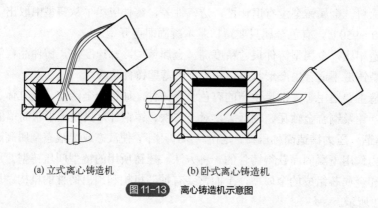

(a) 立式离心铸造机　　　　　(b) 卧式离心铸造机

图 11-13 　离心铸造机示意图

立式离心铸造机的铸型绕垂直轴旋转,由于重力作用的影响,铸件壁厚呈现上薄下厚的特征。铸型转速越慢,铸件高度越大,其壁厚差异越大。立式离心铸造机主要适合于铸造高度不大的环、套类零件或成型铸件。

卧式离心铸造机的铸型绕水平轴旋转,由于铸件各部分冷却条件相近,铸出的圆筒形铸件的壁厚沿长度和圆周方向都很均匀。卧式离心铸造机主要用来生产长度较大的筒类、管类铸件,如内燃机缸套、铸管、炮筒等。

离心铸造还可以生产双金属铸件。双金属离心铸造可以是将熔融金属浇铸在固体金属上形成双金属层铸件,也可以先后将两种熔融金属浇入一个旋转的铸型,从而获得复合铸件,如双金属轧辊等。

离心铸造不需用型芯就可直接生产出中空的筒、套类铸件,使铸造工艺大大简化,生产率高,成本低。在离心力作用下,金属从外向内定向凝固,铸件组织细密,无缩孔、缩松、气孔、夹杂等缺陷,铸件力学性能好。离心铸造不用浇冒口,金属利用率高。

离心铸造是生产铸铁管、气缸套、铜套、造纸机滚筒、双金属轴承、双金属铸铁轧辊、炮筒等的主要生产方法,还可以用来制造刀具、齿轮、涡轮及叶轮等成型铸件。

11.1.4　我国铸造技术发展趋势

随着科学技术的进步和国民经济的飞速发展,我国铸造技术发展有如下几个趋势。

① **新的造型生产线和造型新方法不断涌现** 将工艺流程中的各种设备连接起来,组成机械化或自动化的铸造系统。据不完全统计,目前我国自国外引进的现代化高紧实度湿砂造型线近120 条,树脂砂造型生产线 100 多套。大批量生产的中小型铸件,推广混型砂铸造法;单件、小批生产的中、大型铸件,推广自硬树脂砂造型。复合铸造技术(如挤压铸造和熔模真空吸铸)和一些全新的工艺方法(如快速凝固技术、半固态铸造、悬浮铸造、定向凝固技术、压力下结晶技术、超级合金等离子滴铸工艺等)逐步进入应用。

② **将计算机技术引入铸造领域** 计算机在铸造中的应用大致有以下几方面:

a. 铸造生产中的计算机辅助设计技术(CAD):利用计算机进行铸件设计和铸造工艺设计。例如,用计算机进行铸件三维实体造型,缩短设计和试制的时间。

　　b. 铸造中的计算机辅助工程（CAE）：利用计算机对铸造过程进行数值模拟。例如，通过计算机直观地显示铸造过程中金属的充型、铸件的冷却凝固过程，模拟结晶过程、晶粒的大小和形状、铸造缺陷的形成过程等。通过数值模拟可预测铸件热裂倾向最大部位、产生缩孔和缩松的倾向，从而决定铸件的修改及判断冒口和冷铁设置的合理性等。

　　c. 铸造中的计算机辅助制造（CAM）。

　　d. 利用计算机对铸造过程进行检测与控制。

　　e. 铸造生产专家系统。

　　③ **铸造业的集约化与清洁生产**　采用先进的铸造技术，提升熔体洁净度、铸件组织致密性、表面粗糙度和尺寸精度。合理使用资源，尽量少用或使用可再生材料和能源进行清洁加工；减少铸造用砂，减少能源消耗，采用污染集中防治，做好废砂回收利用等工作。

11.2　锻压成型

　　锻压是对坯料施加外力，使其产生塑性变形或分离，以改变形状、尺寸和改善性能，从而获得零件、工件或毛坯的加工方法。与液态成型方法相比，锻压成型是在固态下完成，成型后不仅可以改变材料形状，还可以改变其力学性能。与金属切削加工、铸造、焊接等加工工艺相比，锻压成型使金属组织致密、晶粒细小、力学性能提高。

　　锻压包括锻造和冲压，它们都属于压力加工工艺。通常情况下，锻造需要将坯料加热后进行，而冲压多在常温下进行。常见的金属压力加工方法有锻造、冲压、挤压、轧制、拉拔等，如图 11-14 所示。

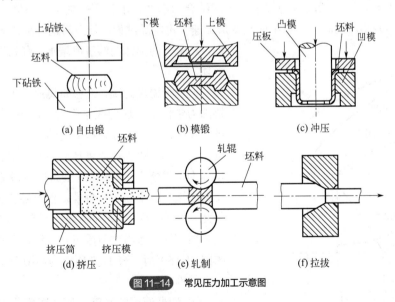

图 11-14　常见压力加工示意图

　　锻造是使金属坯料在砧铁间或锻模模膛内变形而获得产品的方法。**冲压**是使金属板料在冲模间受外力作用而产生分离或变形的加工方法。**挤压**是在挤压模内将金属坯料挤出模孔而变形的加工方法。**轧制**是使金属坯料在两个回转轧辊的孔隙中受压变形，以获得各种产品的加工方法。**拉拔**是将金属坯料拉过拔模的模孔而使之变形的加工方法。

11.2.1 金属的锻压性能

金属的锻压性能是一个工艺性能指标，用来衡量金属材料在经受压力加工时获得优质毛坯或零件的难易程度。金属的锻压性能取决于金属自身和变形加工条件，常用金属的塑性和变形抗力来综合衡量。

（1）金属材料自身的影响

① 化学成分的影响 不同化学成分的金属其锻压性能不同。因没有固溶强化、弥散强化作用，纯金属塑性好，变形抗力小，其锻压性能比合金的好。例如，纯铁的锻压性能比碳钢的好；低碳钢的锻压性能比中、高碳钢的好；相同含碳量下，合金钢的锻压性能比碳钢的差。

② 组织的影响 组织决定性能，不同组织形貌的金属锻压性能不同。例如，同一种金属或合金处于铸态柱状晶或粗晶组织状态时，其锻压性能比处于晶粒细小且组织均匀状态时差。金属组织越均匀，塑性越好。

③ 相结构的影响 金属或合金由于各组成元素间的相互作用不同，形成不同的相结构，不同的相结构具有不同的锻压性能。例如，金属在单相状态下的锻压性能比多相状态下好；处于固溶体相结构状态时的锻压性能比处于金属化合物相结构状态时的锻压性能好。

（2）变形加工条件的影响

变形加工条件是指金属锻压时所处环境的状况，如温度、变形速度、应力状态等。

① 变形温度的影响 在一定的温度范围内，随着变形温度的升高，金属的锻压性能提高。

变形温度高，原子活动能力强，原子间结合力削弱，滑移所需的应力下降，金属塑性增加，变形抗力减小。同时，高温下的热变形加速了再结晶过程，能及时消除加工硬化现象。此外，高温下固溶体的溶解度增加，有利于形成单相固溶体。

但变形温度过高，晶粒将迅速长大，降低金属材料的力学性能，这种现象称为"过热"。若变形温度进一步提高，接近金属材料的熔点时，金属晶界产生氧化或液化，锻造时金属易沿晶界产生裂纹，这种现象称为"过烧"。过热通过重新加热锻造和再结晶能使金属恢复原来的力学性能，但过热会使零件报废。因此，金属的锻造温度必须控制在一定的温度范围内，碳钢的锻造温度范围可依据铁碳平衡相图确定，如图 11-15 所示。表 11-7 所示为常用金属材料的锻造温度范围。

② 变形速度的影响 变形速度即单位时间内的变形量，它对金属的塑性成形性的影响是矛盾的，如图 11-16 所示。

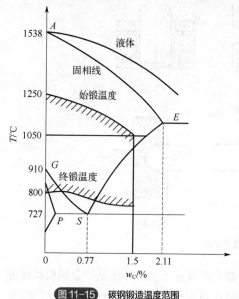

图 11-15 碳钢锻造温度范围

表 11-7　常用金属材料的锻造温度范围

金属种类		始锻温度/℃	终锻温度/℃
碳钢	$w_C \leqslant 0.3\%$	1200~1250	800~850
	$w_C = 0.3\%\sim0.5\%$	1150~1200	800~850
	$w_C = 0.5\%\sim0.9\%$	1100~1150	800~850
	$w_C = 0.9\%\sim1.4\%$	1050~1100	800~850
合金钢	合金结构钢	1150~1200	800~850
	合金工具钢	1050~1150	800~850
	耐热钢	1100~1150	850~900
铜合金		700~800	650~750
铝合金		450~490	350~400
镁合金		370~430	300~350
钛合金		1050~1150	750~900

　　金属变形温度高于再结晶温度时，加工硬化与回复、再结晶同时发生。采用普通锻压方法时（低于临界变形速度 a，图 11-16），回复、再结晶不足以消除由塑性变形所产生的加工硬化，随变形速度的增加，金属的塑性下降，变形抗力增加，金属锻压性能降低。因此，塑性较差的材料，如铜和高合金钢等，宜采用较低的变形速度，应用液压机锻造而不用锻锤锻造。当变形速度高于临界速度 a 时，高速变形产生的热效应加快了再结晶速度，金属的塑性增加，变形抗力下降，金属锻压性能提高。因此，生产上常用高速锤锻造高强度、低塑性等难以锻造的合金。

　　③ **应力状态的影响**　金属在不同方向进行变形时，所产生的应力大小和性质（压应力或拉应力）是不同的。挤压变形时为三向受压状态，而拉拔时则为两向受压一向受拉的状态，如图 11-17 所示。

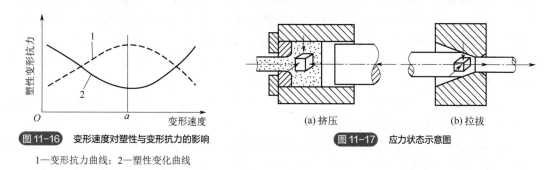

图 11-16　变形速度对塑性与变形抗力的影响

1—变形抗力曲线；2—塑性变化曲线

(a) 挤压　　(b) 拉拔

图 11-17　应力状态示意图

　　由于拉应力易导致滑移面分离，同时易使缺陷处产生应力集中，促使裂纹产生和发展，造成材料破坏。压应力在这方面的作用和拉应力恰好相反，它会增加金属变形时的内部摩擦，使变形抗力增大。因此，工件在进行压力加工时，三个方向上承受的拉应力数目越多，则塑性越差；三个方向上承受的压应力数目越多，则塑性越好。但三向受压时由于变形抗力增大，需要相应地增加加工设备的吨位。塑性好的材料可以在拉应力下成型，如拉拔等；塑性差的材料应选用压应力下成型，如挤压、模锻等。

11.2.2　锻压工艺

锻造是利用手锤、锻锤或压力设备上的模具对加热的金属坯料施力，使金属材料在不分离条件下产生塑性变形，以获得形状、尺寸和性能符合要求的零件。塑性变形不仅改变了工件的形状和尺寸，更重要的还会引起金属材料内部组织和结构发生变化，从而使其性能发生改变。

为了使金属材料在高塑性下成型，通常锻造是在热态下进行，因此锻造也称为热锻。锻造是最古老的金属加工方法之一，可以追溯到公元前 8000—前 4000 年。锻造生产广泛应用于机械、冶金、航空、航天、兵器以及其他许多工业部门。

锻造根据所用工具和生产工艺的不同，可分为自由锻、锤上模锻、胎模锻、特种锻造。

（1）自由锻

自由锻是只用简单的通用性工具，利用冲击力或静压力使金属材料在上下两个砧铁之间或锤头与砧铁之间产生变形，从而获得所需形状、尺寸和力学性能的锻件成型过程。

自由锻适用于单件小批量及大型锻件的生产，通常把 10000kN 以上的锻造水压机或 5t 以上自由锻锤上锻造的重型锻件，称为大型锻件。自由锻在重型机械制造中占有重要的地位。

① **自由锻设备**　自由锻根据其所用设备不同，分为手工自由锻和机器自由锻。

手工自由锻是利用一些简单工具（如手锤、大锤等），靠手工操作对锻件进行加工，适用于小型锻件的生产。

机器自由锻所用设备为锻锤和压力机，锻锤靠其落下部分的冲击力对坯料进行锻造。生产中使用的锻锤有空气锤和蒸汽-空气锤、液压锤。锻锤主要适合中、小型锻件的生产。压力机是以静压力作用在坯料上使金属变形，其锻造能力用产生的最大压力来表示。由于静压力作用时间长，压力机能达到较大的锻透深度，它是巨型锻件的唯一成型设备。目前，大型水压机可达万吨以上，能锻造 300t 的锻件。大型先进液压机的生产常标志着一个国家工业技术水平发达的程度。另外，液压机工作平稳，金属变形过程中无振动，噪声小，劳动条件较好。但液压机设备庞大、造价高。2006 年，我国自行设计制造的 15000t 重型自由锻造水压机热负荷试车成功，使我国成为世界上第三个拥有 15000t 水压机的国家，为生产大型锻件提供了重要的硬件基础，从而大大提升了我国电力、石化、冶金及船舶行业的设备制造水平。

② **自由锻工序**　自由锻工序包括基本工序、辅助工序和精整工序，如表 11-8 所示。其中，基本工序是实现锻件变形的基本成型工序。

a. **基本工序**　自由锻的基本工序是使金属坯料能够大幅改变形状和尺寸的工序，它是主要变形工序，主要有镦粗、拔长、冲孔、芯轴扩孔、芯轴拔长、弯曲、切割、扭转、错移等。

表 11-8　自由锻工序

基本工序		
镦粗	拔长	冲孔

续表

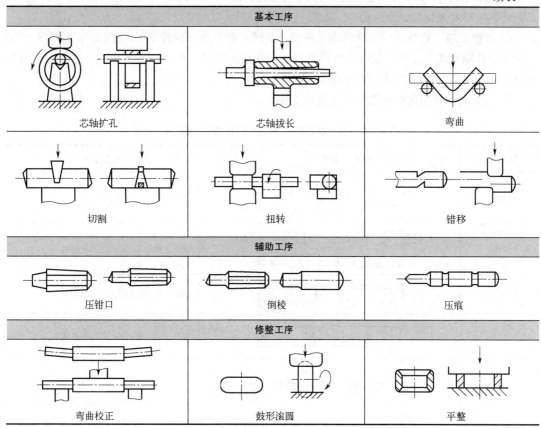

基本工序		
芯轴扩孔	芯轴拔长	弯曲
切割	扭转	错移

辅助工序		
压钳口	倒棱	压痕

修整工序		
弯曲校正	鼓形滚圆	平整

镦粗：在外力作用下，使坯料高度减小、横截面增大的锻造工序。通过镦粗可以获得横截面较大而高度较小的锻件，如齿轮、法兰盘等；通过镦粗增大坯料的横截面积便于冲孔；镦粗与拔长相结合，可提高锻造比，同时击碎合金工具钢中的块状碳化物，并使其分布均匀以提高锻件的使用性能。

拔长：使坯料横截面减小，以增加其长度的锻造工序，常用于锻造拉杆类、轴类、曲轴等锻件。拔长也可以作为辅助工序进行局部变形。

冲孔：采用冲子将坯料冲出通孔或盲孔的锻造工序。较薄的坯料通常采用单面冲孔；厚度较大的锻件一般采用双面冲孔法。冲孔常用于大于 $\phi30mm$ 的盲孔或通孔锻件、需要扩孔的锻件的预冲孔、需拔长的空心件的预冲孔。

扩孔：减小空心坯料壁厚，增加其内、外径的锻造工序。

弯曲：将坯料弯成所规定形状的锻造工序，常用于锻造角尺、弯板、吊钩、叉子、夹钳等轴线弯曲的零件。

切割：将坯料分成几部分，或部分地割开，或从坯料的外部割掉一部分，或从内部割掉一部分的锻造工序，常用于下料，切除锻件的料头、钢锭的冒口等。

扭转：将坯料的一部分相对于另一部分绕其轴线旋转一定角度的锻造工序，常用于锻造多拐曲轴、麻花钻和矫正某些锻件。

错移：将坯料的一部分相对另一部分错开一段距离，但仍保持这两部分轴线平行的锻造工序，常用于锻造曲轴类零件。

b. **辅助工序** 辅助工序是为便于基本工序的实现而对坯料进行少量变形的预先变形工序，如钢锭倒棱和缩颈倒棱、预压钳口、阶梯轴分段压痕等。

c. **修整工序** 修整工序是在基本工序后，通过对锻件进行少量变形，使锻件尺寸和形状完全达到锻件图要求的工序，如镦粗后的鼓形滚圆和截面滚圆，凸起、凹下及不平和有压痕面的平整，拔长后的弯曲校直和锻斜后的矫正等。

表 11-9 为常见的锻件分类及所需锻造工序。

表 11-9　常见锻件的分类及所需锻造工序

锻件类别	图例	锻造工序
盘类锻件		镦粗（拔长）、冲孔等
轴类锻件		拔长（镦粗）、切肩、锻台阶等
筒类锻件		镦粗（拔长）、冲孔、芯轴拔长等
环类锻件		镦粗（拔长）、冲孔、芯轴扩孔等
曲轴类锻件		拔长（镦粗）、错移、锻台阶、扭转等
弯曲类锻件		拔长、弯曲等

③ **自由锻工艺规程的制定** 工艺规程是保证生产工艺可行性和经济性的技术文件，是指导生产的依据，也是生产管理和质量检验的依据。制定工艺规程、编写工艺卡片是进行自由锻生产必不可少的技术准备工作。自由锻工艺规程包括：绘制锻件图，确定坯料的质量和尺寸，制订变形工艺及选用工具，选择设备吨位，确定锻造温度范围、制订坯料加热和锻件冷却规范，制订锻件热处理规范，提出锻件的技术条件和检验要求，填写工艺规程卡片，等等。

（2）锤上模锻

把加热好的坯料放在固定于模锻设备上的模具内进行锻造的方法称为**锤上模锻**。常用的模锻设备是蒸汽-空气模锻锤。模锻生产率高，生产操作简单，劳动强度小；锻件形状比自由锻件复杂，尺寸精度较高，机械加工余量较小；锻造流线沿零件外廓合理分布，零件使用寿命长。但模锻设备投资大，锻模生产周期长，成本高，模锻工艺灵活性不如自由锻。锤上模锻主要用于大批量生产形状比较复杂、精度要求较高的中小型锻件。

① **锻模结构** 锻模制成带燕尾的上下两半模，上模和下模分别通过楔铁和键块固定在锤头

下端和模座的燕尾槽内。模锻成型时，上下模合拢形成内部模膛，金属在模膛内成型。根据功用不同，锻模模膛分为制坯模膛和模锻模膛。

a. 制坯模膛　对于形状复杂的模锻件，为使坯料形状基本接近模锻件形状，使金属能够合理地充满模锻模膛，必须先在制坯模膛内制坯。根据功能不同，制坯模膛可分为：

拔长模膛：用来减小坯料某部分的横截面积，并增加其长度的模膛。拔长模膛一般设在锻模边缘。当模锻件沿轴向横截面积变化比较大时，采用拔长模膛。

滚挤模膛：在坯料长度基本不变的前提下，减小坯料某部分的横截面积，以增大另一部分的横截面积。操作时需不断翻转坯料，但不作送进运动。

弯曲模膛：用来改变坯料轴线的模膛。对于弯曲的杆类模锻件，需要弯曲模膛来弯曲坯料。

切断模膛：在上模与下模的角部组成的一对刃口，用来切断金属，使锻件与坯料分离。

b. 模锻模膛　模锻模膛是使经过制坯模膛加工后的坯料进一步变形，直至最后成型为锻件的模膛。模锻模膛又分为**预锻模膛**和**终锻模膛**。预锻模膛的作用是使坯料变形到接近于锻件的形状和尺寸，有利于坯料最终成型，并减少终锻模膛磨损。终锻模膛的作用是使金属坯料最终变形到所要求的形状与尺寸。终锻模膛四周设有飞边槽，强迫金属充满模膛后容纳多余的金属。预锻模膛比终锻模膛高度大、宽度小，无飞边槽，模锻斜度和圆角及模膛体积均比终锻模膛大。

② **模锻工艺规程的制定**　模锻工艺规程包括制定锻件图、计算坯料尺寸、确定模锻工步（模膛）、选择设备及安排修整工序等。

常见的模锻件可以分为以下两大类：

长轴类模锻件：模锻件的长度与宽度之比较大，如台阶轴、曲轴、连杆、弯曲摇臂等，常选用拔长、滚挤、弯曲、预锻和终锻等工序。

盘类模锻件：在分模面上的投影为圆形或长度接近于宽度或直径的锻件，如齿轮、法兰盘等，常选用镦粗、预锻、终锻等工序。

（3）胎膜锻

胎模锻是在自由锻设备上使用可移动模具生产模锻件的一种锻造方法。胎模锻一般用自由锻制坯，在胎模中成型。胎模锻兼有自由锻和锤上模锻的特点，主要用于中、小模锻件的生产。

① **胎膜锻的特点。**

a. 与自由锻相比，胎模锻操作简便，生产率高，对工人技术要求不高；锻件形状、尺寸精度高，敷料少、加工余量小；锻件内部组织致密，纤维组织分布更符合性能要求。

b. 与锤上模锻相比，胎模锻设备简单，工艺灵活，可以局部成型；但胎模锻比锤上模锻劳动强度大，生产率低；胎模简单，制造容易，但模具寿命短。

② **胎膜种类**　常用的胎模有摔模、扣模、套模、弯曲模、合模和冲切模等，如图 11-18 所示。

（4）特种锻造

特种锻造包括回转塑性成形和直线加载特种塑性成形两部分。

回转塑性成形是模具和工件之一或二者共同作回转运动进行连续局部加载成形，并累积完成整体成形的工艺方法。与传统的以往复运动方式成形的工艺相比，回转塑性成形设备运行时间大部分对成形工件发生作用，回程与储能时间很短。回转塑性成形包括辊锻、辗环、楔横轧、螺旋孔型斜轧、径向锻造、摆动辗压等。

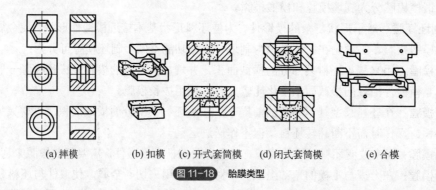

(a) 摔模　　(b) 扣模　(c) 开式套筒模　(d) 闭式套筒模　(e) 合模

图 11-18　胎膜类型

直线加载特种塑性成形采取与常规锻造相同的模具做直线运动对毛坯进行加载塑性成形的方式，但在毛坯状态、应力状态、应变速率和模具结构等方面区别于常规锻造，它包括等温锻造和超塑性成形、多向模锻、分模模锻和半固态成形等工艺。

（5）板料冲压

板料冲压通常在常温下进行，所以又叫**冷冲压**，它是利用模具使板料产生变形或分离，从而获得具有一定形状和尺寸的零件的工艺方法。板料冲压常用的金属材料有低碳钢、铜合金、铝合金、镁合金及高塑性的合金钢等。冷冲压所用材料一般为小于 4mm 的板料、条料、带料等，所用设备为冲床和剪床。当板料厚度超过 8～10mm 时，需要采用热冲压。

冲压广泛应用于金属制品各行业中，在汽车、机电、仪表、军工、家用电器等工业领域占有重要地位。

① 冷冲压的特点。

优点：

a. 可以冲压出形状复杂的零件，冲压件精度高，表面光洁，无切削，互换性好；

b. 板材冲压常用的原材料有低碳钢以及塑性高的合金钢和有色金属，冲压件质量轻，强度高，刚性好；

c. 操作简便，生产率高，成本低，工艺过程便于实现机械化和自动化。

缺点：

a. 冷冲压要求材料具有足够的塑性，加工过程变形抗力小；

b. 冷冲压过程中，材料会出现加工硬化现象，严重时使金属失去塑性变形的能力，影响进一步加工；

c. 冷冲压模具制造费用高，不宜进行单件小批生产。

② **冷冲压基本工序**　冲压加工工序很多，其基本工序有分离工序和变形工序两大类。

a. **分离工序**　使坯料的一部分与另一部分相互分离的工序，如落料、冲孔、切边、精冲等。

落料与冲孔。落料和冲孔是使坯料沿封闭轮廓分离的工序。落料工序和冲孔工序的变形过程和模具结构相同。落料工序中，被分离的部分为成品，而周边是废料；冲孔工序中，被分离的部分为废料，而周边是成品。落料和冲孔统称为冲裁。

冲裁件的排样。排样是指冲裁件在条料、带料或板料上进行合理布置的方式。其目的是使废料最少，材料的利用率高。图 11-19 所示为同一落料件的三种排样方式，图（a）为有废料排样，材料利用率低，但冲裁件尺寸准确，图（b）、（c）为无废料排样，材料利用率高，但尺寸不易准确，只能用于对冲裁件质量要求不高的场合。

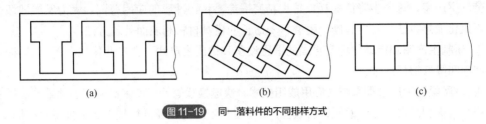

(a)　　　　　　　　　　(b)　　　　　　　　　　(c)

图 11-19　同一落料件的不同排样方式

b. **变形工序**　使坯料一部分相对于另一部分产生位移而不破裂的工序，主要有拉深、弯曲、胀形、翻边等。

拉深是利用模具使冲裁后的平板坯料变形为开口空心零件的冲压工序。拉深可以制成筒形、阶梯形、盒形、球形、锥形及其他复杂形状的薄壁零件。

拉深时，先把一定直径的平板坯料置于凹模上，随后，在凸模作用下板料产生塑性变形，被拉入凸模和凹模的间隙中，使坯料直径缩小高度增加，形成开口中空零件。

拉深过程中的变形程度用**拉深系数** m 衡量，$m = d/D$。其中，d 为拉深件的中径，D 为坯料直径。拉深系数越小，变形程度越大。$m < 0.5$ 时，要多次拉深，多次拉深的总拉深系数等于各次拉深系数的乘积。

拉深变形常见的缺陷有起皱、拉裂。**起皱**是指坯料边缘产生的波浪变形。拉伸过程中采用压边圈能有效防止起皱。拉深件的直壁与底部的过渡圆角处受到的拉应力最大，易于产生裂纹，称为**拉裂**。防止拉裂的方法是增大弯曲处圆角半径，或控制拉深系数，采用多次拉深。

弯曲是坯料一部分相对另一部分弯曲成一定角度的工序。弯曲时，材料内侧受压，外侧受拉。当外侧拉应力超过坯料的抗拉强度时，即会造成金属破裂。坯料越厚、内弯曲半径越小，则压缩及拉伸应力越大，越容易弯裂。

用于冷冲压的材料多为轧制板材。轧制板材因纤维组织的存在具有各向异性，纤维的方向就是轧制的方向。作为弯曲用的板料，材料沿纤维线方向塑性较好，所以弯曲线最好与纤维线方向垂直，如图 11-20 所示，这样弯曲时不易开裂。

利用局部变形使坯料或使半成品改变形状的工序称为**胀形**，主要用于平板毛坯的局部成型（或叫起伏成型），如压制凹坑、加强筋、起伏形的花纹及标记等。另外，管类毛坯的胀形（如波纹管）、平板毛坯的拉形等，均属胀形工艺。

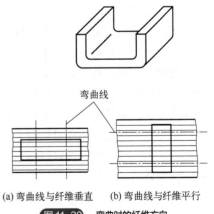

弯曲线

(a) 弯曲线与纤维垂直　　(b) 弯曲线与纤维平行

图 11-20　弯曲时的纤维方向

在板料或半成品上沿一定的曲线翻起竖立边缘的成型工序称为**翻边**。

11.2.3　锻压技术的发展趋势

① **提高锻压件的内在质量**　主要是提高它们的力学性能（强度、塑性、韧性、疲劳强度）

和可靠度。例如，通过真空冶炼钢提高原材料品质；正确进行锻前加热和锻件热处理。

② **进一步发展精密锻造和精密冲压技术**　发展少切削、无切削的加工方法，提高材料利用率、劳动生产率，进一步降低能耗。扩大精密锻造、精密冲压的应用范围。大力发展锻坯少氧化、无氧化加热方法，发展高硬、耐磨、寿命长的模具材料和表面处理方法。

③ **研制生产率和自动化程度更高的锻压设备和锻压生产线**　在专业化生产下，大幅提高劳动生产率和降低锻压成本。

④ **发展柔性锻压成型系统（应用成组技术、快速换模等）**　使多品种、小批量的锻压生产能利用高效率和高自动化的锻压设备或生产线，使其生产率和经济性接近于大批量生产的水平。

⑤ **发展新型材料**　如粉末冶金材料（特别是双层金属粉）、液态金属、纤维增强塑料和其他复合材料的锻压加工方法，发展超塑性成型、高能率成型、内高压成型等技术。

11.3　焊接成型

同种或异种材料的构件，通过加热或加压或二者并用，并且用或者不用填充材料，使两分离的构件间产生原子间作用力而连接成一个整体的工艺称为**焊接**。

要把两个分离的金属构件连接在一起，从物理本质上来说，就是要使这两个构件连接表面上的原子彼此接近到金属晶格距离（3～5Å），但现代加工技术水平还加工不出这样平整的表面，此外连接表面上也会有氧化膜或其他污物，焊接过程的本质就是通过适当的物理化学过程克服这两个困难。

11.3.1　焊接的分类及特点

焊接方法的种类很多，按焊接过程和工艺特点不同，焊接一般分为**熔焊**、**压焊**和**钎焊**三大类。

熔焊　通过局部加热，使待焊处的母材加热熔化并相互熔合在一起，冷凝后形成焊缝的焊接方法。常用的熔焊方法有电弧焊、气焊、等离子弧焊、电子束焊、激光焊、电渣焊等。

压焊　焊接过程中必须对焊件施加压力，同时加热或不加热以实现连接的焊接方法，如电阻焊、摩擦焊、扩散焊等。压焊是通过加压使两个焊件之间紧密接触，并在焊接部位产生一定的塑性变形，促进原子的扩散使两构件焊接在一起。

钎焊　采用熔点比母材低的金属材料作钎料，将焊件和钎料加热到高于钎料的熔点，但低于母材的熔点的温度，钎料熔化后润湿母材，填充母材间隙并与固态母材相互扩散，从而实现连接的焊接方法。

焊接是一种永久性连接，接头密封性好，具有较高的力学性能；与铸造相比，不需熔炼金属、制造模样和砂型，生产周期短；与铆接相比，可节省金属材料 10%～20%，结构重量轻。焊接的不足之处：焊接结构不可拆卸，更换修理部分零部件不便；因焊接接头局部加热和冷却，焊后会产生残余应力和变形，影响零部件与金属结构的形状、尺寸，增加工作时的应力，降低承载能力；焊接时易产生焊接缺陷，如裂纹、未焊透、夹渣、气孔等，引起应力集中，降低承载能力，缩短使用寿命。

焊接广泛应用于航天、航空、核工业、车辆、船舶、建筑及机械制造等工业部门。

11.3.2 焊接应力与变形

焊接过程中，由于焊接热源对焊件的不均匀加热，常使焊件产生应力和变形，导致焊接结构的尺寸精度和焊接接头强度受到影响。通常，当焊接结构刚度较小或被焊工件材料塑性较好时，焊件能自由收缩，焊接变形较大，焊接应力较小。如果焊接刚度较大，不能自由收缩，则焊接变形小，焊接应力较大。

焊接变形可使焊接结构尺寸不符合要求，间隙大小不均，组装困难。焊接应力会增加工件的内应力，降低零件承载能力，甚至会引发裂纹。因焊后工件产生的应力和变形对结构的制造和使用产生不利影响，必须予以减小和防止。

（1）减少和消除焊接应力的措施

① **焊前预热** 预热的目的是减小焊缝区金属与周围金属的温差，使各部分膨胀与收缩量较均匀，从而减小焊接应力，同时还能使焊接变形变小。

② **布置焊缝避免密集交叉，避免使用过大过长的焊缝。**

③ **选择合理的焊接顺序** 焊接中，选择合理的焊接顺序能大大减小焊接变形。焊接顺序选择的主要原则是尽量使焊缝自由收缩而不受较大的拘束。例如，拼焊时，使焊缝交错布置，先焊错开的短焊缝，后焊直通的长焊缝，如图 11-21 所示。若构件的对称两侧都有焊缝，应该设法使两侧焊缝的收缩量能互相抵消或减弱。图 11-22 所示是 X 形坡口构件多层焊时的焊接顺序。

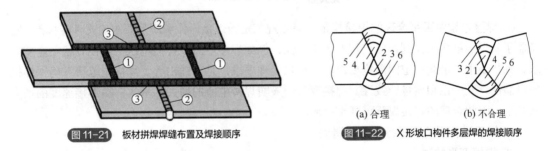

图 11-21 板材拼焊焊缝布置及焊接顺序

图 11-22 X 形坡口构件多层焊的焊接顺序

(a) 合理　(b) 不合理

④ **锤击或碾压焊缝** 焊后，当焊缝仍处于红热状态时进行锤击或碾压，使缝焊金属在高温塑性较好时通过塑性变形减小焊接应力。

⑤ **焊后热处理** 焊后进行去应力退火，一般通过去应力退火可消除 80%～90%的焊接应力。

（2）焊接变形的基本形式

焊接应力引起的焊件变形如图 11-23 所示。一般情况下，简单结构的小型焊件，焊后仅出

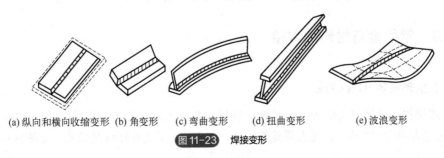

(a)纵向和横向收缩变形　(b) 角变形　(c) 弯曲变形　(d) 扭曲变形　(e) 波浪变形

图 11-23 焊接变形

现收缩变形。当焊件坡口横截面上下尺寸相差较大或焊缝分布不对称、焊接次序不合理时，焊件易发生角变形、弯曲变形和扭曲变形。薄板焊件易出现不规则的波浪变形。

（3）预防和矫正焊接变形的措施

① 预防措施。

a. 合理设计焊件结构 进行焊件结构设计时，在满足承载要求的前提下，尽量减少焊缝数量。例如，可以通过选用成型钢材或冲压件代替板材进行焊接，以减少焊缝数量；设计尺寸较小的焊缝；将焊缝设计在对称面处，以减少因焊缝不对称引起的弯曲变形。

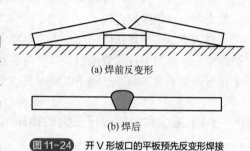

(a) 焊前反变形

(b) 焊后

图 11-24 开 V 形坡口的平板预先反变形焊接

b. 选择合理的焊接顺序。

c. 焊前预先反变形或进行刚性固定 如图 11-24、图 11-25 所示。

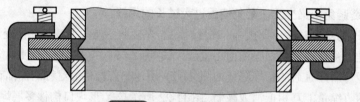

图 11-25 刚性固定预防焊接变形

d. 焊接过程中采用合理的焊接规范 焊接规范是指焊接操作和质量要求的文件或标准。它涵盖了从焊前准备工作到焊接过程的各个方面，例如焊接电流，焊接电压，焊接时摆动宽度要求、预热要求，层间或道间温度要求，后续热处理要求，是否锤击等。焊接规范旨在确保焊接的可靠性、安全性和质量一致性。焊接变形一般随焊接电流的增大而增大，随焊接速度的增大而减小，因此合理的焊接规范可减小变形。

e. 焊后进行缓冷或进行去应力退火。

② 焊接变形的矫正。

a. 机械矫正法 利用机械外力来强迫焊件的焊接变形区产生相反的变形，以抵消已有变形而使变形值不超出允许变形值的方法。机械矫正可采用辗床、矫直机或各种压力机进行矫正，也可采用手锤或风锤进行锤击矫正。

b. 火焰加热矫正法 火焰矫正就是对焊接进行不均匀加热，利用加热后冷却产生的冷却收缩变形去矫正金属结构已经发生的变形，如图 11-26 所示。火焰校正的效果取决于加热位置、加热范围和加热形状的选择。加热位置一般选择在金属较长的部位。

11.3.3　常用金属材料的焊接

（1）金属材料的焊接性

① **焊接性** 金属材料的焊接性是指金属材料在一定焊接工艺下获得优质焊接接头的难易程度。它包含两方面的内容：工艺焊接性、使用焊接性。工艺焊接性是指在一定的焊接工艺下，

焊接接头产生焊接缺陷的倾向。使用焊接性是指焊接接头在使用中的可靠性。

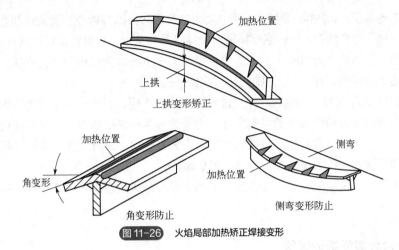

图11-26　火焰局部加热矫正焊接变形

金属材料的焊接性并不是一成不变的，同一种金属材料，采用不同的焊接方法、焊接材料、焊接参数及焊接结构形式，焊接性有很大差别。例如，用手工电弧焊焊接铝合金，难以获得优质焊接接头，此时铝合金的焊接性差；但假如改用氩弧焊焊接，则焊接接头质量良好，此时铝合金的焊接性好。

② **焊接性的评定**　影响金属材料焊接性的因素很多，焊接性的评定一般通过估算或试验方法确定，最简单的估算法是碳当量法，因使用方便，它也是目前评定焊接性能应用最广泛的方法。

在影响金属焊接性的众多因素中，金属材料的化学成分是最主要的影响因素。因实际焊接结构所用金属材料大多数是钢材，**碳当量法**是评价钢材焊接性的最简便方法，它是把钢中的碳元素及其他合金元素的含量，按其作用换算成碳的相对含量。碳当量W_{CE}计算式为

$$W_{CE} = \left(W_C + \frac{W_{Mn}}{6} + \frac{W_{Cr} + W_{Mo} + W_V}{5} + \frac{W_{Ni} + W_{Cu}}{15} \right) \times 100\%$$

式中，各元素的含量均取其质量分数的上限。

当$W_{CE} < 0.4\%$时，钢材塑性良好，淬硬倾向不明显，焊接性良好。一般焊接工艺条件下，焊件不会产生裂纹。但厚大工件或在低温下焊接时，应考虑预热。

当$W_{CE} = 0.4\% \sim 0.6\%$时，钢材塑性下降，淬硬倾向明显，焊接性能相对较差。焊前工件需要适当预热，焊后要缓冷。

当$W_{CE} > 0.6\%$时，钢材塑性较低，淬硬和冷裂倾向明显，焊接性不好。焊前必须预热到较高的温度；焊接时要采取减少焊接应力和防止开裂的工艺措施；焊后要进行适当的热处理。

除碳当量法外，冷裂纹敏感系数法也是一种通过估算评价钢材焊接性的方法，与碳当量法相比，冷裂纹敏感系数不仅考虑了钢的化学成分，还考虑了焊件板厚及焊缝含氢量对焊接性的影响（焊缝含氢量超标可能引起氢脆、气孔、冷裂纹等缺陷）。通常冷裂纹敏感系数越大，则产生冷裂纹的可能性越大，焊接性越差。

在实际生产中，金属材料的焊接性除了按碳当量法、冷裂纹敏感系数法等评定方法估算外，还需要根据实际情况进行抗裂性试验，并配合进行接头使用性能试验，以制定正确的焊接工艺。

（2）碳钢的焊接

低碳钢的碳当量≤0.25%，焊接性良好，使用各种焊接方法都能获得优质焊接接头。因焊接过程中没有淬硬、冷裂倾向，低碳钢焊接通常无须进行热处理，只有低温焊接刚性大的构件时，需要焊前预热，预热温度为100～150℃。焊接厚度大于50mm的低碳钢结构或压力容器等重要构件，常采用大电流多层焊，焊后进行去应力退火或正火。

中碳钢碳当量为0.25%～0.6%，焊接过程中钢材的淬硬、裂纹倾向也随之增加，焊接性变差。生产中主要焊接各种中碳钢的机器零件。为了预防焊接裂纹的产生，尽量选用抗裂性好的碱性低氢焊条（焊条药皮含有较多碱性氧化物，有去氢作用）进行焊接；焊接过程中选择合适的焊接方法和焊接规范；并注意焊前预热，焊后缓冷。

高碳钢工件碳当量＞0.6%，焊接性比中碳钢更差，高碳钢不用来制造焊接结构，一般只限于工件修补工作。

（3）低合金高强钢的焊接

低合金高强度钢广泛用于制造压力容器，桥梁、船舶和其他各种金属焊接构件。

低合金高强钢通常含碳量低，但因合金元素种类及含量不同，其性能差异较大。低合金高强钢的淬硬程度与钢材的化学成分和强度级别有关。强度级别较低的钢，合金元素含量较少，碳当量低，钢的焊接性良好。一般屈服强度小于400MPa的低合金高强钢，碳当量小于0.4%，常温下焊接，不用复杂工艺即可获得优质焊接接头。钢材强度级别越高，合金元素含量越多，碳当量越大，焊接时产生冷裂纹的倾向也越大。屈服强度高于400MPa的低合金高强钢，碳当量大于0.4%，焊接性变差，焊接时需采用严格的焊接工艺；可通过焊前预热、焊后热处理减小焊接应力；焊接时，注意调整焊接参数，控制热影响区的冷却速度不宜过快。

（4）铸铁的焊补

铸铁含碳量高，塑性差，属于焊接性很差的材料，生产中对于铸铁主要是焊补，焊接过程中易产生白口组织，出现裂纹和气孔。铸铁的焊补一般采用气焊、手工电弧焊等焊接方法，对焊接接头强度要求不高时，也可采用钎焊。

铸铁焊补按焊前是否预热可分为热焊法和冷焊法。焊前预热至600～700℃，称为**热焊法**，热焊能防止白口和裂纹，焊接质量好，但生产率低，成本高，劳动条件差。焊补前工件不预热或预热温度低于400℃称为**冷焊法**。冷焊主要靠调整焊缝化学成分来防止焊接裂纹和减少白口倾向。冷焊法多采用焊条电弧焊，具有生产率高、成本低、劳动条件好等优点，但焊接品质不易保证。

（5）铝及铝合金的焊接

工业纯铝及不能热处理强化的铝合金，焊接性良好。能热处理强化的铝合金和铸造铝合金焊接性较差。铝合金的焊接困难主要是：①铝容易氧化成致密 Al_2O_3 膜，在焊缝形成夹渣，阻碍金属熔合；②铝及铝合金液态时能吸收大量的氢气，但在固态时几乎不溶解氢气，易在焊缝中形成气孔。

铝及铝合金的焊接常用氩弧焊、气焊、电阻焊和钎焊等方法，其中氩弧焊应用最广泛。铝及铝合金的焊接无论采用哪种焊接方法，焊前都必须进行氧化膜和油污的清理。

（6）铜及铜合金的焊接

铜及铜合金焊接性较差。铜合金的焊接困难主要是：①铜及铜合金导热性很强，导致焊件温度难以升高，填充金属与母材不能良好熔合；②铜在液态时易氧化，生成的 Cu_2O 与铜组成低熔点共晶沿晶界分布，使焊缝塑韧性显著下降；③铜的收缩系数大，易产生焊接应力和裂纹；④铜在液态时吸气性强，而在凝固时溶解度急剧下降，焊缝易产生气孔。

目前，铜及铜合金较理想的焊接方法是氩弧焊。对质量要求不高时，也采用气焊、焊条电弧焊和钎焊等。导热性强、易氧化、易吸氢是铜及铜合金焊接时应解决的主要问题。

11.3.4　常用焊接方法

（1）手工电弧焊

手工电弧焊是利用焊条与工件之间产生的电弧热将工件和焊条熔化的一种焊接方法。焊接前，将焊接电源的输出端分别与工件和焊钳相连，然后在焊条和被焊工件之间引燃电弧，电弧热使被焊母材和焊条同时熔化成熔池，焊条药皮也随之熔化形成熔渣覆盖在焊接区的金属上方，药皮燃烧产生大量气体绕于电弧周围，熔渣和电弧周围的气体用以隔绝周围空气、保护熔化金属。随着焊条的移动，焊接熔池随热源消失而冷却凝固形成焊缝，使分离的工件连接成整体，完成整个焊接过程。

手工电弧焊设备简单，易于维护，使用灵活，适用于多种钢材和有色金属等，是应用最广泛的焊接方法。

（2）埋弧焊

埋弧焊是电弧在焊剂层下燃烧进行焊接的方法。与手工电弧焊相比，埋弧焊用颗粒状的焊剂代替焊条药皮，用自动连续送进的焊丝代替焊芯，由自动焊机取代工人的手工操作进行焊接。埋弧焊也称为埋弧自动焊。

焊接时，先在焊接接头上面覆盖一层厚度为 30～50mm 粒状焊剂，自动焊机机头盘状焊丝自动送入电弧区并保证一定的弧长，电弧在焊剂层下燃烧，使焊丝、接头母材熔化形成一个较大的熔池。电弧周围的颗粒状焊剂被熔化成熔渣，少量焊剂和金属蒸发形成蒸汽，在蒸汽压力作用下，气体将电弧周围的熔渣排开，形成一个封闭的熔渣泡。被熔渣泡包围的熔池金属与空气隔离，同时也能防止金属飞溅。随着自动焊机向前移动（或焊机不动，工件匀速移动），电弧前方金属和焊剂不断加热熔化，熔池后面金属冷凝形成焊缝，熔渣浮在熔池表面冷凝成渣壳。

与手工电弧焊相比，埋弧焊电弧不可见，属于暗弧焊接；焊接过程中，熔渣泡对金属熔池保护严密，焊接接头质量好；焊接劳动条件好，生产率高；埋弧焊可以不开坡口或少开坡口，节省金属材料，通常焊接厚度在 25mm 以下的焊件可以不开坡口；但是埋弧焊只能焊接长而规则的水平焊缝或直径大于 250mm 的环焊缝，并且只能在平焊位置进行焊接。

埋弧自动焊广泛用于焊接碳钢、低合金高强度钢，也可用于焊接不锈钢及紫铜等，适合于大批量焊接较厚的大型结构件。

（3）气体保护焊

以保护性气体（氩气/CO_2）将电弧、熔化金属与周围空气隔离，防止空气与金属发生冶金反应的电弧焊。

① CO_2 气体保护焊　利用 CO_2 气体作为保护气体的电弧焊称为 CO_2 气体保护焊。CO_2 气体保护焊以焊丝作电极，靠焊丝和焊件之间产生的电弧熔化金属与焊丝，以自动或半自动方式进行焊接。

CO_2 气体保护焊具有如下特点：CO_2 来源广，价格低，因而焊接成本低；因焊丝自动送进，焊接速度快，CO_2 气体保护焊生产率比手工电弧焊提高 1～4 倍；CO_2 电弧穿透能力强，熔深大，焊后没有熔渣；电弧在气流压缩下燃烧，热量集中，焊接热影响区较小；CO_2 气体保护焊对铁锈敏感性小，焊缝含氢量低，因而焊接接头的抗裂性好；CO_2 气体保护焊是明弧焊接，可以清楚地看见焊接过程，容易发现问题及时处理。

CO_2 气体保护焊广泛用于造船、汽车制造、工程机械等工业部门，主要用于焊接低碳钢和低合金钢，也可用于耐磨零件的堆焊、铸钢件的补焊。CO_2 为氧化性气体，不适于焊接易氧化的有色金属及其合金。

② 氩弧焊　氩弧焊是使用氩气为保护气的电弧焊。按所用电极不同，分为熔化极氩弧焊和非熔化极氩弧焊（钨极氩弧焊）。

a.熔化极氩弧焊　焊接过程中，用焊丝作电极并兼作焊缝填充金属。焊接过程中可采用较大电流，适合焊接厚度为 3～25mm 的焊件。熔化极氩弧焊均采用直流反接，以提高电弧的稳定性。

b.钨极氩弧焊　以高熔点钨（或钨合金）棒作电极，焊接时钨棒不熔化，只起导电、产生电弧的作用。焊丝只起填充金属的作用。钨极氩弧焊电弧温度高于钨棒的熔点，为减少钨极损耗，焊接电流不能太大，通常只适用于厚度小于 6mm 的薄板。

氩弧焊采用氩气作保护性气体，焊接成本高；氩气是稀有气体，保护效果好，氩弧燃烧稳定；焊接接头质量好，成型美观。氩弧焊主要用于焊接易氧化的有色金属，以及高强度合金钢、不锈钢、耐热钢等。

（4）电渣焊

电渣焊是利用电流通过熔渣所产生的电阻热作为热源，将填充金属和母材熔化，凝固后形成焊接接头的一种焊接方法。

电渣焊采用立焊形式进行焊接，接触面间预留 20～40mm 的间隙。焊接前，先在接头底部加装引弧板，顶部加装引出板，以便引燃电弧和引出渣池；焊接时，将颗粒焊剂放入焊接接头间隙；然后送入焊丝，使焊丝与引弧板接触引燃电弧；电弧将焊剂熔化成渣池；液态熔渣产生的电阻热将焊丝及焊件接头边缘熔化；熔化的金属沉入渣池底部形成熔池；随焊丝送进，渣池逐渐上升，当渣池液面升到一定高度，电弧熄灭。在接头两侧装水冷铜滑块，用来冷却熔池，焊接过程中，水冷却铜滑块会随熔池同步上升。

电渣焊具有生产率高、成本低、焊接速度慢、焊接应力小、热影响区大、焊缝晶粒粗大等特点。一般电渣焊后要进行正火处理或在焊丝、焊剂中配入钒、钛等元素以细化焊缝组织。无论工件多厚，电渣焊都不开坡口。

电渣焊主要用于焊接厚度大于 30mm 的厚大件。电渣焊是制造大型铸-焊、焊-锻复合结构的重要方法，如制造高压力压力机、大型机座、水轮机转子和轴等。

（5）真空电子束焊

真空电子束焊是利用被加速和聚焦的高能电子束撞击焊件，电子束动能转化为热能，从而使焊件连接处熔化形成焊缝的一种焊接方法。

真空电子束焊焊速快，熔深大，工件不开坡口，不加填充金属，可一次焊透；因采用真空焊接，焊接接头无气孔、夹杂。真空电子束焊设备复杂，造价高；焊件尺寸受真空室的限制；真空电子束焊对工件的焊前处理及装配要求较高。

真空电子束焊适用于各种难熔金属，如钼、钨和活泼金属如钛、锆等，在核能、航空、空间技术等部门得到广泛应用。

（6）电阻焊

电阻焊是通过电极施加压力，并利用电流通过被焊工件以及接触部分产生电阻热，使接触部位达到塑性或局部熔化状态，在外力作用下使工件连接在一起的焊接方法。

电阻焊通常分为点焊、缝焊和对焊三种。

① **点焊**　点焊是将焊件装配成搭接接头，并使其压紧在两圆柱状电极之间，利用电流通过接头的接触面及邻近区域产生的电阻热熔化母材金属，通过加压形成焊点的电阻焊方法。

点焊主要用于厚度在 4mm 以下的薄板构件、冲压件的焊接，特别适合汽车车身、飞机机身的焊接，但不能焊接有密封要求的容器。点焊可以用来焊接低碳钢、不锈钢、铜合金、铝合金等。

② **缝焊**　缝焊焊接过程与点焊相似，只是用盘状电极代替柱状电极，使得焊点相互重叠，重叠率约 50% 以上，缝焊可以看成连续点焊。焊接时将工件装配成搭接接头并置于两滚轮电极之间，滚轮转动并对工件加压，进行连续或断续通电，两工件接触面间就形成许多连续而彼此重叠的焊点。

缝焊工件表面光滑平整，焊缝具有较高的强度和气密性。缝焊只适合厚度在 3mm 以下的薄板焊接。

缝焊广泛应用于油桶、暖气片、飞机和汽车油箱，以及喷气式发动机、火箭、导弹中密封容器的薄板焊接。

③ **对焊**　对焊是把焊件装配成对接接头，使其端面紧密接触，利用电阻热加热至塑性状态，然后迅速加顶锻力完成焊接的方法。按焊接过程不同，对焊分为电阻对焊和闪光对焊。

电阻对焊是将两工件对接装在电极钳口中；然后施加预压力，使两工件端面压紧；通电，焊接接触处产生的电阻热将工件迅速加热至塑性状态；最后施加大的顶锻力同时断电，接头处产生塑性变形并形成接头。电阻对焊主要用于简单的圆形、方形等接头的小金属型材的焊接。

闪光对焊是将工件装配成对接接头；通电，使工件逐渐靠近并达到局部接触，局部接触点产生的电阻热使接触点处金属迅速熔化并喷射出火花，形成闪光；直至焊件端部在一定深度范围内达到预定温度；迅速施加顶锻力，使整个端面在顶锻力下完成连接。闪光对焊接触面氧化物及夹渣随闪光火花带出，焊接接头夹渣少，接头强度高；但闪光对焊金属消耗多，焊后需清理毛刺。闪光对焊常用于重要焊件的焊接，既适用于同种金属焊接，也适用于异种金属焊接。

（7）摩擦焊

摩擦焊是利用接触面摩擦产生的热量为热源，将工件端面加热到塑性状态，然后在压力作用下使金属连接在一起的焊接方法。

摩擦焊焊接过程中，焊件表面的氧化膜及杂质被清除，焊接接头质量好。摩擦焊焊接生产率高，易于实现自动控制。

摩擦焊既能焊接普通钢材，也能焊接不适合熔焊的特种材料及异种材料，广泛应用于圆形工件、棒料及管子的对接。

（8）钎焊连接

钎焊时，用来形成焊缝的填充材料称为**钎料**。钎焊接头的形成包括两个过程：①钎料熔化和流入、充满接头间隙的过程；②液态钎料与钎焊金属相互作用。

根据钎料熔点的不同，钎焊分为硬钎焊和软钎焊两大类。

硬钎焊是使用熔点高于 450℃的钎料进行的钎焊。常用的硬钎料有铜基钎料、银基钎料、铝基钎料。硬钎焊接头强度高，常用于焊接受力较大或工作温度较高的焊件，如车刀上硬质合金刀片与刀杆的钎焊。

软钎焊是使用熔点低于 450℃的钎料进行的钎焊。常用软钎料主要是锡铅基钎料、铅基钎料。软钎焊接头强度低，主要用于无强度要求的焊件，如电路板中导电元件的焊接、各种仪表中线路的焊接等。

钎焊可进行异种材料的连接。

伴随着现代科技的飞速发展，生产制造业对焊接的需求不断扩大。焊接技术的发展也能够直接体现一个国家的工业技术水平。未来，我国焊接产业的发展趋势将会向着"高效智能、系统集成、节能环保"的方向不断发展。

本章小结

本章重点介绍了金属材料铸造成型、锻压成型、焊接成型三种成型方法的工艺特点、成型工艺和应用，并对每种成型方法的工艺理论进行了重点介绍。

（1）铸造是一种液态金属成型方法，它最适合制造形状复杂的腔体类零件，由于成型温度高，铸件晶粒粗大，易出现缩孔缩松等铸造缺陷。

① 铸件质量优劣与合金的铸造性能密切相关。合金的铸造性能包括合金的流动性和充型能力、凝固特性、收缩性、吸气性等。

② 合金液流动性越好，铸型简单、导热蓄热能力强，合金液浇铸温度高、直浇道的静压力大，充型能力越强。

③ 合金有逐层凝固、糊状凝固、中间凝固三种凝固方式。恒温凝固的合金为逐层凝固，合金结晶温度范围越宽，越趋向于糊状凝固。

④ 合金有液态收缩、凝固收缩、固态收缩三种收缩方式，收缩会造成铸件出现缩孔缩松、变形开裂等铸造缺陷。预防缩孔、缩松的方法是使铸件顺序凝固，减小铸造应力的措施是同时凝固。铸件中的裂纹按形成温度不同，分为冷裂纹和热裂纹。

⑤ 铸件中的气孔按气体来源不同，分为析出性气孔、侵入性气孔和反应性气孔。

⑥ 按铸型及工艺特点不同，铸造分为砂型铸造和特种铸造两大类。砂型铸造工艺灵活，适用范围广。特种铸造种类多，典型的有金属型铸造、压力铸造、离心铸造、熔模铸造等。

（2）锻压是一种固态金属成型方法。锻压生产的典型特点是零件力学性能好。

① 常见的压力加工方法有锻造、冲压、挤压、轧制、拉拔等。

② 合金的锻造性能用金属的塑性和变形抗力综合衡量。影响金属塑性的因素有化学成分、组织和相结构等。变形温度、变形速度和应力状态等变形加工条件也会影响合金的塑性和变形抗力。

③ 锻压生产包括锻造和板料冲压。典型的锻造工艺有自由锻、锤上模锻、胎模锻和特种锻造。自由锻重在自由锻工序，它包括基本工序、辅助工序和精整工序，其中，基本工序是实现锻件变形的基本成型工序。锤上模锻重在锻模模膛，根据功用不同，分为制坯模膛和模锻模膛。板料冲压又叫冷冲压，它是利用模具使板料产生变形或分离。分离工序主要有落料和冲孔，变形工序主要有拉深、弯曲、翻边、成型等。

（3）焊接是一种能实现原子间结合的永久连接工艺方法。按焊接过程和工艺特点不同，分为熔焊、压焊和钎焊三大类。

① 由于焊接过程中局部加热、冷却，焊件会出现焊接应力和变形，影响焊件质量。减小和消除焊接应力的措施可从焊前、焊中、焊后三个方面实施，包括焊前预热、合理布置焊缝、选择合理焊接顺序，焊中选择合适的焊接电压、电流，焊后缓冷，在塑性状态下锤击或碾压焊缝等。

② 焊接基本变形包括收缩变形、角变形、扭曲变形、弯曲变形、波浪变形等。一切减小焊接应力的措施都能减小焊接变形。此外，焊接变形也可进行预防和矫正。

③ 钢材的焊接性可通过碳当量法进行评定，碳当量小于 0.4%，焊接性优良。

④ 钢和铸铁都能进行焊接，低碳钢可焊接大型钢结构，中碳钢适合焊接机械零件，高碳钢和铸铁通常用于修补。铝合金和铜合金焊接性相对较差，可采用氩弧焊进行焊接。

⑤ 常见的焊接方法有手弧焊、气体保护焊、埋弧焊、电阻焊和钎焊等。

 习题

一、填空题

（1）按凝固区的大小不同，铸件的凝固方式有（　　）、（　　）和（　　）三种。

（2）模锻模膛可分为（　　）、（　　），其中（　　）有飞边槽。

（3）评价材料焊件性好坏的基本方法是（　　）。20 钢与 20CrMnTi 相比，（　　）的焊接性好。

（4）按焊接过程特点，焊接分为（　　）、（　　）和（　　）三类。

（5）合金的锻造性能由（　　）和（　　）综合衡量。

二、判断题

（1）工作条件恶劣的焊接结构，用手弧焊焊接时应选用酸性焊条。（　　）

（2）共晶成分的合金流动性比非共晶合金好。（　　）

（3）汽车油箱作为汽车的一个组成单元，像汽车车身一样，常采用点焊进行焊接。（　　）

（4）锻造几吨重的大型锻件，一般采用自由锻。（　　）

（5）离心铸造不用型芯即可铸出中空铸件。（　　）

三、简答题

（1）焊接变形的基本形式有哪些？

（2）确定图示拼焊的焊接顺序。

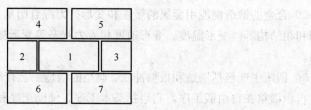

（3）什么是缩孔，什么是缩松？缩孔和缩松产生的原因是什么？在铁碳相图中，哪些成分的合金最易形成缩孔缺陷？哪些成分的合金最易形成缩松的缺陷？为防止出现缩孔缩松，应使铸件按什么原则进行冷却？

（4）对比说明锤上模锻与胎模锻的区别和联系。

（5）按照铸件横断面上凝固区的宽窄，铸件有哪几种凝固方式？共晶合金凝固时属于何种凝固方式？具有此种凝固方式的合金易出现何种铸造缺陷？

（6）比较 HT250、20 钢、9SiCr、40Cr 等 4 种材料的焊接性并说明原因。

第12章

机械零件的选材及工艺路线制定

本章思维导图

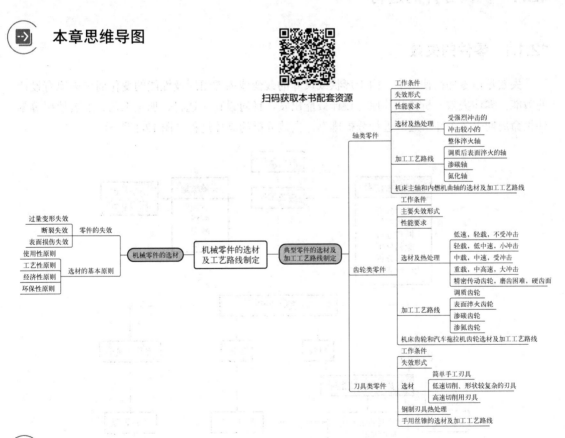

扫码获取本书配套资源

本章学习目标

（1）描述零件的失效形式及内容；了解失效分析的过程。

（2）描述选材的一般原则；理解并掌握使用性原则、工艺性原则的具体内容；理解经济性原则、环保性原则的含义。

（3）熟悉并掌握轴杆类零件、齿轮类零件、刀具类零件的选材及加工工艺路线；针对某零件的性能要求会选材并进行热处理工艺设计；针对某零件的加工工艺路线会分析其热处理工艺的目的及意义。

2022 年 7 月 28 日晚，香港红磡体育馆在举办演唱会期间，巨型液晶屏突然坠落，砸中两名舞者，事故原因是承重钢索断裂。类似事故在工程上也屡见不鲜。事实上，任何一个机械零件都不可能无限期使用，总会面临失效报废问题。造成零件失效的原因很多，在机械零件的整个生命周期中，包括零件结构设计、选材加工、安装使用，任何一个环节都有可能存在引发零件失效的因素。零件失效不仅会中断正常的生产制造过程，严重的还会引发安全事故，造成重大生命财产损失，因此对零件失效必须给予足够的重视。本章重点讨论影响机械零件失效的选材和加工。

12.1 机械零件的选材

12.1.1 零件的失效

失效是指零件在使用中，由于形状或尺寸的改变或内部组织及性能的变化而失去原有设计的效能。零件失效分析要从其原有设计效能出发，针对设计、选材、加工工艺、安装使用等零件生命周期中各个环节逐一进行分析排查，失效分析的具体过程如图 12-1 所示。

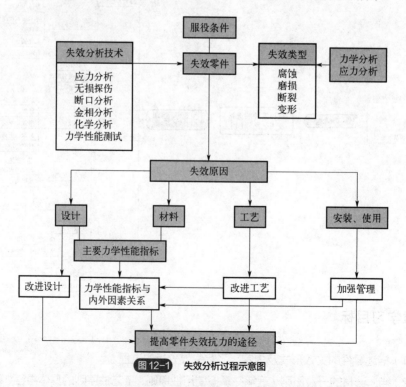

图 12-1 失效分析过程示意图

机械零件失效大致可以分为三类：变形失效、断裂失效、表面损伤失效，具体表现形式、失效现象及应对措施如表 12-1 所示。

表12-1 零件的主要失效形式

失效形式		失效现象	应对失效的措施	典型失效零件举例
变形失效	过量弹性变形	因刚性不足，零件工作时弹性变形量超过允许范围	提高零件刚度，例如增大零件截面尺寸、选用弹性模量大的材料	细长杆件、薄壁杆件
	过量塑性变形	工作应力超过材料的屈服强度，使零件产生过量塑性变形而无法工作	选用高强度材料，对零件进行强化处理，增大零件截面尺寸	紧固螺栓、传动轴、机床丝杠
	蠕变变形	在长期应力和高温作用下，零件的蠕变变形量超出规定范围	选用高强耐热钢并进行合适的热处理	高温下工作的螺栓
断裂失效	韧性断裂	工作应力大于屈服强度，零件发生明显塑性变形并逐渐增大直至断裂	对零件进行强化处理或选用强度高的材料	起重机链环
	低应力脆性断裂	工作应力低于屈服强度，零件在无明显塑性变形的情况下突然断裂	对零件进行强化处理或选用强度高的材料，降低零件应力集中，减小零件加工缺陷	桥梁、压力容器、冷作模具
	疲劳断裂	零件受交变应力长期作用，在低应力下发生突然脆断	提升零件表面加工质量，进行零件表面强化处理，降低零件应力集中	曲轴、弹簧、螺旋桨
	蠕变断裂	在长期高温和应力作用下，零件的蠕变变形不断增加，最终发生断裂	选用高温力学性能好的材料	高温炉管、换热器
表面损伤失效	表面磨损	由于摩擦使零件表面损伤，如使零件尺寸变化、重量减轻、精度降低、表面粗糙度值增大，甚至发生咬合等而不能正常工作	选用耐磨材料，改善润滑条件，对零件进行表面强化处理	齿轮、油泵柱塞副、刀具、模具、量具
	表面腐蚀	零件受环境介质的化学或电化学作用而产生造成零部件尺寸和性能的改变而导致的失效	提高零件表面质量，对零件进行表面强化	化工容器及管道等
	表面疲劳	在交变接触压应力作用下，零件表面因疲劳损伤而发生物质损失	选用耐蚀材料，对零件进行表面防护处理	滚动轴承、齿轮

零件失效分析的目的就是找出失效的原因，提出防止或推迟失效的措施，防止同类失效再度发生，从而提高产品质量或从此获得改型的新产品。

12.1.2 选材的基本原则

现代工程材料有十多万种，针对不同材料的加工工艺也种类繁多，合理地选择和使用材料是一项十分重要的工作。机械零件所用材料及其成型工艺的选用是一个复杂的问题，不仅要考虑材料的性能能够适应零件的工作条件，使零件经久耐用，还要求材料有较好的加工工艺性能和经济性，以便提高机械零件的生产率、降低成本等。

在进行工程材料选择时一般遵循如下原则。

（1）使用性原则

零件的使用性能是保证工作时安全可靠、经久耐用的必要条件。大多数情况下，使用性原则是机械零件选材的主要依据。零件的使用性能主要是指零件在使用状态下材料应具有的力学性能、物理性能和化学性能，它们是保证零件可靠工作的基础。对于机器零件和工程构件，最重要的使用性能是力学性能。

机械零件的使用要求表现为以下几点。

① **零件的工作条件**　不同工作条件下的机械零件对使用性能的要求是不一样的。零件的工作条件主要指零件的受力状况、环境状况及生产需求对零件提出的特殊性能要求。

a. **受力状况**　主要指载荷的类型、作用形式、载荷的大小以及分布特点。载荷的类型指动载、静载、循环载荷或单调载荷等；载荷的作用形式指拉伸、压缩、弯曲或扭转等；载荷的分布特点指均布载荷、集中载荷、力偶等。

脆性材料原则上只适用于制造在静载荷下工作的零件；在有冲击或振动的情况下，应选用塑性材料；对于表面受较大接触应力的零件，应选择可以进行表面处理的材料，如表面硬化钢；对于受变应力的零件，应选择耐疲劳的材料；对于受冲击载荷的零件，应选择冲击韧度较高的材料。表 12-2 所示为常见机械零件的力学性能要求及选材范围。

表 12-2　常见机械零件的力学性能要求及选材范围

力学性能要求	力学性能指标	选材范围	典型零件
表面要求硬度高，心部要求塑韧性好	表面和心部硬度、心部屈服强度、心部冲击韧度，接触疲劳强度	承受大冲击的零件选用低碳渗碳钢；承受的较小冲击载荷的零件选用中碳调质钢；疲劳强度要求高的精密零件选用氮化用钢	汽车变速齿轮等
高硬度、高耐磨性	硬度 HRC、足够的强度	淬火、低温回火态的碳素工具钢、低合金工具钢	锉刀、丝锥等手动工具
高硬度、高耐磨性、高的红硬性	硬度 HRC、屈服强度、冲击韧度	淬火、低温回火态的合金工具钢、高速钢	钻头、车刀、滚刀等机加工工具
高弹性极限、高疲劳强度	弹性极限、疲劳强度	淬火、中温回火态的中高碳弹簧钢	汽车板簧等弹簧类零件
综合力学性能好	硬度 HRC、屈服强度、伸长率、冲击韧度	调质或正火态中碳钢，调质、正火或等温淬火态的球墨铸铁，淬火、低温回火后的低碳钢	连杆、锻模等

b. **环境状况**　主要是指零件工作温度及工作时腐蚀、摩擦等工作环境。例如，在湿热环境或腐蚀介质中工作的零件，其材料应有良好的缓蚀和耐腐蚀能力，可选用不锈钢、铜合金等。工作温度对材料选择的影响，一方面要考虑相互配合的两零件的材料的线胀系数不能相差过大，以免在温度变化时产生过大的热应力或者使配合松动；另一方面也要考虑材料的力学性能随温度而改变的情况。

c. **特殊性能要求**　指导电性、磁性、热膨胀性、相对密度、外观等。

② **对零件尺寸和重量的限制**　强度要求较高且尺寸和重量受限的零件，应选择强度高的材料；尺寸受限且刚度要求高的零件，应选用弹性模量较大的材料。

零件尺寸及重量的大小与材料的品种及毛坯制取方法有关，用铸造材料制造的毛坯，一般可以不受尺寸及重量大小的限制；而用锻造材料制造的毛坯，受锻压机械及设备的生产能力制约。

（2）工艺性原则

任何零件都是由不同的工程材料通过一定的加工工艺制造出来的。材料的工艺性能，即加工成零件的难易程度。零件的工艺性能会影响零件的内部性能、外部质量、生产周期及生产成本等。

选材与材料加工工艺的确定应同步进行，还要考虑所选材料从毛坯到成品都能方便地制造出来。大多数机械零件都要通过铸造、锻压或焊接等成型工艺制成毛坯，然后再经切削加工制成成品。

① **铸造性能**　铸造性能是指材料在铸造生产工艺过程中所表现出来的性能，包括流动性收缩性、疏松及偏析倾向、吸气性、熔点高低等。相图上液-固相线间距越小、越接近共晶成分的合金铸造性能越好。

在常用的几种铸造合金中，灰铸铁熔点低，流动性好，凝固时存在石墨化膨胀，铸造时不容易产生缺陷，铸造性能最好。铸造碳钢的熔点高，流动性差，收缩性大，产生缩孔、缩松、裂纹等缺陷的倾向大，铸造性能差。铝硅合金是应用最广泛的铸造铝合金，铸造性能好。锡青铜铸造收缩率小，可铸造形状复杂的铸件，但铸件易产生缩松。

② **锻压性能**　锻压性能包括热锻和冷冲压时的塑性和变形抗力及热锻时的加热温度范围、抗氧化性和加热、冷却要求等。材料塑性好，则易锻压成型，零件表面质量好，不易产生裂纹；变形抗力小，则材料变形比较容易，变形功小，金属易于充满模腔，不易产生缺陷。

一般来说，铸铁不可压力加工，而钢可以压力加工但工艺性能有较大差异。随着钢中碳及合金元素的含量增高，其锻压性能变差；一般低碳钢的锻压性能比高碳钢好，故高碳钢或高碳高合金钢一般只进行热压力加工，且热加工性能也较差，如高铬钢、高速钢等；碳钢的锻压性能比合金钢好。变形铝合金和大多数铜合金，像低碳钢一样具有较好的锻压性能。

③ **焊接性能**　焊接性能指材料对焊接成型的适应性，即在一定焊接工艺条件下材料获得优质焊接接头的难易程度，包括焊接应力、变形及晶粒粗化倾向，焊接裂纹、气孔及其他缺陷形成倾向等。

碳当量越小，钢材的焊接性越好。钢铁材料的焊接性随其碳和合金元素含量的提高而变差，因此钢比铸铁易于焊接，且低碳钢焊接性能最好，中碳钢次之，高碳钢最差。铝合金、铜合金的焊接性能一般不好，应采用氩弧焊或特殊措施进行焊接。

④ **切削加工性能**　切削加工性能指材料接受切削加工而成为合格工件的难易程度，通常用切削抗力大小、零件表面粗糙度、排除切屑难易程度及刀具磨损量等来综合衡量其性能好坏。一般来说，材料的硬度越高、加工硬化能力越强、切屑不易断排、刀具越易磨损，其切削加工性能就越差。

在钢铁材料中，最适宜的切削加工硬度值为170~230HBW，易切削钢、灰铸铁的硬度就处于这个硬度范围内。材料硬度过高或过低均会对切削加工产生不利影响。奥氏体不锈钢、高碳高合金钢的切削加工性能较差。铝、镁合金及部分铜合金具有优良的切削加工性能。

⑤ **热处理工艺性能**　热处理在机械零件加工制造生产中广泛应用，重要的结构零件基本都要通过热处理改善零件的力学性能。热处理工艺性能指材料对热处理工艺的适应性，常用材料的热敏感性、氧化、脱碳倾向、淬透性、回火脆性、淬火变形和开裂倾向等来评定。通常碳钢的淬透性差，强度较低，加热时易过热，淬火时易变形开裂，而合金钢的淬透性优于碳钢。

并非所有的金属材料都能进行热处理强化。纯金属及相图上没有固溶线的合金一般不可热处理强化，如防锈铝合金、单相奥氏体不锈钢不能热处理强化。对可热处理强化的材料而言，热处理工艺性能相当的重要。

a. 热处理在加工工序中的位置　根据热处理在机械零件加工工序中的位置不同，热处理分为预先热处理和最终热处理两种。常见的预先热处理工艺主要是退火和正火，对于以表面淬火作最终热处理的零件，其预先热处理可以是正火或调质处理；常见的最终热处理工艺主要是淬火和回火。

预先热处理工序位置安排：预处理工序一般在毛坯成型（指铸造成型、锻造成型）之后，切削加工之前；有时也安排在粗机械加工之后，精机械加工之前；对于精密零件，为消除切削加工造成的附加应力，在粗机械加工和半精机械加工工序之间往往还安排一次去应力退火。

最终热处理工序位置安排：最终热处理后，零件硬度高，其热处理后产生的变形只能进行磨削加工，故工序位置尽量靠后，一般均安排在半精加工之后，磨削加工之前。

b. 热处理的目的。

预先热处理的目的：在机械零件加工工序中，预先热处理的作用是改善工艺性能，从工序位置上看，有"承上启下"的效果。"承上"意指通过预先热处理可以消除前道工序带来的组织缺陷，例如，毛坯通过铸造、锻造等工艺方法成型的零件，可采用退火或正火（细化晶粒，均匀组织），消除零件坯料中的隐患或组织缺陷。"启下"意指通过预先热处理可以调整材料的组织，改善材料的硬度以利于切削加工。例如，高碳钢可采用球化退火使网状渗碳体球化以利于切削；低碳钢可采用正火，得到索氏体组织，提高其硬度以利于切削。"启下"的另一层含义是指通过预先热处理调整组织可以为终处理做组织准备。对于不重要的机械零件，预处理后的力学性能若能满足其使用性能要求，预处理工艺也可作最终热处理使用。

最终热处理的目的：获得零件最终的力学性能。淬火的目的是获得马氏体或下贝氏体组织，提高材料的强度、硬度。生产中常用的淬火方式有整体淬火、表面淬火和等温淬火等。整体淬火适用于性能均匀、强度硬度要求较高的零件；表面淬火适用于表层要求高硬度、高耐磨性、心部要求塑韧性好的零件；等温淬火适用于性能均匀，强度、硬度、塑性、韧性均要求较高的零件。回火的主要目的是消除淬火应力，获得所需要的组织性能。低温回火后的主要组织是回火马氏体，它与淬火马氏体的强度、硬度相差不大。低温回火一般用于对硬度、耐磨性有较高要求的零件，如刀具、量具等工具类零件。中温回火后的主要组织是回火托氏体，该组织弹性极限高，疲劳强度好。中温回火常用于弹簧类等对弹性极限要求高的弹性元件。高温回火后的组织主要是回火索氏体，该组织综合力学性能好。高温回火常用于对强度、硬度、塑性、韧性均有要求且要求不是很高的零件，如重要的连接螺栓、性能要求不高的齿轮、轴类等。

综上所述，零件选材应满足生产工艺对材料工艺性能的要求。与使用性能的要求相比，工艺性能处于次要地位；但在某些情况下，工艺性能也可成为主要考虑的因素，对于大批量生产的零件，这一点尤其重要，因为工艺周期的长短和加工费用的高低，常常是生产的关键。例如，为了提高生产效率，采用自动机床实行大量生产时，零件的切削性能可成为选材时的首要考虑因素，此时，应选用易切削钢之类的材料，尽管它的某些力学性能并不是最好的。

（3）经济性原则

质优、价廉、寿命高，是保证产品具有竞争力的重要条件；在满足机械零件使用性能和工艺性能的前提下，还应考虑选材的经济性原则。经济性原则，不仅是指选择价格最便宜的材料、或是生产成本最低的产品，而是运用价值分析的方法，综合考虑材料对产品的功能与成本的影响，以期达到最佳的技术经济效益。

价值分析是以提高产品价值为目的，通过有组织、创造性的工作，寻求用最低寿命周期成本，可靠地实现产品的必要功能，而着重于功能分析，以求推陈出新，促使产品更新换代的一种管理技术。产品寿命周期成本是讨论经济性的出发点，它指产品从诞生直到报废为止的费用支出总和，等于产品制造成本和在规定周期内的使用成本两者之和。产品制造成本包括原材料、加工及管理费用等。通常机械零件的原材料成本占总成本的30%～70%，为了降低原材料成本，在条件允许的情况下，可考虑用廉价材料来代替价格相对昂贵的稀有材料，例如，用非金属材料代替金属材料。加工成本约占总成本的30%。使用成本指产品在用户使用过程中的成本，包括维护、修理、更换零件等。

（4）环保性原则

随着地球资源的日益枯竭、环境的日益恶化，材料的环保性准则在今后会变得日益重要。环保性原则贯穿于材料生产、使用、废弃的全过程。材料与成型方法选择时要尽量提高材料的利用率，降低制造过程中的材料消耗，通过产品的小型化、材料轻量化，减少材料的绝对使用量；通过延长零件使用寿命以及对材料采取循环利用和重复利用，减少材料的相对使用量；对废弃物进行综合利用，通过易分选及可再生循环材料的利用，降低对天然资源的依赖；减少材料成型过程中的能源消耗及废物对环境的污染，选用能耗低的材料及加工工艺。

材料的选择是一个比较复杂的决策问题。目前，还没有一种确定选材最佳方案的精确方法。需要设计者熟悉零件的工作条件和失效形式，掌握工程材料的相关理论及应用知识、机械加工工艺知识以及较丰富的生产实际经验。通过具体分析，进行必要的试验和选材方案对比，最后确定合理的选材方案。

12.2 典型零件的选材及加工工艺路线制定

12.2.1 工程材料的应用状况

金属材料、高分子材料、陶瓷材料及复合材料是目前最主要的工程材料。它们性能各异，应用情况各有不同。

高分子材料的强度小、刚度低、尺寸稳定性较差、易老化，但其原料丰富、生产能耗较低，密度小、摩擦因数小，耐蚀、电绝缘性好，弹性好，故适合于制造受力不大的普通结构件及减振、耐磨或密封零件，如轻载传动齿轮、轴承、壳体零件、紧固件、密封件和轮胎等，目前还不能用于制造承载较大的结构零件。

陶瓷材料硬而脆、加工性能差，但其热硬性高、耐热性好、化学稳定性强，可用作耐热、耐磨、耐蚀的零件，如燃烧器喷嘴、刀具与模具、石油化工容器等。目前其主要应用领域是建筑陶瓷和功能材料。

复合材料兼具各种不同材料的优良性能，具有高的比强度、比刚度，抗疲劳、减振、耐磨性能优良等特点。尤其是金属基复合材料，从力学性能角度，可能是最理想的机械工程材料。但复合材料价格昂贵，除在航天航空、船舶、武器装备等国防工业中的重要结构件上应用外，在一般的民用工业上应用有限，但随着复合材料的生产成本降低，其应用前景十分广阔。

与其他工程材料相比，金属材料在力学性能、工艺性能和生产成本这三者之间保持着最佳的平衡，具有最强竞争力，其应用范围最广。以新能源汽车为例，目前从车身材料来看，钢铁占整车重量的 65%～70%，有色金属占 10%～15%、非金属材料占 20%。目前，金属材料仍然是机械工程中最主要的结构材料。在机械制造领域，金属材料广泛用于制造各种重要的机械零件和工程结构。

12.2.2　典型零件选材及加工工艺路线制定

机械零件外形千差万别，但根据它们在机器中的作用和形状特征，可将其分为轴套类、盘盖类、叉架类、箱体类四种。机械零件的加工也离不开金属类刀具、模具等零件。无论何种类型的零件，都需通过一定的加工工艺成型。图 12-2 所示是金属零件的加工工艺路线示意图。

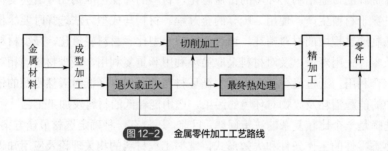

图 12-2　金属零件加工工艺路线

下面以轴类、齿轮类、刃具类零件为例，介绍典型机械零件的选材及加工工艺路线制定。

（1）轴类零件

轴是机器中的重要零件之一，在机器中起支承回转零件并传递运动和扭矩的作用。轴是回转体零件，其长度远大于直径，按其外形特点可分为光轴、阶梯轴、凸轮轴和曲轴等；按承载特点可分为转轴、心轴和传动轴。心轴只承受弯矩，不承受扭矩或扭矩极小；传动轴只承受扭矩不承受弯矩；转轴既承受弯矩又承受扭矩。

① **工作条件**　转轴在工作时承受弯曲和扭转应力的复合作用；心轴只承受弯曲应力；传动轴主要承受扭转切应力。除固定心轴外，所有做回转运动的轴所受应力都是对称循环变化的，即在交变应力状态下工作。轴在花键、轴颈等部位和与其配合的零件之间若有相对运动就会有摩擦磨损，此外，机器开/停、过载时，轴还会受到一定程度的过载和冲击。

② **主要失效形式**　由于受力复杂，轴的尺寸、结构和载荷差别很大。轴的失效形式主要有以下几种：

a. 断裂　疲劳断裂为多数，冲击过载断裂为少数。

b. 磨损　相对运动表面过度磨损。

c. 过量变形　极少数情况下会发生因强度不足引发的过量塑性变形失效和刚度不足引发的过量弹性变形失效。

d. 有时可能发生腐蚀失效。

③ **性能要求**　为满足工作条件的要求，具有足够抵抗失效的能力，轴类零件的材料必须具有良好的综合力学性能和工艺性能。

a. 足够的强度、刚度、塑性和一定的韧性，以防止过载和冲击断裂及过量变形。

b. 在相对运动的摩擦部位，如轴颈、花键等处，应具有高的硬度和耐磨性，以提高轴的运转精度和使用寿命。

c. 高的疲劳强度，对应力集中敏感性小，防止疲劳断裂。

d. 在特殊环境下工作的轴，要求具有特殊性能。例如，高温下工作的轴，要有良好的抗蠕变性能；在腐蚀性介质中工作的轴，要有良好的耐蚀性能等。

e. 足够的淬透性，淬火变形小；良好的切削加工性。

④ **选材及热处理**　轴类零件选材时主要考虑强度，同时兼顾材料的冲击韧性和表面耐磨性。轴类零件一般选用中碳钢或中碳合金钢制造，一般是以锻件或轧制型材为毛坯。

a. **轻载、低速或不重要的轴**　可选用 Q235、Q255、Q275 等碳素结构钢制造，这类钢通常不进行热处理。

b. **受中等载荷而且精度要求一般的轴类零件**　常用优质碳素结构钢。35、40、45、50 钢等综合力学性能好，应用最广泛，其中 45 钢最常用。为改善其力学性能，一般要进行正火或调质处理。要求轴颈等处耐磨时，还可进行表面淬火和低温回火。

c. **受较大载荷、一定冲击的轴**　应选用中碳合金钢，常用 40Cr、40MnB、40MnVB 等。为改善其力学性能，一般要进行调质、表面淬火、低温回火等热处理，以充分发挥合金钢的潜力。对精度要求极高的轴可采用专用氮化钢，如 38CrMoAlA。

中碳钢轴的热处理特点：正火或调质保证轴的综合力学性能（强韧性），然后对易磨损的相对运动部位进行表面强化处理（表面淬火、渗氮或表面滚压、形变强化等）。

少数情况下还可选用低碳钢或高碳钢来制造轴类零件。

d. **受强烈冲击载荷的轴类零件**　应选择低碳合金钢，常用 20Cr、20CrMnTi 等，通过渗碳或碳氮共渗、淬火、低温回火等热处理工艺改善其力学性能。

e. **所受冲击作用较小而相对运动部位要求更高的耐磨性的轴**　宜用高碳钢制造，如 GCr15、9Mn2V、9SiCr 等，通过淬火、低温回火等热处理工艺改善其力学性能。

形状复杂、尺寸较大的轴，可采用铸钢来制造，如 ZG230-450。铸钢轴比锻钢轴的综合力学性能低，尤其是韧性偏低。

近年来，球墨铸铁（如 QT700-2）和高强度铸铁（HT350、KTZ550-06 等）也越来越多地代替钢用于轴，尤其是曲轴的加工制造，如内燃机曲轴、普通机床的主轴等，其热处理方法主要是退火、正火、调质及表面淬火等。

⑤ 轴类零件的工艺路线。

a. **整体淬火轴的工艺路线**　下料→锻造→正火或退火→粗加工→调质→磨削加工→成品。

b. **调质后再表面淬火轴的工艺路线**　下料→锻造→退火或正火→粗加工→调质→半精加工→表面淬火、低温回火→磨削加工→成品。

c. **渗碳轴的工艺路线**　下料→锻造→正火→机加工→渗碳→去除不需渗碳的表面层→淬火、低温回火→磨削加工→成品。

d. **氮化轴的工艺路线**　下料→锻造→退火→粗加工→调质→半精加工→去应力退火→粗磨→氮化→精磨或研磨→成品。

⑥ 典型轴类零件的选材、热处理及加工工序。

a. **机床主轴**　机床主轴承受中等载荷作用、中等转速并承受一定的冲击。一般选用 45 钢等优质碳素结构钢制造，经调质处理后轴颈或锥孔处再进行表面淬火。载荷较大时，选用 40Cr

等中碳合金钢制造。载荷较大且有大冲击时，选用 20CrMnTi 等渗碳合金钢制造。

机床主轴的工艺路线为：下料→锻造→正火→粗切削加工→调质→半精切削加工→局部表面淬火、低温回火→粗磨→精磨→成品。

正火可消除锻造缺陷，细化晶粒，调整硬度，改善切削加工性能。调质可得到较好的综合力学性能和疲劳强度。局部表面淬火和低温回火可得到局部的高硬度和耐磨性。

有些机床主轴如万能铣床主轴，可用球墨铸铁代替 45 钢来制造。对于要求高精度、高稳定性及高耐磨性的主轴，如镗床主轴，往往用 38CrMoAlA 钢制造，经调质处理后再渗氮。

表 12-3 列出了不同机床主轴的工作条件、材料及热处理。

表12-3　机床主轴工作条件、材料及热处理

序号	工作条件	材料	热处理	硬度	原因	使用实例
1	①与滚动轴承配合；②轻、中载荷，转速低；③精度要求不高；④稍有冲击，疲劳忽略不计		正火或调质	220～250HBW	热处理后具有一定的机械强度；精度要求不高	一般简易机床主轴
2	①与滚动轴承配合；②轻、中载荷，转速略高；③精度要求不太高；④冲击和疲劳可以忽略不计	45	整体淬火或局部淬火、低温回火	40～45HRC 或 46～51HRC	有足够的强度；轴颈及配件装拆处有一定硬度；不能承受冲击载荷	小轴，龙门铣床、摇臂钻床、立式车床主轴
3	①与滑动轴承配合；②有冲击载荷		正火；轴颈表面淬火、低温回火	46～57HRC	毛坯经正火处理具有一定机械强度；轴颈具有高硬度	CA6140、CB3463 等重型车床主轴
4	①与滚动轴承配合；②受中等载荷，转速较高；③精度要求较高；④冲击和疲劳较小	40Cr 40MnB 40MnVB	整体淬火或局部淬火、低温回火	40～45HRC 或 46～51HRC	有足够的强度；轴颈和配件配合处，有一定的硬度；冲击小，硬度取高值	滚齿机、组合机床主轴
5	①与滑动轴承配合；②受中等载荷，转速较高；③有较高的疲劳和冲击载荷；④精度要求较高		轴颈及配件配合处表面淬火、低温回火	46～55HRC	毛坯须预备热处理，有一定机械强度；轴颈具有高耐磨性；配件配合处有一定硬度	铣床、磨床砂轮主轴
6	①与滑动轴承配合；②中等载荷，转速很高；③精度要求很高	38CrMoAlA	调质、渗氮	≥850HV（表面）	有很高的心部强度；表面具有高硬度；有很高的疲劳强度；氮化处理变形小	高精度磨床主轴，坐标镗床主轴，镗杆，多轴自动车床中心轴
7	①与滑动轴承配合；②中等载荷，心部强度不高，转速高；③精度要求不高；④有一定冲击和疲劳	20Cr 20MnVB 20CrMnTi	渗碳、淬火、低温回火	56～62HRC	心部强度不高，但有较高的韧性；表面硬度高	齿轮铣床主轴
8	①与滑动轴承配合；②重载荷，转速高；③较大冲击和疲劳载荷		渗碳、淬火、低温回火	56～62HRC	有较高的心部强度和冲击韧性；表面硬度高	载荷较重的组合机床主轴

机床主轴选材及加工实例

工件名称：CA6140 卧式车床主轴，结构如图 12-3 所示，使用材料为 45 钢。

热处理技术条件：要求 C 面及 $\phi90mm \times 80mm$ 段外圆处高频感应加热淬火、回火，硬度为 45～52HRC；莫氏 6 号锥孔硬度 48HRC。

加工工艺流程：下料→锻造→粗机械加工→正火→精机械加工→局部感应加热表面淬火、低温回火→精磨。

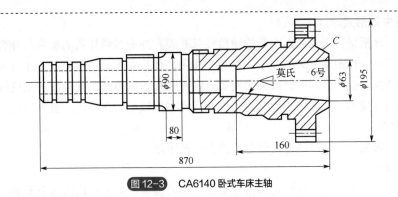

图12-3 CA6140卧式车床主轴

热处理工艺及最终组织：840～860℃正火，860～880℃表面淬火（水冷）+低温回火。感应加热部位心部组织为S，表层组织为回火M。

热处理工艺解析：正火的目的是细化晶粒、均匀组织，改善锻造组织、消除锻造缺陷，调整钢的硬度，改善切削加工性能。局部表面淬火和低温回火可得到局部的高硬度和耐磨性。

b. 内燃机曲轴　曲轴是内燃机中最重要的零件之一，它与气缸、活塞和连杆等零件组成了发动机的动力装置。它在工作时，受气缸中周期性变化的气体压力、曲轴连杆机构的惯性力、扭转和弯曲应力及冲击力等，受力十分复杂。曲轴的主轴颈、连杆轴颈和曲轴臂各处受到较严重的磨损，受力各不相同。因此，要求曲轴具有高的强度，一定的冲击韧度和弯曲、扭转疲劳强度，在轴颈处要有高的硬度和耐磨性。

内燃机曲轴材料主要根据内燃机的类型、功率大小、转速高低以及轴瓦材料等进行选择。

低速内燃机曲轴采用正火状态的碳素钢或球墨铸铁；中速内燃机曲轴采用调质态的碳素钢或合金钢如45、40Cr、45Mn2等或球墨铸铁；高速内燃机曲轴采用高强度合金钢35CrMo、42CrMo等。

内燃机曲轴的工艺路线为：下料→锻造→正火→粗加工→调质→半精加工→轴颈表面淬火、低温回火→粗磨→精磨。

（2）齿轮类零件

齿轮是典型的盘盖类零件，其结构特点是零件长度小于直径。齿轮是应用最为广泛的一种机械传动零件，其主要作用是传递扭矩，调整速度及改变运动方向，只有少数齿轮受力不大，仅起分度定位作用。不同的齿轮，其工作条件、失效形式和性能要求各有不同。通常齿轮表面要求有足够的强度、硬度，同时齿轮本身也要有一定的强度和韧性，故一般采用锻造成型制成齿轮毛坯件。

① 工作条件　一对齿轮副在运转工作时，两齿面啮合运动：

a. 因传递扭矩，齿根部承受较大的交变弯曲应力；

b. 齿面啮合并发生相对滑动与滚动，承受较大的交变接触应力及强烈的摩擦；

c. 由于运转过程中的启动、换挡或啮合不良，使齿轮承受一定的冲击载荷；

d. 瞬时过载、润滑油腐蚀及外部硬质磨粒的侵入等情况，均会加剧齿轮工作条件的恶化；

e. 有时有其他特殊条件要求，如耐高、低温要求，耐蚀要求，抗磁性要求等。

② **主要失效形式。**

a. **断裂** 包括交变弯曲应力引起的轮齿疲劳断裂和冲击过载导致的崩齿与开裂。

b. **齿面点蚀** 齿面承受大的交变接触应力作用，使齿面表层产生点状、小片剥落的破坏。

c. **齿面磨损** 由于齿面摩擦或外来硬质点嵌入啮合的齿面间，使齿面产生机械磨损。

d. **齿面塑性变形** 主要因齿轮强度不够和齿面硬度较低，在低速、重载启动、过载频繁的齿轮中容易产生。

e. **其他特殊失效，**如腐蚀介质引起的齿面腐蚀现象。

③ **性能要求。**

a. 高的弯曲疲劳强度，特别是齿根处要有足够的强度，防止轮齿的疲劳断裂。

b. 足够高的齿面接触疲劳强度和高的表面硬度、耐磨性，防止齿面损伤。

c. 足够高的齿轮心部强度和冲击韧度，防止过载与冲击断裂。

d. 良好的切削加工性，淬火变形要小，高加工精度、低表面粗糙度，以提高其抗磨损能力。

④ **选材及热处理** 齿轮类零件绝大多数应选用渗碳钢或调质钢系列。它们经表面强化处理后，表面有高的强度和硬度，心部有良好韧性，能满足使用性能要求。此外，这类钢的工艺性能好，经济性较合理，是较理想的齿轮用钢。对开式传动齿轮，或低速、轻载、不受冲击或冲击较小的齿轮，宜选相对价廉的材料，如铸铁、碳钢等。

对闭式传动齿轮，或中高速、中重载、承受一定甚至较大冲击的齿轮，则宜选用相对较好的材料，如优质碳钢或合金钢，并须进行表面强化处理。

在齿轮副选材时，为使两者寿命相近并防止咬合现象，大、小齿轮宜选不同的材料，且两者硬度要求也应有所差异，通常小齿轮应选相好的材料、硬度要求较高一些。

用钢材制造齿轮有型材和锻件两种毛坯形式。由于锻坯的纤维组织与轴线垂直，分布合理，故重要用途的齿轮都采用锻造毛坯。钢质齿轮按齿面硬度分为硬齿面和软齿面齿轮。齿面硬度≤350HBW，为软齿面；齿面硬度＞350HBW，为硬齿面。齿轮工作时转速越大，齿面和齿根受到的交变应力次数越多，齿面磨损越严重。低速齿轮转速为1～6m/s，中速齿轮转速为6～10m/s，高速齿轮转速为10～15m/s。表12-4所示为常用钢制齿轮的材料、热处理及性能。

表12-4 常用钢制齿轮的材料、热处理及性能

传动方式	工作条件		小齿轮			大齿轮		
	速度	载荷	材料	热处理	硬度HBW	材料	热处理	硬度HBW
开式传动	低速	轻载、无冲击、非重要齿轮	Q255 Q275	正火	150～190	HT200	—	170～230
						HT250		170～240
		轻载、小冲击	45	正火	170～200	QT500-5	正火	170～207
						QT600-3		197～269
闭式传动	低速	中载	45	正火	170～200	35	正火	150～180
			ZG310-570	调质	200～250	ZG270-500	调质	190～230
		重载	45	整体淬火	38～48HRC	ZG270-500	整体淬火	35～40HRC
	中速	中载	45	调质	200～250	35	调质	190～230
				整体淬火	38～48HRC		整体淬火	35～40HRC
			40Cr 40MnB 40MnVB	调质	230～280	45, 50	调质	220～250
						ZG270-500	正火	180～230
						35, 45	调质	190～230

续表

传动方式	工作条件		小齿轮			大齿轮		
	速度	载荷	材料	热处理	硬度 HBW	材料	热处理	硬度 HBW
闭式传动	中速	重载	45	整体淬火	38～48HRC	35	整体淬火	35～40HRC
				表面淬火	45～52HRC	45	调质	220～250
			40Cr 40MnB 40MnVB	整体淬火	35～42HRC	35，40	整体淬火	35～40HRC
				表面淬火	52～56HRC	45，50	表面淬火	45～50HRC
	高速	中载、无猛烈冲击	40Cr 40MnB 40MnVB	整体淬火	35～42HRC	35，40	整体淬火	35～40HRC
				表面淬火	52～56HRC	45，50	表面淬火	45～50HRC
		中载、有冲击	20Cr 20MnVB 20CrMnTi	渗碳淬火	52～56HRC	ZG310-570	正火	160～210
						35	调质	190～230
						20Cr，20MnVB	渗碳淬火	52～56HRC
		重载、高精度、小冲击	38CrAl 38CrMoAlA	渗氮	>850HV	35CrMo	调质	255～302

a. **低速、轻载、不受冲击的非重要齿轮**　灰铸铁具有优良的减摩性、减振性，工艺性能好且成本低，其主要缺点是强韧性欠佳，低速、轻载、不受冲击的非重要齿轮可用灰铸铁制造，常用牌号有 HT200、HT250、HT350 等。

b. **轻载、低速或中速、冲击力小、精度较低的一般齿轮**　选用中碳钢 40、45、50、50Mn 等制造，常用正火或调质等热处理制成软齿面齿轮，正火硬度为 160～200HBW；调质硬度一般为 200～280HBW，不超过 350HBW。

这种齿轮齿面硬度不高，易于跑合，但承载能力不高，主要用于标准系列减速箱齿轮，以及冶金机械、重型机械和机床中的一些次要齿轮。

c. **中载、中速、受一定冲击载荷、运动较为平稳的齿轮**　选用中碳钢或合金调质钢等制造，如 45 钢、50Mn、40Cr、42SiMn 等，其最终热处理采用高频或中频表面淬火、低温回火，制成硬齿面齿轮，齿面硬度可达 50～55HRC，齿轮心部保持原正火或调质状态，具有较好的韧性。对于承受中、高速、中等载荷且精度要求高的齿轮，选择渗氮钢进行表面渗氮处理。

d. **重载、高速或中速、承受较大冲击载荷的齿轮**　选用低碳合金渗碳钢，如 20Cr、20MnB、20CrMnTi 等。其热处理采用渗碳、淬火、低温回火，齿轮表面获得 58～63HRC 的高硬度，因淬透性较高，齿轮心部有较高的强度和韧性。这种齿轮的表面耐磨性、抗接触疲劳强度和齿根的抗弯强度及心部的抗冲击能力都比表面淬火的齿轮高。因热处理变形大，精度要求较高时，最后一般要安排磨削。它适用于工作条件较为繁重、恶劣的汽车、拖拉机的变速箱和后桥中的齿轮。而对于内燃机机车、坦克、飞机上的变速齿轮，其负荷和工作条件比汽车齿轮更重、更苛刻，对材料的性能要求更高，应采用含合金元素更多的渗碳钢，如 20CrNi3、18Cr2Ni4WA 等，以获得更高的强度和耐磨性。

e. **精密传动齿轮或磨齿有困难的硬齿面齿轮**　要求精度高，热处理变形小，宜采用渗氮钢，如 35CrMo、38CrMoAlA 等。热处理采用调质、渗氮处理。渗氮后齿面硬度高达 850～1200HV（相当于 65～70HRC），热处理变形极小，在 500～550℃仍能保持高硬度，热稳定性好，并有一定耐蚀性。其缺点是硬化层薄，不耐冲击，故不适用于载荷频繁变动的重载齿轮，而多用于载荷平稳、润滑良好的精密传动齿轮或磨齿困难的内齿轮。

f. 尺寸较大、形状复杂、承受一定冲击的齿轮　直径大于 350mm、形状复杂并受一定冲击的齿轮，其毛坯用锻造难以加工时，需要采用铸钢。常用碳素铸钢为 ZG270-500、ZG310-570、ZG340-640 等，载荷较大的采用合金铸钢，如 ZG40Cr、ZG35CrMo、ZG42MnSi 等。铸钢齿轮加工后一般也进行表面淬火、低温回火处理，但对性能要求不高的低速齿轮，也可在调质状态甚至正火状态下使用。由于球墨铸铁强韧性较好，铸造工艺优于铸钢，用 QT600-3、QT500-7 可代替部分铸钢齿轮。铸铁齿轮的热处理方法类似于铸钢齿轮。

⑤ 齿轮类零件的工艺路线。

a. 调质齿轮的工艺路线　下料→锻造→退火或正火→粗机械加工→调质→精机械加工→成品。

b. 表面淬火齿轮的工艺路线　下料→锻造→退火或正火→粗机械加工→调质→半精机械加工→表面淬火、低温回火→磨削加工→成品。

c. 渗碳齿轮的工艺路线　下料→锻造→正火→粗机械加工→半精机械加工→渗碳→淬火、低温回火→喷丸→磨削加工→成品。

d. 渗氮齿轮的工艺路线　下料→锻造→退火或正火→粗加工→调质→半精加工→去应力退火→粗磨→氮化→精磨→成品。

⑥ 典型齿轮类零件的选材、热处理及加工工序。

a. 机床齿轮　机床齿轮运行平稳无强烈冲击、载荷不大、转速中等，对表面耐磨性和心部韧性要求不太高，一般选用 40 钢或 45 钢制造。经正火或调质处理后再进行表面淬火、低温回火，其齿面硬度可达 50HRC，齿轮心部硬度为 220～250HBW，可满足性能要求；对部分性能要求较高的齿轮，也可选用中碳合金钢 40Cr、40MnB、40MnVB 等制造，其齿面硬度可提高到 58HRC 左右，心部强韧性也有所改善；极少数高速、高精度、重载齿轮，还可选用中碳氮化钢 35CrMo、38CrMoAlA 等进行表面渗氮处理制造。

机床齿轮的简明加工工艺路线为：下料→锻造→正火→粗加工→调质→精加工→高频淬火、低温回火→精磨→成品。

正火可使锻造组织均匀化、便于切削加工，可作为表面淬火前的预备组织、并保证齿轮心部的强韧性。

调质处理可使齿轮具有较高的综合力学性能，改善齿轮心部的强韧性进而使齿轮能承受较大的弯曲载荷和冲击载荷。

表面淬火可提高齿轮表面的硬度，耐磨性和疲劳性能。

低温回火的作用主要是消除淬火应力。

机床齿轮选材及加工实例

某车床主轴箱直齿圆柱齿轮，使用材料为 45 钢。

热处理技术条件：工件整体调质处理：硬度 200～250HBW，齿面高频淬火硬度为 52～56HRC。

加工工艺流程：下料→锻造→正火→粗机械加工→调质处理→精机械加工→高频感应加热表面淬火、低温回火→拉孔。

热处理工艺：840～860℃正火，820～840℃淬火，520～550℃高温回火，860～890℃高频感应加热表面淬火（水冷），180～220℃低温回火。

热处理工艺解析：

正火：作用在于消除锻件的内应力，均匀组织，使同批坯料都获得均匀的硬度，以利于切削加工。

调质处理：淬火+高温回火后工件组织为回火索氏体，使工件整体获得较高的综合力学性能，提高轮齿心部的强度，以便能承受较大的载荷作用，并能减小随后高频淬火引发的变形。

高频感应加热表面淬火：组织为 M，使齿面获得高硬度、高耐磨性，提高齿面的疲劳强度。

低温回火：目的在于消除高频感应加热表面淬火造成的淬火应力，提高工件承受冲击载荷的能力。低温回火后组织为回火 M。

b. 汽车、拖拉机齿轮　汽车的变速器中有若干对圆柱齿轮，主减速器、差速器中有圆锥齿轮。这些齿轮的作用是将发动机发出的动力传递到车轮使汽车前进，并且改变车速、增大扭矩、实现左右车轮差速转动。这种齿轮承受大的变载荷，工作条件差，冲击、磨损严重，对耐磨性、疲劳强度、心部冲击韧性都有较高要求，一般选用 20Cr、20MnVB、20CrMnTi、20CrMnMo 等合金渗碳钢制造，经渗碳、淬火和低温回火处理，齿面硬度可达 58～62HRC，心部硬度为 30～45HRC。对飞机、坦克等特别重要的齿轮，则可采用高淬透性渗碳钢（如 18Cr2Ni4WA）来制造。采用合金钢，可以提高淬透性，并使淬火、回火后心部获得较高强度和冲击韧性。渗碳可使轮齿表面碳的质量分数大大提高，保证淬火后得到高硬度齿轮，提高耐磨性和接触疲劳强度。

采用 20CrMnTi 制造汽车齿轮，简明工艺路线为：下料→锻造→正火→切削加工→渗碳→淬火、低温回火→喷丸→磨削加工。

正火的目的是消除锻造应力及不良组织，改善切削加工性。因该钢为低碳合金钢，碳含量低，塑性大，切削时"粘刀"现象严重，正火后，工件硬度为 156～207HBW，便于切削。渗碳淬火处理可使齿面具有高硬度、高耐磨性和高的疲劳性能，而心部保持良好的强韧性；低温回火的目的是减少回火应力，稳定组织，使工件保持高硬度、高强度和高耐磨性，以及足够的塑韧性。喷丸作为进一步强化手段，可使齿面硬度提高 1～3HRC，增加表层残余压应力，进而提高疲劳极限。

（3）刃具类零件

刃具主要是指车刀、铣刀、钻头、锯条、丝锥、板牙等工具，其任务就是切削零件。

① **刃具的工作条件**　刃具在切削过程中，受到被切削材料的强烈挤压，刃部受到很大的弯曲应力，某些刃具（如钻头、铰刀）还会受到较大的扭转应力作用。刃部与切屑之间相对摩擦，产生高温，切削速度越大，温度越高，有时可达 500～600℃。手动刃具一般冲击作用较小，但机用刃具往往承受较大的冲击与振动。

② **刃具的失效形式**　刃具的主要失效形式是磨损、断裂、刃部软化。由于刃具刃部磨损增加了切削抗力，会降低切削零件表面质量，也由于刃部形状变化，使被加工零件的形状和尺寸精度降低，又由于刃部温度升高，若刃具材料的红硬性低或高温性能不足，使刃部硬度显著下降，丧失切削加工能力。

③ **刃具材料的性能要求**　刃具必须具有高的硬度，以适应高速切削的要求，刃具硬度一般要大于 62HRC；为减少刃口的磨损，应具有良好的耐磨性，这与碳化物的性质、含量多少以及分布有关，一般要求在马氏体的基体上均匀分布粒状碳化物或合金碳化物；刃具必须具有高的热硬性，主要取决于马氏体的回火稳定性；为防止切削过程中折断和崩刃，刃具应具有足够的

强度和韧性。

④ **刃具的选材与热处理**　刃具用钢均为共析或过共析钢。制造刃具的材料有碳素工具钢、低合金刃具钢、高速钢、硬质合金和陶瓷等，应根据刃具的使用条件和性能要求进行选用。

a. **简单手工刃具**　尺寸较小、形状简单的手工刃具和低速、切削量小的机用刃具的红硬性和强韧性要求不高，使用性能主要是高硬度、高耐磨性，可用碳素工具钢制造，如 T8、T10、T12 钢等。碳素工具钢价格较低，但淬透性差，热硬性差，淬火后的变形和开裂倾向大。

b. **低速切削、形状较复杂的刃具**　丝锥、板牙、拉刀等可用低合金刃具钢 9SiCr、CrWMn 制造。因钢中加入了 Cr、W、Mn 等元素，使钢的淬透性和耐磨性大大提高，耐热性和韧性也有所改善，可在低于 300℃ 的温度下使用。

c. **高速切削用刃具**　高速切削使用的刃具，选用高速钢 W18Cr4V 钢、W6Mo5Cr4V2 钢等制造。高速钢具有高硬度、高耐磨性、高的热硬性、好的强韧性和高的淬透性等特点，因此，在刃具制造中广泛使用。用来制造车刀、铣刀、钻头和其他复杂、精密的刀具。高速钢的硬度为 62～68HRC，切削温度为 500～550℃，价格较贵。

硬质合金是由硬度和熔点很高的碳化物（TiC、WC 等）和金属用粉末冶金方法制成，常用硬质合金的牌号有 YG6、YG8、YT6、YT15 等。硬质合金的硬度很高，为 89～94HRA，耐磨性、耐热性好，使用温度可达 1000℃。它的切削速度比高速钢高几倍。硬质合金的工艺性比高速钢差。一般制成形状简单的刀头，用钎焊的方法将刀头焊在碳钢制造的刀杆或刀盘上。硬质合金刀具用于高速强力切削和难加工材料的切削。硬质合金的抗弯强度较低，冲击韧性较差，价格贵。

陶瓷因为硬度极高、耐磨性好、热硬性极高，可用来制造刃具。热压氮化硅陶瓷显微硬度为 5000HV，耐热温度可达 1400℃。立方氮化硼的显微硬度为 8000～9000HV，允许的工作温度为 1400～1500℃。陶瓷刀具一般为正方形、等边三角形的形状，制成不重磨刀片，装夹在夹具中使用，用于各种淬火钢、冷硬铸铁等高硬度难加工材料的精加工和半精加工。陶瓷刀具抗冲击能力较低，易崩刃。

d. **钢制刃具的热处理**　刃具工作时，与被切削材料间有强烈摩擦，为保证刃具能正常工作，要求刃具材料具有高硬度、高耐磨性，同时要求有足够塑韧性，以防冲击脆断。钢制刃具选用高碳钢材料，含碳量通常大于 0.7%。为保证刃具的使用性能要求，通常预先热处理为球化退火工艺，最终热处理为淬火和低温回火。

⑤ **手用丝锥的选材及工艺路线**　手用丝锥是用人工加工内螺纹的专用工具，其工作条件是从工件上切除部分材料，其刃部承受极大的扭转切应力和磨损，切削刃由于磨损变钝，增加了切削力矩。因此，要求刃部具有较高的硬度和耐磨性，同时具有一定的韧性及足够的强度，并能顺利排屑。为防止在工作过程中扭断，丝锥的柄部硬度要控制在 45HRC 以下。

制造手用丝锥的材料为 T12A，其加工工艺流程为：热轧圆钢下料→球化退火→机加工→等温淬火（或分级淬火）→低温回火→磨削加工→成品。

球化退火的作用是消除锻造缺陷，细化组织，降低硬度，改善切削加工性能，同时为淬火做好组织准备。

等温淬火（或分级淬火）热处理变形小，淬火后获得马氏体和碳化物组织，提高工件的硬度和耐磨性。

低温回火在硝盐浴中进行，消除淬火应力，处理后的刃部硬度为 61～63HRC。

选择材料与成型工艺方法是一项需要考虑多方面因素的复杂工程问题，是由一系列的分析、比较、综合、判断所构成的决策过程。制造技术的发展对零件选择材料与成型工艺方法提出了越来越高的要求，随着计算机技术的飞速发展，选材与成形工艺方法由以往定性的以经验为主的评价方法逐步向定性与定量相结合的系统的评价方法发展。

本章小结

本章重点介绍了零件的选材原则和典型机械零件的选材及加工工艺路线的制定。

（1）任何零件在使用过程中都面临着失效问题。

① 零件的失效大致有变形失效、断裂失效、表面磨损失效3种类型。

② 延长零件使用寿命，推迟零件失效发生的时间是工程领域始终追求的目标。从材料角度出发，控制失效的方法就是合理选材。选材的一般原则包括使用性原则、工艺性原则、经济性原则和环保性原则。

（2）任何材料均须经过加工成型变成零件后才能使用。重要的机械零件都要经过锻造成型和切削加工。为了达到零件的力学性能要求，零件要进行热处理。

① 太硬或太软的材料都不适合切削加工，钢材适合切削的硬度范围是170～230HBW。

② 为了改善材料的切削性，在锻造成型后切削加工前通常要添加预先热处理，用以消除零件的锻造缺陷，改善材料的硬度，为切削做准备，同时能调整组织，为终处理做组织准备。

③ 切削后，为了达到零件力学性能要求，还要进行最终热处理。淬火+回火一般作为最终热处理使用。依据零件力学性能要求不同，淬火有整体淬火、表面淬火、等温淬火等工艺；回火有低温回火、中温回火和高温回火等工艺。

④ 为了消除热处理造成的变形，有的零件在最终热处理后还要进行磨削加工。

⑤ 有些精度要求较高的精密零件，为了消除切削加工过程中产生的残余内应力，减小零件变形，还要在切削加工工序之间安排去应力退火。

 习题

（1）为什么轴类零件一般采用锻件毛坯，而箱体类零件多采用铸件毛坯？

（2）钢材适合切削的硬度范围是多少？为了改善材料的切削加工性，20钢和T12钢机加工前各应采用何种工艺进行处理？

（3）有一用45钢制作的轴，最终热处理为淬火（水淬）和低温回火，使用过程中摩擦部分严重磨损，在其表面取样进行金相分析，其金相组织为不规则的白色区域和黑色区域。根据显微硬度分析，白色区域为80HB，黑色区域为630HBW，试分析此轴失效的原因及解决办法。

（4）有一个45钢制造的变速箱齿轮，其加工工序为：下料→锻造→正火→粗加工（车）→调质→精加工（车、插）→高频表面淬火→低温回火→磨加工。试说明各热处理工序的目的及使用状态下的组织。

（5）某齿轮要求心部具有良好的综合力学性能，表面硬度50～55HRC，用45钢制造，加工工艺路线为：下料→锻造→热处理1→粗加工→热处理2→精加工→热处理3→精磨。试说明工艺路线中各个热处理工序的名称和目的。

参考文献

[1] 徐晓峰. 工程材料与成形工艺基础[M]. 3 版. 北京: 机械工业出版社, 2024.

[2] 庞国星. 工程材料与成形技术基础[M]. 3 版. 北京: 机械工业出版社, 2023.

[3] 中国金属学会等. 基础材料强国制造技术路线钢铁材料卷[M]. 北京: 化学工业出版社, 2023.

[4] 沈莲. 机械工程材料[M]. 4 版. 北京: 机械工业出版社, 2023.

[5] 杨长友. 工程材料[M]. 西安: 西安电子科技大学出版社, 2022.

[6] 赵慧杰, 刘勇. 《金属学与热处理原理》学习与解题指导[M]. 3 版. 哈尔滨: 哈尔滨工业大学出版社, 2021.

[7] 张建军. 工程材料与成型技术基础[M]. 西安: 西安交通大学出版社, 2020.

[8] 崔忠圻, 覃耀春. 金属学与热处理[M]. 3 版. 北京: 机械工业出版社, 2020.

[9] 司卫华, 王学武. 金属材料与热处理[M]. 2 版. 北京: 化学工业出版社, 2020.

[10] 杨莉, 郭国林. 工程材料与成形技术基础[M]. 西安: 西安电子科技大学出版社, 2016.

[11] 倪红军, 黄明宇. 工程材料[M]. 南京: 东南大学出版社, 2016.

[12] 杨秀英. 金属学及热处理[M]. 北京: 机械工业出版社, 2014.

[13] 傅宇东. 工程材料[M]. 北京: 化学工业出版社, 2014.

[14] 王毅坚, 索忠源. 金属学及热处理[M]. 北京: 化学工业出版社, 2014.

[15] 崔占全, 孙振国. 工程材料[M]. 3 版. 北京: 机械工业出版社, 2013.

[16] 于爱兵. 材料成形技术基础[M]. 北京: 清华大学出版社, 2010.

[17] 王忠诚, 齐宝森, 李杨. 典型零件热处理技术[M]. 北京: 化学工业出版社, 2010.

[18] 孙康宁, 李爱菊. 工程材料及其成形技术基础[M]. 北京: 高等教育出版社, 2009.

[19] 鞠鲁粤. 工程材料与成形技术基础[M]. 北京: 高等教育出版社, 2005.

[20] 戴枝荣, 张远明. 工程材料及机械制造基础（Ⅰ）—工程材料[M]. 2 版. 北京: 高等教育出版社, 2005.

[21] （美）小威廉·卡丽斯特, 大卫·来斯威什. 材料科学与工程基础（原著第四版）[M]. 郭福, 马立民, 等译. 北京: 化学工业出版社, 2016.

[22] 吕广庶, 张远明. 工程材料及成形技术基础[M]. 北京: 高等教育出版社, 2001.